XUDIANCHI SHIYONG HE WEIHU

蓄电池使用和维护

段万普 主编　　郑路 李静 副主编

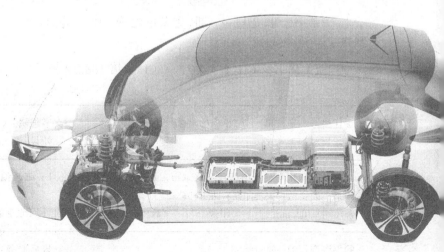

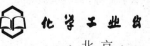
化学工业出版社
·北京·

本书系统介绍了合理使用和有效维护蓄电池的知识，同时对铅酸蓄电池和锂离子电池使用中的维护工艺以及专用设备做了详细说明。实践证明，蓄电池的合理使用与维护，与现在流行的"免维护状态"相比，可以得到成倍延长蓄电池使用寿命的经济效益。

本书可供蓄电池设计、制造，新能源汽车动力电池使用和维护，以及相关控制电气设计者参考。

图书在版编目（CIP）数据

蓄电池使用和维护/段万普主编 .—北京：化学工业出版社，2018.10（2023.1重印）
ISBN 978-7-122-32858-8

Ⅰ.①蓄… Ⅱ.①段… Ⅲ.①蓄电池-使用②蓄电池-维修 Ⅳ.①TM912

中国版本图书馆 CIP 数据核字（2018）第 188213 号

责任编辑：辛　田　　　　　　　　　　　　文字编辑：冯国庆
责任校对：王素芹　　　　　　　　　　　　装帧设计：王晓宇

出版发行：化学工业出版社（北京市东城区青年湖南街 13 号　邮政编码 100011）
印　　装：大厂聚鑫印刷有限责任公司
787mm×1092mm　1/16　印张 16¼　字数 432 千字　2023 年 1 月北京第 1 版第 2 次印刷

购书咨询：010-64518888　　　　　　　　售后服务：010-64518899
网　　址：http://www.cip.com.cn
凡购买本书，如有缺损质量问题，本社销售中心负责调换。

定　　价：73.00 元　　　　　　　　　　　　　　　　版权所有　违者必究

序

电池储能，应用于当今社会各个方面和各个角落，保障着国民经济的正常运转，与人们物质和文化生活息息相关。特别是21世纪以来，为减缓温室气体排放对大气温度升高的影响，各国纷纷利用太阳能和风能，大力发展电动汽车，人们越来越深刻地认识到，二次电池是这两大事业的关键装备，电池的利用规模不断扩大，新的电池品种层出不穷。其中铅酸蓄电池以其成熟、安全、廉价、容易再生等优势，仍保持着规模的领先；锂离子电池则因比能量和比功率高、循环寿命长等优良性能，大有后来居上之势。在这种大环境中，段万普主编的《蓄电池使用和维护》一书出版，十分重要，非常及时。

二次电池如同任何机电设备一样是必须维护的。有的电池号称"免维护"，实际上是指单体电池在一定使用条件下比过去需要频繁的维护而言的，但多个电池串并联使用时，情况就完全不同了。所以，"免维护"是相对的，需要维护是绝对的。这本书有助于在人们头脑中建立此观念，从而改变错误的电池组"免维护"使用习惯。当前电动汽车的电池组使用中就亟须建立维护制度和维护规范，改变浪费现象，减少事故的发生。

电池的蓄电及充放电是十分精细的电化学过程，串并联使用的电池组在外界的影响下，情况更为复杂，客观形势逼迫电池的使用者应该掌握电池合理使用与维护知识，还要求社会上成长一大批专业的、有实践经验的电池维护人员。此书的出版及时提供了有力的培养工具。

段万普团队积累了几十年的铅酸蓄电池使用与维护经验，书中进行了系统总结，特别是通信备用电源的维护有其独到之处，而且可以推广于电动汽车，并作为高校教材使用，为这项技术的传播提供了一个平台。书中还对锂离子电池的使用和维护作了较全面的介绍，虽然与铅酸蓄电池相比而言，材料显得"年轻"些，相信读者们在教学和实践中一定会不断将其充实和丰满起来。

杨裕生　院士
于北京

前　言

这是一本为蓄电池用户编写的实用读物,是在电池的生产厂家和用户之间搭建的技术衔接桥梁。 这本书可作为蓄电池合理使用与维护的技术培训教材。

本书内容落脚点是直接应用和实际操作,书中内容,都是笔者所在的技术团队多年的集体劳动成果,大部分内容已经在相关杂志上陆续发表,这次汇编成章节,有了系统的概念。

在现代社会中,蓄电池作为储能部件,已在各行业的备用电源系统中普遍使用。 几乎每个人、每个家庭、每个生产系统每天都使用着不同种类和规格的电池,合理使用蓄电池是当前需解决的重要问题。 现在从事蓄电池维护的专业人员越来越多,在实际操作中,许多从事蓄电池维护的工作人员由于缺乏技术培训和技术资料,付出的劳动实质上是"负劳动",且在认识上存在较多误区。

本书介绍了铅酸蓄电池和锂离子电池使用方面的知识。 书中介绍的"蓄电池在线容量维护技术"是笔者在 40 多年的蓄电池维护工作实践中,逐步探索和总结出来的,其工艺合理,作业有效,实施简便,随时都可以在实际应用中验证。 这项技术可广泛应用于通信、铁路、电力、UPS 电源及光伏发电等方面。 实践证明,合理的维护能把蓄电池的使用价值充分发挥出来,大幅度延长在线服务时间。 这些维护技术的维护效率和基本功能对现行铅酸蓄电池使用标准和规范的优化具有重要价值。

本书共 8 章,第 1、8 章由段万普撰写,第 2 章由方华撰写,第 3 章由李静撰写,第 4 章由黄小军撰写,第 5 章由任西会撰写,第 6 章由郑路撰写,第 7 章由孙建延撰写,全书由段万普统稿。

相关领域技术动态和资料,可在段万普的博客 duanwanpu. blog. 163. com 中找到。

书中介绍的电动汽车工艺和设备内容,张玉国和陈栋分别承担了任务,并做出了实际的贡献。

在本书编写过程中,笔者还查阅并引用了一些国外资料和国内著述的内容,在此,对有关专家、学者、作者表示敬意。

由于笔者学识有限,书中的不足之处难免,对所有的建议、批评、斧正,笔者都表示感谢,对其中技术问题愿与同行和朋友们交流,电子邮件地址是 15969582562@ 139. com。

编者

目 录

第**1**章

铅酸蓄电池原理及基本概念

本章介绍

蓄电池属于电化学专业，由于专业知识综合性强，所以技术扩散较困难。电池的用户需要掌握那些必要的知识，才能给电池提供合理的使用条件。本章根据这方面的实际情况，介绍了一些相关的物理、化学知识。这些基础知识，为理解蓄电池维护工艺提供了一些基础。

1.1 基本原理

1.1.1 充放电反应过程

在我们用电时，蓄电池能将化学能转换为电能放出，随后我们给蓄电池充电时，它又能将电能转化成化学能储存起来。这种能量转换的可逆性可以进行很多次，所以我们把铅酸蓄电池叫作二次电池。

当我们分解一个铅酸蓄电池时，可以看到它们都是由正极、负极、隔板、电解质和外壳组成的，而其中最主要的是正极、负极、电解质这三部分。

铅酸蓄电池的负极是由纯铅（Pb）粉末组成的，在电池充足电时它是海绵状态，呈银灰色，接触氧气后，会很快转为青灰色。它的正极在充足电时是红褐色的，它的化学成分是二氧化铅（PbO_2），极板的表面是不规则的多孔电极，其表面的电子显微镜照片如图 1-1。电解液是硫酸（H_2SO_4）水溶液。

充放电时，在正负极板上都会发生化学反应，因为这种化学反应伴随着电流的作用过程，所以我们把这种反应叫作电化学反应。

图 1-1　极板表面的电子显微镜照片

在充放电循环中，铅酸蓄电池充放电过程如图 1-2 所示。

用化学反应方程式表示：

$$PbO_2 + 2H_2SO_4 + Pb \xrightarrow{\hspace{2cm}} PbSO_4 + 2H_2O + PbSO_4$$

其对应的极板状态是：

正极二氧化铅＋硫酸＋负极铅＝＝＝正极硫酸铅＋水＋负极硫酸铅

现在市面上有许多型式的铅酸蓄电池，如硅胶电池、硅能电池、铅布电池、铅塑电池、铅碳电池、水电池等，它们都是铅酸蓄电池。凡是铅酸蓄电池，其电化学反应都遵循上述的方程式。其基本特征是空载电压为 $2\sim2.2V$。

元素周期表中的不同金属，由于电极电位不同，都可以构成电池，但具有工业价值的只有几种组合。铅酸蓄电池是唯一一个用一种元素制作的电池，其他电池都需要两种金属，它们

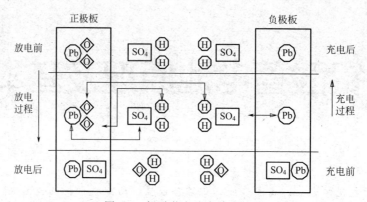

图 1-2　铅酸蓄电池充放电过程

←——放电反应时，离子运动方向；　←—充电反应时，离子运动方向

的空载电压分别是：锌锰电池 1.5V，镍氢电池 1.2V，锂离子电池 3.6V。

把示意图、方程式和使用中的一些问题结合起来，对铅酸蓄电池会有以下的概念认识。

1.1.2　标称电压

充足电的正极板是 PbO_2，负极板是 Pb，中间是 H_2SO_4 溶液。由于两种不同的物质在电解液中表现出得失电子的能力不同，于是电子就有从一种物质转移到另一种物质上的趋势。在铅酸蓄电池中负极易失去电子，正极易得到电子，所以电子就有从负极经电子导电材料流向正极的趋势，这种趋势就是电动势，其计量单位为伏（V）。

电动势可粗略地理解为开路端电压。这个电压数值的大小只与物质的某些物理性质和化学性质有关，而与物质的数量多少无关，与物质的几何形状无关，与物质团粒的微观结构无关，与工作环境的温度无关。所以，只要是铅酸蓄电池，无论形体尺寸大小，外观形状方圆，四季春、夏、秋、冬，端电压都是 2V 左右。

在工业中应用的铅酸蓄电池，有的如同人一样高大；在仪表中使用的电池，有的如同纽扣一样大小，只要电解液未冻结，测量其端电压都是 2V 左右，其反应原理都一样，差别只表现在容量多少、体积大小上。

电池的电压，无论在充电态还是在放电态，都是在不断变化的。为了有一个统一的说法，就有了"标称电压"这个概念。标称电压的数值通常是按工作一般电压来表述的，铅酸蓄电池是 2V，三元锂离子电池是 3.6V，磷酸铁锂电池是 3V，镍氢电池是 1V。

标称电压和空载电压及负载电压是 3 个完全不同的概念。当我们准确表述电池的电压时，要说明是哪一类电压。

1.1.3　充放电反应的独立性

从反应方程式可知，在放电反应时，电池的正负极板必须同时参加电化学反应，当外电路有 2 个电子流过时，必然有一个 Pb 分子和一个 PbO_2 分子参加反应，同时变成 $PbSO_4$，这时电池向外输出电能。在充电时，由于反应所需能量是从外部充电回路中提供的，所以正负极的充电反应不一定是同步进行的。在图 1-2 中可见，正极板充电时 SO_4^{2-} 和 O^{2-} 两种离子的反应及位移与负极的 SO_4^{2-} 的反应及位移并没有必然的联系。只要外电路有充电电流流过，正负极的充电反应就分别在进行。在充电初期，正负极板上的 $PbSO_4$ 转化成 PbO_2 和 Pb 是按比例进行的，粗略地说，这种按比例进行的反应一直持续到损坏程度较大的极板反应完毕为止。以后的持续充电就只是在另一个单极上进行。显然，前阶段充电效率较高，在这个阶段里，电池出气量小，温升低。后阶段充电效率逐渐降低，有一部分电能消耗在水的分解上，电池表现出气量增多，温度升高。

报废的电池，正负极板等同程度损坏者极少，都是正极板或负极板单极损坏，结果导致"充不进进""充电后无电"而报废。

1.1.4　铅酸蓄电池的化学能存储方式

从图 1-2 可见，充足电的正极板上并没有带正电，而是处于活化的 PbO_2 状态；充足电的负极板上也不带负电，而是处于活化的 Pb 状态。如果认为充过电的电池的正负极板分别带有正负电，那么在导电性能良好的硫酸电解液中，电能不就立刻全放完了吗？这种误解是由于把化学电源的蓄电池理解为物理电源的电容器造成的。蓄电池的原理完全不同于电容器：前者是把电能转化成化学能储存起来，后者是把电能变成电场能储存起来。两者在电路中的外特性是截然不同的，如图 1-3 所示。

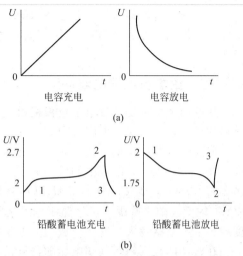

图 1-3　铅酸蓄电池和电容的比较

从图 1-3 中可见，一般电容器充电在"秒"的数量级上，端电压可上升到几百伏；放电时，也是在"秒"的数量级上，端电压降到零。而铅酸蓄电池的端电压经数小时充电，电压从图 1-3 (b) 中的"1"处上升到"2"处，也只能保持在略高于 2V，充电过程中至多也只能达到 2.7V；放电过程相反，经数小时放电，其端电压才降到 1.5V，停止放电后又很快上升到 2V 左右。

铅酸蓄电池端电压的这种"记忆"特性，常被用来做滤波和稳压元件使用。电话通信电源中若把电池取掉，直接用充电机给电话设备供电，因电流中杂波干扰，使耳机中噪声十分强烈，无法正常通话，把电池并入供电回路，噪声立即就消失了。

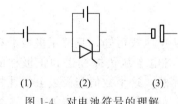

图 1-4　对电池符号的理解

电池在充放电的过程中，实质是电能和化学能的转换，这种转换，是需要许多条件的。例如温度、电解液合适的浓度，极板有效表面积，连接状态等，这些条件一旦不具备，电池就表现出"失效"，当条件恢复后，电池的性能随之恢复。因此当电池不能正常工作时，要首先确认转换条件是否具备，否则，就会发生误报废。

从电学的角度，应把图 1-4 中表示的蓄电池符号（1）理解为（2），电池在电路中，有一个稳压管的作用。从电化学角度，应把符号（1）理解为（3），电池的两个电极有类似体积的容量概念。

1.1.5　铅酸蓄电池的析气

从反应方程式可知，蓄电池在充电和放电过程中，只有固体和液体两种状态，并没有气体产生。充电方程式表达的反应只是有效反应，使用中的电池，充电时总有气体产生，这是由于充电电压上升到水的分解电压时在正极上析出 O_2，同时在负极上析出 H_2，H_2 的析出，其体积是 O_2 的 2 倍。因此，气体挤胀活性物质造成的负极脱落比正极严重得多。在放电的过程中，本不应有气体析出，但实际上我们常可看到有气析出，这是由于自放电反应生成的气体。通常自放电造成气体析出有以下两种。

$$PbO_2 + H_2SO_4 \longrightarrow PbSO_4 + H_2O + O_2$$
$$Pb + H_2SO_4 \longrightarrow PbSO_4 + H_2$$

以上反应若电解液中无杂质，反应极其缓慢。在杂质的催化作用下，上述反应速率会千百万倍地剧增。如看到某电池出气量明显偏多，这个电池的自放电一定很大，全部更换电解液会使溶液中的杂质减少一些，但是单纯用换液的方法去除尽杂质是办不到的。

正是由于电池的析气，完全密封的电池是没有的。市场上流行的"密封"电池，都有一个释放气体的安全阀。在新的国家标准里，已取消"密封电池"的名词，替代为"阀控电池"。

1.1.6　铅酸蓄电池的电动势

从反应式中可知，放电时负极板每放出 2 个电子，同时正极板得到 2 个电子，这种电子转移的动力，只取决于电解液中氢离子（H^+）和硫酸根离子（SO_4^{2-}）。而动力值的大小，也只取决于两种离子的浓度大小。一般来说，溶液中硫酸含量越多，两种离子的浓度也越大。在放电过程中，溶液中的硫酸形成的离子不断地同正负极发生反应，SO_4^{2-} 反应后形成固态的 $PbSO_4$，于是溶液中的 H_2SO_4 含量越来越少，表现为密度越来越小。密度的减少使 SO_4^{2-} 浓度也随之减少，于是促使电子从负极转移到正极的动力也就减小了。并且电解液密度小，电阻就越大，这就是放出了电量的电池端电压降低的原因。

在常用的范围内，其端电压随密度的变化规律是：

$$U = 0.85 + d$$

式中　U——蓄电池的开路电压，V；

　　　d——电解液的密度，g/cm^3；

　0.85——常数。

从以上分析可知，如果要获得高的空载电压，只要把密度调高就可达到。如果电池没有充电，把高密度的硫酸注入电池，也就直接得到高的空载电压。有的工作者就是这样"修理"电池的，在市售的蓄电池补充液中，常含有硫酸。补充这样的电解液，无疑加速了电池的损坏。

1.1.7　开路电压和容量关系

电池的开路端电压不能表达容量数，只表示成流因素。从反应式可知，只要正极板上有 PbO_2，负极板上有 Pb，电解液中有 H_2SO_4，这个电池就有将电子从负极柱送到正极柱的电位差，通常称为电动势，也可粗略地认为是开路端电压。显然，这个数值与极板上活性物质的数量无关，与正负极活性物质是否按正确比例搭配无关，与极板的活化状态无关。这个电压值的大小，只取决于电解液的密度。因此我们不能用测电池端电压的方法去判断电池容量大小，充入电量多少，放电能力强弱，使用是否正常。

当铅酸蓄电池的原始状态（型号、电液密度）确定之后，开路端电压同容量就有确定的关系，在理论上详细论证了电池的荷电状态和端电压之间的关系，并在实验条件下得出了有参考价值的结论。

如果以蓄电池的荷电状态 S 为自变量来描述电动势的变化，则很接近一条直线，见图1-5。直线的斜率约为：荷电状态每降低 0.1C（容量 10%），电动势下

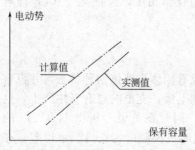

图1-5　蓄电池开路电压与容量的关系

降 0.16V，不论计算值和实验值都是这样。造成这一现象的主要原因是蓄电池固有的电解液的不均匀性，测量电解液时只能抽取上部的电解液，这部分的密度是最小的。

1.1.8 单体电池都是并联存在的

从反应式可以看出，正极 1 个 PbO_2 分子、电解液中 2 个 H_2SO_4 分子和负极 1 个 Pb 分子就可以构成 1 个电池，这个电池从原理上是可以存在的，但实际上做不出来，也没有工业价值。实际电池产品中，电池的正极、负极和电解液都是由克到千克的数量众多的材料组成，也就是说，一个电池的内部实际是由众多的微小电池并联构成的。

1 个电子的电量是 $e = 1.60217733 \times 10^{-19}C$，$1A \cdot h$ 的电量是 $Q = 1A \times 1h = 1C/s \times 3600s = 3600C$。$1A \cdot h$ 的电量需要 M 个电子数：$M = Q/e = 4.4505 \times 10^{15}$。

了解这些基本数据，就可以理解所使用的电池的电化学微观结构。

实际使用中一个单节电池的损坏，往往是由一个内部微小电池损坏引发的。在电路图上，1 个电池的符号，实际是由无数个微小电池并联的。理解这一点，在电池损坏分析中很重要。在并联条件下，其中 1 个电池失效，就会导致并联电池全部失效。通常电池的损坏，基本都是其中微小的局部发生的微短路，时间一长，就导致整个电池失效。

1.2 基本概念

1.2.1 铅酸蓄电池放电下限标准

放过电的电池正负极板上均为 $PbSO_4$，由于同种物质在硫酸电解液中都只能表现出相同的电位，其相互之间不存在电子转移的动力，所以放过电的电池电压下降。如果电池的极板像图 1-2 绘出的那样，正极上只有一个 PbO_2 分子，负极上只有一个 Pb 分子，电解液中只有 2 个 H_2SO_4 分子。

当负极板上有两个电子转移到正极以后，这个电池的端电压无疑要降到零。但是，实际使用的铅酸蓄电池，正负极板上的活性物质都有很大的富裕量，铅的利用率只有 50% 左右，所以，放过电的正极板，其上仍有相当数量的 PbO_2，负极上同样也有相当量的 Pb，并不像示意图 1-2 上画的那样只有 $PbSO_4$，当然这两种物质仍有电子转移的放电趋势。因此，电池放完其规定的容量时，其端电压略有下降，并不是下降到零。

在日常工作中，铅酸蓄电池不是用万用表测量有电压就允许一直放电，若超过电池使用说明书规定的限度，再充电会变得困难，而且由于放电深度过大，极板上的活物质容易脱落，这对电池寿命是十分有害的。如果没有专用放电装置，只是简单地用灯泡或电阻放电，对放电电流不做调整，对电池端电压也不监测，工作者甚至不知道电池有效电下限的技术要求，放电到何种程度就应停止，只是看到放电灯泡不亮了，才停止放电。这样的放电作业使活性物恢复困难，有害无益。放电设备的基本结构如图 1-6 所示。

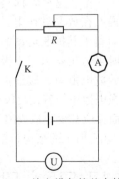

图 1-6 放电设备的基本结构

国际标准规定：汽车电池以 20h 率恒流放电，如 $100A \cdot h$ 的电池用 $100/20 = 5$（A）放电，12V 的电池当端电压降到 10.5V 时，放电停止。检测汽车启动电池通常为了压缩工作时间，常用 10h 率或 5h 率放电，两者的换算比例为 $0.93C_{20} = C_{10}$，$0.9C_{10} = C_5$。

1.2.2　铅酸蓄电池的荷电状态

从方程式中可看出：充电后电解液中硫酸含量增多，密度就升高；放过电的电解液中，由于部分硫酸以固态形式形成化合物 $PbSO_4$ 转存于极板之中，电解液中的硫酸减少。这种减少在数量上有着严格的定量关系：外电路中每流过 2 个电子，必然要消耗 2 个分子的硫酸。这就提供了一个可能性，在放电过程中，利用测定硫酸电解液密度的下降值来判断电池放出电量的多少；反之，在充电过程中，测定电解液密度上升的多少也可判断电池已充入有效电量的多少。

在许多情况下，工艺都规定用测定电解液密度的方法来判断电池的荷电状态，其理论依据即是上述。

在大容量的固定电池中，通常都装有一个密度计，是将不同密度的塑料小球依密度大小分别装在小仓格中，随着充放电程度不同，使电解液密度变化时，相应的塑料小球就有上下沉浮的位移。根据板面上的数值就可十分方便地得知电解液的密度，由密度也就判断出了电池的荷电状态。

在有的电池侧边，装有红、黄、绿三个不同密度的彩色小球，其沉浮分别表示"应充电""还可使用""充足电"三种荷电状态。

普通吸筒式浮标密度计，也可起同样作用。显然，上述的测量判断，都必须在电池中原始电液密度值已知、电池中含酸总量不变、电解液密度上下均匀、极板无断裂脱粉的前提下才是正确的。这些条件，电池从开始使用以后，就不存在了，各种参数与原始的偏差越来越大，所以这种检测方法的精度也就越来越低。采用这种检测方法获得技术数据时，要注意这种影响。

1.2.3　铅酸蓄电池中电极负荷分析

从图 1-2 中可看出，正极板上进出的离子数要比负极板多，离子的进出都需要电化学能量的动力，所以充放电时正极板发生的离子反应比负极板剧烈。充放电时，正极板与溶液的界面上有三条反应线，每条反应线都表示有相应的化学反应在进行，而负极板表面上只有一条反应线。在放电时，溶液中的 SO_4^{2-} 分别进入正负极板。在负极板上同 Pb 结合生成 $PbSO_4$；但在正极板上，同时还要发生 4 个 H^+ 进入正极板同 2 个 O 反应生成 2 个 H_2O，再回到溶液中。这样，同负极板相比在正极板上就多发生 4 个 H^+ 的进出和 2 个 O 的外出。也就是说，在放电过程中，正极板上离子参加电化学反应的数目比负极板多。在溶液中，相同类型的离子其扩散运动的阻力和运动的速度是相同的，所以由于正极板反应的离子多，离子运动时阻力也就大。正极板的实际反应速率就控制着整个电池的电量放出的速率。为了提高电池的放电能力，应给正极板提供较好的离子扩散条件。

在电池中，若正负极板群采用图 1-7(a) 所示的结构，侧面的正极只有内侧面参加反应，外侧面反应甚少，造成离子运动"拥挤"，电池内阻增大，正极活性物质利用率降低。若采用图 1-7(b) 所示的结构，正极两侧面均参加反应，离子运动的通道增大，阻力减少，利于反应进行。加之正极板充放电时极板变形比负极大，置于两负板之间可使正极变形对称均匀，极板不易弯曲。

因此，在铅酸蓄电池中多采用负极包围正极的结构，在板式电极结构里，最外的两片通常总是负极，在圆柱形结构中，正极总居中位。电池中带有凹格的隔板，凹面总面向正极，以适应正极板需酸量较大的要求。

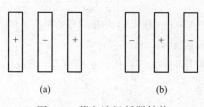

(a)　　　　　(b)

图 1-7　蓄电池极板群结构

有些场合中，要求控制电池中氧的析出最少，这时就将电池极板群做成"正包负"的结构。这种电池常用在与精密电器配装的密封式电池中。

1.2.4　铅酸蓄电池中正极板的腐蚀

从图 1-2 上可见，正极板在充电反应时，Pb 与 O 有结合和分离的过程。放电时，O 从结合态首先分离，同时再与 H^+ 结合生成 H_2O；在充电时，水中的 O 又从外电路获得能量，同 H^+ 脱离，重新与 Pb 结合，生成 PbO_2，这是氧化的过程。这种反应在负极上是不存在的，负极上只有 Pb 与 SO_4^{2-} 的离合。可见在充电过程中，正极上的 Pb 有被重新氧化的过程。在实际电池结构中，充电电流是通过极板上活性物质中间的板栅进入活性物质的，板栅也同电解液接触。在充电的状态下，当 Pb 氧化时，正极板栅也不可避免地被局部氧化。每充一次电，板栅被氧化一次。若活性物质在数量上已反应完毕，这时的充电电流产生的氧化反应全部就用来分解水和氧化腐蚀正极板栅。从电化学反应原理可知，即使在不充电的条件下，正极板也在不停地被腐蚀着，只是速率较低。在充电时，腐蚀加快。在过充电时，正极板栅受氧化并通过合金的晶格使板栅内部受到腐蚀，同时产生变形，使板栅尺寸线性增大，甚至断裂，这是蓄电池损坏的重要原因。另外当电液中有腐蚀性杂质（如有机酸等）时，正极板栅的腐蚀显著加快。将报废的电池分解，可看到正极板栅都有着程度不同的腐蚀。由于过充电造成的氧化腐蚀在负极上是不存在的，所以负极板栅常没有明显的腐蚀。

显然，对正极板栅采取保护性措施，添加一些缓蚀剂，减少过充电，是提高电池使用寿命的措施。

1.2.5　电池的内阻

从反应方程式可知，在充足电的状态下，电解液中有 2 个硫酸分子；在放完电时，2 个硫酸分子就变成了 2 个水分子。硫酸是电的良导体，而水是不导电的，日常的水具有导电性能是由于水中含有杂质，用于半导体工业的高度净化的水的电阻率最高可达 $17M\Omega$。在电池中，加入的硫酸都是过量的，所以放完电后，电池中的电解液仍是硫酸水溶液，只不过硫酸含量减少了一些而已，这时电解液的电阻增大。这种由小变大的过程是连续渐变的，在充电的过程中，上述过程反之。

在正负极板上，充足电时无论是 Pb，还是 PbO_2，其电阻率都很小，都为 $10^{-4} \sim 10^{-3}\Omega/cm$。放完电的极板，活性物质变成了 $PbSO_4$，其电阻率很大，约为 $10^{10}\Omega/cm$，这个因素同电解液阻值变化结合起来，再加上如隔板这类的构件电阻，就构成了电池的静态内阻。所谓静态内阻，是指在不充放电的条件下，测得的蓄电池内阻。

电池还有动态内阻，这个阻值是随放电电流的大小而变化的。这是因为在放电反应中，电解液是不均匀的。靠近极板表面的电解液因同极板上活性物质反应而密度降低，远离极板的电液中的硫酸扩散到极板表面尚要一段时间，这就造成电解液浓差梯度。放电电流越大，浓差梯度越大，极板表面的硫酸浓度越低，电池的端电压也就下降越多。放电停止，浓差极化迅速消失，端电压随之迅速上升到稳定值。因此放电电流越大，电池的动态内阻也就越大。

由以上分析可知：

电池的内阻＝动态内阻＋静态内阻（电解液电阻＋极板电阻＋构件电阻）

因此在说明某电池的内阻时，一定要说明其放电条件。

内阻的测量方法见图 1-8。

测量电池内阻的公式如下。

$$r = \frac{U_1 - U_2}{I}$$

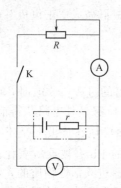

图1-8 内阻的测量方法
V—电压表；A—电流表；
K—开关；R—可调电阻；
r—电池内阻

式中 U_1——电池的空载电压；

U_2——以 I 放电时，电池端电压；

I——放电电流；

r——电池的内阻。

内阻的物理意义是：当以电流 I 放电时，电池内阻 r 消耗了 U_1-U_2 这个电压值。在汽车使用车上的录音机、电视机，用电电流都很小，只有1A左右。电池的内阻也就小，不影响这类电器的使用。而启动发动机时，电流峰值达200A左右，这时电池的内阻一瞬间就增大几百倍。有时启动不了车，俗称"电不足"。经充电作业，电池的荷电量很高了，也就降低了内阻，车也就能启动了。

有的大型动力设备上，启动电路示意如图1-9所示，是用电池供大功率启动接触器吸合线圈用电，

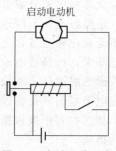

图1-9 启动电路示意

当K闭合时线圈通电吸合，启动触头接通，电池以大电流向启动电动机放电。这时若电池内阻过大，电池端电压迅速下降，以致使接触器吸合力不够，造成接触器断开，大电流放电中断。随着大电流放电中断，由于端电压又上升，线圈又吸合。这种动作往复不停，俗称"打呱哒板"。这种情况，就是电池动态内阻过大的原因造成的。

蓄电池的内阻，是放电电流的函数，它的具体数值，与放电电流直接相关。如果不在放电条件下测量，是没有意义的。现在在市面上出售一种电导式蓄电池内阻仪，只能测量蓄电池的静态内阻，不能测量蓄电池的动态内阻。因此，测量数据不能表达蓄电池的供电能力，用户也不能根据测量的数据对电池采取有效的维护。这个问题，在第8章8.7节中有详细说明。

1.2.6 电解液密度与容量的关系

在可逆的化学反应方程式中，当左边的浓度高时，反应易于向右进行。

蓄电池的充放电反应是可逆的。使用中的电池，其极板上的活性物质数量已确定，使用者唯一能掌握的也只有电解液的密度。如果进入活性物质的硫酸不足，电池的电动势和电压就会降低，因此电池不能再继续放电。放电时，电解液均匀化速率与活性物质附近的电解液的密度之差有关。浓差数越大，电解液的混合均匀化速率就越快。极板深处就有越多的活性物质参与电化学反应，故电池的容量越大。但在充电时，密度越高，越困难；需要的充电电压较高，电能转换为化学能的转换率也较低。

对小型便携式电池，追求的指标主要是重量轻，容量大，结构紧凑，所以电解液密度常取 $1.3g/cm^3$。固定型电池追求的指标主要是寿命长，易于充电，所以电解液密度常取 $1.215g/cm^3$，此密度时电阻率最低。汽车蓄电池为保障低温时工作性能，应选取冰点最低的电解液，这时对应的密度是 $d_{25}=1.28g/cm^3$。密度的最佳量值，依使用条件和使用者追求的目标而定，不必以说明书为准。如在气候温暖的南方，将汽车蓄电池的电解液密度降低一些，既不影响启动，又能延长蓄电池的寿命。

1.2.7 电池的实际容量的控制因素

从反应方程式可见，在外电路若有2个电子转移，正极板上则有一个 PbO_2 分子，负极

板上应有一个 Pb 分子，电解液中有 2 个 H_2SO_4 分子同时参加化学反应。这个比例是由电化学反应的规律决定的。所以在电池制造时，其正负极板上活性物质都有严格的比例，不能随意变动。当电池的容量增大或缩小时，正负活性物质和电池中硫酸总量有相同比例增大或缩小。在电池的使用过程中，正负极板在各种不同的使用条件下其损坏的情况各异。但不论是正极板损坏还是负极板损坏，电池的容量都由损坏最严重的极板所决定。例如，若某电池正极板由于损坏只能放出 50% 的容量，负极板即使完好，这时电池的容量也只有 50% 了。如电液的密度低于使用说明书规定的数值，放电反应时不能按比例提供足够的硫酸，新电池的实际放电容量也就达不到电池的标称容量。这种最低值原则叫"桶板原则"。即用高度不同的几块木板箍成水桶，桶的容积是由最短的那块板决定的，如图 1-10 所示。

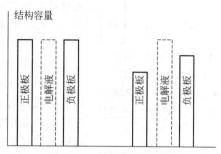

图 1-10　容量的桶板原则

　　汽车蓄电池的报废，绝大部分是由于正极板的损坏造成的。因此，一般来说，汽车蓄电池的寿命实际是正极板的寿命，只要设法使正极板经久耐用，整个电池的使用寿命也就提高了。

　　电动自行车用 15～20A·h 的电池，小汽车用 60A·h 的电池，或中型汽车用 100A·h 的电池，柴油汽车用 200A·h 的电池，通信行业用 300～3000A·h 的电池，电力行业用 100～500A·h 的电池，铅酸单体电池的标称电压都是 2V，通常空载电压都为 2.05～2.13V。

1.2.8　电解液的分层

　　最初电解液注入电池时，在整个溶液中密度是均匀的。但在充放电过程中，由于电化学反应的进行，造成电解液中各处的密度有差异，最终的结果是下部的密度大于上部。从反应式中可见，放电时消耗了硫酸，生成了水。在放电过程中，与活性物质表面接触的硫酸首先参加反应生成水，这时外部的硫酸要不断地扩散进极板，以补充放电消耗的硫酸，维持放电

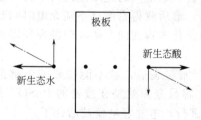

图 1-11　电解液分层动力

电流不间断。这就必然存在两种运动：一是反应生成的水向外扩散；二是硫酸向极板内扩散。这种扩散运动的动力就是在放电时造成的电解液浓度差。如果放电终止，扩散运动很快就停止了。由于反应新生成的水其密度比电解液小，在扩散运动中，必然有向上浮起的运动分量，如图 1-11 所示。

　　在充电时，极板上不断产生新生态硫酸，因新生态硫酸其密度值比两极板中间的电解液密度值大，在均匀化扩散中，也有相应的下沉分量。这两种运动的结果，使得电池在使用一段时间之后，其电液的密度上小下大。

　　电解液的分层是极其有害的，汽车蓄电池的损坏首先从电液分层开始，下面进行分析。

　　① 电解液上下部密度不一样，极板上活性物质表现出电位有差异，这就造成了极板自身的短路性放电，即浓差放电。

　　② 温度越高，腐蚀越严重，分层造成了极板下部化学腐蚀比上部大。

　　③ 由于下部密度大，使极板间电解的电阻值发生了变化。在图 1-12 中充电时流过 C、D 两点间的电流就剧烈，板栅的电化学腐蚀就加剧。下部活性物质充放电深度比上部大，这就加速了电池下部的损坏。

　　电池的这种损坏方式，在所有的电池中，几乎没有例外。通常都认为，在汽车电池中，

电解液的这种分层，在汽车蓄电池上不存在。实际调查表明，单靠汽车行驶振动是不能消除

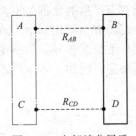

图 1-12　电解液分层后
电解液电阻值变化示意

R_{AB}—A、B 两点间的电阻；
R_{CD}—C、D 两点间的电阻

电液分层的，目前只能靠适当增加充入电量来解决。在充放电循环较频繁，电池工作在深度充放电的蓄电池牵引车上，其损坏往往从极板群的上部开始。在 600A·h 大型固定电池中，如果充电电压低于水的分解电压，在充电过程中基本没有气泡产生，经过 6 次充放电循环，电池底部的浓度竟然是上部的 2 倍，下部密度为 1.30g/cm^3，上部密度为 1.15g/cm^3，这就是电池下部的腐蚀损坏总比上部严重的原因。

如图 1-12 所示是电解液分层后电阻值变化示意。

在没有充放电反应的时候，电解液不会在重力作用下分层，电解液中硫酸与水结合生成水合离子，其结构稳定，在溶液中分散均匀。在静置的状态下，经几个月的时间，用比重天平也测不出上下电解液密度的差异。

为了消除电解液分层，多采用提高充电电压分解水产生的气体，利用气泡上浮时搅动电液，使其均匀，在充电工艺中称为均衡充电。这是迫不得已才采取的手段，并非理想的方法。用压缩空气搅拌电解液是个好办法，但需要在电池结构上预设气体通道。

1.3　常用须知

1.3.1　除硫化和容量复原技术

从反应方程式可知，放电后正负极板均生成 PbSO$_4$，在充电的条件下，反应才能向左进行。减少电解液中酸的浓度有利于这一反应进行，减少得越多，充电就越易。通常所说的极板硫化就是指正负极板变成了电阻值很大又难以进行充电反应的 PbSO$_4$。处理这种电池的方法，就是将电池中的电液全部倒出，注入蒸馏水，进行充电，这时最有利于充电反应进行。在充电过程中，我们会测得电池中电液的密度逐渐上升。当上升的速度减慢时，再将酸液全部倒出，重新注入蒸馏水，进行充电。这样反复几次，最后测得密度已不随充电时间延长而上升。这时极板就活化了，这种工艺就是利用人为地催化方程式向左边反应的原理得来的，这是传统的方法。

极板上的铅（Pb）被放电生成物硫酸铅（PbSO$_4$）严密包裹后，就不能与硫酸电解液接触。充电无法进行，称为极板硫化，其示意见图 1-13。容量复原就是在致密的 PbSO$_4$ 表面打开一些缺口，使 Pb 能与电解液接触，充电反应得以进行，电池容量就被活化了。

除硫化有两种工艺，即化学法和物理法。化学法就是添加一些活化剂，活化剂中主要有 K$^+$、Na$^+$ 类的碱金属离子，这些离子在电流的作用下，会在负极表面富集，使极板表面局部形成 pH 值较低的条件。PbSO$_4$ 在碱环境中溶解度很大，于是使表面的 PbSO$_4$ 溶解一些，露出 Pb，即图 1-13 所示的激活点。有的活化剂中使用了锂离子，由于在元素周期表中，锂离子原子半径最小，渗透性最强，所以活化效果最好。由于没有新的碱金属元素可用，技术上已不可能超过这个极限。

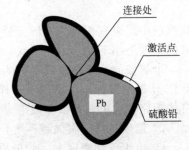

图 1-13　除硫化原理示意

这种方法虽然见效快，容量提升高，但有副作用。活化剂一旦加入，对极板表面 PbSO$_4$ 的溶解就是不可控的，溶解作用不可避免要发生

在图 1-13 中 Pb 粒的连接处，于是极板就被软化，这就使电池的容量衰减速度加快。电池厂在生产电池中的"化成"工序，就是把深度硫化的生极板变成活性 Pb 的熟极板，均不采用碱金属添加剂的方法，而是普遍采用脉冲化成技术。其过程就是利用脉冲电流消除硫化，对硫化电池的物理除硫化，容量提升幅度较小，但没有软化极板的副作用，兼顾了容量和寿命两项指标。

电池经容量复原后上线，使用几个月，就有落后单节出现。这是正常情况，这种容量衰减与承担复原的公司无关。承担复原的公司如果没有在线保有容量检测技术，就很难发现其中少数失效单节，难以排除质量隐患。这是由于当电池受到硫化损伤后，极板深度膨胀，导致脱落较多。经过活化后，脱落的不导电的硫酸铅（$PbSO_4$）就变成导电的铅（Pb），这种离散的铅搭连在正负极板之间，电池自放电明显增大，许多复原公司宣传资料上都没有控制

图 1-14　活化电池微短路状态

自放电这项指标的解释。当自放电增大到一定程度时，在基站小电流浮充条件下，2～3 个月，就失去容量。把基站中间失效单节取回，充电后放电容量仍能达到 80%，符合使用标准。把其中一个电池分解，看到极板间的隔板已被脱落的铅粉污染，见图 1-14。

在目前容量复原过程中，电池都是用几十安的电流进行容量检查，到基站后，浮充电电流通常只有 0.3A 左右。所以活化后容量检测合格的电池并不能保障在基站安全使用。自放电指标是保障电池安全运行的重要指标，新电池标准是每天不大于 0.14%。由于工艺和合同条款的限制，检测这项指标的成本较高，复原公司和通信部门都无法检测自放电这项技术参数。电池经容量复原后，自放电会成十倍地增加，许多通信公司的技术主管，并不知道这项指标对运行质量的影响。依靠容量复原这种应急性工艺措施提高电池运行质量是不可行的。

同样可以理解，阀控蓄电池使用高密度的电解液，电池易硫化。

现在已有电子除硫化技术，可以方便地除硫化。把这项技术做到充电机里，可使充电过程和除硫化过程合并。长期使用这种充电机充电，蓄电池就不会受到硫化的损伤。在通信基站使用的电源模块，就有这种功能。

1.3.2　充放电反应的限制因素

电极的充放电反应只在与电解液接触的界面上进行。从图 1-2 中可见，正极的反应必须是 PbO_2 与 SO_4^{2-} 接触，O 与 H 接触，负极的反应也必须是 Pb 与 SO_4^{2-} 接触，没有接触就不能发生反应。极板上活性物质是团粒结构，向电池中注入硫酸时，接触的只有团粒的表面，在铅粒的内部，因没有与酸接触，也就不参加充放电化学反应，只是提供电子导电电路而已。为了增加极板与电解液的接触面积，制造中总是把极板做成多孔疏松的海绵状，但我们不可能把铅粉破碎到单个分子那么小，极板也不可能做到两层分子那么薄，因此，电池中铅的利用率不可能达到 100%，通常只有 50% 左右。

在充电过程中，气体产生、合并，挤出极板，直至完全同极板分离有一个过程。气体在极板表面产生之后不能迅速溢出形成气泡，遮盖了部分极板，使硫酸真正接触的极板面积减小了，参加有效充电反应的面积也就减少了。这时虽然充电电流不变，但由于转化为化学能的部分减小了，消耗在分解水的部分增多，充电效率就降低了，电池的温升也就开始升高。为了合理使用电能和保护电池，应当降低充电电流，以适应电池内部的变化。

1.3.3 电池非使用放电

从反应方程式可知，电池放电的充分且必要的条件是有电子转移的电路或有其他方式能把负极上的电子从负极"搬移"正极。这种"搬移"，可以是连续的，也可以是间断的；可以在外部，也可以在内部；可以是固体，也可以是液体。例如：

① 用导线接在正负极柱上，使电器工作；

② 在外壳的正负极之间，如电池顶盖上的冷凝酸液；

③ 有化合价可以改变的离子往返于电池的正负极之间，如铁离子。

为加深理解，现作进一步分析。

在图 1-15 中，电池是充足电的。两根连线若分别接在正负极柱上，蓄电池中负极板上的电子就经负极柱-导线-灯泡-导线-正极柱-正极板流通，这是正常用电的情况。若电池顶盖上有非金属的导电体，如酸液、碱水、雨水等，如图 1-16 所示，搭连在正负极柱之间，电池也会自放电。这时电子从负极板-负桩柱进入污染液，在污染液与负极柱的界面上发生电解反应，在电解液中变为离子导电；同时在正极柱界面上也发生电解反应-进入正极柱-正极板，这也就造成了电池的放电。

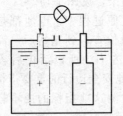
图 1-15 蓄电池的工作放电

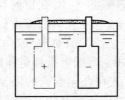
图 1-16 外部污染放电

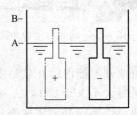
图 1-17 内部电解液的合理高度

如果我们向图 1-17 所示的电池中注酸，当酸注到 A 高度时，正负极板不放电是容易理解的。当酸注到 B 高度时，酸液已将极柱淹没，这时电池也没有放电反应发生。因为这时在正负极之间没有电子导电的通路，被电解液淹没的部分进行着相同的电化反应。而在图 1-17 中，在极板至顶盖导电液体之间有一段电子导电体——极柱。极柱同淹没的极板构成了电池，极柱又同污染液构成了用电器，所以两者的结果完全不同。

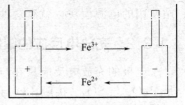
图 1-18 有害离子的自放电

第三种情况见图 1-18。电解液中的铁离子运动到负极时，就从负极夺取一个电子，变成 Fe^{2+}，于是由于热而引起无规则的布朗运动，负极板上的 Fe^{2+} 也要随机地运动到正极。到达正极板时，Fe^{2+} 又放出一个电子，变成 Fe^{3+}，这就把负极板上的一个电子"搬移"正极板上，这就造成了电池的自放电。

1.3.4 电池水消耗

从反应方程式可知，电解液中的酸只参加电化学反应，充电时从极板上固体的化合态变成新生态进入电解液，放电时又从电解液进入极板生成化合态，以固体形式存在极板中。在这个过程中，硫酸只是被轮番"吞吐"，并没有消耗。因此，只要在新蓄电池启用时按说明书要求加入一定密度的硫酸，其含酸量对正常的电化反应就已足够。在电池的使用过程中，不必要也不能再加酸，不能把加酸当成恢复电量的技术手段。当电池液面下降需补充电解液时，只能加入蒸馏水而不能加酸。在正常使用中硫酸通过酸雾蒸发量是很小的，同电液的总量相比，完全可以忽略不计。"电水"这个词是指有一定密度的硫酸电解液，而不是电池用水。有的使用单位不加区分，每次电池保养补水，都加入电解液，致使密度越来越高。这样使用电池，寿命是很短的。

这种水的消耗，是不可避免的。阀控电池质量的优劣很大程度上可用水的耗散量来衡量。在通信基站的使用条件下，500A·h 电池的水消耗通常每年在 200~250mL 范围内。水分散失后，电解液就被浓缩，蓄电池的反电势就会上升，通常浮充电压是不变化的，电池的实际充电电压就降低了，这是导致通信基站蓄电池硫化的根本原因。及时补加水，保持出厂时电解液的密度状态，对保持电池容量是十分重要的。

1.3.5　电池的容量衰减

使用中的蓄电池，其正极板上 PbO_2 同 $PbSO_4$ 共存，负极上 Pb 同 $PbSO_4$ 共存。在图 1-2 和充放电反应方程式中，正极在充电后都是 PbO_2，负极都是 Pb。实际使用中的蓄电池，其反极充电时不可能将其极板上的 $PbSO_4$ 完全转化成 PbO_2 或 Pb。如果每次充放电循环都百分之百转化完，势必大大延长充放电时间。由于充电后期充电效率很低，大部分电流消耗于水的分解上。正极上分解水时产生新生态的原子氧，在两个氧原子合并成一个氧分子之前，其氧化腐蚀能力极强，这就加剧了正极板的腐蚀，况且纯 PbO_2 的结合力很差，易造成大量脱粉。为了延长电池的使用寿命，没有必要为恢复少量的容量而付出极板被腐蚀的沉重代价。况且在很多情况下，工作条件不允许长时间地把充电机给少数电池使用。由于以上原因，每经过一个充放电循环，都会有一部分活性物质转化为 $PbSO_4$，失去活性。正是这种缓慢的"蚕食"，一点一点地使电池失去了原始的容量。

有人说："活性物质脱落使电池失去了容量"。如果脱落是唯一的原因，那么只要用机械办法包裹正极板，使活性物质不能脱落，电池不就能无限期的使用吗？实际并不是这样，活性物质微观结构的变异也是丧失活性的重要原因，这里不再详述。

1.3.6　电池的"反极"

从反应方程式中可知，放完电的极板，正负极板上均生成 $PbSO_4$。这时从理论上讲，同一物质浸泡在电解液中，自然没有电位差，也无所谓正负极之分。这时外电路如果仍有电流沿原放电电流方向通过，该电池内部就会发生充电反应，如图 1-19 所示。

放电开始　　　　落后电池端电压为零　　　落后电池反极

图 1-19　蓄电池的反极

这种现象在电池组中经常发生，但许多人并没有发现。这是因为只有在放电电流不间断的情况下才能测得。放电停止后，电池的极性又恢复到正确状态。如果一个 12V 的电池，放电时端电压急剧下降，这时在电池的 6 个单节中，某个单节有可能正处在反极状态，这时应停止放电。

电池组的有效使用容量是由容量最低的单节决定的。如果放电时容量最低的电池已放出全部电量，这个电池组的容量就降低到"0"。这时应停止放电，如果再放电，该单节就会出现反极。许多人都认为，单节电池实际容量降到"0"，就等于把这个单节从电池组中取掉了，没有其他危害，实际上完全不是这样。

过放电会导致铅酸蓄电池出现"反极"，即电池的正负极性发生倒置。这时，每个正常的蓄电池提供的电压通常是 1.5～1.7V，反极单节的电压是负值，数值的大小取决于放电电流的大小，对于机车启动时的 2000A 电流，失效的 462A·h 电池用示波器测量到的反极电压最高到 3.8V。也就是说，1 个反极电池要抵销 1～2 个正常电池的供电电压，这就导致蓄电池组供电有效总电压的大幅度下降。对于成串成组使用的电池，容量均衡性是个必然存在的问题。串联的电池越多，这个问题越突出。

反极对电池的破坏是以加速度的方式进行的，下面对反极过程及破坏机理做一分析。

前面已说过，正极板上的 PbO_2，在放电下限时并没有完全转化为 $PbSO_4$，负极板上的 Pb 也没有完全转化为 $PbSO_4$，而是两种物质在极板上共存。外电路的持续放电，要求串联电池组中每个单节都提供放电，并保持自己的端电压在规定的电压之上。但由于单节之间容量有差异，当差值大到一定程度时，小容量电池已不能提供足够的电能量向外释放，表现出端电压降到规定之下，直至零。这时若放电停止，该电池由于硫酸根离子的扩散，极板上尚未变成 $PbSO_4$ 的部分又接触到了一定浓度的硫酸。于是电池的端电压又迅速上升到 1V 以上。但这时的电压值已成了"虚电压"。若放电电流连续不停，该电池端的电压下降到零并不停止，继续下降到"负值"，即反极。这时用电压表可测得电池的负极电压高于正极。放电电流越大，持续时间越长，反极电压越高。反极的过程就是对电池反充电的过程。充电即有 $PbSO_4$ 转换成 $Pb+PbO_2$ 的反应发生。但是新产生的 PbO_2，产生在原来的负极上，同负极上剩余的 Pb 构成一对电池，电子迅速地从 Pb 上经极板中导电金属运动到新生态的 PbO_2 上，于是原来负极板上的 Pb 和新生态的 PbO_2 又一同转化为 $PbSO_4$。同理，在正极上也发生着类似的反应。所以这个电池在外电路的催化下，正负极板上的活性物质迅速地全部转化为 $PbSO_4$，由于这样生成的 $PbSO_4$ 结构紧密，颗粒粗大，再次充电时很难充入，我们说，电池硫化了。

有没有可能使用大电流长时间的强制性充电，使原电池中正负极转化？这是不可能的。因为正负极铅膏中添加剂不同，转极后的电池也只能有个虚电压而已，不会有真实的有使用价值的安时容量。

铅酸蓄电池比较"皮实"，一次反极不会造成电池的永久性损坏。锂离子电池则不同，一次反极就会造成永久损坏。

1.3.7 温度对电池性能的影响

从反应方程式可见，正极板上是 PbO_2，负极板上是 Pb。这两种物质的导电性能都随温度变化极小，因此，可以说，电池放电性能的温度效应是由于硫酸所致，因为只有它的活化性能（离解程度和离子迁移速度）与温度相关。

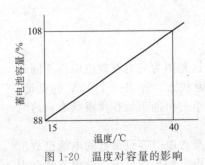

图 1-20　温度对容量的影响

铅酸蓄电池硫酸电解液的温度高，容量输出就多；电解液的温度低，容量输出就少。造成这种情况的原因，除由于温度降低之外，还由于温度降低时，硫酸铅在硫酸电解液中的溶解度也将降低，这必然使极板周围的铅离子饱和，迫使形成的硫酸铅结晶致密，这个致密的结晶阻碍了活性物质与硫酸电解液的充分接触，从而使铅酸蓄电池容量输出减少。图 1-20 表示温度对容量的影响。通常可粗略计算，取温度每上升或下降 1℃，容量增减 1%。

铅酸蓄电池在放电时如果硫酸电解液温度较高，这就会使极板表面的 $PbSO_4$ 在硫酸电解液中的过饱和度降低，而有利于形成疏松的硫酸铅结晶，使之在充电时生成粗大、坚固的 PbO_2 层，从而可延长极板活性物质的使用寿命。铅酸蓄电池在充电时如果电解液的温度过高，则会使电解液的扩散加快，极板板栅的腐蚀加剧，从而也就使铅酸蓄电池的使用寿命缩短。

实践表明：

① 铅酸蓄电池在充电时，随着电解液温度的升高，极板和铅合金板栅腐蚀增大；

② 铅酸蓄电池中，正极铅合金板栅的腐蚀要比负极大。

所以说，铅酸蓄电池在充电过程中，电解液温度升高是不受欢迎的。为了获得较好的低温电性能，我们选取启动电池的电解液密度为 $1.28g/cm^3$ （25℃）。因为在该密度下，硫酸电解液在 $-20 \sim -30℃$ 时电阻率较其他密度值低。若电池不在低温下工作，如气温较高的江南地区，北方地区的夏季及室内条件，电解液的密度值没有必要非选用 $1.28g/cm^3$ 不可，可将密度值降到 $1.26g/cm^3$ 以下。笔者在云南曾这样做过，启动电池的实际使用寿命延长了 50%。

1.3.8　干荷电电池的启用

如果电池出厂时，正极板上全部是 PbO_2，负极板上全部是 Pb，并用一些保护措施使其在储运过程中能稳定地保持这种状态不变，用户启用电池时，将合乎规定密度的酸注入电池，从反应方程式可知，这个电池的放电条件已具备，这个电池也就处在完全可以向用电器放电的状态，这种电池被称为干荷电，其含义可理解为在干燥、未注液时就存有电了。由于节约了初充电的能源和时间，越来越受到人们的欢迎。显然，如果正负极板都能保持其活化状态，注液即用自然也没有什么问题，客观情况与上述有异：在电池制造、储运过程中，由于保护工艺不完备，保护剂质量有高低，储运时间有长短，存放环境有好坏，用户启用时不可避免一部分 Pb 已转化为 PbO；当酸注入后，发生以下反应：

$$PbO + H_2SO_4 \longrightarrow PbSO_4 + H_2O + Q$$

表现出注酸后电池发热。有的生产厂家，由于工艺上的问题，出厂时极板上有部分 $PbSO_4$，并非全部处于 PbO_2 和 Pb 的活化状态。用户如果没有迅速测定电池实际容量的 CB 检测仪，就无法知道电池干荷质量。许多人都认为"干荷电"就是"百分之百的保有电量"，这个理解是错误的。现在有的厂家已在保养规程中作了如下说明："这种电池的极板，用特定的方式制造，用特殊的工艺干燥，以保证正极板含有足够的二氧化铅，负极板保持尽量多的绒状铅。用这种极板组装的电池，在密封状态下，可保存较长的时间，一两年之内电池容量不会有大的下降。使用时，加入规定密度的电解液，经很短的时间就能启动电动机，如果第一次的行车时间能长些，车上的直流发电机可对电池补充电，对电池的使用寿命有利。"因为市售电池的正极板中，二氧化铅还没有达到最高含量；负极板中，总有一定量的氧化铅和硫酸铅，所以有的干荷电池首次容量仅能达到 20h 率的 30%，国家标准规定达到 80% 为合格。如果第一次行车时间很短，汽车发电机对电池补充电不足，则正负极板上部分未转化为 PbO_2 和 Pb 的铅膏很难再转变过来，必将影响电池的使用寿命，干荷电池在使用时，如条件允许，先做适当的充电是有益的，充入电量的多少应根据电池的状态和使用条件来决定。

这里所说的状态，最主要可从注入的电解液密度是否发生降低来判断其好坏，密度不降者最好。一般干荷电池加液后密度降低 $0.02g/cm^3$ 为正常，降低过大的一定要补充电，普通电池启用时一定要进行初充电，其要求在"初充电"一节详述，这类电池现在已经很少生产了。

密封蓄电池的自放电可使蓄电池容量下降到安全容量以下。经过仓储后的蓄电池，实际容量随仓储条件的不同而异，并非有 100% 的容量。

1.3.9　充电的合理限度

从反应方程式可见，电池的充电反应是将电能变为化学能储存起来，这也是充电的目的。如果正负极板上都分别转化成 PbO_2 和 Pb，再充电就毫无益处了。这时外电路送入电池的能量全部用于分解水。单体电池过充电 $1A \cdot h$ 时，要分解 $0.33g$ 的水，产生 $0.24L$ 的 H_2 和 $0.2L$ 的 O_2，这对电池有以下几种伤害。

① 如被电解成 H_2、O_2 逸出，增大了电解液损耗。

② 气体对极板上的活性物质联结有破坏作用，增加活性物质脱落。

③ 正极板上产生的新生态原子氧对板栅有较强的腐蚀作用，加速了极板的腐蚀。

由此可知，过充电是应该严格控制的，有时为了搅拌电解液，使其上下均匀，消除分层，有意采取适量的过充电，这时应有节制，达到目的即停。所谓充电时间越长越好的概念是错误的。

在对蓄电池组充电时，由于单节容量不是均衡的，所以其中容量较低的电池必然过充电，这是经常发生的误损坏。有人误认为使用了"智能充电机"，就对充电无需管理，这是不对的。智能充电机检测的电压值是蓄电池的总电压，不能识别电池串中的单节电池的电压，由于单节电池之间有差异，总电压合格并不能保障每个电池电压都合格。要保障每个电池电压都合格，就需要蓄电池管理系统，通常称为 BMS。

1.4 辅助知识

1.4.1 合理使用添加剂

从化学反应方程式可见，电池的充放电反应中，PbO_2、Pb、H_2SO_4 是真正参加反应的必备物质，现在市场上有各种各样的添加剂，加入电池中都只是起辅助作用，通过添加剂中某些成分的作用，使电池充放电易于进行，于是就表现"增大了电池容量"的特性；某些成分阻止了电液分层，就表现出"减少了腐蚀""延长了电池寿命"的特征；某些成分减少了极板中锑成分的溶解，就表现出了"减少自放电"的特征等。这些添加剂的功效，都是在一定条件下才能发挥出来的，没有一种是在所有的使用条件下都有效的。

因此在使用这些添加剂时，一定要弄清楚该添加剂的性质、用量、使用条件，否则会适得其反，盲目使用添加剂将电池损坏的情况屡见不鲜。

现在市场上的除硫化添加剂很多，其基本原理是，添加一些碱金属，在充电电流的作用下，碱金属离子会在负极板处富集，在局部的小范围内，形成碱性环境。硫酸铅在碱性溶液中溶解度很大，当一部分硫酸铅溶解后，露出新鲜的 Pb 界面，充电就可以进行了。同时，碱金属离子也会置换出一部分硫酸铅，在极板上排列致密的硫酸铅表面打开缺口，也会露出新鲜的 Pb 界面，使充电容易进行，达到除硫化的目的。

这种工艺方法，只对负极板硫化的电池有效，绝不是对所有电池都能"起死回生"，也不可能把电池的使用寿命延长太多。这是由于所有的除硫化添加剂都有软化极板的副作用，超过一定量后会导致容量的衰减速度加快。

1.4.2 "免维护电池"的误区

铅酸蓄电池的技术发展，已经经历了约150年的历史，随着技术的进步，电池的性能越来越好，特别是阀控电池诞生后，给用户带来了许多便利。

为了销售的宣传，阀控蓄电池曾被称为"免维护电池"。这个名称是商业名称，不是技术名称。起初对"免维护"的过度宣传和过度信任，导致了一系列设备事故，在实际运行中，已经在纠正这方面的误解，开展一些必要的维护。对通信电源蓄电池的维护工作见第4章"通信电池的维护管理"。

　　由于不合理的使用和免维护，电池的实际使用寿命只有设计寿命的 30%～50%。合理的维护可以大幅度延长蓄电池的使用寿命。一些部门现行的蓄电池维护标准、规范、制度和要求，常常是由一些职务技术专家制定的，并不是维护实际经验的总结，制定者并没有实践过，所以基层执行中由于没有实际效果，逐渐被遗忘。

　　现在是认识上的误区滞后于维护技术的发展。在使用蓄电池较多的相关专业院校中，开设蓄电池课程，是为开展蓄电池培训技术力量的根本举措。

1.4.3　蓄电池用酸及蓄电池用水的标准

　　蓄电池所用硫酸对纯净程度要求很高，其标准等级仅次于化学纯，价格为工业用硫酸的 10 倍。它是用分层蒸馏的方法从工业硫酸中提取的，其标准号为 GB 4554—84，主要指标见表 1-1。

表 1-1　蓄电池用酸标准（含量）　　　　单位：%

等级	H_2SO_4 $\geqslant$	Mn $\leqslant$	Fe $\leqslant$	As $\leqslant$	Cl $\leqslant$
一级	92	0.00005	0.005	0.0005	0.005
二级		0.0001	0.012	0.0001	0.001

　　配制稀硫酸的用水已经有行业标准，标准号为 JB/T 10053—2010。其主要内容见表 1-2。

表 1-2　蓄电池用水推荐控制指标

项目	Fe	Cl^-	NO_3^-	NH_4^+	有机物
含量/% $\leqslant$	0.0004	0.0008	0.0001	0.008	0.003

　　以上的化验分析比较麻烦，现在实际操作可用电导仪检测，其电阻率大于 100kΩ/m 即可。这个数据，就是蒸馏水的质量标准。市售的纯净饮用水标准是 10kΩ/m，两者差距很大。

1.4.4　蓄电池水质量控制及简易检验法

　　由于蓄电池用硫酸的要求很高，许多杂质的含量控制在微量标准，其化验已不能用称量法，因此大多数使用单位没有条件对蓄电池所用硫酸进行质量控制，都是物资供应部门买什么，就使用什么。

　　某次蓄电池质量事故中，笔者曾到几个生产蓄电池用酸的工厂进行质量调查。有个工厂化验单连续 16 张没有一张合格，有的工厂几个月不做一次化验。由于物资部门采购人员不对酸的质量进行鉴定，也不知道蓄电池所用硫酸的标准，因此不符合国家标准的硫酸就进入生产环节。

　　这里介绍几个简易的检验方法。

　　① 凡是买来瓶装的浓硫酸，只要有颜色，有可见的杂质，浑浊不清，密度小于 1.83g/cm³，这种浓硫酸肯定不合格。合格品是洁净、无色、透明的，无任何机械杂质。

　　② 烧制蓄电池用水装置的冷凝管是铁质的，烧制的净水常不合格，应用紫铜管。

　　用电导仪测蓄电池用水的阻值，大于 100kΩ/m 为合格，用电导率表示，应小于 1μS/cm，两者的数值是倒数关系，这是最简便的办法。用玻璃器皿烧制的蒸馏水的电阻值通常是 560kΩ/m。离子交换处理的水电阻值通常是 900kΩ/m。购买时生产者应用电导仪测量取出水样的电导率，达到标准为合格。用手指伸进合格的水样，由于手上的杂质溶于水中，电导仪应显示不合格。用这种办法，可粗略判断电导仪是否有效。

对蓄电池用水中的氯（Cl）和铁（Fe）含量的定量分析方法如下。

1.4.4.1　氯的定量分析方法

测定原理是，氯离子和银离子反应生成乳白色的氯化银沉淀。

$$Ag^+ + Cl^- \longrightarrow AgCl\downarrow$$

试剂配制如下。

① $AgNO_3$ 溶液配制。浓度为 0.1mol/L，取 0.2g $AgNO_3$ 溶入 1000mL 重蒸馏水即可。

② 氯标准溶液配制。取分析纯氯化钠，在 450℃ 下烘干，移入干燥器冷却后，称取 0.1648g 放入 100mL 烧杯中，加蒸馏水溶解，移入 1000mL 容量瓶中，加蒸馏水稀释至刻度，即得 0.1mL/L 含量。

③ 1:1 硝酸溶液配制。取 10mL 分析纯硝酸，加入 10mL 蒸馏水中混匀。

操作步骤：取 5mL 待测液，加入 1～2 滴硝酸溶液，再滴入配好的 $AgNO_3$ 试剂，若没有乳白色，则说明不含氯。若有乳白色，其氯含量则需同标准样的乳白色进行比较。用另一个比色管取无氯蒸馏水，操作同上，用移液管或滴定管加氯标准溶液直至出现的乳白色同待测液一致。记下氯标准溶液加入的毫升数。

氯含量为

$$氯含量 = \frac{0.1mg/mL \times 氯标准液毫升数}{5mL \times 待测液密度}$$

1.4.4.2　铁的定量分析方法

测定的原理是，硫氰酸氨与 3 价铁离子产生络合反应，生成六硫氰铁络阴离子。六硫氰铁络阴离子呈红色，根据红色的深度可测出铁的含量。其反应式为

$$NH_4CNS + Fe^{3+} \longrightarrow Fe(CNS)_6^{3-}$$

二价铁离子与硫氰酸氨反应生成的阴离子不呈现颜色，因此测定前应用酸先把二价铁离子氧化成三价铁离子。试剂配制如下。

① 标准溶液的配制。取 0.8635g 分析纯铁铵钒 $Fe_2(SO_4)_3(NH_4)_2SO_4 \cdot 24H_2O$，加蒸馏水溶于 100mL 烧杯中，溶解后移入 1000mL 容量瓶中，用蒸馏水稀释到刻度。此标准溶液含铁量为 0.1mg/mL。

② 1:1 硝酸溶液酸配制同上。

③ 硫氰酸氨固体，分析纯度。

操作步骤如下。

取 5mL 待测液放入比色管中，加入 1:1 的 HNO_3 溶液 1mL，摇动试管 1min。加硫氰酸氨固体 1～2g，摇匀。待测液若不呈现红色，表明待测液不含铁；若呈现红色，则需用标准铁溶液进行变色比较。

用另一个比色管取 5mL 无铁蒸馏水，测定操作同上，用移液管滴加铁标准溶液至红色与待测液一样，记下铁标准溶液加入的毫升数。铁含量为

$$铁含量 = \frac{0.1mg/mL \times 铁标准溶液的毫升数}{5mL \times 待测液密度}$$

氯和铁是最容易混入电解液中的有害杂质，只要在水净化过程中两项指标合格，其他杂质的控制指标往往也就合格了。

1.4.5　配酸作业

配制电解液，最简便的是使用蒸馏水，但制备蒸馏水耗能很高。用水量较大的单位，常备有离子交换净化设备。用离子交换法制得的蓄电池用水，有时误称为离子水，这是由于习惯造成的，过去用蒸馏锅烧的水叫蒸馏水，用离子交换制得的水也就是"离子水"。因在制

备过程中正是除去水中的离子，应叫作"去离子水"才对，两者含意正相反。铅酸蓄电池的电解液是用纯水稀释纯硫酸而制成的，硫酸通常以密度 $1.835\sim1.850\mathrm{g/cm^3}$ 出售，其中硫酸的含量在 95％以上。这种硫酸在受热时放出硫酐（SO_3），SO_3 吸收空气中的水分，形成白烟雾状的 H_2SO_4，所以也将这样的浓硫酸叫作发烟硫酸。在稀释浓硫酸时，溶液强烈地发热，为了防止配置人员受硫酸伤害，必须把硫酸倒入水中，而不能把水倒入酸中；同时，必须有两人在工作地，且备有防止烧伤时救护使用的弱碱溶液，通常用 Na_2CO_3 或 $NaHCO_3$，溶液浓度取 5％。在发生硫酸烧伤时，切记不能用水直接去冲洗酸液，而要用碱液来冲洗。如果用水冲洗，硫酸稀释时的热更加剧了热烧伤；用碱液冲洗时，其中的碱可以中和大部分酸，这就可以大大地降低热烧伤的程度。

把水注入硫酸中和把硫酸注入水中两种情况下产生的热量是一样的，但由于浓硫酸的比热容低〔密度为 $1.840\mathrm{g/cm^3}$ 的硫酸比热容是 $1.41\mathrm{J/(g\cdot℃)}$〕，而水的比热容高〔水的比热容在 4℃时为 $14.18\mathrm{J/(g\cdot℃)}$〕，结果是完全不同的。当水加入硫酸中时释放出大量的热，由于硫酸密度高而比热容低，于是便产生了强烈的局部温升，以致出现沸腾而热酸四溅；当酸加入水中时，密度较大的酸不断地从上都沉入下部，产生了搅拌作用，同时产生的热也被比热容较大的水吸收，如图 1-21(a) 所示。

配制电解液时，如按图 1-21(b) 所示直接把浓硫酸倒入水槽中，发热的电解液在密度较大的浓硫酸冲击下，从槽中喷出，造成对操作者的伤害。解决的办法是采用图 1-21(c) 所示的结构，加入的浓硫酸沿着弯曲的管道直接沉入配制槽的底部，与水进行第一次反应，这时放出热量也较少。待温度降到室温后，搅拌电解液，这时硫酸与水再次进行反应，放出较多的热量。这样操作，放热的强度较低，比较安全。注酸时同时进行搅拌的操作是不对的。

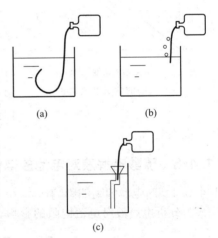

图 1-21　电解液配置槽的安全结构

配制电解液时，电解液的温升与配置条件有关，如散热条件好（容器大，气温低，通风好），则温升低；若散热条件不好，温度会升到 100℃以上，笔者有一次实测得温度达 190℃。理论计算表明，配制 $1.40\mathrm{g/cm^3}$ 的电解液，最高温度达 200℃，但电解液并没有像水那样，到 100℃就沸腾，这是由于硫酸的蒸发压力很低，以致有时会出现"吸水性"。配制电解液时放出热量，说明配制电解液的过程，并不是单纯"稀释"的物理过程，而是一个物理和化学的复合过程。

进行化学反应的证据是，将浓硫酸倒入水中后，放出大量的热，同时总体积小于酸和水体积的算术和。

硫酸溶水后，与水生成水合分子 $H_2SO_4\cdot nH_2O$，$n=1\sim5$。在 $n=5$ 时，硫酸与水的质量比为 98∶90，约为 1.09，这时电解液的密度为 $1.42\mathrm{g/cm^3}$ 左右，含酸浓度约为 50％。也就是说，在 $d=1.42\mathrm{g/cm^3}$ 以上，硫酸的"吸水性"是很强的，通常利用这种特性把浓硫酸作为干燥剂使用。从理论上说，在密度低于 $1.42\mathrm{g/cm^3}$ 时，电解液中才有游离的水存在。水合分子的团粒尺寸大，重量也是水的 10 多倍，从液体中逸出时需要的能量比水要大得多。因此，从电池中热蒸发造成的损失，只是水而已，里面含有少量的酸，其密度十分接近于 $1.0\mathrm{g/cm^3}$。随着水散失时的电液的密度逐渐升高，在电池充电后期激烈出气，会随带一部分酸。如果充电适当，这部分散失也是很少的，因此，电池在正常使用中只需按说明书要求第一次将酸加够，以后不必也不能再加酸。

　　所用的电解液有两种，一种是 $d=1.40\mathrm{g/cm^3}$，另一种 $d=1.26\mathrm{g/cm^3}$。前者用于充电作业时调整电池中电解液的密度，后者用于新电池启用时注酸，配制这两种电解液的比例大致如下。

　　1 质量分的电池用硫酸＋1 质量分的电池用水＝密度为 $1.4\mathrm{g/cm^3}$ 的电解液，含酸量约 50%。

　　1 质量分的电池用硫酸＋2 质量分的电池用水＝密度为 $1.25\mathrm{g/cm^3}$ 的电解液，含酸量约 33%。

　　用密度较大的酸来调整蓄电池电解液的密度，单纯从浓度变化看，不论用多大浓度的酸都可以。但在实际工作时，为了减少浓酸稀释时的放热，通常用密度为 $1.4\mathrm{g/cm^3}$ 的酸进行调整。用这种密度的硫酸稀释时，发热量只有浓酸稀释为密度较低的电解液发热量的 10%～15%。如果测得电解液的密度不是在 25℃条件下，其换算公式为

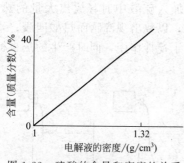

图 1-22　硫酸的含量和密度的关系

$$d_{25}=d_t+\alpha(t-25)$$

式中　d_{25}——25℃时的密度值，$\mathrm{g/cm^3}$；

　　　d_t——测量时得到的值，$\mathrm{g/cm^3}$；

　　　α——温度修正数，密度在 $1.20\sim1.30\mathrm{g/cm^3}$ 之间可取 0.0007；

　　　t——测量密度时的实际温度，℃。

　　当电解质的密度在 $1.10\sim1.80\mathrm{g/cm^3}$ 范围内变动时，密度值和硫酸的含量并不是简单的线性关系，如图 1-22 所示。但在常用的范围内，即 $d=1.10\sim1.30\mathrm{g/cm^3}$ 之间，密度值和电解液中硫酸的含量可当作线形关系处理。

1.4.6　硫酸电解液对电池放电性能的影响

1.4.6.1　对电池内阻的影响

　　为分析电解液对电池内阻的影响，现将蓄电池中各种物质的电阻率对比列于表 1-3。

表 1-3　蓄电池中各种物质的电阻率对比

物质	电阻率/(Ω/cm)	物质	电阻率/(Ω/cm)
铜（Cu）	1.56×10^{-6}	含 7%Sb 的铅	2.59×10^{-5}
铅（Pb）	2.1×10^{-5}	正极（PbO$_2$）	1.18×10^{-4}
负极海绵状铅	1.83×10^{-4}	硫酸铅（PbSO$_4$）	10^{10}
含 3%Sb 的铅极板	2.3×10^{-5}	密度为 $1.27\mathrm{g/cm^3}$ 的硫酸（25℃）	1.261

　　由此可见，在铅酸蓄电池中，电解液的电阻率比正负极板上各种物质的电阻率大上千倍。所以，正常情况下充足电的蓄电池内阻在很大的程度上是由电解液来决定的。而放完电的蓄电池的内阻则主要是由硫酸铅决定的。为了减少蓄电池的内阻，提高电池大电流放电的能力，缩短正负极板的距离是十分重要的。

　　纯水几乎是不导电的，用离子交换净化的水，可得到很大的电阻率，最高可达 17MΩ/cm。当加进硫酸后，由于硫酸的电离，溶液即可导电。在很稀的硫酸溶液里，由于离子数目很少，因而电阻率很大。随着浓度的增加，单位体积中离子数目就增多，溶液的导电性也增加。但这种增加并不是无限的。电离只是问题的一方面，另一方面，电离出的带有不同电荷的离子有相互吸引的作用。当单位体积中的离子数增大到一定程度时，离子间吸引合并为硫酸分子的数量就与硫酸分子电离为离子的数量相当，这时，电阻率就达到了最小值。再增加 H_2SO_4 的含量，

由于分子基团对离子运动的阻碍，电阻率反而上升了。

通过对硫酸电解液电阻率的分析，可得出以下结论。

① 在每个环境温度下，最低的电阻率所对应的密度是不同的。因此，将电解液的密度调到定值后，在不同的温度下，将获得不同的内阻值。

② 0℃时的电阻率比 30℃的电阻率几乎高出 1 倍，而在 -25℃时比电阻率 30℃时的电阻率几乎高出 4 倍。因而，同一型号的电池，在北方和南方，冬季和夏季，内阻都会有较大的差异。

③ 随着温度的变化，H_2SO_4 溶液的黏度会有较大变化。硫酸溶液的黏度决定着它在极板毛细孔中的扩散速率，对容量有很大的影响。

1.4.6.2　对电池容量的影响

在铅酸蓄电池中，选用硫酸电解液浓度的最基本条件，是以满足电池的输出达到规定的放电容量为准的。

电池的容量通常随着硫酸电解液浓度的变化而异。极板孔隙中的硫酸浓度，决定着电池的工作电压和输出容量。如果在工作期间，极板孔隙中不能保持足够数量的硫酸供应电化学反应，于是电池的端电压将迅速下降，容量输出也就耗尽。这是因为硫酸电解液的浓度决定着极板电位变化，影响着电解液的扩散速率，左右着铅酸蓄电池的内阻之故。特别是当极板孔隙中硫酸电解液的浓度与极板外部浓度出现不平衡，引起浓差极化时，铅酸蓄电池的端电压很快会下降，能量输出很快减少。

硫酸含量与蓄电池容量之间的关系如图 1-23 所示。

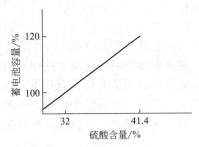

图 1-23　硫酸含量和蓄电池容量之间的关系

通常对硫酸电解液浓度的选择依蓄电池的型式不同而有所不同。启动用的铅酸蓄电池，使用的硫酸电解液浓度要比固定型的铅酸蓄电池高。因为启动用铅酸蓄电池在机动车上安装要受体积和重量的限制，电池槽容不下大量的硫酸电解液。所以要选用浓度高一点儿的硫酸电解液，以使铅酸蓄电池内部有限的空间盛装必要数量的硫酸。

1.4.6.3　对电池寿命的影响

铅酸蓄电池的使用寿命随硫酸电解液浓度的增加而降低，而且选用密度不可高于 $1.30g/cm^3$。对目前用的启动型铅酸蓄电池来说，使用密度为 $1.28g/cm^3$ 的电解液是依据最低冰点原则选取的，并非一定要 $1.28g/cm^3$ 不可。在环境温度较高的南方地区，适当降低电解液的浓度，可明显延长铅酸蓄电池的使用寿命。

1.4.7　超级蓄电池和铅碳电池

铅酸蓄电池有个缺点，就是大电流放电能力较差。在需要脉冲大电流放电场合，往往为了达到脉冲放电的技术指标，不得不采用增大结构容量的方法。启动燃油发动机的启动型电池就是这样选取的，每次启动发动机，消耗的容量实际只有结构容量的 1%～2%，机动车却必须储备 90%的结构容量。由于蓄电池重量与车辆的重量相比很小，就被普遍接受了。但是这样做，在许多场合是不能采用的。比如在电动汽车上，汽车加速时，需要短时间输出较大的功率，其为平道 40km/h 速度条件下功率的 10～20 倍，为了要提高汽车的加速性能，单纯采用增加电池容量的方法则不可取。

为了弥补这个缺陷，就产生了把超级电容与蓄电池合为一体的设计。蓄电池的多片状组合结构，为电容的结构提供了条件。减薄极板、缩短极板间距、在负极上镀上碳膜这几项措施，就可以达到设计要求。湖南科技大学李中奇老师，在这方面有领先的工艺和实践经验。

　　由于在负极上的碳，起到储存电荷的作用，有人也把这类电池称为铅碳电池。

1.5　阀控电池的基本概念

1.5.1　铅酸蓄电池发展的四个阶段

1.5.1.1　普通铅酸蓄电池

　　20 世纪 50 年代生产的铅酸蓄电池现在称为普通电池，当时的用户启用产品时都要有"初充电"工艺环节。电解液注入电池后，电池发热，待电解液温度降下来后，进行第一次充电，充电后再放出容量，这个循环叫充放电循环。初充电的工艺过程在早期有 6 次充电 5 次放电之多，连续工作需要 1 周时间。随着技术的发展，充放电循环次数逐步减少到 3 次充电 2 次放电。其目的是活化极板和检测蓄电池的实际容量。

　　铅酸蓄电池的电化反应方程式是

$$PbO_2 + 2H_2SO_4 + Pb \Longrightarrow PbSO_4 + 2H_2O + PbSO_4$$

　　电池放电的条件是反应方程式右边的三要素，缺一不可。放出的电容量是按桶板原则确定的，但新电池的放电却得不到应有的容量，这是因为负板的 Pb 在硫酸电解液注入前就被氧化了。

$$2Pb + O_2 \Longrightarrow 2PbO$$

　　在电池生产的化成工序中，生极板变成了熟极板，熟负极板上的铅具有高度活化性，从化成槽中取出后，可与空气中的氧迅速进行氧化反应，同时放出大量的热。于是，极板就由高势能状态降低为低势能状态，这个反应使负极板失去了活性。在潮湿的条件下，反应进行得十分迅速。经水洗干燥后，这种反应并没有停止。组装成电池，直到启用时仍在进行。注入硫酸电解液后，会再次发生放热反应。

$$PbO + H_2SO_4 \Longrightarrow PbSO_4 + H_2O + Q$$

　　这个反应使电池负极失去电活性。初充电的充放电循环目的就是将负极板活化。

1.5.1.2　干荷电电池

　　为了给用户提供方便，取消初充电工艺环节，就需要保护负极板，使其在生产、储运过程中不被氧化。这就需要使负极板活性物质具有抗氧化能力，现在采取的技术措施如下。

　　① 在铅膏配方中添加抗氧化剂，如松香、乙二酸。

　　② 将铅微粒包裹一层抗氧化剂，如矿物油、硼酸。

　　只要将负极保护好，不使其氧化，这样就得到了在未注液前的干状态下能保持其带电性能的荷电极板，简称干荷电极板。用干荷电极板组装的电池一旦注液，30min 内电池就能达到 80% 的容量，即可投入使用。

1.5.1.3　免维护电池

　　在电池的使用中，常需要补充水，因为一旦缺水，电池就损坏了。补水是件十分麻烦的事，因为许多用户在需要补水时找不到合格的水。

　　电池失水的原因如下。

　　① 物理失水：电解液会受热蒸发。

　　② 化学失水：由于杂质存在，杂质与铅构成微电池，使水不断分解成气体。

　　③ 电化失水：过充电时，当充电电压超过 2.3V 时，水分解反应就发生。要减少其耗电量，必须将水的分解电压值提高。

　　在以上这三种失水形式中，后两种是主要的，最后一种原因造成失水的比例最大。

　　铅钙合金发明以后，使电池内水分解的电压提高，水的消耗大幅度下降。当时在英国用铅钙合金生产的电池，可以在几个月内不必加水。就是说这种电池一次补水，可以"像骆驼一样"较长时间不再补水,于是把这种电池命名为"骆驼牌"。

现在配制的铅钙合金具有独特的功能,使用铅钙合金制造电池时,水的分解电压就由2.3V提高到2.45V。如果将充电电压控制在2.45V以下,电池在使用时的耗水量就能降到很少,汽车电池充电电压是 $(14.4\pm0.1)V$,平均到每个单格为 $(2.400\pm0.016)V$。目前已做到汽车连续装车行驶1年左右对电池加一次水。由于电池维护的主要工作是补加水,生产厂家为了推销方便,把这个耗水量很低的电池起名为"免维护电池",即"MF"电池,这是这种电池的商业名字。事实上这种电池维护工作包括检测技术状态、补充电、补水。只把加水周期延长了,对维护的要求也相应高了,并不是真正意义的"免维护"。

从技术角度分析,真正免维护的电池是没有的。

1.5.1.4 阀控电池

阀控电池的关键是如何将电池中产生的气体在电池中重新合成为水。

阀控电池早在20世纪50年代就有,那时是采用金属钯作催化剂,使电池中的氢气和氧气在无焰状态下化合成水。

$$2H_2+O_2 \longrightarrow 2H_2O+Q$$

由于是从高能态的气体转化成低能态的液体,所以会释放出大量的热,这些热量能使钯珠的温度达300℃左右。由于钯昂贵,电池使用条件十分严格,所以这种电池只有在特殊情况下使用,如潜水艇、水电站等。

到20世纪70年代,又发展一种阴极吸收式阀控电池,这种电池消除气体的办法是,首先使电池尽可能不产生氢气 (H_2),氧气 (O_2) 是通过负极吸收转化成液体的成分。转化过程如下式所示。

$$\underset{\text{在负极}}{O_2+Pb \longrightarrow PbO+H_2SO_4 \longrightarrow PbSO_4+H_2O} \underset{\text{充电}}{\longrightarrow Pb+H_2SO_4}$$

消气过程:在正极 (PbO_2) 上充电时产生 O_2,同负极上 Pb 反应生成氧化铅 PbO,PbO 与电解液中的硫酸 (H_2SO_4) 反应生成硫酸铅 $(PbSO_4)$ 和水,负极上的 $PbSO_4$ 经充电又恢复成 Pb,硫酸根 (SO_4^{2-}) 又一次进入电解液,使电解液密度值升高。

在上述消气过程中,其关键是隔板必须是透气的。目前采用的办法是利用玻璃毛毡的吸液性,在用玻璃毛毡制成的隔板中保持气相、液相、固相共存。这样,在正极上产生的 O_2 能通过毛毡上的气体通道,逐步扩散到负极上去。消除 O_2 的过程是一个动平衡的过程,产生 O_2 的量与消除 O_2 的量达到平衡时,电池使用才是安全的。

一旦发生过充电,产生 O_2 的量大于消除 O_2 的量,会使电池内气体压力越来越大,为了避免发生爆炸事故,电池顶盖上都设有安全阀,以防不测。所以这种电池曾被称为"阀控式阴极吸收电池",现简称为阀控电池。

不难理解,阀控电池应使用电压精度较高的恒压充电机充电,绝对不允许用恒流充电进行补充电作业。过充电对阀控电池可造成严重损坏。

1.5.2 阀控电池的优缺点

1.5.2.1 优点

由于贫液式阀控电池没有流动的电解液,所以,正极活性物质因充放电体积发生变化,导致离子间的结合力减弱,也不会像富液式电池那样,因电解液产生对流和气泡而脱落。加上阀控电池极板的压紧度比电解液淹没式电池的大,所以又进一步抑制了正极活性物质的脱落。其结果减少了正极板栅的腐蚀和充电延长,当然也减少了因脱落活性物质的堆积而引起短路,因此,对提高循环寿命将起到很大作用。阀控电池因失水少,保养工作量很少,对地绝缘高,防腐工作量小,安装可采用立式、卧式,短时间也可以倒置,这些优点给使用带来很大的便利。

1.5.2.2　缺点

① 对过充电敏感。过充电会造成电池的气体产生量远大于化合量。于是，大量气体排出，电池失水速度很高，失水一旦超过 10%，电池就会失容。对阀控电池的充电需采用具有恒压功能的定时充电机，这种充电机可将充电过程分为几个阶段，并设定每个阶段的电流、电压。设定方式可电压优先，也可电流优先。最后阶段有限时功能。这种充电机可从技术上保障阀控电池的安全充电。

② 维护需要专用设备和工具。如果把阀控蓄电池当作"免维护"电池，在使用中不对其进行维护，通常使用寿命只有正常寿命的一半。对阀控电池的维护标准和操作要求要比开口电池严格得多，由于维护失误造成蓄电池永久损伤的情况经常发生。对阀控电池的维护，需要专用的设备和工具。

③ 阀控电池的技术状态是隐蔽的，不能像开口电池那样容量易检测到液面高低、电解液密度值是否合适以及电池的实际保有容量。目前通信部门使用大量的阀控电池，就遇到无法掌握电池动态质量这个实际难题。直到电池已经失效后，才被发现，这对在重要场合的使用是不允许的。

对阀控电池的安全检测，通过几年的维护实践证实，是可以做到的。采用并不复杂的工艺，就能在事故发生前诊断出故障电池的位置，把事故消灭在萌芽状态。

1.5.3　阀控电池使用中的几个问题

1.5.3.1　容量均衡性问题

通常的电池都是以"成组"的形式使用的。蓄电池组的标称电压有 12V、24V、48V、96V、192V。有的蓄电池组有抽头线，有这种抽头的蓄电池组，从抽头至负极线的那部分蓄电池因其负荷较重，长期的补充电不足会造成电池硫化，这是蓄电池组的一种惯性故障。

许多人误认为，蓄电池组的可靠性就是一个单节电池的可靠性。对蓄电池组合过程中引发的特殊问题，没有予以重视，结果发生了许多供电事故。

蓄电池组中各单节电池的实际容量，总是处于趋向不均衡状态，这是正常现象，但也是蓄电池组发生事故的根源。检测、控制这种不均衡状态在合理的范围内，是维护蓄电池组的主要工作，其工艺和专用设备都已成熟。

1.5.3.2　失容恢复处理

阀控电池失去容量时，并不一定是真正失效。许多用户检测到容量不能达到使用标准时，就把电池报废，这就造成大量的误报废。因为阀控电池是按贫液式设计的，所以对电解液量的减少比较敏感，当失水超过其电解液总量的 10% 时，就会严重失容。

由于氧气不能 100% 地被复合，负极也不能完全不析氢，因此水分解是不可避免的。同时电池外壳可使水蒸气渗出，其 ABS 外壳透气率是聚丙烯的 16 倍，所以电池失水是不可避免的。

500A·h 阀控电池失容后，简单的处理办法是先补充 500～1500mL 电池用水，补水后对电池补充电。补充电可采用限流恒压方式，限流额为 30A，充电至单节电压达到 2.35V 时再转入恒压充电，待电流降到 10A 时，可停止充电，总充入电量应不小于 400A·h。充电后测其容量，达不到使用标准者报废。

电池失容后，极板总会有不同程度的硫化。这种硫化，用普通充电方法难以复原，对这种故障的处理，通常要用除硫化措施。除硫化措施有化学方法和物理方法两类。详细见 1.3.1 小节。

1.5.3.3 浮充工作条件

阀控电池适宜的浮充电压，与电池生产时注入的酸的浓度直接相关。现多在2.25V/节电压下浮充使用，通信部门规定选此电压作为工作标准。在铁路机车上采用2.29V浮充，不允许采用通信部门的电压条件。因为通信电池是备用的电源，当市电停止时，电池才投入使用，放电充电时间比小于1%。在铁路机车上放电充电时间比远高于此值，为10%～15%，若用2.23V/节充电，则会频繁发生"亏电"故障。因此，铁机车上只能使用2.29V充电，即采用48单节电池，用110V充电的制度，在这样的充电电压下，实际统计表明，电池的使用寿命并不比电信部门减少。

阀控电池的合理充电电压应随温度的高低而有所减增，公认的数据为±3mV/℃，基准温度是25℃。这个标准在许多场合实施有困难，建议在蓄电池运行中控制充电电流以补充用电量为好。

1.5.3.4 电池散热条件要求较高

阀控电池由于存在氧化合反应，这种反应都是放热反应，因此，电池内极板的温升较高，加上贫液式结构，极极板装配较紧，内部的热传导较差，因此电池的温升较高，容易造成正极的PbO_2结构被破坏，使正极结构变成大孔的粒子聚合体。这种物质在放电过程中转变为$PbSO_4$，使团粒之间绝缘，导致电池容量下降。因此，阀控电池对散热的要求比开口电池高。

1.5.4 铅酸蓄电池循环寿命的加速试验

铅酸蓄电池的循环寿命，通常使用充放电循环的方法检验，检验所需的时间较长，往往需要几个月的时间，马少华先生提出下面的技术试验方法，可以大大缩短检验时间。

1.5.4.1 加速寿命试验的原理

产品的寿命与其所加的应力大小有直接关系，应力越大，产品的寿命越短。对于寿命较长的产品，用正常的方法测量其寿命需要相当长的时间，既耗时又耗力。对于这类产品宜采用加速寿命方法来测量它的寿命。加速寿命的原理是在不改变产品失效机理的条件下，用加大应力的方法加速产品失效并能推算出产品在正常使用条件下的寿命。施加应力的种类分为恒定应力、步进应力和序进应力。

其中，恒定应力加速寿命试验理论最为成熟，应用最为广泛。在加速寿命试验中，电流、电压、功率、温度等都可以作为加速变量。

如果以电流为加速交量，寿命与所通电流满足逆幂律关系，即

$$t = \frac{1}{K_1 I^C}$$

式中，I为充电电流；t为铅酸蓄电池的寿命；K_1、C均为常数。

对上式（1）两边取对数，可得

$$\lg t = \frac{-C \lg I}{-\lg K_1}$$

由上式可知，产品寿命t的对数与所通电流I的对数成线性关系。如图1-24所示，若选取I_1、I_2、I_3、I_4四种应力水平进行试验，则测得蓄电池的寿命分别为t_1、t_2、t_3、t_4，(I_1, t_1)、(I_2, t_2)、(I_3, t_3)、(I_4, t_4)的坐标依次为A、B、C、D四点。在双边对数坐标系下，若A、B、C、D四点能够拟合成一条直线。然后将正常使用下产品所通电流值I_0代入上述所确定的直线关系式中，

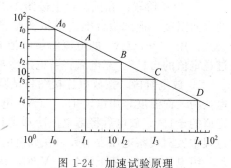

图1-24 加速试验原理

就可以推算出正常使用下产品的寿命 t_0，如图 1-24 所示。

1.5.4.2　实验方法

本试验采用的是某厂家生产的 6-DZM-12 型号电池，即 2h 率电流 $I_2 = C_2/2 = 6A$。

（1）加速变量的选择　由于大多数电动自行车铅酸蓄电池失效是在充电过程中造成的，具体原因主要是失水过多和板栅腐蚀。当电池端电压达到一定值时蓄电池内部的水会分解，正极析出氧气，负极析出氢气。蓄电池的正极虽然涂有 PbO_2，但是电解液仍然会透过 PbO_2，与下面板栅的 Pb 发生反应，充电时把金属 Pb 氧化成 PbO_2。充电电流加大，导致蓄电池端电压值迅速升高，加大了水分解的速率，再配合氧循环过程，正极板的腐蚀加快，从而加快了蓄电池的失效速率。因此，在本试验中选择以充电电流为加速变量，采用恒定应力做加速寿命试验对蓄电池寿命进行测试。

（2）应力水平的确定　在不改变失效机理的前提下，充电电流的范围是 $2.25I(A) \sim 5.3I_2(A)$，根据以下关系式确定充电电流的水平。

$$\lg I_k - \lg I_{k-1} = \lg I_{k-1} - \lg I_{k-2} = \cdots = \lg I_2 - \lg I_1 = \frac{\lg I_k - \lg I_1}{k-1}$$

式中，k 为加速变量应力水平个数，一般 k 不小于 3，最好 $K \geqslant 4$。本试验选取 $k=4$，根据上式确定出充电电流应力水平如表 1-4 所示。

表 1-4　充电电流应力水平确定

电流	I_4	I_3	I_2	I_1
参考值	$5.3I_2$	$4I_2$	$3I_2$	$2.25I_2$

（3）其他参数的确定　本试验在 (25 ± 2)℃的环境下进行，以下简称室温。取每种应力水平下的试验样品数相等，即 $n_1 = n_2 = n_3 = n_4 = 8$，将 8 个电池分成两组，且每组 4 个串联。放电电流是根据实际 48V 电动自行车骑行速度、与其相对应的放电电流大小和电池表面温升的大小来确定的。在正常载重为 80kg、平滑路面行驶的情况之下，时速为 20km/h时，放电电流为 8.9A，电池表面温升为 3.5℃，此速度为大多数用户的骑行速度且电池表面的温升不高。为了方便，选择 9A 为放电电流，用 2h 率表示为 $1.5I_2$（A）。由于此型号的铅酸蓄电池的欠压值为 10.5V。因此，在规定放电时间内，一组电池其中任意两个的电压值连续 3 次下降到 10.5V 且总电压值下降到 42V 时，试验终止。

（4）试验过程　6-DZM-12 型号铅酸蓄电池 80%DOD 加速寿命试验过程如下。

① 准备阶段。用匹配的充电器与蓄电池连接好后给蓄电池充电，充电方法按充电器使用说明书操作。充电后，用 $1.5I_2$（A）恒电流给蓄电池放电，放电到欠压值 10.5V 时停止，作为 1 次循环。放电后静止到蓄电池表面温度与室温相近时再进行充电，如此反复进行 3次，测试此组蓄电池一致性是否符合要求。如果符合要求，推算蓄电池总循环次数时将此 3次循环计入在内，如果不符合要求，更换试验样品。

② 充电阶段。在试验台上按图 1-25 所示将试验线路连接好，用数据记录仪记录蓄电池的表面温度，把试验台推进模拟实验箱中，调整实验箱的温度为 (25 ± 2)℃，相对湿度为50%，用 $2.25I_2$（A）的电流给蓄电池充电，充电时间为 53.5min。充电电流的波动不能超过规定值的 $\pm 1\%$。充电后将蓄电池冷却到其表面温度与室温相近后进行放电。

③ 放电阶段。按放电连接图将试验线路连接好，如图 1-26 所示。用数据记录仪记录蓄电池的表面温度，用恒定 $1.5I_2$（A）电流给蓄电池放电 64min，放电电流的波动不得超过规定值的 $\pm 1\%$。放电后将蓄电池冷却到其表面温度与室温相近再进行下一循环的充电。放电过程中实时观察电压表示数，在放电的 64min 内，任意两个电压表示数连续 3 次低于 10.5V且一组电池总电压值下降到 42V 时，认为此组蓄电池的循环寿命终止，此 3 次充电时间不

计入总的充电时间内。

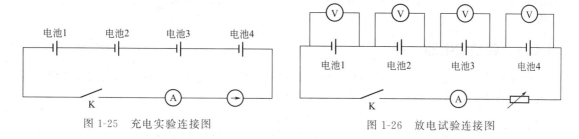

图1-25 充电实验连接图　　　　　图1-26 放电试验连接图

依照上述过程与第一组交替做第二组试验，记下总的循环次数，然后取两组失效蓄电池总充电时间的平均值为此恒电流充电下的总充电时间。再分别调整恒流源的电流为3A、4A、5.3A，充电时间分别为40min、30min、22.5min，所得数据再与2A充电的数据进行比较，其他条件不变，完成上述试验过程。

1.5.4.3 试验结果及分析

按上面的试验方案操作，得出试验结果如表1-5所示。根据表中的实验结果，可以得到充电电流与寿命 t 的关系，用最小二乘法拟合出一条曲线，拟合的曲线关系式为

$$\lg t = -1.5032 \lg I + 5.0909$$

表1-5 试验结果

电流/A	循环次数/次		平均次数/次	总充电时间/min	电流/A	循环次数/次		平均次数/次	总充电时间/min
	1组	2组				1组	2组		
$5.3I_2$	29	31	30	675	$3I_2$	38	41	39.5	1580
$4I_2$	34	36	35	1050	$2.25I_2$	44	49	46.5	2488

拟合曲线画在双边对数坐标系中，见图1-27。从图1-27的加速寿命直线可以看出，充电电流 I 的对数与蓄电池寿命 t 的对数呈线性关系，说明根据上面的试验方案对铅酸蓄电池的进行加速寿命试验是正确的，铅酸蓄电池的寿命符合逆幂律关系。因此，可利用上式推算出蓄电池加速寿命的时间。

一般6-DZM-12型号的铅酸蓄电池匹配的充电器充电电流为 (1.8 ± 0.2)A，在室温环境下的充电时间在 $6 \sim 7.5$h 之间。根据求得关系

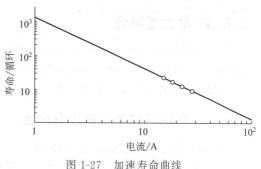

图1-27 加速寿命曲线

式得出总的充电时间，再依据单次循环充电时间推算出铅酸蓄电池的循环寿命为 $121 \sim 135$ 次。最后，加上正常充放电的3次循环，确定出该生产厂家此型号的铅酸蓄电池循环寿命为 $124 \sim 138$ 次。

上述试验过程所选择的充电电流范围是 $2.25I_2$(A)$\sim 5.3I_2$(A)，因此，可以根据边界值 $5.3I_2$(A) 和 $2.25I_2$(A) 确定出加速寿命所需时间范围为 $2 \sim 4$d。与其他的方法相比较，大大缩短了试验时间。

1.6 铅酸蓄电池的基本类别

铅酸蓄电池由于自身的安全和价廉，使用及范围很广。在不同的使用场合，有不同的使

用要求，为了适应这些要求，派生出各种结构不同的蓄电池。在进行电路设计时，选择合适的蓄电池结构，会产生许多效益。本节介绍一些常用的结构，并对一些错误的结构设计提出分析。

1.6.1　启动型电池

机动车使用的电池，用于启动发动机。这种工况要求蓄电池在几秒中的启动过程中，能输出较大的功率，这类蓄电池的技术要求主要是输出功率。

$$P = IU$$

式中，P 为功率；I 为电流；U 为输出电流 I 时的持续稳定电压，I 和 U 是共生的参数。

对启动功率 P 有低温的要求，民用的表达值规定在 $-18℃$ 的供电特性，军品要求在 $-40℃$ 进行测试。各国规定略有差异。

启动型电池常用有 $60A \cdot h$、$100A \cdot h$ 和 $200A \cdot h$ 三种，$60A \cdot h$ 用于小轿车和吉普车，$100A \cdot h$ 用于发动机功率在 $90kW$ 左右的中型车辆，$200A \cdot h$ 用于柴油发动机等大型机动车。

启动电池基本都是按标称电压为 $12V$ 的连体设计的，不可分解使用。

这种电池的单体之间的连接在内部，外观整洁，只有正负两个输出端子。

这类电池的极板结构是平板状，电池深度充放电时，极板上的活性物质容易脱落，循环寿命较短。

在许多场合，电路的设计者常把这类蓄电池用于光伏电站和电动车辆，这是错误的。

1.6.2　储能型电池

这类电池适用于 $10h$ 率或更长小时率放电的场合，电解液密度值较低，通常在 $1.24g/cm^3$ 左右，体积较大，外壳透明，可以看到液面和电解液密度的指示。这类电池多用于备用的电源，使用寿命在 10 年以上，有的已经长达 20 年。储能型电池也称为固定型电池。

1.6.3　动力型电池

这类电池的基板结构与启动电池不同，主要是电池的正极结构是圆柱状的排管。这类电池的循环寿命约为 750 次，平板式结构的极板只有 300 次左右。

这类电池适合于深度放电，在电动车辆上使用，优点就比较明显。

1.6.4　专用结构电池的错误组合

通常铅酸蓄电池的单体容量做到 $500A \cdot h$，在市场上数量较大。在需要增加容量的时候，厂家常采用并联的方式，把单体电池组和起来，向用户供应。

图 1-28 所示的是一种 $3000A \cdot h$ 大容量电池的组合结构，用 4 个单体电池装在一个连体的塑料壳中，构成一个电压为 $2V$ 的单节。再用 6 个单节串联组合成 $12V$ 的电池串。

这样的组合优点是外观整洁，缺点是可靠性较差，一旦其中一个电池损坏，难以维护。每个电池的质量为 $230kg$，运输和更换难度较大，也没有备品电池可以替代。

这样的电池结构是电池厂为适应用户要求制作

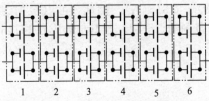

某3000A·h 12V电池组连接结构

图 1-28　不合理的电池组合结构

的，根源在于用户提出的不合理要求，是缺乏蓄电池知识所致。用户是采购方，电池厂缺乏对话的话语权。

通信行业曾提出组合成 24V 的连体电池，并制定了标准。这样的电池，使用成本要高出单体串联组合的数倍。

本章小结

① 铅酸蓄电池的双极硫酸盐理论是说明铅酸蓄电池原理的经典理论。

② 电池容量的活化再生是在一定条件下才可实施的挽救性措施。

③ "免维护" 使用阀控电池实际付出了缩短使用寿命的代价。

④ 利用测量动态内阻的蓄电池的保有容量检测数据可信度较高。

第 2 章

铅酸蓄电池的几种充电方式和组合性能

本章介绍

蓄电池充电作业是经常要进行的作业，充电作业有多种方式，本章介绍了各种充电方式的使用条件和基本过程。电池组合的方式有串联和并联，本章根据不同的用途，介绍了如何使用不同的组合。

2.1 初充电

通常蓄电池开箱后的第一次充电叫初充电。对需要注入电解液的电池都有"初充电"工艺环节。这里所说的初充电是包括从启封到电池正式投入使用这段时间内对电池的全部充放电作业。初充电的目的，就是在电池正极板上造成 PbO_2，在负极板上造成海绵状 Pb。初充电的好坏，直接影响着电池的实际容量和使用寿命。对不同类型的电池，其初充电的要求是不一样的。对"干荷电"电池，初充电要求详见 1.3.8 小节所述。对固定型电池，详见 2.7 小节。未加过电解液的电池在存放期内，极板上就有硫酸铅（$PbSO_4$），这是在装配电池时就有的，另外在存放期内，负极 Pb 由于自放电而生成一部分 PbO。在电池存放期内，由于环境温度的变化，电池有"呼吸"过程：受热时，电池内的空气有一部分排出电池壳；遇冷时，外部空气会被吸入电池。这种"呼吸"就把潮气带入电池，如果存放期过长，在水分的作用下，电池的自放电加剧，就会相互联结而形成致密而又粗大的晶粒。通常电池出厂时注液孔用金属膜热粘封，就是为了防止或减缓这种损伤。通常规定从出厂之日到开箱使用的时间不超过一年，即只经过一个雨季。所以购置和储运时要注意，如果原极板干燥状态良好，存放期内无潮气浸入，存放两年对电池的质量也无妨。气温高、温度大的南方与寒冷干燥的北方相比，同一储存期内对电池的损伤程度完全不同。

电池开箱之后，首先检查外壳顶盖有无裂损，如有裂损，用环氧树脂即可牢靠地粘补好。最初若不检查，一旦注入电解液才发现有裂损，损失就难挽回了，原因如下。

① 电池外壳裂损处被电解液浸渍，用清水无法洗干净，粘补面无法达到粘补工艺要求的清洁程度。

② 电解液一注入电池，极板即发生反应，在粘补工作进行的时间内，电池已受到硫化损伤，这种损伤用普通充电的方式是难以挽回的。将电池放在通风良好的工作场所，注入配制好的电解液，电解液的温度越低越好。过高的电解液温度会造成电池的热损伤。

a.电池内的塑料隔板和外壳易发生变形，PVC 塑料隔板在高温下会加剧其降解，放出氯离子，损害电池极板。

b.电池的极板合金多是铅锑合金，高温会引起合金结晶热错位，使其耐腐蚀性降低。

所以电池的工作温度通常都规定在 45℃ 以下。注入电解液的温度越低，电池的温升就越低，对电池造成热损伤的可能性就越小。

在蓄电池投入使用后的日常保养中，一般只补加水，而不加酸。所以第一次加入蓄电池的酸就是以后使用中蓄电池所需的酸含量，此值不能取高。许多研究表明，当酸的密度取大于 $1.26g/cm^3$ 时，由于板栅腐蚀加快，极板上的活性物质脱落就急剧增加。在许多情况下，硫酸电解液对蓄电池的损坏要比生产工艺条件变化所造成的后果更为直接一些，在汽车蓄电池中，硫酸电化学腐蚀所造成的损坏比充放电循环造成的正常损坏要大得多。

在蓄电池制造中，极板化成之后，从化成槽取出极板时，由于正极板上 PbO_2 中的铅已处于 Pb^{4+} 状态，所以不会再与空气中的氧发生反应。但负极上的海绵状 Pb 却处于高度活化状态，它能自发地与空气中的氧发生氧化反应。

$$2Pb + O_2 \longrightarrow 2PbO + Q$$

这个反应放出了热量，而且在极板潮湿时的速率要比干燥时快得多。反应生成的 PbO 又继续与毛细孔中的酸反应生成 $PbSO_4$。

$$PbO + H_2SO_4 \longrightarrow PbSO_4 + H_2O + Q$$

这个反应再次放出了热量。为了防止反应放出的热强度过高而损伤极板，须在化成槽里先放一部分电，即保护性放电，使极板的表面生成一层硫酸铅；同时，从化成槽里取出负极板时，立即浸在纯水中，将极板毛细孔中的酸浸出，这样做可以减缓放热反应的热强度。

在潮湿的条件下，正极板还能与 CO_2 发生反应。

$$2PbO_2 + 2CO_2 \longrightarrow PbCO_3 + 2O_2$$

这种反应使正极板失去活化容量。在极板组装及电池储运的过程中，上述反应始终在进行。为了把这种有害反应降到最低点，极板应尽量保持干燥，把加水帽上的出气孔密封起来，以防止空气中的氧和潮气侵入。

向蓄电池中注入硫酸，硫酸与负极板上的 PbO 反应生成细粒的 $PbSO_4$，反应放出热量，使电池的温度上升。同时电解液的密度下降，负极板氧化越严重，注入电解液后的电池温升越高，电液的密度下降也越多。如果在注酸后短时间内不进行充电，就使附在极板表面上的细粒硫酸铅逐渐变大，数量逐渐增多，且深入极板内部，使充电作业变得困难。

从以上分析可知，初充电的过程，主要是恢复负极板活性的过程。电能向化学能的转化，也主要在负极上发生。初充电虽然也有正极板的深化反应，但主要是负极板的单极板反应，这不同于日常的补充性充电。所以初充电的电流转换效率很低，电池也容易发热。由于极板上原来就有 $PbSO_4$，所以在初充电后期，测得的电解液密度将比注入电解液的密度高 $0.02 \sim 0.04$。初充电时，蓄电池中的 $PbSO_4$ 是在储存过程中由于小电流自放电形成的，所以晶粒粗大，活性面积小。这时电池内阻较大，充电时温升较快，因此充电电流不能取大。

第一次充电，通常用两个电流值进行。第一阶段用 $0.05C_{20} \sim 0.1C_{20}$ 来进行。"C_{20}" 为 20h 率放电时的标称容量。在这个阶段将电池充到每个单节 $2.3 \sim 2.4V$ 为止。第二阶段的充电电流比第一阶段的充电电流小 1/2。降低充电电流的目的，是为了减少电池温升和气体的析出。

在充电的整个过程中，必须仔细地检查，确保各单电池的电解液温度不超过 45℃。在充电开始时，各单电池的电解液温度应每隔 $1 \sim 2h$ 测一次，然后选一个电解液温度最高的单电池，作为电池组的最高温升代表。当电池已开始明显有气体析出时，在充电状态下，用电压表挑选其端电压最高的单节作为领示电池。一般来说，这个电池的电液温升也最高。用这种方法确定领示电池，准确且方便。

在第一阶段充电时，电流接收率很低，应用 $0.05C_{20}$ 的电流先充一段时间，其原则是将电解液温度控制在 40℃ 以下。如上升到 40℃，应将电流减少；如温度上升到 45℃，应停止充电，待电解液温度降低后，再进行充电。电解液温升过高会使极板上活性物质大量脱落，造成蓄电池的永久性损坏。实际上，充电电流的大小主要是受电解液温升和气体析出量制约的，只要温度不超过40℃，气体出量不大，这时电流能量转换成化学能的比例很高，取多大电流也无妨。快速充电就是基于这个先决条件设计的。

充电过程中，用电压表测量蓄电池端电压时，不应断开充电电流。最好用3-0-3的电压表或数字电压表。由于单电池可能有较大的内阻差异，所以不能简单地用总充电压在单节上的平均值来作为单电池的端电压。充电开始时，测量电压的间隔时间可限3～4h，12h后应每小时测一次。初充电作业，要使原极板上的活性物质全部参加电化反应。

如果初充电时极板上的硫酸铅没有完全转化为 PbO_2 和 Pb，那么在应用过程中的普通补充电作业，是不可能将那部分活化的。而且由于有粗大的 $PbSO_4$ 晶种存在，就加速了极板的硫化。所以一定要充足电，充入的电量应为 C_{20} 的 1.5～3 倍容量，初充电的持续时间有时长达 70h。若用电池容量表测得电池负载电压值不再增加时，充电即可停止。

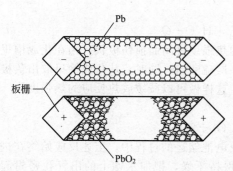

图 2-1 正、负极板初充电的活化反应过程

极板初充电时活性物质反应的情况与极板化成时类同。如图 2-1 所示，在负极板上，初充电生成的活性铅是由极板表面向深处进行的，在板栅的每个小格中，已参加反应和未参加反应的物质之间的分界面，形成了一个几乎与极板表面相似的平面。当部分作用物质没有反应完毕之前，分界面总是不断地向作用物质深处移动。而正极板的初充是电化反应的作用面，是沿着整个极板厚度从板栅的筋条处开始的。那些离板栅筋条最远的作用物质最后参加充电反应。造成这种情况的主要原因是由于 PbO_2、板栅合金、Pb 三种物质的电阻率不一造成的。

$$PbO_2\,电阻率＞板栅电阻率＞Pb\,电阻率$$

电池充足电时，有下列特征。

① 蓄电池的端电压和电解液的密度连续 3h 稳定不变。

② 停止充电 15min，再次充电时，立即有气泡从电池中冒出。在初充电作业中，电解液有一个由"清"变"混"再变"清"的过程。初加进电液时，由于电池反应剧烈，极板上某些物质溶进电解液中，极板中的一些添加剂，如炭黑之类，也会以悬浮状态进入电解液，于是电解液变"混"了。随着充电过程的进行，有的离子在电场力的作用下进入极板，充电时产生的氧将部分悬浮物氧化，这两种过程对电解液都起到净化作用。于是，电解液又由"混"逐步变"清"。这种现象，也可作为判断充电程度的一种依据。

以上所述，都是定性的判断。用电池容量表直接测量电池的保有容量数值，才是判断充电程度的定量依据。如果随充电时间的延长，电池的保有容量逐步增加，充电才是有益的；如果电池保有容量不再随充电过程而增加，这时的充电对电池是有害而无益的。如果电池内已发生极板断筋，活性物质大量脱落，该电池的保有容量只能达到与损伤程度相应的水平。所以，用电量表判定电池是否充足电时，与量值的大小无关，只取决于测得量值时是否仍在增加。第一次充电后若测得电池保有容量已达到甚至超过标称容量，则该电池可投入使用。20 世纪 50～60 年代生产的蓄电池，曾有过 6 次充电 5 次放电的循环要求，当时也只有这样做，电池的才能达到额定值。随着工艺的进步，20 世纪 90 年代，不少生产厂家已能达到"一次充电即达到标称容量"的水平，这为用户带来了很多便利。只有第一次充电没有达到标称容量时，才应进行下一次放电循环作业。

第一次放电作业，为了提高效率，可用 5h 率电流进行，电流应稳定，且要连续不间断地进行。在放电时，必须仔细地检查各单电池的端电压。开始放电时每隔 1h 测一次。当有一个单电池端电压达到 1.8V 时，应改为每隔 15min 测一次。当某单节降到 1.70V 时，放电停止。

第一次放电如果放电深度过大，会使第二次充电效果降低。如果某单节明显表现出温升高，容量低，就应将该单节从电池组中取出。容量的限度依据，已在 1.5.3.1 小节中讨论。

第二次充电应在第一次放电后立即进行，不能随意延长放电与充电之间的时间。第二次充电电流的选择，取决于电液的温度，温度的最高限制与第一次充电时一样。

第二次充电结束的判断依据，可参照第一次充电进行。如果电池内部没有异常损坏，是不需要调节电解液密度作业的。需要调密度时，应在充电状态下进行。如果在第二次充电后，电池容量仍达不到标称容量，就应再进行一次放充电循环。

在第三次充电后若仍达不到标称容量，蓄电池就应降等使用。

现把初充电工艺程序绘成图 2-2。在图中的 1～3 点处，用 CB 表测量电池的保有容量，若已达到使用标准即可使用，不必一定要做完 3 次充电 2 次放电。

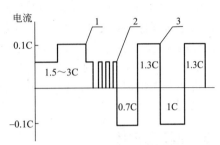

图 2-2　蓄电池的 3 次充电 2 次放电过程

2.2　恒流充电

在充电过程中，从始至终充电电流不变的充电法叫恒流充电。

恒流充电可以使电池很快充入一定的电量，属于强制性充电。在蓄电池补充性充电中常用此方法，特别是在散热条件较好的小型电池中尤为多用。

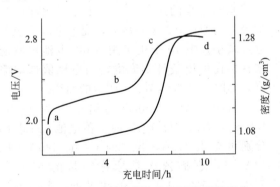

图 2-3　充电时端电压和电解液密度的变化

图 2-3 所示是在恒流充电条件下测得的一组曲线。下面分析充电时各阶段电池内的变化情况。

在充电初期，0-a 阶段端电压上升较快，这是由于充电时负极上的 $PbSO_4 \rightarrow Pb$，正极上的 $PbSO_4 \rightarrow PbO_2$，这两种转化使极板微孔间酸浓度增大，引起浓差极化；同时，电阻极化和电化学极化都增加，这就使得电池的电动势不断增加，而且电池的动态内阻也增加。因为

$$U = \varepsilon + Ir$$

式中，U 为充电电压；ε 为电池电动势；I 为充电电流；r 为电池内阻。

所以充电时，U 就上升。这就是 0-a 段曲线对应的电池内部情况。

在 a-b 段，电池的端电压出现了一个平缓的变化。在这期间，由于酸及其离子扩散的速率已和产生酸浓差的速率相平衡，在上述电压表达式中增加的只有 ε 一项。

在 b-c 段，在 b 点时，极板上的 $PbSO_4$ 大部分已转变成 Pb 和 PbO_2，此时电池的端电压已上升到 2.3V 左右，水分解就开始明显起来，在两极上便有许多气泡逸出。由于正负极板中活性物质的比例不同，正极和负极产生气体的先后就不一。普通电池中正极活性物质比负极少，所以正极上先产生气体析出。在密封电池中为了尽量少地产生 H_2，负极活性物质就大于正极活性物质。在普通电池出气时，正极板上产生 O_2，负板上产生 2 倍体积的 H_2。

正极板被新生态 O_2 包围，负极板被 H_2 包围。两种气体都是不导电的物质，由于气体的包裹使极板的导电面积减少，这就增加了电池的内阻。因此，在恒流充电条件下，蓄电池的端电压又急剧上升，一直升到 2.6V 左右。

在 c-d 段，当电压上升到 2.6V 以后，这时若继续充电，由于活性物质的电化学转化已完结，充入的电量基本上全消耗在水的分解上，所以端电压也不再上升，这时电池温升较快。停止充电后，10s 之内，电池端电压立刻降到 2.2V 以下，端电压相当于电池的电动势。随着毛细孔中酸的扩散，浓差极化引起的高电势逐步降低，最后稳定在 2.1V 左右。在恒流充电的 0-a-b 阶段，充电电流的转换率是很高的，可达 90％以上，这时充入的电量几乎全部转换为化学能储存在蓄电池中，电池温升较低。但到 b 点以后，充电效率就急剧下降了。在有的充电工艺中规定，充电时蓄电池端电压达到 2.3V 以前采用恒流法，三级充电的程序中第一阶段就是这样安排的。

机动车上的启动用蓄电池，其设计工作点都在 b 点左右。在超过 b 点的工作条件下工作，电池寿命将明显缩短。

2.3 恒压充电

在充电过程中，充电电源的电压始终保持定值的充电叫恒压充电。

充电电源电压如果采用 2.3V/节，则能把充电过程中的水耗减小到很小的程度。若把电源输出端同电池极柱直接连接，则电池的端电压也就为 2.3V/节。这时充电电流为

$$I = \frac{U - \varepsilon}{r}$$

式中，I 为充电电流；ε 为电池电压；U 为充电电压；r 为电池的内阻。

充电开始时，由于 ε 最小，所以 I 最大。随着充电过程的进行，由于浓差极化和电化学极化的原因，ε 不断增大，充电电流 I 也就逐步减小。把 48 个机车用 N462 电池串联起来，接在恒压条件下充电，当电压值选取略有差异时，会得到图 2-4 所示的曲线。

由图可知：充电机输出电压为 110V、108.5V、107.1V、105V 时，蓄电池在 18h 内分别可充入 312A·h、254A·h、146A·h、43A·h，它们依次是标称容量的 67.7％、55％、35.5％、9.4％。由此可见，充电电压有 5％的下跌，就能造成电池保有容量的大幅度亏欠。

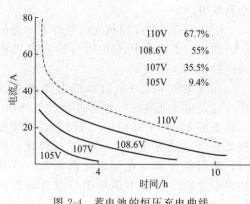

图 2-4 蓄电池的恒压充电曲线

这种充电方式的优点如下。

① 电解水少，充电效率高，电池温升低。

② 可以避免充电后期的过充电。

缺点如下。

① 充电开始时，电流很大，若充电设备未考虑这一工况，会造成设备的损坏。

② 充电后期电流过小，使其极板深处的 $PbSO_4$ 不易参加反应，容易产生硫化。

为了防止充电开始电流过大，常常在电源与电池之间串联一个阻值很小的电阻。我们把这种充电方法叫作"改良恒压充电"。如图 2-5 所示，此时 R 起着电流负反馈作用，充电电流为

$$I = \frac{V - \varepsilon}{r + R}$$

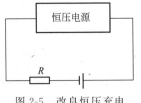

图 2-5　改良恒压充电

机动车启动之后，发电机开始向电池充电。开始时电流很大，很快电流值就降了下来。这一阶段，就是恒压充电过程。

若以市电为电源，经整流供恒压充电，充电电压的控制精度应达到 1%。由于市电的电压波动远大于大 5%，这势必造成电池的过充或亏电。为保障电池能正常工作，采用恒压充电制时，应在整流器上加稳压装置，确保整流器能输出稳定的供电电压。

铁路机车供充电用的发电机电压的精确整定曾一度被忽略，致使机车电池发生"亏电"故障，影响了机车的使用。为了改进这一工作，现已将工艺中原定的 (110 ± 2) V 改为用 $(110 + 1)$ V，高于许多其他行业的电器要求。

2.4　浮充电

浮充电就是蓄电池与用电器并联在充电机上，汽车的充电状态，在恒压充电之后，基本上是浮充电。在备用电源系统中，通常都采用这种方式，这是应用最广泛的充电方式。

浮充电工作制度要求充电电压有较高的精度和稳定度，充电电压的波动值应在 1% 以下，这是浮充电正常工作的必要条件。

如果充电机输出电压不稳定，将对电池的保有容量和寿命都有很大的影响。

如果电压升高，在 $I = \frac{V - \varepsilon}{r + R}$ 中，由于 $r + R$ 只有 $0.02 \sim 0.03\Omega$，所以 $V - \varepsilon$ 只要有几伏的增高，将引起充电电流有几十安的增长。

增长的电流使电池的温度上升，温升使 H_2SO_4 电离度增大，内阻进一步减小，这就更加剧了电流的增大。这种恶性循环，增加了电解液的蒸发损失，也加剧了对极板的腐蚀。在机动车行驶振动的作用下，会加速电池的活性物质脱落，是十分有害的。

为避免这种情况发生，一方面要严格控制电池的充电电压；另一方面，总是将电池串联起来充电，借以使 $R + r$ 及 ε 两项值最大，充电电压的波动对电流的影响也就缩小到最低程度。如充电电压降低，则会造成过放电。这是由于充电补充的电量不能补偿由于起车、停机时用电及由自放电造成的损耗。充电电压的降低和补充电量并不是简单的线性关系。

根据统计分析，机动车上电池的故障，有 50% 是由于充电方面的原因引起的，其充电方面的原因主要是电压调整器所致。

当发电机输出电压下降时，在汽车驾驶室电流表上显示充电电流近于零。由于汽车上配用的电流表只有 -30、0、$+30$ 三个刻度，行驶中司机往往无法正确判断真实充电电流而造成电池"亏电"。

正确地选定浮充电压，取决于电池极板的厚度，极板间距，正负板栅的合金成分，正负活性物质比例，隔板的材质与结构，活性物质和电解液中添加剂的品种和数量。普通汽车电池，当正极活性物质充电至其结构存量的 70% 时，就开始有氧析出。为减少水耗和延长电池寿命，通常都将临界出气点的充电电压值定为浮充电压值。对密闭蓄电池，因其板栅合金是铅钙合金，充电时临界用气点电压值较高，为 2.45V，因此其浮充电压值可适当提高，使其保有容在 80% ~ 85% 为宜。

通信部门使用的固定型电池，生产厂家规定了浮充电压。各国交换机电池浮充电压规定值如图 2-6 所示。

从图 2-6 可知，各国的规定值有一些差别，这是由于制造差别造成的。固定型电池正确

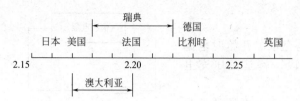

图 2-6 各国交换机电池浮充电压规定值（单位：V）

的浮充电压选取的原则是，充入的电量可以弥补自放电的损失，电池在长期充电作用下有微量气泡产生，同时电解液的密度显示其保有容量在 90％ 左右。

在正确的浮充电条件下，电池会有很长的使用寿命。这是因为，在浮充电条件下，电池的能量吞吐在数量上是最低的。用电器消耗的电量基本上是由充电回路供给的，只是在短时间事故发生时，才有大电流供电，电池放出的电量又很快得到补充。电池极板上发生充放电反应的活性物质数量，通常都在 1％ 以下，99％ 的活性物质平时并不参加充放电反应，只是起着"备用"的作用。往往多年才有一次全容量的深度充放电，当然也就没有机动车电池常见的老化和脱落问题。在电厂、变电站、通信、电视卫星地站这样的重要部门，大容量的电池都固定安装在电源室内，浮充条件控制十分严格，只要保养得当，寿命最少都在 15 年以上。国内生产的固定型电池，实际寿命已达 20 年以上。

2.5 快速充电

为了缩短充电时间，减少充电对电池的热损伤，提高充电的电能利用率，曾经提出过三级充电方法。

所谓三级充电，就是将充电过程分为三个级别，作为三个阶段。第一阶段用大电流恒流充电，将电池充到总容量的 50％～60％，当电池端电压达到气化点时，转入第二阶段。第二阶段则为恒压充电，当恒压充电的电流降到一定值时，再转入第三阶段。第三阶段用小电流恒流充电，直至完全充足，其过程如图 2-7 所示。这种方法与单纯的恒压充电和恒流充电相比，是先进的。

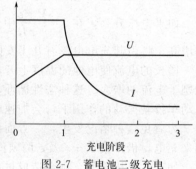

图 2-7 蓄电池三级充电

三级充电给人们一个重要的提示：只要蓄电池的充电电能转化为化学能的反应能够进行，用大电流将蓄电池充足电是有可能的。

首先分析一下充电时的电化反应过程。在普通充电过程中，流过电池的充电电流将阳极板上的 $PbSO_4 \rightarrow PbO_2$，阴极板上的 $PbSO_4 \rightarrow Pb$。只要这种有效转化能够进行，用多大的充电电流对电池都没有伤害。但是，这种转化受到许多固有因素的限制，在充电过程中转换率越来越低。在外观上表现为电池温度升高，出气量增大，电解液甚至呈现激烈的沸腾状态。为了保护电池，最根本的措施就是减小充电电流，这样充电时间也就延长了。

由此可见，要缩短充电时间，必须减少充电过程中的水分解。

先分析水的汽化过程。充电时，电解液中的 H^+ 向负极运动，OH^- 向正极运动。在充电初期，由于电解液中的硫酸浓度低，新生态酸的扩散速度率高，两种因素综合的结果，使极板表面的酸浓度并不高。酸浓度决定着电极的电动势，电极上的电压也就达不到气化电压，这时水不发生分解，充电效率很高。随着充电的进行，电液中酸的含量越来越多，极板表面的酸浓度升高。当浓度上升到一定值时，充电电压达到了气化电压值，水就开始分解了。

控制极板表面酸浓度的升高是快速充电的技术关键。控制的途径是减少产生酸的速率和加速酸的扩散速率。前者只能用减少充电电流来达到，后者通过瞬间大电流放电来达到。现对后者的作用过程加以分析。

如图 2-8 所示，在充电过程中，极板表面酸的浓度逐步升高，当达到气化电压时，极板表面酸的关系用三个连在一起的新生态硫酸 "A" "B" "C" 来表示。这时，充电电路根据电压值监测到这一情况，停止充电。停止充电后三个酸分子向低浓度的溶液中扩散。当 "B" "C" 运动到图示位置时，电池进行大电流瞬间放电："A" 被极板放电消耗，"C" 由于运动惯性依然沿原方向运动，在 "B" 向回运动到初始位置之前，在极板表面造成了低浓度区。于是再次充电时，极板出现了电流接收率较大的特性。从以上分析可知：快速充电的电流一定是脉动的；在两个充电波之间夹有一个放电波。如图 2-9 所示为某快速充电机的工作波形。

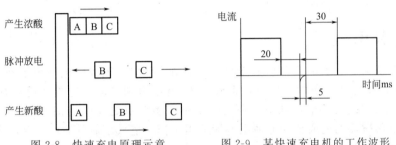

图 2-8　快速充电原理示意　　　　图 2-9　某快速充电机的工作波形

随着充电过程的进行，快速充电的充放电周期时间越来越短，逐步呈现充入量和放出量相差无几。这时，延长充电时间已无益处。设备中的监测电路根据充放电频率达到一定值时，自动切断电源，充电过程结束。快速充电机的优劣判断只有一个标准：在电池温升不超过 40℃ 的前提下，1～4h 内能将电池容量从 0 充至 100%。由于快速充电机的充电电流和脉充频率是根据电池端电压的变化来决定的，当对多节电池串联充电时，作为控制信号的电压值就是电池组的总电压值或某个领示电池的电压。如果电池组中各单节之间的均衡性差，必然会发生某些电池被过充或充不足的现象。领示电池选择了高容量单节，低容量单节会被过充；领示电池选取了低容量单节，高容量电池会欠充。建议在一组电池中容量相差超过 10% 时，不要用快速充电。其容量差别用电池容量表可测得。有的单位使用的快速充电机，由于工作波形紊乱，工作人员无法调整，充电时电池温升高达 70℃，大量气体从注液口冒出，电解液呈激烈沸腾状。这样的快速充电机实际上是快速 "破坏机"。

放电脉冲的宽度、峰值和相位，是决定快速充电机性能的关键所在。如果没有放电脉冲，充电波就成了脉动直流。

如果控制不当，使用脉动直流对电池进行浮充电是有害的。实验表明：当充电电流中含有 5%～6% 的脉动值时，就足以对极栅产生过电压充电腐蚀。在充电作业中，作业者是根据电流表的显示值调定充电电流的，在脉动波的某一范围里，实际的瞬间充电电流值会超过电表显示的电流，如图 2-10 所示。当按工艺标准调定电流时，实际电流值也就超过了电池的充电接受阻力，超过部分即造成了水的分解。于是电池温升增高，板栅被腐蚀，加剧了活性物质的脱落。

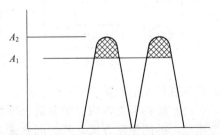

图 2-10　最高充电电压和平均电压的关系

在图 2-10 中，A_1 为电池充电反应可接受的电流强度。在 A_1 时，充电电流完全转化为化学能储于电池之中。当根据仪表调定电流为 A_1 时，由于仪表只能显示平均值，最大充电电流却在 A_2。A_2-A_1 的阴影部分电流即造成了电池的损伤。

在现有的充电机中，小型机有单相半波整流的，其电流脉动系数为 1.57，单相全波整流的脉动系数是 0.667。大功率的充电机，都是三相全波桥式整流，其电流脉动系数是 0.14，都远大于 0.05。所以使用无滤波装置的整流器，要注意对实际充电电压的控制。

市场上还有无变压器的可控硅充电器，其输出波形的交流成分很高，尤其在导通角小的情况下（表显示小电流状态），电流的尖峰波较高，电流的热效应与电流值的平方成正比，所以电池和导线发热加剧，对电池损伤很大，这种充电机不宜长期使用。

在选用快速充电机时，有一个特殊问题应予以注意。由于快速充电机是以大电流脉冲方式工作的，若充电电池的容量较大，充电机工作时的脉动电流值会影响电网，使周围市电的正弦波发生畸变。附近如有对供电质量要求较高的用电器，则不宜采用快速充电机。可控硅充电机都有类似的技术问题。

2.6　均衡充电

通常电池都不是一个单节单独工作的，而是由多个单节组成的电池组承担工作。少则 3 个，如 3Q 型汽车电池；多则上百个，组成 UPS 电池组和电动车电源。通常有 12V、24V、48V、96V、192V 这几个组合规格。在电池组中，多单节之间的均衡性十分重要。往往由于一两个单节落后，而造成整个电池组不能承担工作。造成落后的原因大多因内部自放电和外部绝缘下降所致。

因此，在充电工艺中，规定有均衡性工作的内容，这里说的均衡性充电，就是容量均衡性作业的内容之一。这种充电的目的，并不完全是给电池充电，而是将电池组中各单节之间的工作状态均衡化。

备用电源的电池组，平时处于浮充状态，充电电流比较小，数值一般为 $0.001I_{10}$。这个电流如果不能抵消蓄电池的自放电，电池的保有容量就会逐步减小。在一组蓄电池中，各单节电池的自放电的大小是不同的，长时间浮充的蓄电池组，单节间容量总会表现出不均衡，这是必然的。自放电较大的电池需要较多的容量补充，均衡性充电作业就是为此设置的。

均衡性充电包括两个内容。

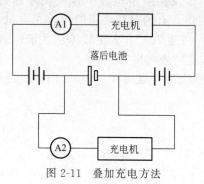

图 2-11　叠加充电方法

（1）使电池组中各单节容量均衡化　在电池组中，如果已测出某单节容量偏低，其数值同电池组容量相差 30％ 以上，或者端电压比全组平均值低 0.05V 时，就应进行均衡性充电。通常均衡性充电就是过充，对落后电池进行单独过充。如果过充没有效果，只能用合格备品替换。为了节约能源和时间，可直接采用图 2-11 所示方式进行。即在对整组电池进行充电的同时，对落后电池进行单独充电。这时通过落后电池的充电电流为 $A_1 + A_2$。

通过这种方式处理，一般容量都可恢复均衡化。均衡性检查和充电通常 3～6 个月进行一次。

（2）使单节电池内电解液的上下均衡一致　无论采用恒流、恒压都能达到目的。若时间要求短，可用恒流方式。若时间允许，尽量采用恒流-恒压-小电流恒流方式充电，后者对电池损伤较小。

2.7　低压充电

低压充电适用于大容量的固定型电池，这类电池常用于电站和通信部门。这类电池的设计寿命都在 15 年以上。电池在室内安装，平时极板并不频繁地进行充放电循环，大部分时间处于"备用"状态，充电时间宽裕，充电电压控制严格。其充电要求有独特之处，对这类电池曾照搬启动型电池工艺，出现充电时酸雾污染严重、明显缩短电池寿命等问题。吴寿松先生提出的低压充电技术，实践证明效果良好，现已被广泛采用。低压充电工艺如图 2-12 所示。

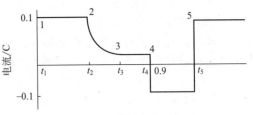

图 2-12　低压充电工艺

工艺说明如下。

① 充电工作从 t_1 开始，用 0.1C 的电流恒流充电。测量电池端电压为 (2.35 ± 0.02)V 时，改为恒压充电。

② 从 t_2 开始为恒压充电，电流逐步降低，当电流值连续 3h 不再变化时，即进入第三阶段。$t_2 \sim t_3$ 为 15～20h。

③ $t_3 \sim t_4$ 电流不做调整，此阶段为均衡性充电，为 80～100h。

④ 从 t_5 开始，用 0.1C 的电流放电，若容量达到 90%，按①～④的方式再次充电，充电后投入使用。

若电池达不到 0.9C，需作充放电循环，对个别落后电池可用充电机单独充电。

对于 200～1200A·h 的固定型电池，采用 2.25～2.35V 的恒压充电方式，其充电结果均能达到设计的标称容量，其保有容量的差值小于 0.02C。初充电时，采用 2.35V 的电压，充入的总电量以略大于 1.85C 为宜。因固定型电池高度尺寸大，为使电池电解液密度上下均衡一致，有必要延长一些充电时间。转入正常充电时，建议采用 2.30V 的电压充电。

低压充电的电池同时达到以下三种状态，即可停充。

① 每次充入总电量不小于 1.15C。

② 上下电解液密度一致。

③ 充电电流在 10h 内恒定在 0.001C 以下某位置不再变动。

为了监测充入电量和放出电量，在充放电回路里应安装直流安时计。对固定型电池采用低压充电，有以下 4 个优点。

① 简化充电设备，提高充电效率。传统的通信直流供电系统，蓄电池的浮充电和补充电系统是各自独立的。因供电系统允许的最高电压有严格要求，补充电电压较高，不能与供电系统直联。正常运行时，蓄电池与负荷并联在浮充条件下使用，即外电压 2.15～2.20V 加在电池两端。电池电压一旦低于浮充电压，外加电源就给电池充电，而传统的充电方法大都是恒流充电，在充电终止时电压高达 2.65～2.7V。由于该电压值超过了直流供电系统的允许值，因此对电池的补充电就不能在浮充系统中进行。这就要求配备两套充电设备，一套用于浮充，另一套用于恒流充电。采用低电压恒压充电，因充电电压与浮充电压相差无几，蓄电池的补充电、均衡充电和浮充电可用一套充电设备。因电压限制在 2.25～2.30V 之间，电池端电压不会出现 2.65～2.7V 的情况，充电效率也得到提高。

② 减少电池备品，延长电池寿命。通信是当今社会生活的"神经系统"，供电的可靠性要求很高。平时给电池以小电流浮充，一旦供应系统发生故障，则可使用电池供电，维持继续通信。备用的发电机工作后，就完成了应急的任务。因此，对电池的保有容量的要求严格，为避免电池不能应急供电造成通信中断。

采用低电压恒压充电，电池放电后，可在不脱离系统的条件下补充电，即能保证给负载的不间断供电。由于电池放出的电量能及时得到补充，不必再进行放电作业，减少了电池的深度放电和不必要的放电循环，使电池的寿命得以延长。

③ 电池温升较低。采用低电压恒压充电，电池电解液的温度可降低 8～15℃，减小了电解液温度达到 45℃ 极限值的可能性，同时也减少了通风降温设备的负荷。

④ 减少酸雾。采用低电压恒压充电，当以第一阶段的电流充电到定电压时，转入恒压充电。这时，电池还有一部分待充容量。恒压后，电压保持不变，充电电流随活性物质的氧化还原过程进行而逐渐衰减。在活性物质的恢复基本完成之后，充电电流就降到很小的数值，并保持基本不变。由于充电电压低和充电终期电流很小，电池内部产生的气泡也少。酸雾析出量和电解液损耗远比常规充电方法少，这就减少了酸雾的污染和腐蚀，十分有益。

2.8　补充电

补充电作业程序如下。

① 充电前询问使用者有无异常情况。

② 用容量表测量电池的保有容量 CB。与台账上记录的上次充电前测量值相比，是否有较大的差异。若无较大差异，可按正常计算时间补充电；若与上次相比显著偏小，则说明浮充电压偏低。若明显增大，则说明浮充电压偏高。

出现这两种情况，都要对浮充电压进行调整。

③ 根据测得的 CB 值和台账记录的结构容量 CJ 值，代入下式计算充电时间。

$$t = \frac{CJ - CB}{I}\alpha$$

式中，CB 为充电作业前实测的保有容量百分数；CJ 为上次补充电作业后测得的 CB 值百分数；I 为 20h 率充电电流，A；α 为过充系数，管式阳极的 D 型和 N 型取 1.3，涂膏式极板的汽车电池取 1.2。

④ 充电结束前 2h，补加蒸馏水。

⑤ 再充 2h，充电结束。

⑥ 用容量表测量其结构容量 CJ，记入台账。

⑦ 表面除酸，用碱液清洗外壳，清水冲洗，在紧固件上涂防腐剂，待用。

2.9　电池容量串并联计算

我们把电池从开始放电到放电终止电压为止，电池所输出的电量称为电池的电容量。其计算的方法，通常都是用恒流放电的电流乘以放电时间得到的。放电时间就是从开始放电至电池端电压跌落到下限电压的时间。

容量的单位是安时，即安培·小时，用 A·h 表示。

$$1A \cdot h = 1A \times 1h = 1C/s \times 3600s = 3600C$$

电池的安时容量就是指电池的库仑电量，而与电池端电压无关。所以蓄电池的串联并没有增加其容量，只是增加了电池组的输出端电压。如果两个相同容量的电池并联，其容量就增加一倍。如果两个不同容量的电池串联，电池组的容量只能是依小容量为准。

例如：在图 2-13 中，电池 A 同电池 B 串联。

① 若 $A = 20A \cdot h$，$B = 20A \cdot h$，则 $C = A + B = 20A \cdot h$。

② 若 $A = 20A \cdot h$，$B = 10A \cdot h$，则 $C = A + B = 10A \cdot h$。

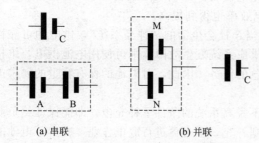

(a) 串联　　　　　　(b) 并联

图 2-13　蓄电池容量的串联、并联

在图 2-13 中，电池 M 和电池 N 并联。

①　若 $M=20A\cdot h$，$N=20A\cdot h$，则 $C=M+N=40A\cdot h$。

②　若 $M=20A\cdot h$；$N=10A\cdot h$，则 $C=M+N=30A\cdot h$。

用安时作单位不能表达电池的输出做功能力，为了表达电池的输出做功能力，其电能量用瓦时来表示，它等于电量乘以电池的平均工作电压。它同安时关系如下。

$$1W\cdot h=1W\times 1h=1V\times 1A\times 1h=1V\times 360C$$

显然，用瓦时能更为全面地表达蓄电池的性能。如图 2-13 所示，电池在串并联使用条件下，其瓦时计算方法见下例。

①　若 $A=20W\cdot h$，$B=20W\cdot h$，则 $C=A+B=40W\cdot h$。

②　若 $A=20W\cdot h$，$B=10W\cdot h$，则 $C=A+B=20W\cdot h$，其内在含意是容量减少了一半，电压升高了一倍。

推导：$C=A+B=20W\cdot h+10W\cdot h=(2V\times 10A\cdot h)+(2V\times 5A\cdot h)=(2V+2V)\times(10A\cdot h+5A\cdot h)=20W\cdot h$

在图 2-13 中，并联工况时瓦时计算如下。

①　若 $M=20W\cdot h$，$N=20W\cdot h$，则 $C=M+N=40W\cdot h$。

②　若 $M=20W\cdot h$，$N=10W\cdot h$，则 $C=M+N=30W\cdot h$。

有的汽车司机，为了减少电池的消耗量，不致因一个单节损坏就报废整个电池，于是用 2 个 6V、30A·h 的电池串联代替一个 12V、60A·h 的电池。这样做显然是错误的，其结果因电池的容量减少了一半，损坏反倒加快了。

在串联的蓄电池组中，若有一个单节容量偏低，整组的可用于工作的蓄电池容量也只能以最低的容量为准。一个 12V 的汽车电池，有一个单格损坏，其余 5 个即使完好，整个电池也不能工作。

当说明一个蓄电池工厂的生产能力时，用 kV·A·h，即千伏安时作单位。这里的电压值是指电池的标称电压，而不是指放电时的平均电压。如某工厂生产了 12V、100A·h 的电池 1000 个，就说生产了 1200kV·A·h 的电池。

2.10　电池容量的测定

电池容量的概念，是个含义宽泛的概念，为了准确表达其在不同条件下有不同的含意，可区分如下。

（1）标称容量　按 GB 290011—88 规定，是指用来鉴别蓄电池适当的近似的安时电量。

按上述国标规定，是指在规定的条件下，蓄电池完全充电后所能提供的由制造厂标明的安时容量，其数值印在说明书上，用字母 C_n 表示，也有用 C 表示。

（2）结构容量　电池内部活性物质结构状态决定的电池容量，用字母 CJ 表示。

这是指用最充分的充电方式充电后，电池所能达到的最大电量。电池在使用一段时间后，其 CJ 值可能高于标称容量，也可能低于标称容量。通常是在使用初期其 CJ 值逐渐上升，达到最高位后又渐渐下降，如图 2-14 所示。有的电池出厂时，其结构容量就高于标称容量，这是制造厂家为确保质量有意所为。

（3）保有容量　在使用状态下，电池中实际存储的容量，用 CB 表示。有时也称为荷电状态或

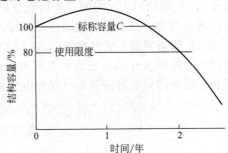

图 2-14　铅酸动力电池结构容量的变化

实际容量。

(4) 启动容量　在启动性大电流放电时，能提供的有效容量，用字母 CQ 表示。

容量概念的区别，可用一个装水的瓶子来说明。标称容量是指瓶子的大小属于哪个档次规格，厂方精确指出的每次"装水量"。结构容量是指瓶内附有固体沉积物后，瓶子外观大小虽没有变化，循环使用时每次实际的装水量。保有容量是指现在瓶子里实际存有多少水。

电池的容量，并非是个唯一的定值。用不同的放电电流测定同一个电池，会得到不同的容量数值，放电电流越大，测得的容量数值越小；放电电流越小，测得的容量数值越大。如用 10h 率的电流 0.1C 进行放电，测得某启动电池有 $C_{10}=100\mathrm{A\cdot h}$ 的容量，用 1h 率（1C）放电只能得到 $C_1=50\mathrm{A\cdot h}$ 的容量。通信电源的标准规定：用 $2.50I_{10}$ 放电，容量为 $0.75C_{10}$。用 $5.50I_{10}$ 放电，容量为 $0.55C_{10}$。因此，在说明电池容量时，一定要同时说明测量时的放电率。

无论用瓦时还是用安时表示电池的容量，都要测定电池在恒流条件下的放电时间。国际标准规定：铅酸启动蓄电池用 20h 率进行放电，电流的波动量全 2% 以内。放到端电压降至 $(10.50\pm0.05)\mathrm{V}$。记录这段放电的持续时间，放电开始应在充电结束后 1~5h 内进行，放电温度控制在 $(25\pm2)℃$。

电池的容量

$$C_{20}=\frac{C_n}{20}h$$

式中，C_n 为电池的额定容量；C_{20} 为电池的 20h 容量；h 为持续放电时间。

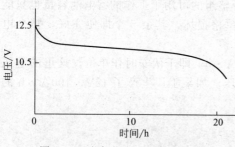

图 2-15　汽车电池 20h 率放电曲线

在国外，许多地方规定停在街道上过夜的汽车其标志灯必须通夜点亮。用 20h 率标定汽车电池容量，可直观地确定汽车停放一夜维持照明负荷的能力。

对电瓶车使用的 D 型电池，采用 5h 率或 10h 率标定其容量，比 20h 率更接近实际使用情况。

如图 2-15 所示是用 20h 率的电流（$0.05C_{20}$）恒流放电时，6Q 型启动电池的端电压与放电时间的关系。

虽然电池的安时容量是放电电流和放电时间的乘积，但两个因子并没有简单的互易关系。

容量并不是说明电池性能的唯一指标。国际电工委员会提出了评价汽车铅酸蓄电池的两个指标。

(1) 低温冷启动性能电流　它是指在 $(-18.3\pm1.0)℃$ 的条件下，每个单格电池的电压放至 1.4V 前历时 60s 期间可能恒流放出的最大电流值。即电池在最困难的条件下，所能输出的最大功率。只要低温启动性能指标达到上述要求，就能迅速有效地启动发动机。

(2) 储备容量　它是指在 $(25\pm2)℃$ 时，充足的电池以 25A 的电流放至电压为 1.75V 时放电的时间（min），它表示在充电系统失效的情况下，电池供应车上电器的持续时间有多长。电池的储备容量越多，在充电失效的情况下，车辆能够行驶的时间也越长。

本章小结

① 在不同的使用场合，合理使用 8 种充电方式，可使蓄电池得到容量补充。
② 启动能力分析，可给蓄电池的使用下限提供必要的依据。

第 3 章

铅酸蓄电池通用保养及故障处理

本章介绍

在铅酸蓄电池的使用中，有许多共性的技术问题和故障，主要是蓄电池组的并联使用引发的故障和蓄电池极板的不可逆硫酸盐化。本章介绍了对这些问题如何处理，才能发挥蓄电池的使用价值。

3.1 电池并联使用故障多

在一些场合下，常可看到将电池组并联使用的情况。这主要是由于设计和使用人员不了解铅酸蓄电池性能所采用的错误做法，有时也是由于特殊工作条件的要求。以下分析并联电池在使用中的特殊问题。

在图 3-1 中，两组电池在并联状态下工作。

在放电时：$i=i_A+i_B$。

在充电时：$I=I_A+I_B$。

如能保障 $i_A=i_B$、$I_A=I_B$，这个并联电池组工作状态就是正常的。但这只是理想状态，在实际工作中 $i_A\neq i_B$、$I_A\neq I_B$。

A、B 两个电池组串联的单节数越多，充放电循环次数越多，每次"吞吐"的容量数量越多，A、B 之间充放电的电流差值就越大。

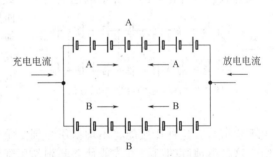

图 3-1 蓄电池的并联工作分析

两个汽车电池，都是 6 个单格，虽然名义电压都是 12V，但实际电压值却不一样。这是由于电池中电液密度不一致和连接的电阻不一致造成的。即使新电池启用时注入的酸是同密度的，在后来的使用中因种种原因也会造成差异。当把两串电池并联之后，电压高的电池会向另一个电池"充电"。其电流大小可用电流表测得。这种充电有时竟长达 24h 之久。在电压相差较多时，并联瞬间会看到明显的火花。这样的电池配合使用，启动发动机时看不出有什么问题，转入充电工况时，但两个电池各自得到的充电电流是不一样的。由于铅酸蓄电池内阻很小，所以两组电池内部性能略有差异，会使整个电池组的充电结果表现出明显不同。电压较高的电池得到的充电电流小，电压较低的电池得到的充电电流大；得到电流大的电池温升高，温升高导致电解液密度下降，密度降低又导致电池组端电压低，这是一个正反馈的恶性循环。这种破坏是以加速度方式进行的。用手触摸并联使用的汽车电池，常可明显感到两个电池温度不一样。

如果电池内部没有损坏，调节两节电池中电解液的密度使其一致，可减缓这种恶性循环。如果两个电池中有某个单格损坏，由于端电压偏低太多，充电电流全部从该节电池中流过，不但该组 12V 电池报废，另一组也会因长期得不到补充电而加速硫化。

当新旧程度不同的电池并联使用时，这种损坏尤为明显。因此，将电池的并联工况改为串联工况，电池的使用寿命至少会延长 1/3。

在汽车上，通常有 12V 和 24V 两种工作电压。12V 用于汽油发动机，24V 用于柴油发动机，这是由于柴油发动机的压缩比都在 14 以上，启动时要求电动机能输出较大功率。如果保持与 12V 时一样的工作电流，改用 24V 电压，启动功率就增大一倍。一般情况下，机动车上的起动机和发电机都是同电压档次的。

国产的某型柴油汽车，其起动机的电压是 24V，发电机的电压却是 12V。发动机启动时，先用转换开关将两节 12V 电池串联起来；发动机启动后，再通过转换开关将两节 12V 电池串联起来。这种车型上的电池，其寿命比其他车型短得多。

并联电池的这些故障，发生在电池使用的后期。当新电池组合时，这个问题表现不出来。根据实验的结果，并联电池组的电压就是开始不一致，一段时间后也会逐步趋于一致。但是对于旧电池组，由于其中电池有损坏单节，故障电池的电压是不能达到正常的，电池组的偏流就会长期存在，以致造成整组电池损坏的事故。可参见 4.5.1 小节。

铁路部门使用的东方红型机车，起初电池组采用两组 96V 电池，用 8 个 12V 的 6Q-180 电池串联后并联构成。由于电池充电不均衡，常使电池单组发热，常常打开电池仓门，就能感到一股热浪，电池故障多，电池组的寿命只有 3 个月左右，损坏率高。后改为 48 个 N300 电池串联工作，电池故障率锐减，使用寿命延长到 5 年以上。

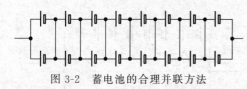

图 3-2　蓄电池的合理并联方法

有时，没有合适的大容量电池供使用，或由于安装尺寸所限，只能采用小容量电池并联使用。由于通信基站要保障在更换蓄电池时也必须 24h 不间断供电，因此采用两串蓄电池并联组成一个蓄电池组，更换蓄电池时可以确保一串蓄电池始终在线。这时应按图 3-2 所示方式并联。在两个电池组的等电压点连接一条均压线，电池组正常工作时，均压线上没有电流。当电池组发生不均衡时，这种连接能将不均衡压缩到 2 个单节的范围，不至于将故障扩大到一个蓄电池组。这种电池阵的组合方式能使并联副作用降到最低限度。

这种组合方式也称为网络组合法，在电动汽车上使用，收到良好的经济效益和技术效益。

在不能使用网络组合方式的场合，需要对并联的两串电池做如下的控制。

蓄电池的内阻是动态发展的，也是不均衡的，这是由蓄电池的固有特性决定的。采用合理的控制电路，就可以控制蓄电池组充电时不发生偏流。下面的说明以 48V 蓄电池组数据为例。

在两串蓄电池中，分别串联一个开关 K_1 和 K_2。在充电的时候，两个开关不长时间同时接通，两个开关按照一定的时间间隔，分别接通。

例如，充电开始，K_1 接通，3h 后，K_2 接通。K_1 并未立即断开，而是延迟几分钟，K_1 才断开。这种状态轮番进行充电，就会根本避免蓄电池组的充电偏流故障。在长时间的浮充电时间里，蓄电池组的端电压是 54V。由于两个开关的重叠接通时间很短，偏流的影响就被根除了。

在运行中，如果交流市电中断，充电停止，则能保障有一路蓄电池组供电。在现有的两组电池设计中，用其中一组蓄电池承担基站的供电，短时间也是可以承受的。如通信基站工作电流最大约 120A，通常配置 500A·h 的两组电池。其中一组蓄电池一旦进入放电状态，可以监测到蓄电池组的电压下降到 51V，当发生这种情况时，就控制 K_1 和 K_2 同时闭合，共同向设备供电。

这样的设计和控制，就根本免除了并联蓄电池的内在弊病，大幅度延长蓄电池寿命。

3.2　电池组中各单格的均衡性要求

对一个串联系统来说，组成的单元越多，系统的可靠性就越低。在蓄电池叉车、电动汽车、铁路机车、蓄电池牵引车、备用供电系统中，都是将多个单电池串成一串使电压累积到标称电压 24V、48V、72V、96V、144V、192V、300V 等，通常也把电池串称为电池组。

在这种情况下使用的电池，其故障绝大部分并不是电池组整体不好，而是由于电池组中某一个或几个单节性能降低造成的。我们把这类故障部归类于电池均衡性方面的问题，而把性能降低的单节，称为"落后单节"。在成组使用电池的工况下，其工艺标准和保养中应有均衡性的内容。忽略了这一点，不仅会加大维护保养工作量，而且会加剧电池的损坏，增大运营成本。

现以东风内燃机车为例，说明蓄电池的不均衡性在起车时带来的问题。

蓄电池组的其中一个单节性能降低，都会使保有容量偏低。其保有容量少于一次起车的能耗。机车启动时，在短暂时间内端电压很快降到零。继续放电时，由于本身容量已消耗完，反而又被其余单节的放电电流充电，成为反极状态存在，如图 3-3 所示。

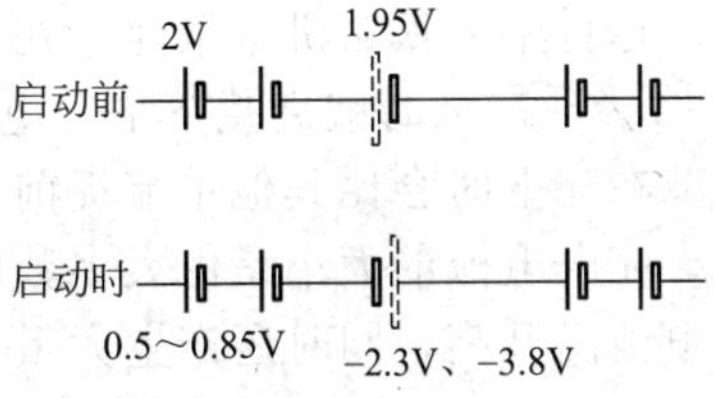

由于保有容量不同，机车启动时，每个 N462 管式电池的单节的放电峰值对应的电压只有 0.50～0.85V，而放

图 3-3　蓄电池的反极过程分析

电时被充电的反极电池可达到 2.7～3.8V 的反极电压。这样，一个反极电池将使启动的有效电压下降 3.55～4.3V。这个数值几乎相当于 6 个单节电池所能提供的启动电压。所以一个失效单节，就会造成柴油机不能启动，去掉这个单节，柴油机就可以启动。

在机车启动时，有的单节会冒出水来。这有两个原因：一是由于加水过多，起车时的振动使电池中的电解液泼出来；二是由于反极的作用。为什么反极电池在机车启动时会冒出水来，这要从电池充电过程来解释。

电池中的电解液从加液口中冒出，说明电池在电解液下部有体积突然膨胀的反应发生。当体积的膨胀大于电解液上部的气室容积时，电解液就被"挤"了出来。在放电时，正负极板上的活性物质都会膨胀，每次起车时放出电量至多只有几安时，极板上活性物质的膨胀引起电解液的上涨可忽略不计。在电池容量正常时，机车启动是看不到电解液外冒的。

一旦某电池的容量过低，成了落后单节，启动放电时出现了反极，情况就完全变了。呈现反极的电池，是处于充电状态的，当其反极的端电压在 2.3V 以下时，是没有水分解反应的，这时电解液也不会溢出。一旦反极电压达到或超过 2.3V，上述的水分解反应就发生了。超过的电压越多，水分解越强烈。这种由液态水变成气态的过程，体积膨胀约 1860 倍。由于时间短，产生量又大，这些气体来不及逸出电解液，就强制地使液面升高；最终从加液口喷出。这种体积突然膨胀的冲击力，会使电池壳顶松动，外壳破裂，反极会使电池迅速损坏。反极损坏的电池，静置一段时间，其空载端电压能降到零。铅酸蓄电池充足电时，将电解液密度调到 1.26g/cm³，电池放出全部容量后，其空载端电压也有 1.95V 左右。原始密度为 1.28g/cm³ 的汽车电池，放完电后空载端电压为 1.99V 左右。

当正常放电到末尾时，电池内阻失去平衡常态而迅速增大，电池的端电压就迅速下降，电池已失去做功能力，这时放电就应停止了。如果强制放电，会使随后的充电变得困难。这是控制放电下限的原则。显然，这时极板上的活性物质并不是 100% 地反应完了，极板上也不是充放电反应方程式表达的那样全部变成了硫酸铅，而是还有 30%～45% 的活性物质。

这时电池的端电压依然也由密度来决定。由于反极而损坏的电池，因为过量放电在其极板内部深处都生成了 $PbSO_4$，由反极充电效应又分别在负极上生成 PbO_2，在正极上生成 Pb。这种反应在反极电压超过 2.3V 时会加速度地进行：阴极上产生的新生态氧使原来剩余的 Pb 迅速氧化成 PbO，PbO 与 H_2SO_4 反应生成致密的 $PbSO_4$。这就造成了进一步破坏性自放电，使极板硫化。一旦发生一次反极，就使电池结构容量大幅度下降，这种下降又使反极更频繁地发生。这种加速度的恶性循环使电池极板迅速地变成了硫化状态的 $PbSO_4$。由于两极板为同种物质，在电解液中也就没有了电位差，空载电压也就为零了。

在机动车上启动放电后，又立即转为充电工况。电池空载端电压，只能降到零，而不会出现反极状态被保留的现象。

在启动时如发现单节向外冒水，检查电解液高度又正常，这个单节就是落后单节。日常保养中如看到某单节顶盖有水，或有潮湿的情况，以致造成电池组接地故障，就应首先检查该单节电池的容量。

下面分析落后单节在车辆行驶中带来的问题。

运行中的铁路机车电池，在 110V 恒压充电状态，其充电电流在保有容量达到其结构容量 67%～70% 时就衰减下来。电池是以串联方式工作的，每个单节通过的电流相同。落后单节在充电时会比其他单节提前达到恒压充电的饱和状态，这时，大多数电池都没有达到饱和。充电电流的大小是由大多数电池状态决定的，这就使落后电池处于过充状态。过充不仅使电池温升高，同时还产生大量气体，气体逸出时带着大量的酸雾，以致电池箱箱体下部的通风孔不能把这些酸雾全部排出，酸雾沿着地板下的空间，窜进司机室，在操纵台上可闻到刺鼻的酸味。这种情况一旦发生，很快将导致几个单节内部短路，电池端电压下降到零。全部充电电压便落在其余的单节上。在操纵台上看到充电电流表在几十安位置上居高不下，这对整组电池都起很大的破坏作用。

要避免电池组中各单节间的不均衡性，可采取以下措施。

① 不从电池组中抽头取低压电。东风型机车原设计的 24V 抽头供仪表用电是错误的。这就常使电池组负荷不均，造成不均衡。现在的机车设计，已经取消了电池组中间抽头。

② 提高电池组的绝缘，减少局部单节的自放电。

③ 电池备品须分档使用。CJ 大于 90% 为一级备品；大于 70% 而小于 89% 为二级备品；大于 50% 而小于 69% 为三级备品。用备品替换电池组中损坏的电池时，备品电池的结构容量应大于或等于电池组的结构容量。

电池备品的分档使用，可以避免电池使用中的不均衡性，不仅使电池的运用质量提高了，而且电池寿命也得到延长，分档使用可使电池寿命延长 1/3。

实践证明，当东风型机车电池组中 48 个单节结构容量相差不超过 20% 且每个单节的容量值都在 50% 以上，在两个定修周期内，电池基本不发生碎修。

以上是对东风型机车电池的不均衡性分析，在其他机动车辆上，其复杂程度和可靠性要求都比上述低。

在蓄电池车上，通常是根据总电压来决定是否充电的，操作者无法测量每个单节电池工作时的端电压。在电池组单节之间密度相差较大的状态下，一旦操作者感到电动机无力，容量偏低的电池早处于过放电状态了。在充电时，当充电机上的总电压值尚未达到"停止充电的电压值"时，容量低的电池却已处于过充状态了。这种过充和过放的恶性循环，使电池损坏加剧，所以应严格控制其结构容量差值在 20% 以内。汽车电池是 6 个单节共壳装配的，一旦出现容量差值，很难调整，也无法选配。这是汽车电池寿命短的一个重要原因。调查表明，在使用中的电池，有 50% 的电池其单格间容量相差 30% 以上，这样严重的不均衡状态对电池使用寿命的影响是十分明显的。

3.3　减少腐蚀的措施

与电池有关的腐蚀有两类：一是由充放电反应引起的电化学腐蚀；二是单纯由酸引起的化学腐蚀。这里只讲解由酸引起的化学腐蚀。

电池外连接件的腐蚀问题常给行车带来意外的故障。这些腐蚀，都是由于电解液的泼洒、外溢和酸雾造成的。最有害的腐蚀是 D 型和 N 型电池极柱螺孔（图 3-4）内的酸液腐蚀。螺孔内的酸液通常都是电池整备作业中洒入的。为防止酸液洒入，整备作业时，用涂有凡士林的螺钉将孔堵住。

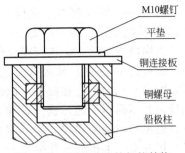

图 3-4　一种蓄电池的极柱结构

M10螺钉
平垫
铜连接板
铜螺母
铅极柱

通常酸能吸收空气中水分，酸浓度越高对水分的吸收性越强。浓硫酸通常可做干燥剂使用。在机动车运行时，虽然充电和热空气对酸液有干燥作用，但一遇潮气，又显出湿汪汪一片，电池顶盖的酸液是不会干的。

蓄电池车用的 D 型电池和内燃机车上用的 N 型电池，单电池间都是用导线或连接片相连的。这类电池的腐蚀首先从非接触面开始，逐步扩大到接触面。这种腐蚀对紧固力没有多大危害，但却增大了接触电阻。当启动电流大时，连接不良会导致连接处过度发热，甚至烧毁。有时汽车不能启动，只要对电池极柱外表面刮修一下，接线后就可起车。要避免极柱及连接片烧损，接触而无腐蚀是必要条件，还要有足够的接触压力。对连接片做防腐蚀处理，可采用镀铅的办法。没有电镀条件的可采用挂锡的办法。将钢质连接片表面用盐酸清洗后，直接投入铅锡合金锅做挂锡处理。这种铅锡合金含铅 64%，含锡 36%，熔点为 181℃，较单纯的铅或锡的熔点都低，附着力很好。这种合金由于锡层厚，不易产生剥离，防腐效果显著。

锡（Sn）对铜（Cu）的保护机理有两种：锡层蒙在铜表面，虽然锡的抗腐蚀性比铜弱，但当酸作用在连接片上时，首先是锡与酸发生作用，在锡层未破开以前，一直是锡被腐蚀，这是锡对铜的第一种保护作用；锡对铜的第二种保护作用如图 3-5 所示。

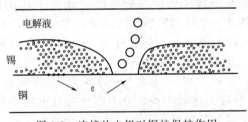

图 3-5　连接片上锡对铜的保护作用

电解液
锡
铜
e

在锡层破裂以后，铜和锡同处于酸液里，由于锡的标准电位是 $-0.316V$，铜的标准电位是 $+0.337V$，所以在酸液中就构成一对电池。铜夺取锡上的电子，使 $Sn \rightarrow Sn^{2+}$，而 H^+ 又在 Cu 表面得到了电子，$H^+ \rightarrow H_2$，这个腐蚀反应一直持续到酸液所覆盖的锡消耗完为止。在这个过程中，Sn 以自己的消耗保护了 Cu，这就是阴极保护原理。

除以上两种措施外，还需用凡士林将保护面涂封起来。酸液在凡士林的隔离下，不与金属接触，这就大大延缓了腐蚀的发生。实践表明，使用凡士林防腐，可使连接件消耗量减少到 1/3 以下。

在室外，由于凡士林能粘住灰尘，所以不能使用。可用 15% 的石蜡和 85% 的黄油加热后混为一体，趁热用毛刷涂到电池极柱连接处，冷却后即形成一层防腐层。冬季黄油可取多些，夏季石蜡比例可大一些。

在国外，为解决电池连接件的腐蚀问题，采用能长时间耐受浓酸腐蚀的不锈钢来制造连接件。这样做，虽然可解决腐蚀问题，但成本高，同时要注意不锈钢导电性差，不宜在大电流场合下使用。有的厂家在机车蓄电池上使用不锈钢连接片，外观光亮，在 1000 多安的电流下，却造成极柱烧损的事故。

可采用减少酸雾的办法来减少腐蚀。减少酸雾的途径如下。

① 控制充电电流及充电时间，避免过量充电。

② 将电解液胶凝化，使其难以蒸发。

③ 加强电池四周的通风。

④ 板栅采用铅钙合金或低锑合金，使出气量减少。

⑤ 将电池出气用专用集流管汇集导出。

当腐蚀发生后，需进行净化保养。由于硫酸的腐蚀，常使电池夹头不易拆下，特别是表面不做镀锡处理的金属夹头。有时看到被黄绿色［硫酸亚铁（$FeSO_4$）］、蓝色［硫酸铜（$CuSO_4$）］和白色［硫酸铅（$PbSO_4$）］物质所覆盖，甚至连螺钉都看不见。这种桩头及紧固件，是不易拆下的，这三种腐蚀物，前两种都溶于水，尤其是热碱水。用热碱水稍作清洗，腐蚀物就溶去许多，然后轻轻活动，夹头便会取下。即使铜制夹头的固定螺钉腐蚀断了，用开水一冲也会从孔中掉出。

3.4 蓄电池连接状态

蓄电池的连接包括两个方面：一是电池外部导线与极柱的连接；二是电池内部的极柱与极板的连接。这里着重分析电池外部的连接。

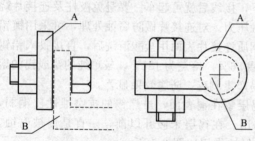

图 3-6 汽车电池的连接结构

汽车电池外部连接方式见图 3-6，其中 A 是连接带，B 是极柱。极柱有圆锥形和直角形两种结构，由于接触面的腐蚀和紧固件的松动，常使发动机不能启动。通常起车时，电流多在 300A 以上，而电池本身能保持的电压最高只有 1.5V/格。若接头外电阻为 0.01Ω，启动时电压损失就达 3V。这就相当于消耗了 2 个单相电池的电功率。在使用的机动车上，电池的两个接头处的接触电阻之和大于 0.01Ω 是常有的。这种接触电阻，可用接触电阻测试仪测量。也可用简易方法测量：用车上的电负载，使电池以 20A 放电，测量图 3-6 中的 A、B 之间的电压值，只要有 0.2V 的显示，说明该接头电阻已达到 0.01Ω 了。如果接触状态良好，电压表则显示为零。

在蓄电池搬运车上，电池组工作电压为 48V、72V、96V，蓄电池机车采用 192V 电压，电力机车和内燃机车，电压都是 96V。这时若某个接头接触不良，由于启动时放电功率很大，接头处的铅制构件会熔流。为了工作可靠，顶盖上都设两个正极柱和两个负极柱。

在东风型内燃机车上，电池是按图 5-7 所示连接的。两个相邻电池之间，有两种连接方式。

在图 3-7(b) 中，第一种连接方式：如"1"号电池的两个正极和"4"号电池的两个负极，都是用连接片并联的，其剖视见图 3-8。

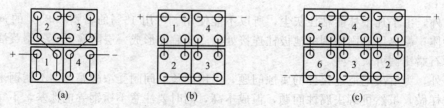

图 3-7 内燃机车蓄电池连接方式

1~6—电池

第二种是电池箱中间部分的连接方式，如"1"号电池的负极与"2"号电池的正极，是用连接片串联的，其透视结构如图3-9所示。

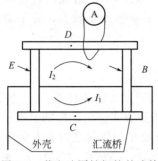

图 3-8　蓄电池同性极柱的连接

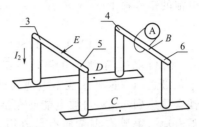

图 3-9　蓄电池异性极柱的连接

3～6—电池

蓄电池车上的连接只有第二种方式。现在分析对这两种连接状态的测定原理。

第一种连接方式中，在电池极柱的 EB 两点送入一个恒流交流电，如 I_A 为 50Hz。这时电流沿 ECB 和 EDB 两条回路分流。沿 EDB 的电流可用钳流表测出，如果连接状态良好，两电流值大致相等，为 $0.5I_A$ 左右。若接触而导电不好，ADB 电流偏小，甚至为零。若 EDB 电流为 I_A，则说明电池内部连接回路已有断裂。

对第二种连接方式，把电流送入 EB 两点，若连接良好，电流以均衡状态沿 EDB 和 ECB 分流。若在图 3-9 所示的位置测得为 I_A，则说明 EDB 回路有连接不好的状态；若测得电流为零，则说明 ECB 回路连接不好。图 3-10 所示就是实际测量的状态。

图 3-10　对异性极柱连接状态的测量

3.5　减少自放电的措施

铅酸蓄电池的自放电较大，在通常条件下，普通开口电池每天约损失 1%的容量。阀控电池每天损失 0.1%～0.3%的容量。

自放电可分为三类。第一类是电池中有害离子搬运电子引起的自放电；第二类是正负极板各自独立地失去容量的自放电；第三类是由于内部短路引起的自放电。

首先分析第一类自放电的机理和条件。

当电解液中有铁的离子存在时，就会发生自放电反应。这是由于电池的负极反应是

$$PbSO_4 + 2e \Longleftrightarrow Pb + SO_4^{2-}$$

而铁离子反应是

$$Fe^{3+} + e \Longleftrightarrow Fe^{2+}$$

当分子的热运动使 Fe^{3+} 到达负极表面时，它就和负极形成一个微电池。这个微电池的正极是 Fe^{3+}，负极是极板。这时正极就要夺取负极板上的电子，铅失去电子即发生放电反应。

$$Pb^{2+} + SO_4^{2-} \longrightarrow PbSO_4$$

正极得到电子即发生还原反应。

$$Fe^{3+}+e\longrightarrow Fe^{2+}$$

这就使负极板失去了容量。如果自放电到此为止，那么 Fe^{3+} 造成的自放电是微乎其微的。实际在负极上获得电子而变成 Fe^{2+} 的铁离子，并不永远在负极上，分子的热运动又使它返回到蓄电池的正极板上。

在正极上

$$PbO_2+H_2SO_4+2e\longrightarrow PbSO_4+$$

这时 Fe^{2+} 放出一个电子供给正极，使正极放电，Fe^{2+} 又转变成 Fe^{3+}。铁离子往返移动在电池的正负极之间，这就造成蓄电池的自放电。实验表明，启动用的铅酸蓄电池，如果电解液中的铁含量达到 5%，自放电能使充足电的蓄电池在一昼夜之内丧失全部容量。

对铅酸蓄电池，主要有害杂质有铁（Fe）、锰（Mn）、硝酸根（NO_3^-）、砷（As），这些杂质可分为两种。

第一种，杂质反应生成的是气体或固体，如氯、砷，氯在正极上变成氯气逸出；砷在负极上以固体状沉淀出，因此离子状态也就不存在了。这种杂质对蓄电池的伤害只有一次，引起的自放电不大。

第二种，杂质反应的生成物介于电解液中，如铁（Fe）、锰（Mn）、硝酸根（NO_3^-）都呈离子状态这类杂质由于能在正负极间往复运动，并分别能使正负极板放电和腐蚀，所以危害极大。电解液中必须严格控制这类杂质的含量。

蓄电池补加水的作业，是由用户或维护人员承担的。其水的质量，主要是指铁的含量多少。自然界的铁溶入水中的机会很多，特别是南方的红色土壤，就是铁的化合物染红的。

有人认为，杂质在电解液中是离子状态，在电池的充放电反应中，极板间的导电是由离子承担的，在外电场作用下杂质也能担负一部分导电作用，也就减少了蓄电池的内阻。这是不对的，从电池原理讲，只有 PbO_2、H_2SO_4 和 Pb 的配套反应才能提供放电电流。放电时，杂质形成的导电离子都不能参加成流反应，因此不能起到任何有益的作用。若把电池中有害离子的导电作用综合起来看，就相当于并联在电池壳内正负极之间的一个电阻，如图 3-11 所示，这个电阻充电时分路了一部分充电电流，使充电效率降低，停充后，它又使电池自放电。因此，电解液中有的有害离子只降低了充电时的电池内阻，并不能降低电池工作放电时的内阻。

图 3-11 有害离子的等效电路

在除去上述杂质之后，也不能完全消除电池的自放电这是由于还有第二类自放电。

在负极上，有这样两种反应。

$$O_2+4H^++4e\longrightarrow 2H_2O$$

$$2H^++2e\longrightarrow H_2$$

这两个反应会自发地进行，而且都在负极的 Pb 表面上还原，使 $Pb\longrightarrow PbSO_4$，这就造成了负极板的自放电。空气中虽含有大量的氧，来源无限，但氧在电解液中溶解度很小，又有隔板阻碍它的扩散，所以 O_2 还原比氢产生的作用小得多。

电解液中含有 30%～40% 的 H_2SO_4，H^+ 浓度很高，因此 H^+ 发生反应是造成负极自放电的主要反应。然而 Pb 上 H_2 产生的过电位很大，反应速率很小，如果 Pb 上没有催化 H_2 产生的杂质，负极的自放电完全可以忽略。如果在负极上沉积有发生过电位较小的金属，情况就完全不同了。

例如，正极板栅中的锑在过充条件下会成为离子进入电解液，又在负极上还原为 Sb 沉积下来，Sb 和 Pb 就组成许多微电池，如图 3-12 所示。H_2 在 Sb 上的析出电位比 Pb 低，Sb 能从 Pb 上夺取电子，输送给与 Sb 接触的 H^+，使其变成 H_2 从电解液中逸出。

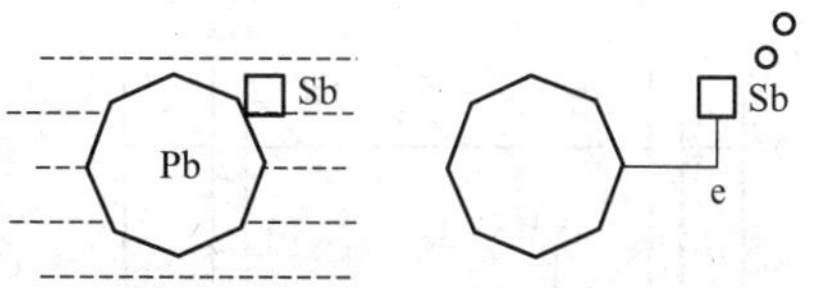

图 3-12　析出氢造成的自放电

$$2H^+ + 2e \longrightarrow H_2$$

$$Pb^{2+} + SO_4^{2-} \longrightarrow PbSO_4$$

电池中负板上的 Pb 变成了 $PbSO_4$，这就造成了负极的自放电。

H_2 产生杂质的速率，比在铅产生的速率大上千倍，引起的自放电就相当可观了。所以，性能良好的"免维护蓄电池"，为了尽可能减少蓄电池的自放电和出气量，正极板栅是用纯低锑合金或铅钙合金制成。然而低于 3％锑含量的铅锑合金，对普通的蓄电池工艺是不可行的。主要是由于铸造困难，铸出的板栅强度和硬度低，所以普通电池的板栅合金，含锑量都为 6％～7％。这种电池，出气量和水耗量都较大。

更改板栅合金，采用多元成分，减少出气量，是生产"少维护"或"免维护"蓄电池的技术关键之一。

用铅钙板栅制成的蓄电池，由于自放电和出气量减少，使得水耗量降到原有电池的 1/40。这种电池能像"骆驼"一样，一次加足水后，连续工作 20 周以上才补充水，有的已达到"终生"不加水。由于保养加水的次数大大减少了，所以由保养失误而造成的故障自然也就避免了，蓄电池的使用寿命也就得到延长。

研究表明：在普通铅酸蓄电池中正极板栅溶解下来的 Sb，并不能全部立即转到负极上，隔板就能在 Sb 离子转移中起到制动作用，胶体电池的电解液，对锑有明显的吸附作用，使其不能转移到负极上。在充放电循环中，正极板空间体积量的变化比负极板空间大得多。在放电时正极板迁出的 Sb，充电时大部分还要返回正极板。当充放电循环时间很短时，正极板上的锑就不能转移到负极板。使用中的机动车电池就属于这种状态，启动发动机消耗的电量在短时间就得到补充，因此 Sb 的迁移量较小。如果电池放电后不能及时充电，Sb 的迁移量就会增大。

锑在负极板上的沉积，并不是无限增加的。过充电时负极板上的固体 Sb 可变为锑化氢气体而逸出。这就是说，过充电一方面使正极板中的锑溶出，迁向负极板；另一方面，也使负极板上的锑不断地转化为锑化氢而逸出；加之负极板上的 Sb 也会逐步地被放电产生的新生态 $PbSO_4$ 包裹，失去其催化作用，这才使得蓄电池的自放电不会因过充电而无休止地增加。

从上面的分析可知，蓄电池的第二类自放电常伴有气体的产生，这些气体都是从水分解而来的，所以水耗量大的电池自放电一定较大。在汽车上，有时能听到电池里冒出气泡的声音，就说明该电池第二类自放电严重。在环境噪声小时，电池组冒泡的声音有时会像泡菜坛子出气那样"咕嘟"个不停。这样的电池一旦备用几天，就可能发生柴油机不能启动的质量事故。

第三类自放电是由于内部短路引起的。短路的部位如在顶部，主要是极柱修理焊接时不慎将液态铅流到蓄电池板群顶部引起的；短路的部位如在极板群的上半部，主要是由于电池缺水引起的活性物质脱落而造成的；短路的部位如果发生在电池的底部，且容渣槽已被脱落的活性物质所填满，则可能是由于初充电时电解液的温升过高，电解液密度过高，长期的过充电，电解液中杂质过多等原因所致。

第三类自放电中还有一种常被忽略的情况，即在电池充足电，静置半小时后，由于充电时产生的气体从电池中排出，电解液面会有所下降。工作者这时常将蓄电池用水加入电池中。待第二天用电池时，才发现一夜之间电池容量下降甚多。

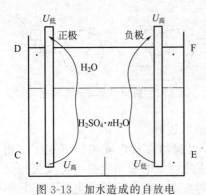

图 3-13 加水造成的自放电

造成上述现象的原因是当我们把电池充足电后再补入蓄电池用水,密度为 $1g/cm^3$ 的蓄电池用水就浮在密度为 $1.26g/cm^3$ 以上的电解液上部,很难与下部密度较大的电解液混匀,于是就出现了图 3-13 所示的情况。

在图 3-13 中,电液下部的密度大于上部的密度。在正极板上,密度越高,电位越正向升高,$U_C > U_D$;在负极板上,密度越大,电位越负向升高,$U_F > U_E$。C、D 之间、E、F 之间都有金属连接,具有电子导电的条件,又同时浸在硫酸电解液中,放电的充分必要条件都具备了,高电位就向低电位放电,放电的结果是在正负极板上分别都生成了 $PbSO_4$。所以,向电池中补充水后,一定要充电。充电方式以专门补充电作业或行驶中补充电都可以。不能加水后就静置存放,特别是对那些容量大的电池,由于一次加水较多,更要注意这个问题。

3.6 蓄电池的绝缘状态

蓄电池在设备中是个电力部件,因此就有与其他部件相互绝缘的要求。电池本身又是电化学装置,它的绝缘概念及测量方法有其独特之处。

如果电池绝缘不好,就会漏电。这是众所周知的。但对电池,特别是多单节串联然后并联起来的高电压输出的电池组,其绝缘状态既不能用万用表的欧姆挡测量,也不宜用摇表去测。这是因为万用表的欧姆挡是用表中的电池(1.5V 或 9V)向被测电阻放电,通过放电电流的大小,推算其阻值,如图 3-14 所示。若用万用表测量电池极柱的绝缘电阻,电池中的电流会引起表头误显示,甚至将表烧坏。

电池组的对地绝缘除上述内容之外,还有蓄电池跨单节之间的绝缘即 R_{kd} 问题。

如果由于某种原因使电解液从一个电池顶盖上扩延到另一个电池顶盖上,如图 3-15 所示,若酸液扩延到电池"2""3"的顶盖上,把两个电池的极柱连接起来,那么"2""3"电池实质上就处于放电状态,如图 3-16 所示。

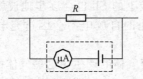

图 3-14 万用表测量电阻原理

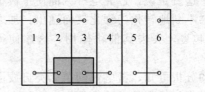

图 3-15 连体电池顶部的污染

于是,这两个电池很快将容量放充,由于极板保有容量接近于零。极板上的 $PbSO_4$ 含量过多,极板的导电性能太差,这两个电池的内阻远大于正常值。在启动性放电时电压降太大,不能启动发动机,电池失效。如图 3-17 所示,铁路部门使用的东风型机车,原来均采用单体的电池,1982 年后,生产厂家开始供应连体共壳的 2-N-400 电池。20 多年的实践证明,连体电池的故障率明显高于 N462 电池,用户反映十分强烈。对这种情况,生产厂家困惑不解,两种电池的生产工艺相同,极板采用同一尺寸、同一配方,为什么会出现这种情况?究其原因,在机车使用条件下,2-N400 电池损坏的只比 N462 多了一点儿,即 R_{kd} 被破坏的可能性增大了。

这种跨单节绝缘电阻 R_{kd} 被破坏的情况,在多单节共壳的 6-Q 系列电池上较为多见。尤其是在电池气密性失效后更易发生。在用电压表测量启动型 6-Q 系列电池的单节电压时,有时会测得单节电压远高于 2V 的情况，如图 3-18 所示。这是由于铅连接条上的 $PbSO_4$ 表层没有被电压表测电棒刺透，如图 3-18(b) 所示。这种情况，随着阀控电池和共槽热封结构外壳的使用，减少了很多。虽然电压表的表笔压接在 A、B 两点上，测量第 1 个电池的电压，由于电池顶部铅连接条上的 $PbSO_4$ 表层没有被电压表测电棒刺透，实际 B 点的电压信号是第 6 个电池的正极电压，如图 3-18(c) 所示。

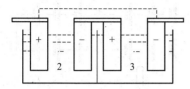

图 3-16　电池顶部污染造成的自放电

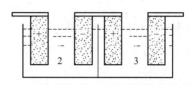

图 3-17　单节绝缘破坏后的最终等效状态

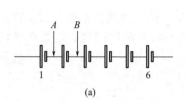

(a)

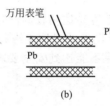

(b)

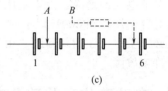

(c)

图 3-18　汽车电池绝缘破坏的情况

当汽车用 24V 电源时，是用两节 12V 电池串联的，其连接方式如图 3-19 所示。

从图 3-19 中可见，因为电池靠在一起，在两节电池的内侧，其极柱上的电压从连线尾部向 A、B 端依次升高，到 A、B 极柱，电压达 20V。因此，在 A、B 顶盖上略有污物，会造成整组电池的自放电。为了避免这一故障，电池应按图 3-20 所示的方式安装压紧力 F 固定电池位置，中间垫块使两节电池之间有一个间隙，以切断放电通路。

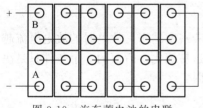

图 3-19　汽车蓄电池的串联

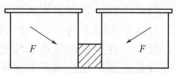

图 3-20　蓄电池的并列方式

从上述分析可知，对蓄电池组的对地绝缘 R_D 进行处理时，必须使计算绝缘电阻 R_d 优良、漏电电流合格、单节间绝缘电阻 R_{kd} 良好。三项指标缺少任一项，都不能说电池组的绝缘是良好的。

蓄电池的绝缘状态在汽车行业里被普遍忽略了，在汽车电池的作业内容中，没有这方面的要求。电池装车后，只要能启动发动机，司机便认为合格。只有在不能启动发动机时，才查找原因。有的电池装上车后，搭铁线刚一接触车体，就有放电火花。用串联电流表测量时，指针会有大幅偏转。漏电严重时，即使将搭铁线拆下，电池极往往通过侧面污物的漏电电流，仍能使车上小功率照明灯发出微弱红光。

可用漏电电流表查找电池组的接地处，方法如图 3-21 所示。如接地点在 C 点或在 D 点，测得漏电电流值为 I_D，在 E 点测得的电流值为 I_E，$I_E > I_D$，当测到接地点 C 时电流值为 0。

在图 3-22 所示并联的情况下，测量 R_d 时应先将两组蓄电池的并联线分开，否则，两级的对地绝缘情况会相互干扰，使测得的 $U_+ + U_- > U_z$，或者不能反映电池组的真实情况。

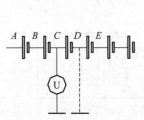

图 3-21　蓄电池组接地点的查找

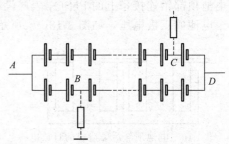

图 3-22　并联蓄电池组接地点的干扰

单节电池的绝缘，由于电压低，很容易达到较高的程度。但是组成蓄电池组后，特别是累计组合电压达到 300V 以上时，单节电池的对地绝缘就是不可忽略的问题。这是在电动汽车上必须予以关注的新问题。由于绝缘不能达到安全要求，漏电电压对其他电器的干扰就会引发许多故障。

3.7　电池硫化和除硫化技术

所谓电池的硫化，是指极板上的活性物质已变成了"不可逆"的硫酸盐。分解电池时可看到，这种硫酸盐颗粒粗大，手感较硬，如同沙子一般，呈霜白色。已硫化的电池用 0.1C 的电流充电时，其单格电池端电压在 3V 以上，最高可达 9V。在报废的汽车蓄电池中，70% 都有不同程度的硫化。硫化电池的充电理疗法在"1.3.1 除硫化和容量复原技术"中已做了原理性介绍，这里介绍工艺过程。

3.7.1　硫化产生的过程

电池长期处于低保有容量下必然硫化。电解液密度越高，放电时的放电电流越大，放电深度越深，在放电状态下保持的时间越长，极板越易硫化。后面的 3 个条件只是决定硫化程度的深浅，低保有容量状态是造成硫化的根本原因。

低保有容量在以下几种情况下发生。

① 把电池作为某种电器的直流电源，放电后长期未充电。

② 浮充条件下未充足。在汽车行驶条件下，如果充电电压正确，要较长时间才能充足到电池的结构容量，这一点，常被误解。许多人都认为只要每天用过车，电池就能充足电，这是不对的。对电池的实际保有容量，用连体电池检测仪可以方便地予以确认。

作为备用电源的蓄电池，在变电站和通信基站使用，在使用规程中浮充电压是固定的，不随蓄电池实际保有容量调整。由于各种原因，电池常处于低保有容量状态，电池被硫化损伤是普遍存在的。

③ 电池自放电大，虽经过充足电后装车使用，但由于自放电造成的容量亏空没有及时补充。有的汽车电池，工作是季节性的。在高寒山区的汽车队，大雪封山的几个月里，汽车都不能使用。有的电池是作为备用而存放的。这种电池，几个月未必用一次。在这种情况下，电池很容易硫化。

在正常的充放电中，极板上的活性物质放电后生成硫酸铅。

$$PbO_2 + 2H_2SO_4 + Pb \Longrightarrow 2PbSO_4 + 2H_2O$$

极板上的活性物质，放电时首先以 Pb^{2+} 的离子形态进入电解液，再以 $PbSO_4$ 的形式结晶到极板上。这时的硫酸铅是多孔状，充电时容易恢复。由于这时极板新生态的硫酸铅的表面积大，在热力学上是个不稳定结构，晶体就会自动重新排列，减少表面积，由高势能状态降为低势能状态，这就是电池的硫化，其过程见图 3-23。负极板正常的颜色是铅灰色，硫化后的颜色是浅白色，见图 3-24 左侧。

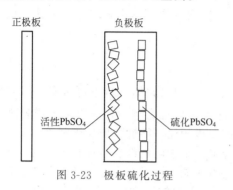

图 3-23 极板硫化过程

图 3-24 极板硫化后的颜色

这种硫化虽然在正负极板上都发生，但对正极板不产生伤害。这是因为充电时正极板上的新生态原子"O"有极强的氧化能力，它可以把固体 C 不经过燃烧直接变成气体 CO_2，它的氧化能力足以把硫酸铅氧化成二氧化铅。负极板则没有这个反应条件。

电池硫化是铅酸蓄电池的一种固有损坏方式，电解液的密度越高，这种损坏的可能性越大。阀控电池使用的电解液密度值比开口电池高，普遍采用密度值 d 在 $1.32g/cm^3$ 左右。电池失水后，密度值还进一步升高。电解液密度值越高，电池越容易硫化，所以阀控电池的硫化损坏比开口电池的比例要高。蓄电池使用中的电解液的分层使下部的密度上升。

阀控蓄电池使用的电解液密度较高，通常取 $1.3g/cm^3$ 左右。蓄电池在使用的过程中，随着水分的逐步散失，极板间的电解液密度还要进一步上升。在这种条件下，蓄电池容易受到硫化损伤。

许多电池在使用中，如保养不当，其保有容量长期处于 50% 以下，负极板会逐步硫化。硫化后极板失去了活性，表现出充电时充不进，放电时放不出，电池失去启动能力，造成电池早期报废。这种损坏，在启动频繁的公交车、中巴、出租车、短途运输车辆上出现较多。电池硫化是个缓慢的渐变过程。电池放电前，负极板上是高度活化的海绵状铅，当电池放完电时，负极板上大部分表面已变成硫酸铅，但还有一部分铅；而且，放电生成的硫酸铅是疏松状态，表面积很大。但在低保有容量状态时间一久，疏松状态的硫酸铅就变成结构致密的硫酸铅，表面积降到原来的几分之一。硫酸铅是不导电的，这时充电电流在极板表面形成高电压，达到水的分解电压，就产生了气泡。外观表现为稍一充电，端电压就升起来，电池排气严重，充不进电；稍一放电，电压立刻跌到使用下限，这时电池就硫化了。

3.7.2 化学除硫化方法

现在市售的活化极板的电解液添加剂，品种很多，大同小异。用化学办法消除硫化的原理是，用碱性溶液溶解部分 $PbSO_4$，或加入部分原子量较小的碱金属的硫酸盐来处理，在充电状态下。在负极表面孔洞内形成碱性环境。$PbSO_4$ 在碱性条件下，有很大的溶解度。部分 $PbSO_4$ 溶解后，露出新鲜的 Pb 表面，正常的充放电就可进行了。有的商家把这种添加剂誉为有"起死回生"作用。用化学方法处理硫化，由于要加入新的物质，所以有较大的副作用，常用于应急处理。

这里介绍一种最简单的方法。把已硫化的电池里的电解液倒出，注入蒸馏水，按 3~

5g/L 电解液的比例加入化学纯的 Na_2CO_3；经 1～3h，电池硫化就会大幅度减轻或消除。其原理是，凡是硫化的电池，活性物质表面都被一层致密的 $PbSO_4$ 包裹，因硫酸铅不导电，使充电反应无法进行。加入 Na_2CO_3 后，电解液中的 $PbSO_4$ 发生如下反应。

$$Na_2CO_3 + PbSO_4(溶液中) \longrightarrow PbCO_3 \downarrow + Na_2SO_4$$

溶液中的 $PbCO_3$ 沉淀后，极板表面的 $PbSO_4$ 又溶解进溶液。这个过程，使活性物质表面的 $PbSO_4$ 不断减少，当有一定数量的"新鲜的"活性物质露出来之后，电池充电就易于进行了。

3.7.3　物理除硫化方法

由于使用 Na_2CO_3 是将极板表面"剥去"了一层，因此加入量不可过多，以掌握电池可以充电为限。这种化学剥离在极板微观铅粒的连接处也会进行，所以，这样处理过的电池，极板活性物质联结强度减弱了，与新电池的极板相比，活性物质易于脱落。

把硫化的蓄电池反向接在充电机上，进行充电，由于电池没有容量，短时间的充电就会在正极产生氧的析出，新生态的原子氧有极强的氧化能力，可在电池的负极上产生新生态的铅，这些铅就可以作为导入电流的"引子"。这时把电池按正常的接法进行充电，充电就可以开始正常进行了，这是最简便的除硫化方法。

为了防止蓄电池硫化，在快速充电技术的基础上，开发了电子除硫化装置。由于体积小，使用方便，首先在国外军用机动车上得到广泛的应用。现研制的极板活化装置是一个全封闭的电子部件，体积为 $43mm \times 63mm \times 25mm$，在电池外部紧靠电池安装在机动车上。这种产品使用方便，见效快，使用中对其不需任何维护。将其装到机动车上，充电累积到 24h，就能测出电池启动功率的增加。在低温条件下，主要是负极板活性程度降低导致电池性能下降。在冬季，活化效果会更明显一些。这种除硫化的基本原理就是给极板加上一个高电压，其基本充电波形如图 3-25 所示。在直流电上叠加有正脉冲 H，H 的幅度大于 3V，脉冲的宽度在 10ms 的数量级上，脉冲间隔 F 为 0.1～1s。它特有的充电波形能在充电的同时，逐步在极板上致密的硫酸铅表面打开一个缺口，当水开始分解时，又恢复到正常电压，正常电压可给蓄电池充电。同时从缺口开始把硫酸铅转化成铅，逐步扩大后，就达到消除硫化、恢复容量的功效。

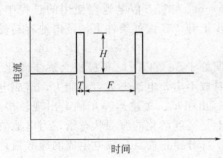

图 3-25　物理除硫化的基本充电波形

为了考核除硫化的效果，不能用使用过的旧电池进行除硫化验证。如采用经使用而硫化的电池，由于电池在使用过程中会伴随发生板栅腐蚀断筋、铅膏脱落，就找不到单纯因硫化而报废的电池。经使用电子除硫化装置后，由于有其他损坏因素的干扰，不易从电性能上去确认去硫化的效果。因此，可专门制备一个纯硫化电池以验证去硫化效果。下面是一次这样的试验。

纯硫化电池的制备是用电池制造过程中的生极板，在固化工艺后直接组装成电池，注入密度 $d = 1.28g/cm^3(20℃)$ 的电液，静置 5 天使极板彻底硫化。

经固化后的生极板中均没有活性成分，正极板上没有 PbO_2，负极板上基本上没有 Pb。因此，注入酸后，正负极板上全部转换成硫酸铅，电池的端电压是零。而且由于静置数天，极板上的硫酸铅会结晶长大成大颗粒的结构，这是标准的硫化状态，电池没有其他形式的损坏。

试验电池型号：6Q-60，试验程序见表 3-1。

表 3-1　标准纯硫化电池活化试验程序

项目	内　　容
注酸	$d=1.28\text{g/cm}^3$,24℃,5min 时,温度为 57℃,静置 5 天
充电	$5\text{A}\times27\text{h}+3\text{A}\times9\text{h}=162\text{A·h}$
N_P 值	稳定值为 $1.53\text{V}\times200\text{A}\times6=1836\text{W}$
放电检查 C	$6\text{A}\times6\text{h}=36\text{A·h}$,达到 60%
放电	将端电压由 12V 放到 0.03V
接入活化	当充电电流降到 1A 时接入活化器
N_P 值	达到稳定时间为接入后的 32h,其值为 $1.625\text{V}\times200\text{A}\times6=1950\text{W}$
有效充电	达到 1950W 时实际充入容量为 79.5A·h
放电检查 C	$6\text{A}\times8.3\text{h}=49.8\text{A·h}$　终止电压 10.5V,达到 83%
充电	2A×30h+14.8V 恒压 36h,恒压时接入活化器
N_P	停充 1h 测得值为 $1.64\text{V}\times200\text{A}\times6=1969\text{W}$

　　由于除硫化器工作电流在数十毫安数量级上,在静置不充电时,静态耗电为 7mA,小于国标规定的电池自放电标准,对电池耗电损伤可忽略不计。

　　除硫化器的去硫化效果显著,被试电池使用后,在 20h 内可消除电池的硫化,使极板恢复活性,提高电池的启动功率值。

　　除硫化器可安装在充电机上,用这种充电机做了两个试验。

　　(1) 一个 60A·h 的电池,已使用 5 年,因硫化电池只有 17A·h 的容量,经 3 次充电,容量就达到 35A·h。

　　(2) 一个 6Q100 电池,使用半年后因车辆被扣停用,被静置存放了一年半,打开补水口的盖,已看不到电解液,12V 极柱的空载电压只有 3V。补水到极板上方适当位置后充电,用 2A 充一周,再用 1A 充一周,共充入 500A·h 的电量。最后充电时端电压上升到 15V。停充后测试其性能,加上 170A 的放电负载,3s 末端电压立即降到 6V,连续进行第二次测试,电压降到 3.5V,电池失去启动能力。

　　接上除硫化充电机,充电电流 2A,充电 24h,在 179A 负载条件下,端电压为 10.5V,启动功率达 1879W。电池启动能力基本恢复。

　　电子除硫化器的外观见图 3-26。

　　这种装置已经制作成一次可活化一个多单节的蓄电池组,输入 220V 交流电,输出端接蓄电池组的适应工作电压是 2～200V,其使用接线见图 3-27。

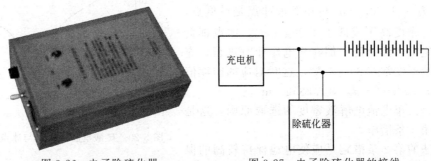

图 3-26　电子除硫化器　　　　图 3-27　电子除硫化器的接线

　　现在有一种利用脉冲波除硫化的电子除硫化器。这种除硫化技术已经在铅酸蓄电池行业的电池制造中的"化成"工序普遍采用,得到很好的节能效果。根据基站电池的容量和电压设计的专用电子除硫化器,已经在许多地方使用。适度补加水后用除硫化器除硫化,可以得到较好的容量提升效果,副作用较小。但把这类装置长期挂附在蓄电池组上,没有必要,也不合理。

　　在通信基站条件下电池的硫化，是在不合理的条件下产生的。电池的硫化，是长期在低保有容量条件下才会产生的。在正常浮充和维护条件下，电池不会发生硫化。

　　如果我们只把注意力放在除硫化上，制定除硫化的技术标准，制作除硫化的设备，编写除硫化的工艺，采用除硫化的措施，而不去改变蓄电池的工作条件，这是治标不治本的做法，蓄电池的硫化仍然会不间断地发生。

　　"不合理使用发生硫化-除硫化-不改变使用条件再次发生硫化"这是一个现在许多单位正在走的怪圈。

3.8　电池防冻措施

　　在"三北"地区和高寒山区，由于冬季气温常在-20℃以下，电池有时会冻成"冰疙瘩"，导致失效。为保障严寒地区电池工作的可靠性，可采以下几种办法。

3.8.1　外部保温及加温

　　在电池外壳垫衬耐酸保温材料，使电池的热散失减少，或用热水冲洗电池，俗称"热生电"。这是利用热使电解液的流动性增强，活度提高，内阻减小，启动放电功率也就提高了。

3.8.2　采用涓流充电

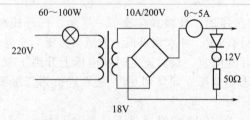

图 3-28　简易恒压充电方案

　　机动车回库后，对电池以小电流涓流充电。其作用有两个：一是充电时产生热量，使电解液保持较高活性；二是提高电池的保有容量 CB 值。其充电机可随车安装，如图 3-28 所示是简易恒压充电方案。

　　这种方法，只要有市电即可。对机动车没有指定停放的要求，技术和经济效果十分显著，对流动性较大的单位尤为适合。

3.8.3　控制电解液密度

　　硫酸电解液的密度与冰点的关系如图 3-29 所示。密度 $d_{15}=1.30g/cm^3$ 的电解液冰点是最低点，为-70℃。密度高于或低于 $1.30g/cm^3$，冰点都会上升。调定电解液密度，都在充电作业时进行，充电时电解液温度常在 30～35℃，这时对应的密度值为 $d_{30}=1.29g/cm^3$，$d_{35}=1.285g/cm^3$。

　　这正是汽车电池电解液密度的选取原则，这是该方法的第 1 条措施。

　　该方法的第 2 条措施是应使电池保持较高的保有容量 CB 值。

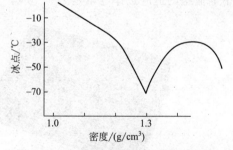

图 3-29　硫酸电解液密度与冰点的关系

　　随着电池 CB 值的降低，电池中电解液的实际密度值也在下降。在汽车电池中，CB 值如果下降到 0.75C、0.5C、0.25C，其 $d_{25}=1.28g/cm^3$ 随之降到 $1.245g/cm^3$、$1.210g/cm^3$，$1.170g/cm^3$，这时电解液的冰点从-70℃分别上到-50℃、-30℃、-20℃。显然，这是个不容忽略则问题。

在实际生产中，如果提高 CB 值有困难，就应考虑到把 d_{30} 的密度值提高到 $1.30g/cm^3$，以弥补由于 CB 值降低时电解液密度的随降。当然这样做会缩短电池的使用寿命。

在蓄电池加水口滞留的蓄电池用水和冷凝的酸雾，其密度值接近于 $1g/cm^3$，所以冰点较高，常发生通气孔冻封的故障。可采用在加水口滴加浓硫酸的方法来解决。只要滴加适量，则不会引起电池外部的自放电。

3.9 定期进行人为充放电是有害的

在过去的蓄电池维护保养工艺中，在初充电以后，曾有过对电池进行定期深度充放电循环的规定，这个规定最初提出的理由有两个。

第一，充好电的极板处于高度活化状态，即高势能状态。处于高势能状态的物态总有向低势能状态转化的趋势，这种转化会使极板萎缩，表面积减少，电池的结构容量减少。定期用充放电循环对极板进行"锻炼"，在充放电过程中，由于极板的膨胀收缩，就使极板得到活化。第二，处于备用电源的电池，经过一段运行时间之后，使用者往往需知道电池的实际荷电量 CB 和荷电能力 CJ 以确保备用电源的运行安全。当时 CB 和 CJ 只有在充放循环时才能测出，这在工艺中被称为"容量检查"。

对第一条"理由"，经长期实践证明，只是理论工作者的臆测。北京第一热电厂王者恭先生用 20 多年的时间，对运行的电池进行了连续观察、实验、考察，推翻了上述的臆测。

势能的必然衰减虽是客观规律，但衰减率是个关键值，如衰减量在电池使用周期内较小，对电池安全运行没有影响，可不予考虑。这就像石头长久会风化，但用石料盖房子，并没有人考虑风化的影响。

对第二条"理由"，由于新型测量工具的使用，使其已失去意义。现生产的 CB 表，对 $60 \sim 195A \cdot h$ 的启动型电池，$250 \sim 500A \cdot h$ 的蓄电池车用电池，$200 \sim 1000A \cdot h$ 的备用电源电池，都能方便地测定其 CB 值，充足电时可测得 CJ 值。

因此，采用 CB 测量技术，取消电池作业中的定期深度充放电制，可节约能源和维护的工时成本。

3.10 延长电池使用寿命的方法

"电池寿命"这个概念，在不同场合下有不同的含意。有时甚至会有截然不同的内涵。为了使概念准确，使用时不引起混乱，现分述如下。

（1）电池的单元寿命 按相关标准及规范，对电池进行性能检验。如用国际标准规定的循环单元程序，可测得某电池在经过几个试验单元后，负载电压衰减至规定值，我们称该电池的寿命是几个单元。汽车电池的单元寿命大于 3 为合格。

蓄电池的单元寿命见图 3-30。若用充放电循环试验，则在规定的放出和充入量条件下，

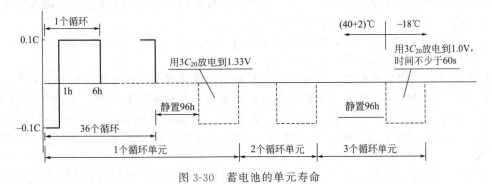

图 3-30 蓄电池的单元寿命

电池经历多少个循环，电池容量衰减到规定值，我们称该电池的寿命是多少次单元循环，其含意里没有时间概念。

（2）电池的使用寿命　电池在实际使用条件下，所能胜任工作的年月数，称为使用寿命。在使用的条件下，其报废标准不同于循环试验时的报废标准。电池行业规定电池的容量衰减到标称容量的80%时，该电池寿命终结，在循环试验中通常都是掌握这一限度。但在使用中的报废标准，常低于该值。有时在机动车上，电池容量衰减到40%时也不报废。在汽车中，司机常以"不能启动发动机"才报废，这时电池的容量为20%～25%。

（3）电池的日历寿命　指电池从开始使用到报废之间的日历月数。在浮充条件下，由于大部分电池容量并不进行充放电反应，而处于备用状态，这部分容量的"寿命"含意实际上是"备用时间"的长短。这种情况下，电池的寿命与工作系数（参加充放电反应的结构容量与电池的标称容量之比）相关。同一电池，其工作系数相异，虽然其循环寿命相同，但日历寿命却不同。

这里说明，使用寿命和日历寿命的含意是不同的。其区别在于，使用寿命掌握的报废标准是用户根据自己的工作条件掌握的实用性限度标准，而日历寿命的报废标准是国家或行业标准。只有报废标准相同时，使用寿命与日历寿命才相同。

例如：有的铅钙合金极栅的深度循环寿命较低，通常50个全充放循环其结构容量就降到80%。但因该电池析出气体少，耗水少，保养失误少，在固定使用时，若浮充电压掌握适度，日历寿命都在10年以上，远远超过了启动型汽车电池和管式电极的蓄电池车电池的寿命。当电池容量降到部门标准时，理应报废，日历寿命终结。但这时电池尚有一些容量，如降低等级使用，仍可使用很长一段时间，其实际使用寿命得到延长。也有相反的情况，用户的违规使用使电池过早失效，其使用寿命则明显低于循环寿命对应的使用时间。

有的电池，在生产线的组装工位上，生产者打印上当天日期。电池报废后回收到厂里，这时厂方统计的日历寿命的含意即两个日期间的月数。这里指的日历寿命又包括了储运时间。

下面就延长电池实际使用寿命的措施，做系统地分析。

（1）电池选用要合理　现在电池的类型规格很多，选型时要依据使用要求和降低生产成本的原则选取，否则，后续工作无论怎样认真，电池的使用寿命也会大大缩短。

电池类型有四大类。

① 起动型电池（Q型）。其正负极板均为板状的涂膏式，结构紧凑，抗震性好。启动性放电时峰值功率高，全容量充放循环寿命短，用于发动机的启动。

② 牵引型电池（D型）。其正极板为管式，负极板为涂膏式。启动性放电时峰值功率低，全容量充放循环寿命长，用于蓄电池搬运车、叉车等。

③ 普通固定型电池（FDM型）。其正极板为管式，以悬挂方式装配，负极板为涂膏式，附消氢除酸雾装置。在浮充条件下工作，电池工作时不移动，常用于电站备用电源和通信部门。在风能和太阳能电站，也要首选这类电池。

④ 密闭电池（用FM型）。极板有管式和涂膏式两种，出厂时充电。充电要求比较严格，可用于各种备用电源和启动电源。

以上电池的选用，要根据实际情况而定。例如，铁路机车因其可靠性要求十分严格，有一段长达十几年的时间，车上用于启动柴油机的电池，反倒不用启动型，而采用牵引车型。这是由于后者远比前者工作可靠，寿命长，在故障发生前征兆较明显，以便及时采取措施，维护也较为简便。目前为了维护的简化和提高启动功率，已普遍采用500A·h的阀控蓄电池。

种类选定之后，再选定容量。设计部门应根据启动要求选用近似的电池做启动试验，用示波器记录其电压和电流波形，再进行计算，这里不再详述。

使用部门常因没有合适电池而且用其他型号代替，这时应掌握代用的容量略偏大而不偏小的原则，同时要符合电池串并联规定的法则，不能用小容量代替大容量，不能用低电压代替高电压，更不能将不同容量的电池混用。有的进口汽车其电池安装框架是根据出口国的标准制作的，我国生产的同安时数电池装不上，于是就使用小一档次的电池。这种工况，电池在超负荷状态下工作，缩短电池寿命是毫无疑问的。

在选择电池容量的时候，只能略偏大，而不能大太多，到 20% 为限。有的用户将解放 CA10B 汽车原设计的 84A·h 电池增大到 180A·h，实际使用寿命并没有增加多少。这是因为选择容量过大时，在汽车特定的使用条件下，结构容量的衰减率会加快。这样容量加大的"优势"就被衰减率的增大抵消了。而且容量增大过多，起动机容易烧损。因在起电机设计时，已经考虑到启动工作时电池电压下降的因素。如选用容量过大，启动时电池端电压下降过少，电动机的工作电流会超限，严重时将起动机烧损。

（2）电解液要合格 电解液合格包括纯净度合格和密度选用合格两个方面。用户启用电池后，对电池做的第一件事就是注酸。电解液是蓄电池用酸与蓄电池用水按规定比例配制的。这里只讲硫酸电解液密度的选取原则，只要条件允许，密度选低不选高。通常情况下，新电池的容量对用电设备来说，都是很富裕的，其安全系数都在 5 以上。这时只要外部条件允许，尽可能用低密度。外部条件主要指充电条件，浮充电压能否变动保持合理的匹配关系等。

固定型电池尺寸较大，价格昂贵。有的单位为节约资金或场地的限制，用启动型电池代替固定型电池。这时，密度值仍用说明书上规定的值，则很不合算，也无必要。若将密度降到固定型电池的程度，对使用要求没有影响，但由于密度降低延缓了阳极的腐蚀，电池的使用寿命可能得到成倍地延长。

对任何电池来说，密度越高，容量越大，寿命也越短。这是一种连续的变化曲线，不存在断裂，也没有明显的拐点。在 $1.10 \sim 1.30 \text{g/cm}^3$ 范围内任一密度值电池都能使用。只是看用户使用条件和追求哪一项指标而已。

最合理的方式应是，初始选用低密度，随着容量的衰减，逐步将密度调高，直至电池报废，其具体数值及调整次数，随电池种类及使用场合而异。

市场上有多种电解液添加剂。在使用添加剂前应弄清它的原理条件及用量。任何添加剂都不是万能的，都是在一定条件下才有效。如果不了解情况，可能无效。通常添加剂在电池启用时就随电解液一同注入，这样可延缓电池产生故障的时间。

（3）初充电要充足，补充水要及时 初充电的失误会造成电池永久性损坏，这在"2.1 初充电"一节已有讲述，这里只介绍补充水。电池中的水是通过两种方式散失的，一是物理方式；二是化学方式。物理方式是指热蒸发，气体排出时随带水珠散失；化学散失是指水分解为 H_2 和 O_2，呈气态排出。通常，前者远小于后者的散失量。在少维护的固定电池和"免维护"的 MF 汽车电池及便携式阀控电池中，正极板栅改用铅钙合金，负极用低锑合金。一旦去除负极板栅和活性物质表面中的锑，就有很高的 H 的析出电位，也就减少了水的散失。

在普通电池中电解液的适当高度应是，电池运行中任何时候不会使极板外露，也不会由于振动和摇晃洒泼出来。为了达到这一要求，电池极板群的上方应有较大的空间，以容纳足够的电解液。在运用中，电解液的减少是由于环境温度高，使电解液的温度升高，饱和蒸气压增大，水蒸气不断地从加液孔中散失；另外，由于蓄电池工作不均衡和充电电压偏高，引起水的分解。前者是正常的，也难以避免；后者是不正常的，调整均衡性和调低电压就能避免。补加水的记录如表明某单节耗水量明显地较其他单节多，那么这个单节就是落后单节，应及时予以更换。

　　电池的加水必须均衡一致，过量的水分会使电解液稀释。电解液的密度降低，蓄电池的容量也就降低；过量的水分还容易引起电解液的溢流，造成腐蚀和对地绝缘下降。加水过少会使电解液密度升高，电池的电动势随之升高，在浮充条件下充入电量就会减少。

　　电池经初充电整备作业装车使用后，由于一次缺水，造成永久性损坏，致使电池早期报废的情况是很多的。由于加水失误而损坏的电池，占电池报废总量的 $60\%\sim70\%$。由于缺水，部分极板露出电解液，负极板在充电后是高度活化状态。极板一经外露，就要与氧发生反应。

$$Pb+O_2 \longrightarrow PbO$$

PbO 再与从下面浸上来的 H_2SO_4 发生反应。

$$PbO+H_2SO_4 \longrightarrow PbSO_4+H_2O$$

　　这时生成的硫酸铅，不是由于放电逐渐形成的，其晶体结构与放电生成的全然不同。在蓄电池放电过程中，负极上的活性 Pb 要经过 $Pb(OH)_2$ 这样的中间过程，再转化为 $PbSO_4$，$Pb(OH)_2$ 先溶解在电解液中，铅呈 2 价离子状，再以 $PbSO_4$ 的形式沉积在新生态的 $PbSO_4$ 上，这样形成的 $PbSO_4$，结晶体表面积大，结构松软，充电时易于转化为 Pb。而由于极板外露生成的 $PbSO_4$，没有经过 $Pb(OH)_2$ 这样的中间过程，而是在原来 Pb 的晶位上一起产生了许多 $PbSO_4$，所以晶体表面致密板实，颗粒粗大，表面积小，充电时不易转化为

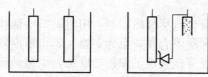

图 3-31　极板缺水硫化后的等效状态

Pb，使极板呈现高阻状态，如图 3-31 所示。在充电时，由于电池内部实际是低阻和高阻并联结构，低阻部分钳制了电压，使得电压无法达到除硫化的高电压值，这时即使补加水后，电解液重新浸泡住极板，普通充电也不可能使其恢复为 Pb，这与初充电是不一样的。

　　这是由于初充电时，极板上的全部状态是一样的，都呈现复活化状态所需的电压。当然，充电时当低电阻部分大量产生气体的时候，分配给高电阻部分的极板电流会相应增加一些，但并不多，因为缺水硫化的极板总是在上方，下方产生的气体上升到该区后，就增大了高电阻区的内阻，所以要想用一般的充电方法恢复它是不可能的。

　　极板缺水的恶性循环过程如图 3-32 所示。由于有两个正反馈环节，所以是恶性循环。在多单节串联的蓄电池组中，如果某单节缺水，不断加快的恶性循环会使该电池几乎完全干涸。

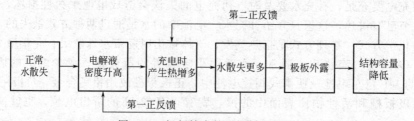

图 3-32　极板缺水的恶性循环过程

　　硫化的极板受到电解液的浸泡后，极板上的活性物质容易脱落。这种脱落是从上部开始的。由于极板群在装配后，侧面同外壳之间的间隙很小，从极板上脱落下来的活性物质不能及时地沉到电池下部的容渣槽里，在行驶振动的作用下，脱落的物质很容易在极板的两侧搭连起来，造成蓄电池内部的短路。这时，不但该电池丧失工作能力，而且蓄电池组的合理工作状态也被破坏了。

　　电池在机动车的安装位置，应考虑到其保养工作方便。有的机动车上，保养人员无法检查电池内液面的高度。液面高度以"可见"为度。有的书上介绍用手持玻璃管汲取电液检查其高度，实际使用十分不便，尤其在夏天，手热出汗有时很难拿住玻璃管。

　　在一组蓄电池中，只选定一个电池测定电液的高度，这个领示电池选取结构容量最低的单格电池。在串联工况下，容量最低的电池耗水量最大。

　　（4）控制放电深度　在条件允许情况下，电池的放电深度越浅越好。随用随充的电池，使用寿命会成倍延长，如图 3-33 所示。因此，尽可能采用浮充工作制。

　　对汽车电池，控制放电深度的措施如下。

　　① 用外电源启动冷态发动机。

　　② 启动前对发动机进行预热。可将开水注入水箱，用热源烘烤油底壳，降低润滑油黏度。

　　③ 人力盘车，使曲轴回转几周，使滑油充满润滑面，减少摩擦阻力。

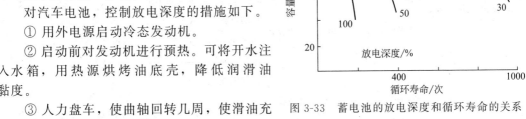

图 3-33　蓄电池的放电深度和循环寿命的关系

　　④ 每次起车不超过 5s，不连续使用起动机。

　　⑤ 不长时间使用电池向车上电器供电。

　　⑥ 调定发电机电压，使电池的 CB＝70％～80％。

　　蓄电池车用的电池是在深放电状态工作的，但不能等到实在不能行驶了才去充电，这时电池的容量就放亏了，应当将电池的放电深度控制在 80％以内。在使用频繁的情况下，应创造条件在中午休息时对电池补充电。

　　（5）及时补充电及绝缘状态良好　汽车电池的补充电作业有两种方式。

　　① 在汽车电池定期保养时的补充电，其作业要求详见"2.8 补充电"。

　　② 汽车使用中的补充电，是历时最长的补充电，其充电效果直接影响着电池的寿命。为了控制充电状态，应有浮充电压显示装置。汽车行驶中振动较大，不能使用精度较高的指针式仪表。当汽车以经济速度行驶时，发电机电压应在 14～14.4V，这才是合理的，在一些车队的调查得知，60％的车辆发电机电压都不在这个范围内。

　　用简易充电机，在夜间停车时对电池进行低压充电，及时补充白天频繁启动的容量消耗，会明显地延长电池的寿命，这种补充电对市内的公共汽车尤为适合。用充电机以小电流对蓄电池充电，要保持良好的绝缘状态，才能使补充电有效。

　　电池出厂后，内部的技术状态就已经不能更改了，用户的责任，就是给电池提供合理的工作条件，把电池的使用价值充分发挥出来。目前由于电池的不合理使用，普遍存在大量的浪费。以上 5 个环节，都直接关系着电池的使用寿命。如果认真做好上述工作，电池的使用寿命通常可延长 1 个使用期。在不同行业的不同使用条件，同型号、同规格的电池使用寿命常有成倍的差异，工作者应根据关键因素是少数，次要因素是多数的原则，针对本单位具体情况，制定出各项工艺的技术标准，控制关键环节，才能不断提高工作的有效成分和电池的使用水平。按照电池使用说明书上的通用一般性要求，是难以达到有效使用效果的。

3.11　汽车蓄电池的失效方式

　　用户都希望延长蓄电池的使用寿命，降低使用成本。但在实际使用中，许多不合理的使用条件和错误的维护工艺，常常使蓄电池的实际使用寿命表现出成倍的差别。蓄电池的失效原因很多，当蓄电池使用寿命明显缩短时，应从系统上查找原因。图 3-34 提供了汽车蓄电池失效分析的可能性思路。

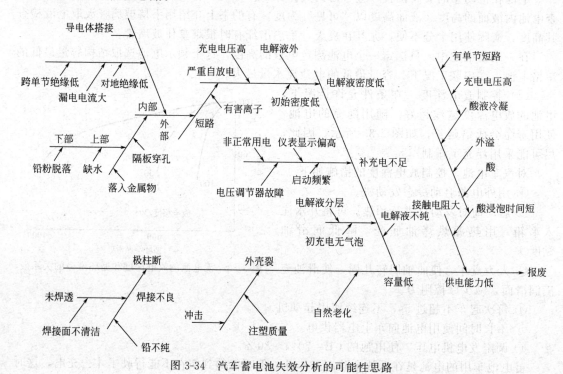

图 3-34　汽车蓄电池失效分析的可能性思路

本章小结

① 蓄电池的简单并联使用会诱发许多故障。
② 电池的除硫化技术优先选用物理法，谨慎采用化学法。
③ 延长蓄电池使用寿命的根本措施是在合适的温度中不过充电和不过放电。

第 4 章

通信电池的管理维护

本章介绍

　　作为备用电源的蓄电池，在许多行业都在使用。通信行业的使用量很大，也较为集中。现在的基站电池的实际使用寿命在 5 年左右。蓄电池在线容量维护技术能把蓄电池实际使用寿命延长到 10 年以上，本章就这项技术的原理、依据和实施操作做了介绍。

4.1　通信电源蓄电池组的低成本运行措施

4.1.1　通信基站蓄电池组的技术现状

　　通信电源包括充电设备和蓄电池组，电源的安全运行要素由充电设备和蓄电池两方面构成。

　　目前的通信基站，充电机大多采用多路并联输出，输出电压的调节采用数字电路，设计精度达到 0.01V。按电源运行规定调节到 54V，平均 2.25V/节。

　　蓄电池组配用两组 300～500A·h 的电池。有 24V 和 48V 系统两种，24V 系统处于淘汰状态。

　　小型一体化基站配用 12V、100A·h 的电池两组，每组用 4 节串联成 48V。

4.1.2　对蓄电池组决策的几点误区

　　（1）采购蓄电池时价格是第一因素　蓄电池采购招标制，现在的高层"集采"方式，对压缩采购价格是有效的办法。但这样做，有一个很大的副作用，就是电池供应厂家常常要压缩成本，会牺牲电池的一些质量指标。许多厂家牺牲循环寿命，把较多注意用于提高电池的初期容量。电池到用户手中后，原许诺使用 5 年的电池实际只有 3 年，这种质量状态，用户验收蓄电池时是无法检验的。合同中也有要求供货方质保几年的条款，这些条款对整体电池的寿命没有实质性提高。

　　（2）对蓄电池不进行维护　现采用阀控蓄电池，曾误认为是"免维护"。商家宣传的"免维护"，是一个商业名词，它的技术含义是"少维护"。但由于用户缺乏蓄电池的知识，就误认为电池不需要任何维护，这是误解。

　　对通信基站电源用的蓄电池，现在不合理维护方法如下。

　　① 电池安装使用后，质保期就是免维护期。

　　② 不同厂家、不同批次、不同规格、不同容量的电池不能混用。

　　③ 阀控电池补加水后电池就会损坏。

　　④ 电池容量下降后，采用容量复原使电池组恢复容量。

　　⑤ 新蓄电池首先用于替换频繁发生掉站的基站电池。

　　⑥ 按照先串联到 48V 后，两串 48V 电池组并联的方式，在基站使用。

　　⑦ 在日常巡检中，用万用表检测和查找故障电池。

⑧ 阀控蓄电池不能打开排气孔，打开后电池就会损坏。

⑨ 一体化基站使用 12V 连体电池。

⑩ 整组下线的电池，全部报废交付蓄电池厂。

正是这些不合理乃至错误认识和做法，造成电池的使用寿命只有设计寿命的 30％～50％。

铁路部门在多年的使用中，认识到这个问题，于 2004 年制定了《阀控蓄电池检修规程》。标准中就阀控蓄电池的维护作了规定。多年的实践证明，合理的保养可使蓄电池的使用寿命延长一倍。

在 20 世纪 80～90 年代，当时邮电部系统使用的备用电源电池是防酸隔爆固定型，使用寿命都在 15 年以上，目前的技术已经进步到阀控蓄电池阶段，使用寿命反倒缩短了。这种不正常状态与取消维护工作有极大关系。

（3）对充电电压采用一个标准　现在通信基站采用同一个浮充电压标准，蓄电池组在不同的基站使用条件是有差别的，在市区内，多采用双路交流供电，交流电中断停电的机会一年未必有一次。在这些地区，充入电量远大于放出电量，电池的损坏主要是由于过充电造成的。但在郊区或农村地区，停电的机会就大得多。在这些地区蓄电池的浮充电压应高一些，以使电池内的实际容量高一些。

蓄电池的浮充电压调节，应以蓄电池的保有容量为依据。当蓄电池的保有容量达到蓄电池的结构容量时，应停止充电或充入电量以抵消自放电为度。

（4）报废标准高　蓄电池的报废标准，普遍采用"结构容量低于 80％"的限度。这个标准是蓄电池检验部门常采用的限度，在做型式试验时，容量下降到这个限度，电池的优劣和变化趋势就清楚了，为了缩短检验时间，试验就停止了。电池用户使用的报废标准，如果采用这个数值，就会造成许多浪费。

通信基站的蓄电池组，在交流电停电时，向设备提供电力。在有固定备用油机的基站，蓄电池组提供 1h 的供电就足够了，在 1h 内，备用油机就启动了。在没有固定油机的基站，交流电停电时，值班人员就需要把油机运到基站，这需要一段时间。通常基站设备的工作电流为 50A，按 2h 计算，有 100A·h 的实际容量，就可以保障设备的安全运行。

对不同使用条件，应制定符合安全使用不同的合理报废标准。

（5）蓄电池的环境温度差　基站的降温，现在有条件的地方采用空调机，空调机发生故障时不能及时检修。电池的环境温度常年多在 40℃ 以上，这就加速了电池的失水。

（6）使用连体电池　电池有 2V、6V、12V 三种系列。后两种电池是整体的，不可分离，连体电池主要用于对使用条件有严格尺寸要求的场合，如汽车、电动车辆等。连体电池有连带报废的问题，其中一个失效，其余电池也无法正常工作。在通信基站的工作条件下，不应使用连体电池，设计者应考虑降低电池使用成本的要求，选择 2V 的单体电池。

铅酸蓄电池有储能型和启动型两类，现在大量的情况是通信行业应采用储能型结构电池的场合，却采用了启动型电池。这两类电池极板结构不同，寿命差别也很大。

4.1.3　低成本运行的措施

（1）采购标准应综合考虑平均每年总支出的费用　蓄电池的循环寿命对综合成本影响较大，从保障安全使用的标准来看，可适当降低蓄电池的初期容量。电池的初期容量和循环寿命是个矛盾的指标。通过一些技术措施，改变电池部分制造工艺，可使蓄电池的容量变化如图 4-1 中的曲线 1 所示。在使用的过程中，开始时电池容量低于标称容量，以后电池容量以缓慢的速度上升，到 2 年左右，电池容量达到最高点，在这以后，容量才逐步下降。曲线 2 是目前多数电池的容量变化曲线。每个电池厂家电池的结构容量变化规律，需要连续多年的跟踪统计才能得到。

（2）电解液均匀化技术措施　蓄电池在使用中电解液会出现分层，下部的电解液密度大于上部的电解液密度，造成极板的不均匀腐蚀，缩短蓄电池的寿命。电池的均匀化技术现在主要靠电池中部和外部的温差，造成电解液密度差，引起对流。高效的电解液搅拌需要专设的结构。

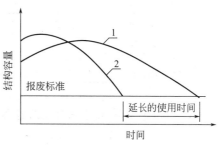

图 4-1　蓄电池的容量变化规律对比

（3）调节浮充电压　根据电池的实际容量检测，可确定合理的浮充电压，避免过充电对电池的伤害。

（4）对蓄电池运行质量进行监控　定期调节蓄电池组，使各单节容量均衡性，把落后单节对蓄电池组的影响降低到最低限度。

（5）补水工作　蓄电池中的水散失，是不可避免的。当电池发生缺水时，部分极板已经不处于电解液的浸润状态，这部分极板只能放电而不能充电。及时地补水可避免这种损坏，同时防止电解液密度过度上升，有效降低硫酸对蓄电池极板的腐蚀，保持极板的有效状态。

（6）采用防硫化措施　在正常的充放电中，极板上的活性物质放电后生成硫酸铅。

$$PbO_2 + 2H_2SO_4 + Pb \Longrightarrow PbSO_4 + 2H_2O + PbSO_4$$

在上述反应式中，左边的物质越多，向右边的反应就越容易进行。阀控蓄电池使用的电解液密度较高，通常取 $1.3g/cm^3$ 左右。蓄电池在使用过程中，随着水分的逐步散失，极板间的电解液密度还要进一步上升。在这种条件下，蓄电池容易受到硫化损伤。

电池硫化的过程是个缓慢的渐变过程。电池放电前，负极板上是高度活化的海绵状铅，当电池放完电时，负极板上大部分表面已变成硫酸铅，但还有一部分铅，而且，放电生成的硫酸铅是疏松状态，表面积很大。但在低保有容量状态时间一久，疏松状态的硫酸铅就变成结构致密的硫酸铅，表面积降到原来的几分之一。充放电就难以进行了，这就是铅酸蓄电池的不可逆硫酸盐化，简称"硫化"。

对硫化的电池，必须及早采取除硫化措施，才能保持蓄电池的容量。可参看"1.3.1 除硫化和容量复原技术"。

（7）降低电池的环境温度　建议采用自然通风，把朝向北方的进风口设在电池附近，用导流罩使其均匀地流过电池组，房顶用管道直接排气。采用这个措施，不但减少空调支出，而且蓄电池的温度至少降低 $10℃$，对改善电池工作条件是有利的。

（8）改造蓄电池组的并联结构　现在把蓄电池组先串联成 48V，两组 48V 再并联的结构。这种结构会诱发许多故障。对这类电路的改造，详见"3.1 电池并联故障多"。

4.1.4　专业化容量维护设备

做好上述（1）～（8）中规定的工作，可有效地延长蓄电池的实际使用寿命，但要做好这些工作，需要电池方面的专业知识，电池的维护者需要接受专业培训。蓄电池容量维护的专用设备和工具见表 4-1。

表 4-1　蓄电池容量维护的专用设备和工具

设备名称	数量	单位	备　注
蓄电池保有容量检测仪	1	台	实时检测蓄电池实际容量
连体电池检测仪	1	台	检测 12V 电池的负载功率值
恒流充电机	1	台	制作备品蓄电池
库存充电机	1	台	消除库存电池的自放电

续表

设备名称	数量	单位	备　　注
4850 放电仪	1	套	用放电法检测蓄电池的容量
提吊工具	1	个	电池搬运
排气阀拆卸扳手	1	个	拆卸和安装安全阀

4.1.5　对电池容量性掉站的逻辑分析

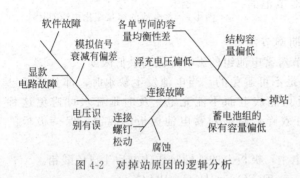

图 4-2　对掉站原因的逻辑分析

"掉站"是无线通信部门的事故，是由 3 方面的原因造成的，如图 4-2 所示，现在予以分别说明。

4.1.5.1　蓄电池组的保有容量偏低

（1）结构容量偏低　结构容量是指电池充分充电后的实际容量，在电池使用过程中，电池的结构容量经历一个"先上升，再下降"的驼峰过程。驼峰的形状取决于制造工艺和使用条件。结构容量低于使用标准会使蓄电池的保有容量偏低。这是造成蓄电池组整体容量偏低的一个原因。蓄电池使用一段时间后，由于种种原因，其结构容量总会下降到不安全的限度，这是必然的。现在许多应对措施是进行一次"容量复原"，即把其中一部分电池的结构容量活化，使其恢复到安全使用限度以上。

虽然活化的工艺有许多种，但活化后的电池自放电较大，这是不可避免的。造成自放电较大的原因是当电池受到不可逆硫酸盐损伤时，极板上活性物质处于深度膨胀状态，脱落较多。由于 $PbSO_4$ 是绝缘的，在活化前，它不会增加自放电。但是，一旦把 $PbSO_4$ 活化成 Pb，情况就不同了。脱落的铅搭接在正负极间，造成微短路，加大了蓄电池的自放电。这种电池表现为结构容量合格，在 I_{10} 充放电条件下，放电容量也合格，安装到基站后，由于处于浮充状态，充电电流较小，保有容量就逐步下降，几个月内就降到安全限度以下，造成掉站隐患。

（2）浮充电压偏低　浮充电压偏低，会直接导致保有容量低下。人们对浮充电压的概念通常会产生误解，蓄电池组的反电势是 51.5V，在 54V 的浮充条件下，48V 的电池串的有效充电电压只有 2.5V。因为基站的浮充电压工作在敏感区，浮充电压有 0.5V 的下降，会造成保有容量 15％～20％的下降。浮充电压的校准在设备维护工作中被忽略了。当浮充电压有较大偏差时，结构容量合格的电池，保有容量却不合格。在活化电池工作中，笔者不止一次遇到准备活化的电池结构容量就是 90％～100％，没有任何故障。这些电池的下线，直接的原因就是浮充电压偏低导致充电不足。

（3）各单节间的容量均衡性差　蓄电池组是由 24 个电池串联组成的，每个电池的标称电压是 2V，退服掉站的设定电压是 46V。这就是说，如果其中有一个电池失效，就会发生掉站现象。在基站工作条件下，蓄电池的实际供电工作曲线见图 4-3。当发生掉站时，工作人员用万用表测量电池的空载电压，无法检测到故障电池，所以就只好把整组电池报废。在河南省通信部门基站电池容量活化工作中，通常一个电池组中的故障电池不会超过 4 个，统计表明电池的误报废数量占 50％～70％。

4.1.5.2　连接故障

（1）腐蚀　电池极柱"爬酸"，造成酸液外泄，在极柱、连接片和螺钉间造成腐蚀。这是由于电池制造时极柱的密封不良造成的，与使用条件和活化工艺无关。一旦出现了腐蚀

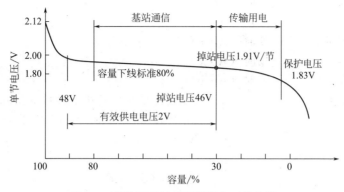

图 4-3　基站蓄电池的实际供电工作曲线

物，由于腐蚀物导电性小于铜，电池组供电时内部的电压降就较大。由于腐蚀物在碱液中的溶解度较大，用碱液清洗后，即可清除干净。

　　(2) 连接螺钉松动　如果螺钉松动，连接片和电池极柱的压紧力不够，供电时连接处压降较大，会造成总电压下降。在双层安装的电池架中，下层内侧的极柱腐蚀状态往往看不见，故障不易及时发现。在商丘有个基站的极柱螺钉已被腐蚀，连接线和极柱的连接压力减小了，于是频繁发生掉站，见图 4-4。取出电池后，检测这个电池的保有容量是 90%。更换螺钉后供电能力就恢复了，电池继续使用。

图 4-4　下部螺钉被腐蚀

4.1.5.3　电压识别有误

　　(1) 显示电路故障　控制柜上有个显示屏，屏上显示的蓄电池电压值应与电池组的总电压一致，对 240 多个基站的统计表明，偏差大于 0.2V 的是多数，最大偏差达到 0.9V。将显示精度控制到 0.05V 对数字电路是没有困难的。如果显示值高于实际值，计算机就会在蓄电池组充电时电压尚没有达到标准值，就误判断上升到标准值，这就降低了充电容量。如果显示值低于实际值，当电池组的总电压大于 46V 时，计算机就误判断为电压已下降到46V，于是执行"切断通信"指令，掉站就发生了。显示的偏差可通过调节消除。

　　(2) 软件故障　把模拟电压信号转换成数字信号，再把数字信号显示出来，这是通过软件和硬件的有机组合完成的，其中任何不合适的匹配都会造成显示误差。

　　(3) 模拟信号衰减有偏差　48V 的蓄电池组电压信号，不能直接输入到计算机中，计算机识别的电压信号通常在 2.5V 左右。衰减电路有调整环节，调整的精度直接关系到电池组的工作状态和供电能力。某基站更换新电池后依然频繁掉站，放电检查电池的保有容量足够供电 5h，实际不到 2h 就掉站。这种情况就是计算机识别出了问题。蓄电池电压的识别和显示，是一个计量过程，应纳入计量的质量控制之中。

4.1.5.4　结论

　　① 根据以上分析，要根本消灭"掉站"，需要采取综合措施。
　　② 首先要解决电池组单节容量均衡性的控制。
　　③ 采用合理维护工艺，对控制柜的输出和电压识别做校准及调节。

4.1.6　通信电源蓄电池使用下限计算

　　原始数据如下。

持续供应时间 t	小时（h）	
持续供电电流 I	安培（A）	
电池的标称容量 C	安时（A·h）	
结构容量 CJ	安时（A·h）	
实际容量 CS	安时（A·h）	
不均衡安全系数 β	%	取 1.3，蓄电池组中各单节容量偏差值
低温系数 α	%	取 1，按温度 25℃标准，±1℃修正 1%
充电保有系数 ϕ	%	取 0.9
使用下限 SY	%	

$$SY = \frac{CB \times \alpha}{C} = \frac{\frac{CJ}{\phi}}{C} = \frac{\frac{It\alpha}{\beta\phi}}{C}$$

基站蓄电池使用下限计算：$I=50A$；$t=4h$；$C=600A \cdot h$；$SY=48.3\%$。

4.1.7　UPS 电源蓄电池损坏分析和对策

通信部门使用的 UPS 电源，在中心机房和节点机房的规格较多，供电电流从 25A 到 800A。选用的规格型号取决于负载的大小。

在 UPS 电源的蓄电池组中，目前存在的问题如下。

4.1.7.1　选用 12V 连体电池

在有计算机工作的条件下，UPS 电源是电源设备中的必备设备。在 UPS 电源中，蓄电池是向设备提供电能的部件。在早期的小功率 UPS 电源中，设计时采用 12V 的电池，体积小，可与控制电路安装在一起，构成独立的计算机附件，这种设计是合理的。

当 UPS 电源属于大功率范围时，电池不需要和控制电路做成一个整体设备，而是独立在控制设备之外，组合成电池组，由引线导入控制设备。在这种条件下，应采用 2V 的大容量电池，如 300~500A·h。用这样的电池 192 个串联到规定的 384V 标称电压，与控制电路配套。

现在许多 UPS 电源蓄电池组的设计不是这样，而是沿用了小容量的 12V 连体电池。连体电池带来的弊病是存在连带报废，当 1 个 12V 电池中，有 1 个电池发生故障需要报废时，其他 5 个电池也随之报废，这就使电池的报废率呈 5 倍增加。

4.1.7.2　蓄电池组采用并联结构

蓄电池组在并联使用条件下，其故障主要是由于每组蓄电池工作不均衡造成的。现在 UPS 电源中普遍采用多组并联的结构。

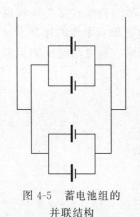

图 4-5　蓄电池组的
并联结构

例如在某地 APCSilcon320KH 电源中，采用图 4-5 所示的结构，共用 4 组的 12V、100A·h 蓄电池并联供电。

这样的并联结构，由于蓄电池内阻很小，通常都在 mΩ 的数量级上，每个电池串的工作电流实际是不均衡的。当一串电池中有一个电池容量降低时，反电势会升高，这样就会使该串电池得到的充电电流降低。电池的保有容量不容易达到 80% 以上，电池的负极容易受到不可逆硫酸盐损伤。这种损坏是一种恶性循环，所以蓄电池的使用寿命通常只有 3 年左右。

4.1.7.3　浮充电压偏低

现在采用的浮充电压，是按 2.25V/单节设计的，基站的总电压是 54V。这个电压值是对固定电池确定的电压值，固定电池在这个电压下，长期处于浮充状态，电池的实际保有容量达到其结构容量的100％。这个电压，就是对固定电池的"低压充电安全值"。固定电池在这个电压下，电池逸出的酸雾被降到最低程度，同时又得到"充足电"的效果。所以这项技术很快得到电池用户的接受，在全国通信系统推广。

阀控蓄电池被采用后，由于无酸雾，体积小，可与电气设备在同一个电器柜中安装，所以就取代了固定电池。确定的浮充电压值为2.25V/单节，这个数值对阀控蓄电池是不合理的。

固定电池的电解液密度是1.215g/cm^3，电池的空载电压是2.065V。采用2.25V/单节的浮充电压，有效充电电压只有0.185V，阀控蓄电池的电解液密度是1.28～1.30g/cm^3，空载电压是2.13V，如果仍然采用2.25V的浮充电压，由于反电势的增高，有效充电电压就降低到0.12V，如图4-6所示。与固定电池相比，有效充电电压降低了35％，是原有值的65％。蓄

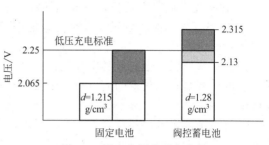

图4-6 浮充电压的对比分析

电池的供电需求同固定电池相比没有变化，补充容量的电压值却降低了许多，阀控蓄电池在这种浮充条件下，一旦发生一次放电，容量恢复需要很长的时间，常常需要几十天才能完全恢复。在长期不发生停电的地区，采用2.25V电压浮充才是合适的。

在其他行业使用的蓄电池，其实际使用寿命是受正极板制约的，正极板的寿命就是蓄电池的使用寿命。但是通信电源使用的蓄电池，由于充电不足造成大量的损坏是负极板的可逆硫酸盐化，这就是目前通信电源蓄电池非正常损坏的主要原因。

解决的方法如下。

① 用300～500A·h的2V蓄电池，串联组成蓄电池组。为低成本消除蓄电池不均衡工作状态提供基础条件。

② 在经常停电的地区，提高浮充电压到2.27～2.30V/单节，基站内标称电压为48V的蓄电池组，总浮充电压是54.48～55.00V。

③ 用有效的容量状态检测硬件和软件，对蓄电池组进行容量实时检测和维护。

4.1.8 通信车用阀控式铅酸蓄电池维护

通信车是军用移动通信的重要设备，其移动性强，通信方便快捷，其在移动过程中主要靠化学电源供电，过去供电电源采用碱性镉镍蓄电池，碱性镉镍蓄电池在出厂时，一般是不带电解液出厂，到使用单位后，必须配制或购买碱性电解液并进行灌注、浸泡、活化、充电后才能投入使用，这些准备工作是很复杂和烦琐的，且各单位的技术力量也差别较大，技术力量强的单位经培训可以胜任该项工作，技术力量薄弱的单位就很难完成该项工作。阀控式铅酸蓄电池结构合理，装配紧密，耐冲击振动性能好，体积小，在正确使用的情况下无酸性气体溢出，价格低廉，能够很好地满足车载设备的工作要求，适宜作为车载电源。

通信车有多种供电方式，一般情况下由市电、发电机供电，在市电停电后启动发电机的间隙及移动过程中由化学电源供电。平时化学电源作为备用电源。车载阀控式铅酸蓄电池在使用中存在的问题主要集中在以下两个方面：一是当用蓄电池供电工作时，蓄电池的电压急剧下降，通信设备无法工作；二是对蓄电池进行充电时，充电电压特别高，无充电电流。

据调查，某些通信车的出厂时间大都在一年左右，长的18～19个月，短的7～8个月。按以往的实际使用情况及经验，蓄电池的使用情况应该是很正常的，不应出现电池容量大量降低，充不进电的情况。经过对有问题的蓄电池进行充电活化处理发现，这些现象是由于蓄

电池极板的硫化造成的。分析造成蓄电池极板硫化的原因与环节有以下几点。

① 车辆组装需要一定的周期，一般蓄电池作为零部件比较早的就采购入厂，在组装期间无法对蓄电池进行维护性充电。

② 车辆组装厂在设备装配完毕，要对产品的整体性能进行全面测试，使蓄电池的能量有大量的消耗，特别是在测试过程中性能指标不正常时，蓄电池的过放电情况更为严重，出厂时又未进行补充电。

③ 在仓库存放时间较长，存放期间没有进行充电维护。

④ 装备配发到部队后，没有对蓄电池进行充电就直接使用，造成蓄电池过放电，使用后又未及时进行充电。

以上这些原因均会造成蓄电池极板处于过放电的状态，使极板的活性物质形成大颗粒的不可逆的硫酸盐，在正常的充电过程中无法转化为充电态的活性物质，造成蓄电池的有效容量降低。

应该说造成蓄电池容量降低，充不进电的原因就是蓄电池极板的硫酸盐化，其原因也很明确，解决这个问题的方法前边已有叙述。但是造成这种问题的原因是多方面的，发生在生产、保存、使用等不同单位的多个环节，要避免这些问题的发生，是一个需要多方面协调、合作的过程，所以，我们必须从思想上高度重视，从制度上严格保证，从实际工作上认真落实，才能避免此类问题的重复发生。针对可能发生问题的各个环节笔者提出如下预防方法。

① 车辆组装厂加强生产的计划性。蓄电池采购时间不要提前太多。如果生产计划调整，蓄电池在工厂存放时间太长（超过半年），装车后要对蓄电池充电后再进行性能测试。

② 设备装配完毕，对产品的整体性能进行全面的测试后，要及时对蓄电池进行补充电。

③ 尽量缩短装备在仓库的存放时间，最好直接发往使用单位；在仓库保管时间超过半年的，要对蓄电池进行充电维护。在库存时间，应模拟使用工况对电池补充电。

④ 产品到使用单位后，要先对蓄电池进行补充电后再使用，使用后要及时进行充电。

⑤ 在产品的结构上进行改进，增加蓄电池过放电报警和防止过放电装置。当蓄电池的端电压达到终止电压时，要报警提示，当达到蓄电池的最低限制电压时要切断供电电路，以保护蓄电池的性能不受损害。

可用车载充电设备对硫化电池进行处理。车载充电设备一般有给通信设备供电和对蓄电池充电两种功能。在正常的情况下给蓄池充电是能够满足使用要求的，但在蓄电池极板发生严重硫酸盐化的情况下，就无法给电池进行充电，因为其控制的电压太低，在此电压下无输出电流。当发生这种情况时，可采用控制电压较高的恒流充电器进行充电，以促进蓄电池极板表面的大颗粒硫酸盐转化为充电态的活性物质，消除极板表面不可逆的硫酸盐。下面将笔者处理这类问题的实例举出一二，供在实际工作中参考。

实例一

某型通信车在使用时发现蓄电池无法工作，蓄电池也充不进电。经了解该通信车所配套的蓄电池型号是 6-GM-100 型，数量是 8 个，出厂时间 18 个月，已使用半年。开始使用时蓄电池仍能正常工作，经过对车辆充电设备及电路进行检查，发现蓄电池容量的降低是由于蓄电池的严重过放电造成的极板硫酸盐化。蓄电池的开路电压分别为 2.97V、2.29V、9.96V、11.81V、4.48V、5.46V、5.56V、2.84V，用恒流充电机对蓄电池进行充电，刚开始在电流很小的情况下，电压仍然很高，随着时间的延长，电压逐渐降低，然后调高充电电流，充足后再对蓄电池进行放电，显示电池的容量恢复正常。

实例二

某型通信车在使用时发现蓄电池无法工作，蓄电池也充不进电。经了解该蓄电池型号也是 6-GM-100 型，数量是 2 个，出厂时间一年，已使用半年多。据部队反映开始使用时蓄电池就不能工作，由于部队无恒流充电机，就将蓄电池发往蓄电池制造厂进行极板活化处理，经对蓄电池充放电处理，蓄电池的容量恢复了正常。其具体的情况见表 4-2。

表 4-2　蓄电池充电前、后的开路电压和实际容量表

电池编号	1	2
电池型号	6-GM-100	6-GM-100
处理前开路电压/V	5.85	5.85
处理后开路电压[①]/V	13.23	13.25
实际容量[②]/A·h	＞80	＞80

① 充电结束后 12h 测得的开路电压。

② 第一次充电活化后的容量，再做几次充放电循环蓄电池的容量还会上升。

　　现在对处理极板硫酸盐化的蓄电池的结果进行讨论与说明。

　　如图 4-7 所示是 6-GM-100 型阀控式铅酸蓄电池采用 5A 的电流进行恒流充电，从图上可以看出：闭合开关的瞬间，充电的电压特别高，超出正常充电电压的 2 倍以上，说明蓄电池极板硫酸盐化的程度相当严重，经过 10min 的充电，电压快速下降，充电 1h 后，电压基本正常，说明蓄电池极板的大颗粒硫酸盐得到转化，充电 3.5h 后将充电电流升至 10A，电压也很正常。充电结束后用 20A 的电流进行放电，电池的容量达到 80A·h 以上，说明电池的容量也恢复了正常。

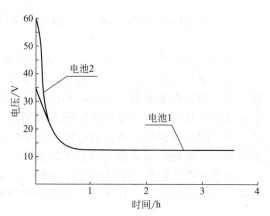

图 4-7　两个电池的充电时间和电压的关系

　　阀控式铅酸蓄电池结构合理，装配紧密，体积小，耐冲击振动性能好，在正确使用的情况下无酸性气体溢出，价格低廉，这些性能说明阀控式铅酸蓄电池很适宜作为车载电源。但铅酸蓄电池的特性决定了阀控式铅酸蓄电池不能过放电，储存过程中必须定期进行容量维护，用电子除硫化器活化极板，以防止蓄电池极板的硫酸盐化。只有生产、保管储存、使用等各单位的共同合作与配合，才能保证阀控式铅酸蓄电池时刻处于良好的状态，随时满足使用的要求，才能保证通信联络的畅通，促进我国通信现代化的快速发展。

4.1.9　对阀控式铅酸蓄电池补水的水位要求

　　阀控式铅酸蓄电池使用中，水的散失是必然的。环境温度越高，失水速率越快。在基站工作条件下，3 年的水散失量，就可把蓄电池的结构容量降低到 80％ 以下。阀控式铅酸蓄电池的补加水，是容量维护的必要环节。但是阀控式铅酸蓄电池的补水，有其特殊的要求，如果补水不当，会造成电池报废。

　　(1) 对 2V 的蓄电池补水　对 2V 的单体蓄电池，补水的高度限制在汇流排的下方。阀控式铅酸蓄电池的汇流排，在极板群的上方，补加水后的液面位置，应在汇流排的下方，见图 4-8(a)。因为阀控式铅酸蓄电池的极板是用铅钙合金制造的，这种合金，气体析出电压是 2.45V，但是这种合金焊接工艺性差，不少厂家在制造时，由于铅锑合金的焊接容易操作，所以汇流排是用铅锑合金制作的。铅锑合金的气体析出电压是 2.3V，当电池内液面在汇流排以上时，充电时电池的析气量较大。蓄电池在析气时，电解液中的铅部件就处在被加剧腐蚀的状态中，所以液面不能超过汇流排。

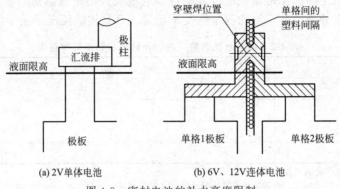

(a) 2V单体电池　　　　　　(b) 6V、12V连体电池

图 4-8　密封电池的补水高度限制

（2）对连体电池的补水　这里说的连体电池，是内部用穿壁焊连接的电池，有 6V、12V 两种。

穿壁焊的结构见图 4-8（b）。两个相邻电池的正负极的铅制"耳朵"，在压力的作用下，用大电流熔焊铅零件，把电池的塑料隔壁加在中间。在焊接良好的状态下，焊接处两边是不漏气的。但是焊接质量的波动，不能保证焊接点都是良好的。在使用几年后，由于铅始终处于被腐蚀的状态，更不能保证穿壁焊处仍然是密封的。当补加水使电解液的液面升高到焊接处，一旦焊接处漏酸，两边的电池就处于放电的状态，这就导致电池很快失效。所以连体电池的补水，补加后的液面必须低于焊接处。

由于阀控式铅酸蓄电池的耗水量较小，对电池的补水掌握"每年加 1 次，补水到可见"即可。在特殊环境下，具体的补加水时间周期依据实际情况确定。

4.2　在微波通信站的使用

4.2.1　供电方式

微波通信站以其设备投资少、平时维护简单、通信质量高等优点而被广泛采用。特别是在山区，更是被优先选用的通信方式。微波通信站一般都建在海拔较高的山顶之上，以确保良好的通信质量和较远的通信距离。这些条件决定了微波通信站平时一般无人值守，大多数情况下无法接通市电，无法供水。通信系统的供电方式是由太阳能电池、风能发电机和化学电池组共同组成供电系统，白天由太阳能电池给化学电池充电，并由化学电池给设备供电；晚上由化学电池单独给设备供电。供电示意如图 4-9 所示。

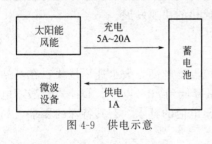

图 4-9　供电示意

由于微波通信站无人值守，无法补加水或派人维护，所以在化学电源选型时，一般采用阀控式铅酸蓄电池，为了保持电解液不损耗，对使用环境和使用方法及维护提出严格要求。否则，将会使其寿命大大缩短，影响正常的通信联络，还会增加费用支出。

4.2.2　常见故障原因分析

对某单位微波通信站的阀控式铅酸蓄电池进行检查、维护时发现，整组 24 个 400A·h 电池，6 个壳体裂缝，其余 18 个在检查容量时发现，无法放出电能，经维护作业后，有 10

个电池容量可达 220A·h 以上，仍可使用。该电池组才安装使用 2 年，采用的是太阳能电池限压充电，正常情况下放电深度不足 10%，在连续阴雨天无法及时充电。

分析原因是其使用环境温度很高，在夏季电池室内的温度经常是 40℃，有时可达 45℃。太阳能供电系统的电压波动范围是 55～60V，这样大的波动范围引起充电过程中水分电解是不可避免的，特别是在晴天的中午，会引起电池内部压力急剧增大，从而迫使排气阀放气引起水分损失，长期在这种环境下使用，造成电解液干涸，甚至会造成电池壳体破裂，使其寿命终止。

4.2.3　处理方法

调整使用方法主要是在夏季时降低环境温度和充电控制电压，原来的最高环境温度为 45℃，经采取通风、加隔热层等措施，将最高环境温度降为 40℃；最高充电控制电压通过控制设备来实现，将最高充电控制电压由原来的固定 56V 改进为随季节变化，其结果见表 4-3。

表 4-3　微波站改进前后的充电电压

项目	原设计/V		改进值/V	
	总电压	单节平均	总电压	单节平均
夏			53	2.21
春、秋	56	2.33	53.5	2.23
冬			55	2.29
电池寿命	2 年		2.5 年容量大于 80%	

使用中的注意事项如下。

（1）阀控式铅酸蓄电池对使用环境的要求　阀控式铅酸蓄电池的电解液的损耗就意味着电池性能的降低，主要表现为电池容量下降，充电发热严重。水分损失 25%，阀控式铅酸蓄电池的寿命就终止。而随着使用环境温度的增高，电解液的电解量就加大；同时环境温度过高，充电产热量不易散发，也加剧了电解液的损耗。通常，阀控式铅酸蓄电池使用环境温度不超过 35℃，否则电解液的损失量就会剧增。而实际情况是，微波通信站的夏季大多数室内的温度都在 35℃ 以上，中午可达 45℃ 以上。环境温度过高是许多微波通信站的阀控式铅酸蓄电池提前终止的主要原因，在这种环境使用的阀控式铅酸蓄电池，寿命超过 5 年的不多，一般在 3 年左右。为了延长电池的使用寿命，必须设法降低环境温度。例如采取增加排风设备，在房顶加隔热层等措施。

注：使用环境改进前所用电池为 400A·h，环境改进后为 300A·h。

（2）严格控制过充电　阀控式铅酸蓄电池在过充时会产生气体，电池内部气体达到一定的压力数值时，密封阀就会开启放气，造成电解液的损耗。由于微波站设备的工作电流很小，在夜晚，电池的容量消耗并不大。例如：某型号信道机的工作电流是 1.0A，一个晚上最多需要用的电池容量是 12A·h，而电池的标称容量是 300～400A·h，其容量的消耗比例是很小的。晴天太阳能电池板的输出电流可达 20A，这样在给设备供电的同时，1h 就会将电池所用的容量补充完毕进入浮充状态。这时就要严格控制浮充电压，电池的浮充电压夏季为 2.210V，冬季为 2.29V。这样整组电池（24 个）的总浮充电压高限就为 55V，而有的太阳能电池控制设备的输出最低为 55V，这样势必会造成过充。

（3）严格控制电池过放电　阀控式铅酸蓄电池严重的过放电会造极板的硫酸盐化，使电池容量下降。根据微波站的设计情况，过放电的可能性较小，但要注意特殊情况的发生，如控制设备的最低电压点变化，连续阴天等都会造成严重过放电，要及时进行处理。

（4）保证充足电池容量　阀控式铅酸蓄电池长期充电不足也会造成电池极板的硫酸盐化，使电池容量下降。随着设备的老化，阀控式铅酸蓄电池的充电效率会下降，太阳能电池的效率也会下降，日积月累就会造成电池充电不足。另一种情况是，雨季的多日阴天，也会造成电池的充电不足，这时应进行补充电等一系列的维护，避免造成电池极板的硫酸盐化。

在高寒山区，可能在0℃以下充电，这时应适当提高充电电压，提高值可参考表4-4。表中的温度是电池的实际温度，不是环境温度。

表 4-4　低温浮充电压调节值

温度/℃	0	-10	-20	-30	-40
浮充电压/V	2.35	2.41	2.48	2.56	2.64

（5）关于补加水或电解液　如果确定电池的容量衰减是由于长期在高温下使用或过充引起的失水所致，适量地补加水可以使其容量恢复。但要由专业人员进行操作，加注水或电解液后要及时将电池密封。

（6）阀控式铅酸蓄电池的最佳使用方式是控制阀向上　在一些阀控式铅酸蓄电池的宣传资料上介绍，其可以任意位置和方式工作使用，有些用户就将电池侧放（卧放），这样就有可能使电解液下沉，集中在电池的一侧，而另一侧的电解液很少，充电时发热，使电池的容量减少。电池在卧式安装的初期，其结构容量会大于立式安装，这是由于卧式状态下，极板的重量会压缩隔板，使极板群的正负间距缩小，电池内阻变小的缘故，但后期带来的负面影响较大。所以，无特殊情况，电池要立式使用。

（7）电池柜要经常开门通风，最好改成开放式架　虽然阀控式铅酸蓄电池是半密封式电池，但在充电的情况下仍有一定量的气体释放。为整齐美观，电池一般都放入封闭式的铁皮柜里，这样可能会造成电池柜内有酸气积存，腐蚀电池及其他设备。所以，电池柜要经常开门通风，最好改为开放式电池架，以利于通风换气。

结论：

① 在夏季，要采取一切可能的措施，降低环境的温度，最好使环境温度保持在35℃以下。适当调低电池组的充电最高控制电压，可以减少水的消耗。使电解液中水分的损失得到有效控制，延长电池的使用寿命。

② 阀控式铅酸蓄电池在低温条件下使用，应有能根据温度自动提高充电电压的充电机。

4.3　阀控式铅酸蓄电池爆炸分析

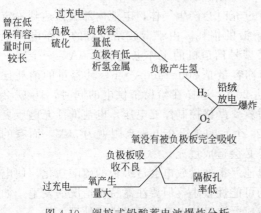

图 4-10　阀控式铅酸蓄电池爆炸分析

阀控式铅酸蓄电池在使用中，一旦出现单节电池爆炸的事故，会直接危害安全。

造成阀控式铅酸蓄电池爆炸的可能原因很多，其不同层次原因上的逻辑关系见图4-10。

电池爆炸后，轻微的是在排气口出现烧焦的状态，重则整个电池炸开。处理方法是把排气口打开，取出排气阀顶部的单向胶帽，使电池里的气体排除畅通。氢气只要不聚集，便没有爆炸的可能。取消单向胶帽，电池便没有密封功能。需要几个月进行一次补水，但并不影响电池的容量性能。

4.4 对电池提前失效原因的综合分析

通信电源使用着大量的阀控式铅酸蓄电池，并规定在线蓄电池容量不低于 80%，使用期限不少于 8 年。但是实际上普遍的情况是电池使用 3~4 年，其结构容量就下降到 50% 左右。现在已可确认：通信蓄电池长期处于备用状态，电池的充放电循环能力并没有被充分利用，电池目前大量的损坏主要是由于"非充放电循环使用"的原因所致。

许多通信部门采用委托专业公司对电池进行"容量复原活化"，活化电池上线使用一段时间后，就又会出现不良和失效情况。这是由于当电池受到硫化损伤后，由于极板深度膨胀，极板脱落较多。经过活化后，脱落的不导电的硫酸铅就变成导电的铅，电池自放电明显增大。有一批电池在基站小电流浮充条件下，约 3 个月，保有容量就逐渐降低到安全限度以下。把基站中间失效单节取回，充电后放电检查容量仍能达到 80%，符合使用标准。把其中一个电池解剖，看到极板间的隔板已被脱落铅粉污染，见图 4-11。脱落的铅粉已经把白色的隔板上的许多地方污染成灰色的。

图 4-11 活化电池微短路状态

容量复原技术只处理电池内部的故障，忽略极板软化和极板活化后自放电增大的副作用。容量复原只是一种补救性措施，作业者并不深究电池发生这种故障的原因，更不去探讨预防这种故障发生的工艺措施，单纯用这种工艺提高电池运行质量是不可行的。现在应把被动地采用容量活化措施和主动开展预防性维护结合起来，升级为把故障消灭在酝酿的过程中，消灭电池的非使用性损坏。

这里介绍的阀控式铅酸蓄电池在线容量维护技术，包括维护工艺、专用设备、管理软件三个方面。实践证明，采用阀控式铅酸蓄电池在线容量维护技术，可根本解决电池使用寿命短这个问题。

为什么通信用阀控式铅酸蓄电池会出现这样的早期非使用损坏情况？

造成电池提前报废的几种主要原因之间的逻辑关系见图 4-12。

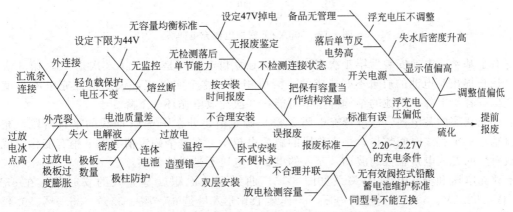

图 4-12 造成电池提前报废的几种主要原因之间的逻辑关系

现在对其中的原因逐一进行分析。

4.4.1 极板的不可逆硫酸盐化

造成电池硫化的基本原因是长期处于充电不足。通信部门使用的蓄电池，由于充电回路和用电回路并联，处于浮充状态，电池在用电回路放电失去的容量可在充电回路及时得到补充，所以电池始终处于较高保有容量状态，在这种状态下，电池是不会发生硫化损伤的。

但是现在通信部门大量的电池却受到硫化损伤。造成这种损伤的原因如下。

4.4.1.1 浮充电压低

有许多基站，原标准规定浮充电压设定在52.7V，平均2.20V/个。在这个充电电压下，由于阀控式铅酸蓄电池的反电势大多是2.19V/个，一旦放电，虽然有"均充"的环节，但用0.01V的有效浮电压充电，失去的容量就不能从充电回路获得补充。浮充电压的最低值现在已修订为54V，这个值是恰当的。应区别控制柜上电压表显示的名义充电电压 U_m、蓄电池组的输出端实际充电电压 U_s 和有效充电电压 U_y 这三个基本概念的区别。设蓄电池的反电势是 U_f，这几个参数的关系是

$$U_y = U_s - U_f$$

例如，电压表 U_m 显示54V，电池组端电压实际 U_s 是53V，蓄电池的反电势是 U_f 是51.6V，电池得到有效充电电压 U_y 就只有 $53 - 51.6 = 1.4$(V)。

只有细化这种概念，才可能理解浮充电压不到1V的微小波动，就是对电池的保有容量有较大影响的内在原因。

从图4-13电池的充电曲线可以看出，500A·h电池放电后在2.23V的浮充电压下，容量可快速恢复到66%。在2.29V的浮充电压下，对应值是75%。

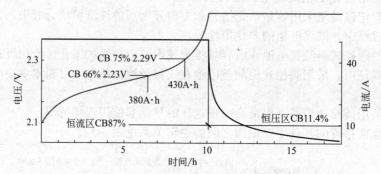

图 4-13　500A·h 密封电池充电曲线

有个基站，电池安装后第1次交流停电后独立供电时间是8h，第2次是6h，第3次是4h。用户提出是电池的质量不好造成的。恰恰相反，这个实例正好说明电池充电不足就会造成保有容量下降，电池的结构容量不可能在3次充放电循环就下降50%。

浮充状态的蓄电池，标准浮充电压2.25V确定值是处在图4-14曲线的平直阶段，充电电流越小，平直段时间越长，平直阶段的斜率也越小。在这个确定值的上下稍有变化，就会造成对应的充入电量很大的波动。充入的电量和电压不是线性关系。

浮充电压和充入电量的关系见图4-15。曲线下的面积就是充入的安时数。在55V、54.3V、53.5V、52.5V对应的电压下，连续18h充入量是67.7%、55%、35.5%、9.4%，以后的电流已经很小，对充电结果没有大的影响。

基站内有效充电电压是1.4V。这个电压降低0.4V，充电效果就会降低30%。

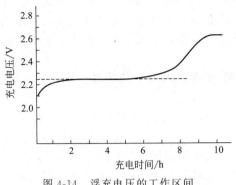

图 4-14　浮充电压的工作区间　　　　图 4-15　浮充电压和充入电量的关系

（1）电压表显示偏高　控制柜上电压表显示偏高是经常发生的，维护者根据控制柜上电压表显示值调节浮充电压，如果显示偏高，电池组得到的实际浮充电压就偏低。控制柜上的数显电压表，属于计量器件，应按计量工具的管理定期校准。这里所说的是"实际电压和显示电压的校准"，不是现在可远程操作的"浮充电压高低的调节"。这项工作现在都没有做。许多技术人员甚至不知道这两个概念有完全不同的技术内涵。控制柜上的电压显示，是把电池总电压先通过模拟电路衰减转换为 5V 以下信号，才能被计算机识别。模拟电路衰减转换的过程会产生偏差，这部分偏差是需要校准和消除的，所以需要定期校准。实际调查表明，控制柜电压的显示偏差最高达 0.9V。这个电压的控制精度，应为 54.0V±0.2V，即达到 0.5 级精度，这个精度，用数字电路比较容易达到。

（2）调整电压偏低　有的电池厂家，在电池说明书上注明"电池在 2.20V 充电电压下工作"，这就误导了用户。电池厂家的这种规定，是从维护电池厂的利益出发的，在低浮充电压条件下，电池失水少，正极板栅的腐蚀小，电池的使用寿命会延长。电池厂家并不承担由于保有容量偏低，造成"掉站"的责任，更不承担电池在充电不足条件下造成硫化损伤的责任。铁路机车和车辆使用的阀控式铅酸蓄电池，浮充电压都是 2.30V。

4.4.1.2　落后电池的反电势高

在串联的蓄电池中，如果有一个落后电池，这个电池的反电势有时会升高，在平均电压 2.23V 的蓄电池组中，有时可检测到 2.60V 的单节电压。在这种状态下，控制柜中计算机就会检测到充电电压已经升高，在蓄电池尚没有充到预定容量时，却被误判断为"已经充到预定值"，就把充电电流降下来，导致充电不足，实际运行状态的电池组，这种情况是经常发生的。在并联使用条件下，充电电流分配的不均衡性就发生了，这种损坏是以加速度的方式发展的。

4.4.1.3　失水后反电势随电解液浓缩而升高

使用中电池是逐步失去水分的，但其中的硫酸并不减少，电解液的密度就上升，电池的反电势 U_f 就上升，电池反电势和密度值 d 的依赖关系是

$$U_f = 0.85 + d$$

反电势的升高直接导致实际充电电压的下降。最终造成充电不足。在浮充条件下，电池的实际反电势应是空载电压和电流极化电压的和。极化电压与电流强度直接相关。

电池的失水是必然的，温度越高，失水速率越快。在对洛阳移动的 30 个基站电池的补水中统计，平均每个 500A·h 的电池补水 800mL，才达到出厂的水平。计算表明：补水前电解液密度由 1.30g/cm³ 浓缩到 1.37g/cm³，反电势会上升到 2.22V。实际没有测量到这样高的电动势，是由于部分硫酸已经被转换成硫酸铅消耗了。在 2.20V 的充电电压下，这样的电池无法得到能量补充。充电状态的电流没有有效显示，维护人员不易发现这种状态。

对阀控式铅酸蓄电池的补水，早在2000年在铁路部门就普遍采纳，2004年形成工艺规程标准。及时补水，不但保障了蓄电池运行质量，而且在南方把电池实际使用寿命由原来的2年延长到5年以上。这项工作在蓄电池行业已经是基本知识，如果不允许补水，会人为造成许多损失。

在有的情况下，补水造成了电池的损坏。补水后造成电池的失效，通常有两方面的原因。

① 电池深度缺水后，会造成活性物质脱落，造成硫化损伤，这时就有一部分活性物质从极板上脱落，由于脱落的物质是硫酸铅，硫酸铅是绝缘的，不会造成极板短路。加水后在充电的作用下脱落的硫酸铅会活化为导电的铅，就可能引起极板间短路。这类损坏并不是补加水的错，而正是没有及时补加水的错。几年的"免维护"使用中，电池就处在这种严重缺水状态，补加水后需要有后续的工艺，把失效单节及时剔除，否则将造成大量电池连带性热损坏。

② 补水工艺失误。补水程度、补水量和补水后的充电，都有工艺参数要求。例如，补水量如果超过图4-8所示的位置，电池很快就会失效。

补水作业还有其他的要求，按工艺补水到富液状态，实际水位置的控制采用专用的设备，就可避免由于电解液浓缩造成的非使用性损伤。

补水作业还有其他的要求，按工艺补水到富液状态，实际水位置的控制采用专用的设备，就可避免由于电解液浓缩造成的非使用性损伤。

图4-16　铅酸蓄电池的加水帽

最早生产的阀控式铅酸蓄电池，加水口是用胶粘接的，构件不能分解。20世纪90年代，阀控式铅酸蓄电池进入铁路机车使用后，由于南方气温高，缺水严重，电池厂根据铁路部门的要求，对加水口帽做了改进，笔者参加了这项工作。现在为了方便补加水作业，通信部门使用的阀控式铅酸蓄电池的注液口已采用图4-16所示的结构。

加水帽的内部结构如图4-17所示。其中聚四氟乙烯片是多孔的，它能把蓄电池放出气体中的水分过滤掉，排出干燥的气体，这就减少了水分的散失，这是阀控式铅酸蓄电池的关键技术之一，其他的构件就是保障聚四氟乙烯片的一定压紧力。

从以上分析可知，解决电池充电不足即保有容量低下的问题，需要采用综合措施，不是简单地用提高充电电压的方法就能做到的。通信用阀控式铅酸蓄电池大量的损坏基本是沿着这个方式损坏的：失水→电解液密度升高→电池反电势升高→充电不足→极板发生不可逆硫酸盐化→结构容量降低到安全标准以下。

市场上现在依然有注液口采用粘封结构的电池，这类产品是为适应"一次性"使用要求的销售市场制造的。若考虑延长使用寿命的要求，不宜采用这种结构的电池。

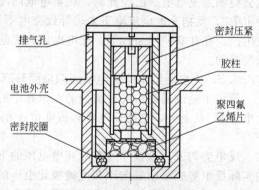

图4-17　加水帽的内部结构

排气孔　密封压紧　胶柱　电池外壳　聚四氟乙烯片　密封胶圈

关于补加水后电解液处于富液状态，会造成阀控式铅酸蓄电池氧化和失效的疑问，这里做个说明。阀控式铅酸蓄电池在生产初期，都是按照"贫液"结构制造的。在使用中，电池突出的问题就是"娇气"，稍一失水，电池便明显失去容量，这就给用户和制造厂带来损失。为了减少这种损失，制造厂逐步加大电解液的数量，这项措施的使用效果明显。于是，电池厂家就把这项技术作为工艺正式采用。

富液结构的蓄电池之所以仍有"氧吸收能力"，原因是电池正负极板的间距为 2～3mm，而极板的宽和高都大于 100mm。在紧装配的条件下，正极板上产生的氧原子结合成 O_2 后，不可能立即以气体方式排出。其产生的压力向四周传递相同的力，示意见图 4-18。由于正负极板的间距远小于极板的高度和宽度，所以在气体逸出极板前就会在负极板被吸收，实现阀控式铅酸蓄电池的氧化和氧吸收。电池处于富液状态下，出气量会有所增加，增加的幅度与装配时的工艺有关。极板间距越小，极群组装压力越大，出气量增加的幅度越小。许多电池厂家，现在都生产富液阀控式铅酸蓄电池。

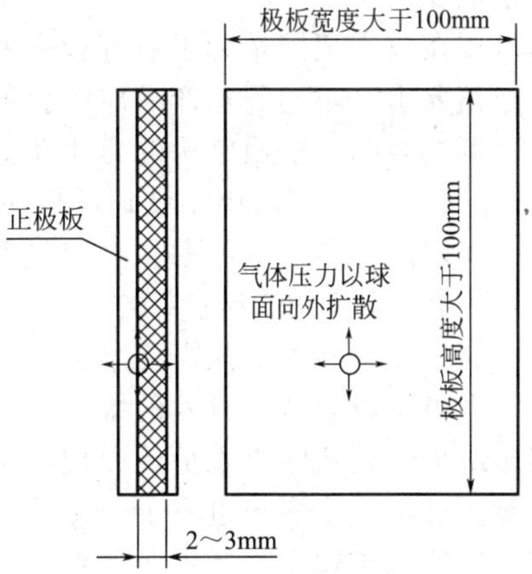

图 4-18　极板间气体的扩散

4.4.1.4　备品电池处于无管理状态

蓄电池的备品，来源于整组替换下网电池中的合格电池，备品应处在模拟基站工作条件的浮充状态，才能保障备品替换的有效。现在通信部门没有这项工作标准，基层单位进行备品管理就遇到许多制度上人为的限制。备品制度实际首先要对下线电池做报废鉴定，这个环节可以堵住浪费的漏洞，备品制度的建立需要有工艺、专用设备，环境和资金的条件。

电池的容量是逐步衰减的，当中心机房内 500A·h 电池，容量衰减到 300A·h，虽不能在机房使用，但可置换到需要 200A·h 的地方，如直放站和大功率油机启动。也可并联成 600A·h 的电池组，在场地宽敞的地方使用。下线电池仍有许多使用价值，现在有的通信公司备品电池，在库房或露天存放，长期处于免维护、无合理存放条件的状态，导致备品电池的非使用损坏，甚至常发生维护时换上去的电池还不如换下来的电池这样的"负劳动"。甚至有的通信公司，把整组下网的电池全部报废，没有把其中仍然可以使用的电池作备品。这种把可使用的备品电池作为"废品"处理，造成很多浪费。没有备品，对电池组容量均衡性也无法做替换调整。

4.4.1.5　浮充电压不调整

蓄电池的浮充电压，应根据电池的保有容量做适当调整。在交流市电经常停电的地区，以及对结构容量较低的旧电池都应适度提高浮充电压，以利于保持较高的保有容量水平，但是现在维护工艺没有这方面的要求和规定。在一些偏远地区，几乎每天都停电，停电时间又较长。对这个地区的浮充电压，就应按 2.3～2.35V/节的标准调节总电压到 55.2～56.4V，这样做，可以使电池在较短的时间内尽快恢复容量。

关于浮充电压调整，详见"4.6 开关电源对蓄电池的影响"一节。提出在不同的蓄电池使用时期，应针对蓄电池容量衰减情况采用不同的充电电压，适当调节均充电压、均充周期和每次均充的时间，调整值虽然只有 0.3V 左右，但效果十分明显。

4.4.2　现行标准规范的不足

4.4.2.1　对浮充电压在"2.20～2.27V"没有说明使用条件

通信电源标准 YD 799—2002 中规定"浮充电单体电压为 2.20～2.27V"，在什么条件下采用下限 2.20V，在什么条件采用上限 2.27V，没有说明。在上限和下限的工作电压下，保有容量会有 60% 这样大的差别。有的工作者就根据标准规定把管辖范围内的基站控制柜浮充电压都固定在 2.20V，结果造成大范围电池组的使用质量低下。做一次试验，就知道

2.20V 这个数据的充电效果。把电池放电到容量为"0"后,用 2.20V 充电一周,电池保有容量恢复量不足 20%。一种解释是由于电池厂家的产品有差异,它们适应的范围不同。浮充电压在较大范围是为了兼容较多的产品,这是把基准定位在电池厂造成的,应把基准定位在通信要求,不同厂家产品应符合通信的统一要求。

调查表明,铁通电源的蓄电池,浮充电压规定在 2.23~2.27V,均衡充电电压规定在 2.30~2.35V;同时由于铁通的电源都采用双路供电,两路交流电源都中断,由于蓄电池供电时间较短,所以电池的保有容量都能保持在较高水平。

4.4.2.2　无有效的维护标准

阀控式铅酸蓄电池需要维护,通信行业早在邮电部时代的 1994 年 108 号文件中就有要求。但由于没有统一有效的维护工艺标准,这个要求只是一个号召,没有可实施性。因为要实施维护,就要解决维护的原理、工艺、专用设备、标准、人力、资金、制度等一系列实际问题。已经二十多年过去了,虽然几个通信公司的维护规程陆续出台并相互拷贝,也制定了许多电池维护规章、制度,组织推广过一些新技术,如用测内阻的方法判断蓄电池的状态等,但现在落实到一线维护工人的操作,只有用万用表测量并记录浮充电压和打扫卫生这两项工作内容。这两项工作与电池的运行内在质量不相关。之所以出现这样的情况,主要原因是现在的许多维护规程不是实际维护先进经验的总结,而是从产品说明书的一些概念出发,编写的文档,并不适合生产实际,维护人员根据现有的规程,无法进行有效作业,也不能承担维护后的责任。例如根据浮充端电压不能对电池运行质量做出责任性判断,有的公司却规定"浮充电压低于 2.18V 的电池需要维护",这种明显的技术错误,基层也无法执行这个标准并承担维护责任。现有的维护工作也不能为用户带来效益,周而复始测量出来的数据也不能判断电池是否处于安全限界的临界状态。于是在实际推行中就逐步被简化到两项内容了。

没有实际效果的技术是不可能被持续使用的。

4.4.2.3　不合理并联

电池组并联使用,均衡性难以解决,会诱发许多故障,最终造成有的电池超负荷,有的电池不工作。分析详见"3.1　电池并联使用故障多"一节。

在通信蓄电池使用中,大量采用电池组并联的结构,遗憾的是电路的设计者和使用者都没有关注充电时电流分配的均衡性问题,似乎这个问题并不存在。实际运行表明,这样的简单并联大幅度缩短了蓄电池组的充放电循环寿命。

在 2 串电池并联成的电池组中,由于每串电池中都没有电流表,所以用户不能发现电池组在充电状态的不均衡程度。在一串电池中,一旦有 1~2 个落后电池,电池若处于高阻抗状态,该串电池的充入电量就会减少,甚至就得不到充电;若电池处于低阻抗状态,电流就全部通过该组电池,以至于造成整组电池因过充电而损坏。这种不均衡状态是绝对的,而且不均衡程度是正反馈加速度发展的。电池的扩容应采用先并联、再串联的结构,或者串并组合成网络结构,不能采用现在流行的先串联、再并联的结构。这个问题在 2006 年蓄电池技术交流年会上提出后,有的电池厂已经采用这种配组结构,把基站使用的两组电池并联排列,相同电位处并联几条均压线,大幅度压缩不均衡性带来的负面影响。

并联结构带来的结构性故障,长期没有表现出来,是由于通信电源使用的电池,99% 以上的时间是处于"待用状态",而不是处于充放电循环的使用状态。加之每个支路没有电流表检测实际电流,不合理状态就被隐藏起来。在每个并联支路上,安装电流检测的接口,可及早发现电池组的不均衡工作状态。在停电较频繁的地区,不合理并联结构会大幅度加速电池的损坏。简单并联带来的损坏机理并不复杂,但改正很难,这是由于以下几个原因造成的。

这种电路在生产中实施后,往往是施工单位根据设计部门的图纸要求交工验收后,就不承担电池损坏的责任了。

由于电池损坏不会追究设计者的责任，改变传统的经典电路要经过验证和审批程序，改进后又不会增加设计者的效益，所以设计者缺乏改进的动力。

电池制造厂经常对用户进行培训，这种培训多带有浓厚的商业色彩，总是宣传本公司产品如何如何好，设法提高订货的数量。对延长蓄电池使用寿命的技术，通常很少提及，甚至刻意回避。

电路一旦按照设计安装后，基层用户即使认识到这个问题，但变动电池组结构的成本很高，企业通常不会采用新方案。

电池损坏后用户只找电池厂，不会找设计部门反映这个错误，所以就被长期掩盖起来，以至于形成设计标准，在国内外执行了几十年。

以上的几个原因，是笔者在实际工作中已经遇到的情况。

验证这个问题可以在实验室进行，用图 4-19 示的电路做充放电循环，几个月就看到循环寿命被缩短的程度了。

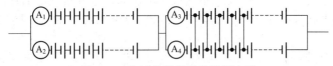

图 4-19　电池并联错误的验证电路

在图 4-19 中，4 串完全相同的电池，按照图示的方式连接，进行充放电循环，在几十次循环中，就可以看到 A_1 和 A_2 的差别，当左边两串电池出现单边发热的故障时，右边两串电池电流分配的均衡性却始终良好。

串联的电池串联电压越高，问题表现得越明显。

4.4.2.4　各厂家的电池不能互换

不同厂家的相同容量电池，由于外部几何尺寸的不同，极柱位置和连接方式不同，现在不能互换。结构容量相同的电池本来可以互换，有的用户却规定不准互换，这就加大了备品的数量，给管理和维护增加了许多无效劳动，也增加了电池的报废率。

在蓄电池组不能正常供电时，失效单节通常只有 1～2 个。一组蓄电池中，由于原始质量的差异，失效时间常常会有成倍的差异，这是经常发生的。

现行标准规定"不同厂家、不同规格、不同型号、不同使用时间的电池不能互换"，简称"四不同原则"。这个规定源于通信电源设计规范。在新电池的安装使用中，这个规定是合理的。原规定要求"四不同"的电池不能并联，这个规定的理由是电池的端电压如果不一致，就不能保障组合质量。通信部门把这个规定扩大到维护工作范围，就是不合理的。维护工作的基本要求，就是如何用低成本维持设备的安全运行。

蓄电池的混合使用，有两个含义：一组中有不同厂家的电池和两个不同厂家的电池组并联。在"免维护"的条件下，这两种使用方式会有故障逐步扩大化的趋势。通过合理的维护，就可以制止故障扩大化的发展，使电池组处于正常工作状态。

新安装的电池，在串联使用条件下，运行 3～6 个月后，端电压的不一致差距会逐步缩小，如图 4-20 所示，电池组中端电压的差距不必考虑。电池的容量均衡性，也不能用浮充电压的大小来判断。在运行维护工作中，电池互换的原则只有一个：结构容量相同。在维护作业中执行"四不同原则"，要找到合格备品替换落后单节，具体实施就变成不可操作的。这不但加大了备品的数量，给管理和维护也增加了许多无效劳动，增加了电池的误报废率。

"四不同"的电池，电化学性能上会有一些差异，但这类差异并不在日常使用中表现出危害，电池互换的原则只有"结构容量必须一致"这一项要求。

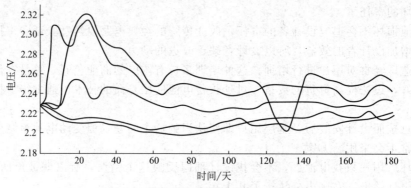

图 4-20　蓄电池安装后单节端电压的变化

铁路部门机车用阀控式铅酸蓄电池，由于检修工作的需要，2002 年就制定了机车电池的统一互换连接标准，由于配件的互换，也就是通信行业所说的混用，为维护带来实际的便利，所以多年来一直执行，并没有发生不适或故障。通信电源蓄电池的标准应对这类与电池容量无关的工艺尺寸进行简化统一，这不但会给用户带来许多效益，同时为国家节约许多资源。

4.4.2.5　放电容量检测

定期用放电方法检测电池的容量，增大了电池的非使用性耗损。现在对中心机房的大电池规定，每年做一次核对性放电。实际上用放出 30%～40% 的电量并不能定量判断电池的结构容量是否达到 80%。其原因是在几年的使用中，失水使电解液不断浓缩，这就导致电池放电特性的变化，见图 4-21。图中下方的 I_{10} 是电池出厂时厂家提供的 I_{10} 放电曲线。电解液浓缩后，极板上的活性物质与电解液的接触减少，结构容量随之减少到 C_1，但端电压

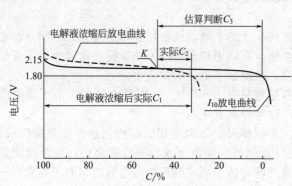

图 4-21　电解液浓缩后的电压和容量变化

却升高了，如上方曲线所示。浓缩后曲线的确切位置，依据浓缩程度而定。浓缩程度越高，浓缩后曲线位置越高，放电时间越短。放电进行容量核对时，看到端电压的变化数值，若根据记录的数值对照出厂时的放电曲线，就会发生正偏差的判断。如图 4-21 所示，当电压为 K 时，根据出厂说明书可判断容量为 C_3，电池实际容量只有 C_2，即把实际容量估计高了，这是不安全的。

有的通信公司，在"免维护"状态下 UPS 电池已经使用 8 年，按规程放电容量检查容量合格，这是误判断，在 UPS 中使用的连体电池，任何一个品牌产品，都达不到这个功能。如果用全容量放到终止电压 1.8V/单节，才能得到真实容量数据。

通常，蓄电池组在放电的时候，总电压从 47V 减低到 46V，至少有 1h 的时间。在安徽淮南对使用 3 年电池的一次实际放电中，这段时间只有 5min 时间，这就是由于电解液的浓缩造成放电特性的变化。

保持电池在富液状态，就消除了电解液浓缩干扰。用负载电压法就可方便地检测保有容量，检测精度可以保障电池安全运行。铁路机车电池检修 1991 年就取消了放电检测结构容量的这类规定，用负载电压法检测电池的保有容量，稳定地控制了电池的运行质量。

在通信行业的蓄电池维护规程中，普遍采用了类似这样的规定："在基站蓄电池组中，

用万用表检测浮充电压低于 2.18V 时，应进行均充维护。" 2.18V 这个电压值，是适用于固定电池的浮充电压值，有的通信部门，把它沿用到阀控式铅酸蓄电池，就会造成充电不足。这个规定，是基于"电池容量低，端电压就低"的偏见定出的。实际情况是，电池容量降低如果是由于极板活性物质脱落造成的，在串联浮充工况，容量低的电池电压会升高；当电池容量降低如果是由于内部微短路造成的，在串联浮充工况，容量低的电池电压才会降低。

在基站的工作条件下，电池的浮充电压一般规定在 2.20～2.27V 的范围。在这样的浮充电压下，如果检测到某电池的端电压是 2.18V，这个电池的保有容量一定是 "0"。这个结论，用试验方法很容易验证。用 I_{10} 把电池放电到 1.80V，再用 2.18V 充电一周时间，对这个电池再放电，就可知道这个结论的偏差大约在 5%。只有这种保有容量 "0" 状态的电池已经在线存在一段时间，工作者才能检测到这个数据，这是造成事故的原因之一。

基站里工作的蓄电池组，交流电中断后应独立供电时间不少于 4h，这个时间，是油机接替供电的准备时间。蓄电池组的安全供电应不小于 4h，由于串联的电池组，其有效容量受最低单节容量的制约，这就要求每一个电池的供电时间都达到这个标准。通常，放电电流按 I_{10} 计算，供电 4h 的对应保有容量是 40%～50%。

所以，"2.18V" 这样的规定，不符合基站电池的安全工作要求。

如果要保障不发生掉站，对每个电池的保有容量的要求应规定在 70% 以上。这就是说，当检测到某电池保有容量低于 70% 时，就应采取下列措施。

(1) 适当提高浮充电压　提高整组电池的保有容量。当落后电池偏差较小时，可采用这个方法。

(2) 更换落后单节　当检测到的数值与标准值相差较大时，只能更换这个电池。一组蓄电池中，失效时间常常会有成倍的差异，这是经常发生的。

保持电池在富液状态，用负载电压法就可方便地检测保有容量，检测精度可以保障电池安全运行。铁路机车电池检修许多年前就取消了放电检测结构容量的这类规定，多年的生产实践证实，这种规定是合理的。

4.4.2.6　报废标准的不足

从容量的指标来讲，蓄电池在使用状态下，合格的标准只有保有容量是否达标这一个。蓄电池的下线标准，也只有结构容量是否达标为依据。这里所说的"达标"，是指独立供电时间。由于实际工作条件差别较大，用一个固定的下线标准报废电池，就会造成大量的误报废。例如：某 UPS 电源使用的电池，要求供电时间 0.5h，供电电流 50A，电池的保有容量标准应在 25A·h 以上，考虑到各种动态因素的安全储备，取 50A·h 为最高值。使用 100A·h 的电池，报废标准是 50%，使用 150A·h 的电池，对应值是 33%。

油机使用的启动电池，现行报废标准规定使用 4 年。在 4 年的使用时间里，总启动次数不会超过 100 次，使用价值远远没有利用。1000kW 级的油机，启动一次约消耗 0.75A·h 的容量，按启动 10 次计算，保有容量在 30% 即可。用连体电池检测仪可以随时检测启动能力，只要保障启动可靠，不必按年限报废。

在基站工作的电池，观察到的实际工作负荷最大超过 100A，最小 4A，若要求独立供电时间为 4h，前者需要 400A·h，后者只需要 16A·h。应以报废标准不能用一个固定标准，应以胜任工作条件为依据。

基站里工作的蓄电池组，交流电中断后应独立供电时间不少于 4h，这个时间，是油机接替供电的准备时间。蓄电池组的安全供电应不小于 4h，由于串联的电池组，其有效容量受最低单节容量的制约，这就要求每一个电池的供电时间都达到这个标准。通常，放电电流按 I_{10} 计算，供电 4h 的对应保有容量是 40%～50%。

现在如果统一按低于 80% 的标准下限，其中的浪费可想而知。

4.4.3　电池的误报废

（1）把保有容量当作结构容量　当电池没有电时，只能说明电池的保有容量低下，并不能确定电池已经失效。造成这种情况可有多种原因。这种把保有容量低下当作结构容量失效的情况经常发生。当发生掉站时，要追究维护人员的责任，如果维护人员没有找到掉站的真正原因，常常就误认为是电池失效造成的。笔者多次遇到过这样的情况，因在基站失效被送来"活化"的电池组，充电后电池组就是 90% 以上的容量。这种电池就是在不正确处理掉站事故中被误淘汰的。

有的通信公司，使用 500A·h 和 300A·h 两种电池，如果按 60% 的标准报废，500A·h 的电池到报废时，容量正好是 300A·h。把报废的 500A·h 电池用到需要 300A·h 的地方，例如一些工作电流只有几安的基站，就可以节约一些 300A·h 电池的采购费用。这类电池的容量衰减速度快一些，但在每季度检测一次 CB 值的条件下，在电池完全失效前就能及时替换掉，不会发生供电事故。下线电池的转行使用，会产生许多价值。

（2）无在线检测落后电池的能力　为了检测电池组中的落后电池，不少通信部门购置了几种蓄电池检测仪。现在对几种检测仪的使用条件和性能作以说明。

恒流放电式检测仪由于作业时间长，虽然检测精度高，但由于使用成本高，在日常基站维护中难以使用。

有一种市售的快速检测仪，用 20min 时间对被测蓄电池组放电，记录其端电压的数据，用软件分析后显示被测电池的内阻和百分容量。显示的内阻值虽然没有标明对应的电流值和时刻两个参数，但检测数据的相对值是可信的。由于软件中的错误，这种检测仪有时会对同一个电池组在加水维护后，快速放电检测容量的变化，显示出"内阻减小，容量减小"的逻辑错误。这种检测仪由于分析的原始数据不显示，用户不能查找内在原因。

测量电池内阻的电导式内阻仪，生产厂家较多。许多销售商甚至不知道蓄电池有动态内阻的概念，购买者不知道这类仪器测量的是电池的静态内阻，而不是电池的动态内阻。电导仪的厂家和商家都不能提供检测不同容量电池的门槛值标准。

蓄电池的内阻，并不是一个固定的数值，而是与检测电流和保有容量直接相关的参数。检测电流越大，内阻越大；保有容量越低，内阻越大，反之依然。当我们表述蓄电池内阻时，必须说明测试条件，才有实际意义。这类检测仪，虽然有一些标准文件推荐使用，但在维护工作中，无法保障工作质量。

电池的失效报废，从电池的外特性角度来讲，都是因为动态内阻增大造成的，通常确定电池的安全使用下限标准在 50%～80% 这个范围。当确定为某一值为标准时，这种检测仪不能发现电池组中的不达标单节。例如通信部门电池报废标准为 80%，检测仪应把在线的容量 70% 的电池挑出来，这类检测仪不能胜任这个工作。

用负载电压法检测电池的供电能力，查找落后单节，可靠性较高。根据负载法原理制作的保有容量检测仪已经在铁路机车检修中使用多年，为保障机车运行可靠性发挥了保障作用。这种检测仪可即时、连续、定量、无损地检测电池的保有容量。现已编入铁路机车蓄电池检修规程。这类检测仪并不显示百分容量，只显示检测到的原始数据。对这些原始数据的分析，不是靠软件，而是用软技术。采用这种检测技术可迅速检测出落后单节，大幅度减少电池的误报废。这个检测手段是"阀控式铅酸蓄电池在线容量维护"的核心技术之一。检测仪是工作者的"眼睛"，检测数据是工艺措施的依据。

在南京网通，2006 年用连体电池检测仪对下线的 248 个 12V、100A·h 电池进行检测，真正失效的只有 12%。2007 年在洛阳网通，对下线的 28 个 12V 150A·h 电池进行检测，真正失效的只有 45%。

实践是检验真理的唯一标准。用不同的检测仪检测运行中的不良电池组，挑选出其中的落后单节，就知道它们检测数据的可信度有多大差别了。

（3）没有电池报废鉴定程序　按照基站电源的设计标准，48V供电系统一级掉电电压设定值是46V，电压差只有一个电池的标称电压，在24V系统设定电压是23V，只有半个电池的电压。这就是说，在电池组中只要有一个电池失效，其他电池即使良好，也会发生频繁掉站。这个问题在24V供电系统中表现得尤为突出。有的地区通信设备是由代维公司承担的，当基站发生掉站事故时，维护人员要承担经济责任。如果没有找到故障的最终原因，当代维人员对故障电池提出报废时，由于现在通信部门缺乏快捷的检测手段，很难用恒流放电装置分辨这些有用电池，只能整组更换，误报废不可避免。在电池维修工作中，许多完全良好的电池就是这样被下线的。笔者在一个通信公司对30个发生多次掉站事故基站实际检测表明，其中66%的基站电池是没有故障的。如果依据掉站事故多少来更换电池，其中的浪费可想而知。有的电池厂家承诺，没有附加条件地保障蓄电池在基站使用5年，达到5年厂家更换。检验这种承诺有一个标准问题，如果厂家承诺的时间是在结构容量不低于80%的标准之上，那就无法做到保用5年了。

成组更换下来的电池，其中一定有部分，有时甚至是大部分仍然可用，这部分电池可作备品使用。统计表明，通常下线电池中50%～80%仍可使用。没有建立备品管理制度的通信公司都把这部分可作为备品的电池当废品处理，其中的浪费不言而喻。

（4）电池的容量均衡性差　在基站的工作条件下，电池的浮充电压一般规定在2.20～2.27V的范围。在这样的浮充电压下，如果检测到某电池的端电压是2.18V，这个电池的保有容量一定是"0"。这个结论，用试验方法很容易验证。用I_{10}把电池放电到1.80V，再用2.18V充电一周时间，对这个电池再放电，就可知道这个结论的偏差大约在10%。只有这种保有容量"0"状态的电池已经存了在一段时间，工作者才能用万用表检测到这个数据，这是不符合安全要求的。

基站里工作的蓄电池组，交流电中断后应独立供电时间不少于4h，这个时间，是油机接替供电的准备时间。蓄电池组的安全供电应不小于4h，由于串联的电池组，其有效容量受最低单节容量的制约，这就要求每一个电池的供电时间都达到这个标准。通常，放电电流按I_{10}计算，供电4h的对应保有容量是40%～50%。

所以，"2.18V"这样的规定，不符合基站电池的安全工作要求。

使用中的蓄电池，容量的均衡性总是从均衡向不均衡发展，这是正常的演变规律。维护工作就是要把不均衡差值控制在允许的水平。在2.25V浮充条件下，这种端电压2.18V的电池，保有容量就是零。这种状态的电池，内部电池极板间有微短路，电池组中只要有一个这样的落后电池，会使整组电池供电时，电池组总电压迅速下降到46V，发生掉站。于是，维护人员就可能会误判断该组电池失效。

这种把容量为"0"的电池才定位需要维护的标准，造成大量整组电池的提前失效。

这个工艺要求实施的条件，是如何快速检测到保有容量低于70%的电池。

通常，电池组中单节容量的均衡性，决定着电池组的放电能力。铁路机车蓄电池检修中只要控制住均衡性，连续3个月的运行中蓄电池就可处于无故障水平。过去列车在中间站柴油机停机后不能启动的故障就再也没有了。

（5）根据电池安装时间报废　现在通信行业规定电池的固定资产折旧期是8年，使用到8年，电池全部更新。由于没有合理维护，现在电池使用到3～4年，电池结构容量就下降到规定标准80%以下。

在电池的整个使用过程中，电池内的电化学物质Pb、PbO_2、H_2SO_4是不消耗的。蓄电池真正寿命终结，是极板活性物质Pb、PbO_2的物理化学微观结构发生变化，宏观上表现为活性物质脱落，使电池失去电能-化学能相互转换能力。这种变化在充放电循环中是必然发生的，也才是正常的。合理维护工作就是把非使用性微观结构变化压缩到最低程度。只要微观结构没有失效，电池的结构容量就始终存在，不应根据安装年限全部报废。如果把阀控电池的工作条件调整到接近固定电池的状态，其使用寿命也能接近固定电池的寿命。

不要把财务计算的设备折旧时间和实际更新工作两个概念混在一起。因为通信部门的"使用时间"，其真实含义是"等待使用时间"。在整个在线使用期内，电池实际的充放电循环次数甚少。如果按照设备折旧时间定期全部更新，误报废是不可避免的。

电池的更新，应当依据电池的结构容量，不论使用时间长短，结构容量一旦降低到标准以下，就应当更换。通常整组电池一齐损坏的情况是不可能发生的，所以更新电池过程应是在维护工作中逐个进行的。这样做，可充分利用电池的使用价值，一组电池中实际使用寿命常常有成倍的差别。有的电池做一次充放电循环会看到容量在上升，这就说明这个电池的容量处于上升期，越过上升的顶峰，循环时容量才越来越低，这是电池的固有特性。现在大量的电池，在容量的上升期就被误报废了。

（6）设定47V掉站　有的蓄电池用户，为了保障传输的可靠性，把一次掉电电压设定在47V，这就造成基站的频发掉站。这些用户不知道，电池组的标称电压是48V，一级掉电的电压设置标准为46V，中间的有效供电电压只有2V。如果设置为47V，就减少了50%，蓄电池组对本基站的通信供电时间基本缩小了一半。维护人员有时注意不到这个设定，这就会发生电池已经失效的误判断。

（7）不检测连接状态　电池的连接电阻，500A·h电池的标准值是0.02mΩ。现在的维护作业，对这个值不做检测。当电池极柱漏酸后，会造成连接片的腐蚀，腐蚀生成物会造成接触电阻增大。螺钉的松动造成压紧力减小，也会造成接触电阻增大。当接触电阻增大到一定程度时，放电时就要消耗一部分电压，使输出总电压减小。这就会造成"电池组容量不够"的误判断。

电池的失火，其中有一个原因就是接触电阻增大造成的。在浮充条件下，电流通常只有1A左右，不容易检测到接触电阻的异变。放电时电流是几十安，接触电阻的影响就完全不同。当用CB检测仪在连接片上测量电池时，测量值就包含了接触电阻，测量电流为200A，所以可以使这种隐蔽故障被及时发现，如图4-22所示。

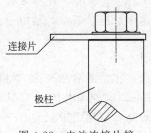

图4-22　电池连接片接
触电阻异变

在河南商丘的一个基站，交流电中断后立即掉站。事故调查中，测量出一个单节负载能力低下，电池取出后，检测电池的容量是合格的。由于极柱漏酸，连接片与极柱间有腐蚀层，接触电阻较大，浮充时电流较小，电压降很小，一切正常。交流中断后，电池的供电是50A，接触电阻上的压降超过2V，所以就立即掉站。清除腐蚀物后，供电状态良好。

4.4.4　电池的不合理安装

（1）电池的卧式安装　阀控式铅酸蓄电池可以卧式安装，以节约空间。但卧式安装的电池不便补加电解液，极柱处容易发生漏酸，补液后电解液均匀化困难。在不少基站，周围空间很大，却把电池卧式安装。在安装方式上，应优选立式为好。把卧室安装改为立式安装，电池可在富液状态工作，实际使用寿命可延长几年。

（2）电池的双层安装间距太小　电池采用双层安装，可节约空间，但现在有的双层间距太小，无法检测和维护下层的电池，甚至下层电池的极柱腐蚀，在外边都不能看到。笔者在对一个频繁发生掉站的基站维护中看到，由于电池不能及时得到维护，有一个电池连接片的紧固螺钉的六方头都被腐蚀没了，结果是微小的故障酿成了电池的报废。电池上下层的间距应大于电池的高度，以便更换落后电池。

（3）电池选型错　在通信部门，设备的使用实际工作电流相差较大。设备的设计部门通常在设计时，对蓄电池的工作条件考虑较少，认为对使用成本的控制是用户的事情。由于选用电池的不合理，造成电池使用寿命较短，用户是难以改变的。

对频繁发生交流停电的地区，蓄电池应选用电解液密度较低、极板较厚的管式电池，使用寿命会成倍延长。现在采用一刀切的粗放选型，就造成有的地区电池的早期失效。

（4）没有温度控制　蓄电池的环境温度，对蓄电池寿命影响较大。现在普遍采用的上下两层安装，正常时不会发生问题。但在电池组中个别单节失效时，充电电流就会急剧增大，电池发热量就增大，如果散热条件不好，就导致大范围电池的热损伤。

在现有的一体化基站里，电池布置在通风口以下，如图 4-23(a) 所示，夏天的高温季节，电池长时间处在 45℃ 以上，这对电池是十分不利的。一体化基站的蓄电池使用 2 年，容量就降低到 80% 以下。建议按如图 4-23(b) 所示的结构造通风。

在宏基站，合理的安装方式是单层、沿墙壁、一列排开，用钢架固定，不但散热条件好，而且便于检测维护。

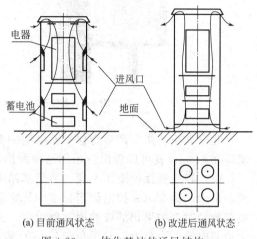

(a) 目前通风状态　　(b) 改进后通风状态

图 4-23　一体化基站的通风结构

4.4.5　电池的人为过放电

（1）人为设定放电下限为 44V　基站一级掉电的电压规定在 46V，通常有 55% 的容量用于通信，20% 的容量用于网络传输，容量分配见图 4-3。有的维护人员，如果不能及时赶到停电基站发电，就要承担发生掉站的责任。为了延长一些电池的供电时间，就把通信放电的标准下限电压 46V 调节到传输中断的下限 44V，平均每个单节 1.83V。人为设定不合理的放电下限，造成电池的深度放电。电池的多次深度放电，加速了电池的损坏。与此相反，有的网络维护人员为了保障传输，人为把掉站电压设定在 47V，这就把 10% 的保有容量划拨给传输，使一级掉电提前发生。具体提前的时间量值，依据基站的不同条件而定。

（2）充电保险断后不报警　基站蓄电池组装有 300A 熔丝，可保护蓄电池不会过大电流放电。但是熔丝断开后，与之串联的蓄电池组也就不能充、放电了。为了远程检控熔丝断状态，就在熔丝上加装了弹出器，见图 4-24。当熔丝断开后，弹出器承受高电压，将其中的拉线熔断，弹出器推动微动开关，实现远程报警，这是预想的结果。

实际情况并不是这样。按照现有的设置，只有当两个 300A 熔丝都熔断时，弹出器才能动作。见图 4-25 的上部蓄电池回路，当图中上部熔丝断开时，由于并联蓄电池组的影响，在 A、B 两点只有 2.5V 左右的压差。弹出器的拉线电阻是 8.4Ω，需要 1A 的电流才能熔断，施加在 A、B 两点的电压需要大于 8.4V，现在只有 2.5V 电压，不能熔断弹出器内部的拉线，弹出器不动作。所以，只有一个熔丝断开时，远程报警失效。

电池一旦处于不充电状态，保有容量会较快下降到安全限度以下。两个 300A 熔丝同时熔断的条件是十分罕遇的。

这种故障是由于设备的设计者不了解蓄电池保护电路的特殊性，对弹出器的选择不合理造成的，没有认识到蓄电池保护电路需要专用的弹出器，误认为市售的弹出器都可以使用。

电池一旦处于不充电状态，保有容量会较快下降到安全限度以下，使设备处于不安全状态。这种故障不容易被发现，最终导致该组蓄电池长期亏电，极板被硫化，电池失效。

图 4-24 保险附加的弹出器

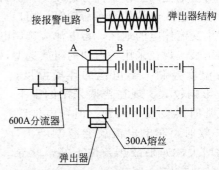

图 4-25 远程报警失效原因

北京大东公司生产适合保护蓄电池的弹出器，经测试其在 2V 的压差下，通过 1A 的电流，在 580ms 就可以弹出。采用这种弹出器，就可避免这类事故。

（3）轻负载保护电压不变 通信基站的负荷在较大范围变化，负荷最小的基站有 5A 电流，最大的为 55A。掉电设定标准中规定的 46V 和 44V，是 I_{10} 电流的对应值。当基站实际负荷较轻时，如果仍然按照原数值设定，由于放电时端电压较高，当电压降到设定值时，就会造成电池的过放电。对于负荷较小的基站，应对掉电设定值做适应性调整。如图 4-26 所示，当发生一次掉电后，电流负荷降低到 5A，放电曲线不再沿 C_{10} 变化，而是沿上部的 C_{60} 曲线变化，当电池放出全部容量后，单节端电压高于 1.83V，设定的保护电压不能对蓄电池起到保护作用。

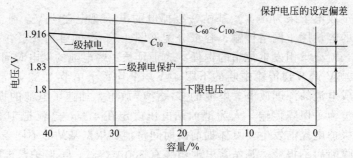

图 4-26 放电条件下线电压的保护值应做适应性调整

（4）无监控 蓄电池的监控有两项内容，其一是控制屏上蓄电池运行参数的显示；其二是中心控制室对下属基站的远程监控。在实际维护作业中，有的基站控制屏已经长期损坏，维护人员无法看到工作电流、浮充电压、均充设定参数、掉电电压的设定值，就无法适当调节开关电源。有的基站由于没有远程监控，交流停电后不能及时通知发电人员，到发生掉站后才知道，在这种情况下，电池难以工作在合理状态。

4.4.6 电池原始质量低或结构不合理

（1）铅的价格不断上涨 由于蓄电池的大量出口，回收的旧电池作为工业垃圾又不准进口，导致国内铅的价格不断大幅度上涨。电池厂难以消化铅价格上涨的不利因素。电解液密度的提高可提高电池的铅的利用率，在铅的价格不断上涨的情况下，电池厂家都设法减少铅的用量。电池的重量在逐年减轻，但是电解液密度的升高要加剧腐蚀性，缩短电池的寿命。

（2）电池厂工艺 电池招标采购时，容易把价格因素放到首要因素。有的厂家，为了降低成本，就采用不合格材料。阀控式铅酸电池在 2.35V 充电电压下都不会析出气体，但是基站里的电池，有的在 2.30V 就有大量的气体析出，这是由于厂家用廉价的铅锑合金代替价格较高的铅钙合金所致。

这种电池质量上的先天不足，后天无法弥补，质量管理的第一步是进货质量。

蓄电池的原始质量，是由采购标准和电池厂决定的。许多采购者没有提出适合自己使用条件的专有要求，只是采用通用标准订购，造成电池原始质量低下。

（3）采用连体电池 连体电池的连带报废，是个固有的无法克服的难题，所以连体电池的报废率成倍的高于单体电池。通信部门采用两类连体电池，第一类是与汽车电池相仿的 12V 电池，多用在 UPS 电源和一体化基站。采用这类连体电池的原因主要是电池安装尺寸的限制，不便采用单体电池。这是设备设计者不了解连体电池的弊病造成的。由于采用单体电池可降低使用成本，所以现在已经有在电动自行车上使用单体电池的设计。

第二类连体电池是通信部门专用的，这类电池是"独联体"大于 500A·h 的电池。采用这类电池的理由是单体 500A·h 电池的容量不能满足要求，电池厂就根据用户的需求制造独立的 800～3000A·h 的电池。

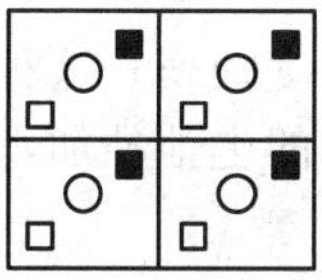

(a) 1500A·h电池结构

这类电池，在结构上仍然是以 400A·h 电池为基础单元，组合成大容量电池，其中每个电池仍然是独立的，只是外部用连接板并联起来，如图 4-27 所示。

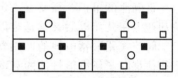

(b) 3000A·h电池结构

图 4-27 大容量电池组合

这类电池是电池制造厂为了迎合通信部门心理需求生产的。这类电池在制造方面，虽然单体电池的材料是通用的，但也要增加组装的难度。由于 3000A·h 电池的单体质量为 215kg，其储运和安装都十分不便。电池投入使用后，备品管理和失效单节的更换更是增加了许多麻烦。

这类电池本身就是单体电池的组合，直接采用 500A·h 单体电池，更为合适。有的用户误认为，能生产这种连体电池的厂家技术水平高。

（4）采用高密度电解液 电解液密度的提高可提高铅的利用率，电池厂家都设法减少铅的用量。电池采购时应将电解液的密度限制在 1.28g/cm³ 以下。

（5）极板数量 一个确定容量的蓄电池极板的数量，虽然各厂家的工艺会有所不同，但数量大体是相同的，建议按 500A·h 的 13 片正极板和 14 片负极板的极群结构订购蓄电池，会给以后的电池检测、备品互换带来方便。

（6）极柱防护 蓄电池极柱的防护，建议不宜采用塑料包封全封闭结构，这种结构无法观察到极柱腐蚀，不利于电池的检测维护作业。对结构的要求采用立式安装，500A·h 采用 4 极柱连接板连接，以增加可靠性。

固定电池使用寿命数倍于阀控式铅酸蓄电池，可以把固定电池的使用条件移植到阀控式铅酸蓄电池，延长电池使用寿命。这项工作，不需增加投资，只需改变观念。采用技术培训，提高对阀控式铅酸蓄电池的认识，这对用户是有利的。

4.5 阀控式铅酸蓄电池在线容量维护

4.5.1 免维护的代价

阀控式铅酸蓄电池，被许多人称为"免维护电池"。虽然在蓄电池行业、铁路行业、通信行业、电力行业都有正式文件正名为"阀控式密封蓄电池"，并要求进行维护，但由于这类电池的维护需要较多的专业知识，所以各行业在实际开展维护工作中，在标准、工艺上大为不同，造成大量的社会财富损失。为了准确表达改型电池的技术结构，新国家标准已取消密封两个字，更名为"阀控式铅酸蓄电池"。

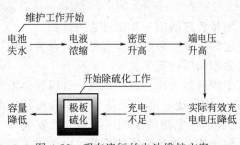

图 4-28　现在流行的电池维护方案

4.5.1.1　现在流行的免维护的状态

电池厂家的蓄电池质量承诺是 5 年，许多通信公司却理解为"免维护"期是 5 年。在 5 年时间里实际情况是，新电池使用后，内部不断发生水的散失，直至发生硫化，演变过程见图 4-28。现在流行的做法是，电池先"免维护"使用几年，出现硫化问题后再做维护，其实以后的挽救性维护难以弥补先前的内在质量损失。

实践证明，采用这种先"免维护使用几年，再进行维护"的方案，看起来会节约一些维护成本，实际却要付出两个代价：首先蓄电池极板受到深度损伤，这种深度损伤，用除硫化、容量复原等方法都难以挽回；其次，在维护工作中，有的电池补加水后在较短时间里出现内部短路，端电压迅速下降，甚至导致整组电池的变形。

在通信行业，在线使用的蓄电池，仍然普遍处于免维护状态。

蓄电池的维护，需要有一定的经费支出，短时间内增加了运行成本，维护产生的可见效益却产生在几年以后，这是难以开展维护遇到的本能阻力。

阀控式铅酸蓄电池的性能衰减，是个缓慢的过程，通常在一两年内也不会造成事故，用户往往难以了解电池性能的衰减，不发生事故就难以引起用户的注意。

4.5.1.2　免维护造成的损失

免维护使用的结果，是直接缩短了电池的使用寿命。阀控式铅酸蓄电池的设计寿命，可以达到 15 年。这个数据的依据是根据类比固定电池的使用条件提出的，在中心机房使用的固定电池，使用寿命都在 15 年以上。但是阀控式铅酸蓄电池，大量的使用条件是基站，而不是中心机房。基站的环境温度、停电频率、放电深度都远比中心机房恶劣。有的地方调查统计出，基站电池的损坏比例是中心机房的 7～8 倍。但在大多数情况下，使用 10 年是没有问题的。

现在电池的使用到 5 年，结构容量会下降到 20%～50% 的程度。这已经威胁到通信设备的安全运行。有的蓄电池部门已经把蓄电池的使用期，由原来的 7 年缩短到 5 年，这是无奈的举措。

这就是说，通信行业现在流行的"免维护"方式使用阀控式铅酸蓄电池，实际付出了至少减少使用寿命一半的代价。

4.5.1.3　免维护过程中电池内部的变化

蓄电池的损坏，是由失水开始的。由于排气阀的开启和电池塑料壳的透气性，蓄电池的水分散失一直在进行。

电池失水后，电解液中的硫酸不会散失，电解液就开始浓缩，电池上部的极板的活性物质与电解液分离，活性物质中硫酸铅（$PbSO_4$）由于不能再转化为铅（Pb），便从极板上脱落下来。这时由于 $PbSO_4$ 不导电，并不会造成短路，示意见图 4-29。

阀控式铅酸蓄电池的加水口最早设计成粘接结构，后来为了补加水工作的需要，现已经改成螺纹结构。

在基站使用条件下，500A·h 的电池，每年失水量大约是 250mL。如果每年补加这个数量的水，在合理的浮充条件下，电池的极板就不会发生硫化。

图 4-29　电解液失水后
电池内部变化

电池内部的变化不可能一致，电池组的不均衡性是绝对的，维护人员的责任是把均衡性控制在合理的水平上，使设备处于安全状态。

现在的情况是，在 5 年的使用时间里，电池是"免维护"的，电池厂家和电池用户都不做补水作业。由于失水，电解液一直在浓缩，电池的反电势随电解液浓度的增加一直上升，浮充电压不变，有效充电电压逐步减少，于是极板就硫化了。为了推迟这种损坏的时间，电池厂普遍把贫液式结构改为富液式结构以减少电池对失水的敏感。

4.5.1.4　挽救失效

给"免维护"使用几年的电池补加水后，实际是属于挽救性工作。基板上部干缩的极板得到电解液的浸润就会膨胀，在原来硫化过程中，已经脱落得活性物质硫酸铅（$PbSO_4$）是不导电的，充电时有一部分会转化成导电的铅（Pb），这就造成极板间的短路，于是电池便彻底损坏了，这就是有的电池维护前"尚可使用"，加水维护后反倒快速失效的原因。在一组蓄电池中，如果有 1~2 个完全失效电池，开关电源仍然以恒压方式充电，充电电流就完全失控，几十安的充电电流就导致整组电池的热损坏。如图 4-30 所示就是这种损坏的一个实例。如图 4-31 所示是整组电池热损坏的实例，整个电池外壳全部软化变形，七扭八歪。

图 4-30　热损坏实例

图 4-31　整组电池热损坏的实例

这种方式损坏的电池，都发生在使用年限较长的电池组中。这实际就是以"免维护"方式使用电池要付出的代价。

加水后电池内部造成的损坏，虽然是无法避免的，但电池的连带热损坏，是可以避免的。

4.5.1.5　对策

要改变这种不合理的状态，需要采用合理的维护。维护的主要内容有三点。

（1）控制蓄电池容量均衡性　蓄电池组使用后，其单节容量总是会出现不均衡并且向不均衡扩大的方向发展，这主要是由于落后电池造成的。对落后单节的处理，曾有过许多方法，但效果并不好。这主要是造成落后单节的内在原因是极板间的微短路，外部的处理不能解决内部微短路的问题。落后单节会破坏开关电源模块和蓄电池组的平衡关系，引发蓄电池整组故障。

及时发现并替换落后单节，是维护工作的核心内容。

蓄电池组的落后单节，可执行的标准是容量相差不超过 25％。这个数据，就是放电时留给传输需要的容量。基站的工作条件不同，电池的安全使用限界在 50％～80％之间。

用万用表、电导仪和内阻仪都不能在运行的蓄电池组中找到 25％容量的电池。如果对蓄电池容量 25％这个值没有分辨能力，就不能根据检测值进行合理有效的维护。保有容量检测仪的分辨值最接近这个门槛值，有效地维护作业应采用这种检测仪。定期检测每一个电池的保有容量，就能有效地控制蓄电池组容量的均衡性。把低于安全限界的电池及时更换，才能保障通信设备的安全运行。

用恒流放电可以精确测量每一个电池的容量，精度达到 1％，每个通信公司都有这类设备。但由于作业量大，维护作业中工艺性差，实际维护工作中无法纳入日常作业。

（2）及时补加水　一个 500A·h 的蓄电池，每年大约失水 250mL，每年补加这一数量的合格水，可以避免蓄电池缺水诱发其他损失，这是维护的必要工序。

如果不能每年加一次水，一次加水量超过 500mL，对 2 组电池的基站，加水后应把开关电源的输出限制到 15A 以下，对 1 组电池的基站，电流减半，这是避免连带损坏的有效手段。

（3）蓄电池安装和维护同步　蓄电池安装后，就应规定维护作业的具体内容，对固定电池就是采取这种方式。通过对蓄电池的维护检测，确认蓄电池运行质量状态。如果性能指标低于质保标准，通信部门应维护自己的权益，保障设备的安全运行。

4.5.2　建立备品制度

4.5.2.1　备品的产生

现在普遍存在把合格的"备品"电池，当"废品"出售的情况，终止这种状态，就可节约电池的购置费用，也为在线容量维护提供物质基础，这项措施会在短期就收到经济回报。

蓄电池的在线容量维护，一项主要的工作是维护蓄电池组容量的均衡性。维护的方法就是把落后电池淘汰，用合格的备品电池替换失效的电池。现在由于备品管理上的疏忽，经常发生换上线的电池容量还不如换下来的电池容量高。这样的负劳动，在建立备品制度前是不可避免的。因此，建立有效的备品管理制度是维护工作的首要环节。

一组新电池上线以后，会下线一组电池。这时下线的电池，其中仍有许多电池仍有使用价值。现行的处理方法是把下线的电池报废。在连续几年的技术服务中，在河南的一个地区统计表明，当蓄电池组表现失效时，整组下线的蓄电池，其中有 70％～80％的电池容量是合格的。在基站中使用的 2V 单体电池和 UPS 电源使用的 12V 电池，大体都符合这个统计规律。用这部分电池做备品，就可对其他蓄电池组进行维护。

下线的电池，由于在线的浮充电压波动，可能使保有容量很低，这时检测出的容量不能表达电池的结构容量。对下线的电池先用保有容量检测仪检测，容量明显偏低的可先淘汰，通常这个标准建议采用 1.60V。这个数值，500A·h 的蓄电池对应的保有容量，在 10％以下。这样可以减少以后备品挑选充电的能耗。

对下线的电池先进行充电，充电前检查电池的液面，以达到富液状态为度。用液面检测仪以达到极板上 10mm 即可，检测要在不充电的条件下进行。在充电条件下，一旦产生气体，液面会有所上升。如果在充电条件下检查电解液，会造成误判断。

用专用的充电机对下线电池充电，电流维持 24h 即可。30010 型除硫化充电机见图 4-32。充电过程中，用电子除硫器对蓄电池处理。这样处理后，电池基本达到结构容量值。电子除硫化使用纯物理的方法对电池进行处理，副作用较小。不要使用加入添加剂的化学方法，化学方法见效快，对容量的提升幅度高，但是对极板软化的副作用较大，使电池的可靠性降低。

经这样处理的蓄电池，静置一段时间，检测其保有容量，达到使用标准的电池就可转入备品。

① 在废旧蓄电池较集中条件下，可用以下工艺步骤对蓄电池进行容量复原。

a. 接到电池后，紧密排列，使电池容易保持温度。两排间留有 500mm 通道，便于检测，如图 4-33 所示。全部电池串联，总节数不大于 100 单节。使用专用充电机的最高输出电压是 316V，平均 2.6V/单节。

图 4-32　30010 型除硫化充电机

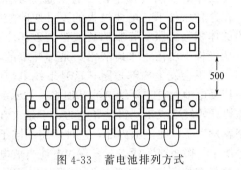

图 4-33　蓄电池排列方式

b. 打开排气阀，补水到可见。

c. 用 5A 左右电流充电，总充入电量按标称容量 C 即可。

d. 充电开始后电压提升到一定值，应有稳定上升的电流。如果电流不稳定，应逐个检查电池组的充电电压，如有明显高于其他电池的电压的单节，该单节报废。

e. 充电时如电池极柱温度明显偏高或加液口排出水蒸气，多数是因为极柱内部断裂，这种电池应报废。

f. 测量实际容量，检测电流 200A。对达到表 4-5 特定电压的蓄电池进行配组。

表 4-5　不同容量电池的特定电压

电池容量/A·h	100	200	300	500
特定电压/V	1.80	1.83	1.84	1.85

g. 待配组的电池在充电态补水到顶盖下 10mm 处，3h 后关闭充电机。

h. 依照负载电压的大小配组。

j. 整备后用库存充电机充电待用。

② 在不同温度下对检测值的换算。电池的容量是按 25℃ 标定的，如果电解液温度不是 25℃，国家标准规定应按下式换算。

$$C_e = \frac{C_t}{1 + k(t - 25)}$$

式中，t 表示放电时的温度；K 表示温度系数。10h 率容量实验时，$K = 0.006℃^{-1}$；3h 率容量试验时，$K = 0.008℃^{-1}$；1h 率容量试验时，$K = 0.01℃^{-1}$。

③ 不同放电率的容量换算标准见表 4-6。

表 4-6　不同放电率的容量换算标准（YD/T 799—2002）

容量标记	折算系数	放电电流/A	容量标记	折算系数	放电电流/A
C_{10}	1	I_{10}	C_1	$0.55C_{10}$	$I_1 = 5.5I_{10}$
C_3	$0.75C_{10}$	$I_3 = 2.5I_{10}$			

这时电池的温度较高，不要做容量检测。静置一天后，电池温度就降低到室温，这时用

保有容量检测仪检测蓄电池的 CB 值，达到标准值即可转入备品。

4.5.2.2　备品的日常维护

现在的备品电池，许多地方都是在备品库中存起来，需要时取出使用。这样做，是由于管理者不知道电池有自放电的特性。标准规定，新阀控式铅酸蓄电池的自放电 28 天小于 4%。使用几年以后，自放电会增大。这项指标，不必作为备品管理的专门考核内容。

备品电池通常自放电较大，基站使用的阀控式铅酸蓄电池，是按照"免维护"方式使用的，在几年的使用过程中，没有实施加水维护。到电池下线存入库房中，一直处于缺水状态。在这种条件下，电池极板的不可逆硫酸盐化损伤是不可避免的，在深度放电条件下，硫酸铅的体积会膨胀。膨胀的硫酸铅会破坏原有的晶体结构，有一部分就从极板上脱落下来。

从极板上脱落下来硫酸铅，是不导电的，脱落会造成电池容量减少，硫酸铅夹在正负极之间，但不会发生内部短路，这是下线电池的基本情况。

修复电池时首先要给电池补加水，加水到可见，液面要高于极板顶面。在充电的作用下，硫酸铅开始转变成铅，铅是导电的。于是夹在正负极之间的不导电的硫酸铅变成了导电的铅，短路就发生了。在电池内部，这种短路不同于外部电路的"短路"，可以看见发生很大的火花，而是属于"微短路"状态，表现为电池自放电较大，没有任何感官能判断的迹象。

这是在修复电池时必然发生的变化情况。自放电增大到一定限度，才能划为不合格电池。这个"程度"，就是在基站浮充条件下，充电电流能否抵消自放电。如果能抵消，自放电大并不表现出危害。

基站使用的蓄电池，容量要合格，自放电也要合格。电池静置需要时间和场地，在批量修复电池时，往往就没有这个条件，最初检查容量合格的电池，未经自放电检查就上基站使用，其中就要承担个别电池自放电不合格的风险。

检查自放电和保障安全的方法是，修复好的电池检查容量后，自放电的检查需要将电池静置一段时间，国家标准是 28 天，28 天后再次测量蓄电池的容量。两次容量的差值就是电池的自放电的数量。

批量修复的蓄电池，可以在容量检查达标后就上基站使用，过一个月后，到基站检测每节蓄电池的容量，这时自放电表现出危害的单节容量为"不合格"，这个单节必须更换。

通常情况下，一次检查就可以消除自放电增大的隐患。

图 4-34　库存充电机

由于备品电池的单节数是随时变动的，浮充电的管理属于无人值守，所以不能采用普通充电机，也不能采用控制柜上的模块。专门为备品电池库存管理充电的设备称为"库存充电机"，如图 4-34 所示。一台这样的充电机可维护 120 个单体备品电池，对 12V 连体电池，可维护 17 个。

由于充电电流较小，200~500A·h 的电池，可以串联浮充，不影响保存电池的效果。

这种专用充电机，电流无需调整，保护电路完善，不会因短路发生事故。

现在的备品电池，许多地方都是将其如同钢铁配件一样库存起来，需要时取出使用。这样做，是由于管理者不知道电池有自放电的特性。

当在基站检测到电池容量低于安全标准时，就需要对落后单节进行更换。

在库房取出备品时，关断充电机后，首先检测电池的保有容量。备品电池可能会在使用前失效。一定要保证备品电池的保有容量合格，才能上线使用。

在线电池的替换，现行规定有"四不准原则"，即不同时间、不同规格、不同厂家、不同批次的电池不能互换，这种规定的理由是要维护电池技术状态的均衡性。其实，用这种规定来要求新品安装是合理的，用这个原则维护电池的均衡性是不合理的，维护和新品安装的技术要求全然不同。维护作业中，要保障电池组的安全运行，电池互换的原则只有一个，就是结构容量相同就可以。只要结构容量相同，保有容量就会逐步趋于一致。因为最终决定在线电池运行可靠性只有一个指标，就是保有容量。

新电池的购进计划，应根据备品电池的数量来确定。当备品电池消耗到库存底限时，就应提报新电池购进计划。这样的库存和购置电池，会大幅度降低蓄电池占用的资金数量，降低生产成本。备品电池的数量，应根据基站维护蓄电池组的数量来确定。库存的数量底限，应根据保障 3 个月的消耗量来确定。

4.5.2.3　备品报废鉴定

电池的报废鉴定，除有机械损坏以外，只有一个标准，就是浮充电条件下结构容量达不到企业的安全使用标准。

由于备品在库存条件下不存在放电条件，在长期浮充条件下，电池的保有容量就是结构容量。通信行业规定蓄电池下线的标准是 80%，在许多条件下，用户会根据企业标准执行下线标准。

4.5.3　电池维护的三个阶段

蓄电池在线容量维护技术实施有一个从"免维护"到"合理在线维护"的过渡过程，这个过程可分三个阶段。第一阶段是给电池补加水，调节浮充电压，使电池容量得到恢复提升。第二阶段是检测蓄电池容量的均衡性，把未能达到使用标准的电池用合格备品替换。第三阶段是改变不合理的组合结构，使电池处于合理的工作条件，减少电池的非使用性损坏。

4.5.3.1　蓄电池的补水要求

阀控式铅酸蓄电池的失水，是造成其损坏的主要原因。这种损坏，在南方地区十分明显，在通信基站环境中，环境温度与南方相仿。把电池由贫液结构改为富液结构，可以推迟这种损坏。为了消灭这种非使用性损坏，便提出补加水的技术要求。所以，以前生产的阀控式铅酸蓄电池，注液口采用粘接结构，无法打开，电池一旦失水超过 10%，容量就降低到 80% 以下。当阀控式铅酸蓄电池进入铁路部门使用后，根据机务段反映的机车蓄电池运行情况，2004 年笔者代表铁路部门提出加水口改为螺纹结构的要求，现在生产的阀控式铅酸蓄电池，大容量单体电池的安全阀都已经采用螺纹结构，可以方便地打开和复原到原始状态。

对阀控式铅酸蓄电池补加水，有具体工艺要求。这和以前的开口电池有很大的不同，由于操作失误，补加水后造成整组电池损害的事故已经发生多次。造成这种情况的原因有 4 个。

（1）极板硫化的影响　在补加水前，由于长期缺水，局部极板已经发生深度硫化，极板已经有大量脱落物，硫化程度越深，脱落量越多；同时由于电解液的液面下降，脱落物质呈"干态"存在，即使电池处于充电态，充电反应也不会在这里发生。脱落的活性物质，是以硫酸铅的形式存在的。硫酸铅是绝缘的，在正负极间不会造成短路。补加水后，电解液的液面上升，脱落的物质处在电解液的包围中，在充电除硫化作用下，硫酸铅就会转化成铅。于是，不导电的物质变成了导电的物质，微短路就开始了。

这就给人一种错觉，认为补加水要造成电池的损坏。这种损坏的原因并不是补加水造成的，而恰恰是由于没有及时补加水造成的。要避免这种损坏，就要及时补加水，通常每年补加一次，就可以了。

（2）电解液不均匀化影响　电池补加水，如果在浮充电状态下进行，补加的水要与电池内的电解液混合均匀，需要十几天的时间。如果不在充电态，由于水的密度小于电解液的密度，水会长期漂浮在电解液的上面。于是在极板上，下部的电解液密度就大于上部的密度，下部的电压高于上部的电压，如图 4-35 所示。电池的自放电就可能会在一夜之间把保有容量降到"0"，这时，及时充电容量仍然可以恢复，电池并没有真正损坏。有的基站，由于浮充电压设置偏低，电池组实际处于"假浮充"状态，不加水后就造成电池整组损坏。

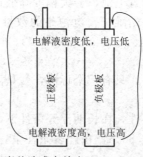

电解液密度低，电压低

电解液密度高，电压高

图 4-35　电解液密度差造成自放电

（3）补水量影响　开口电池补加水，要求液面高于保护板 15～20mm。对阀控式铅酸蓄电池补水，不能使用这个标准，当时制定这个要求时，曾提出"补水到可见"这个感官标准。这样做，便于操作，如果补加水过多，就会造成电池的损坏。

例如，补水量如果超过图 4-8 所示的位置，电池很快就会失效。对于 6V 连体电池，液面一旦超过穿壁焊的孔位，由于孔的密封不易保障，就会造成两个电池共槽，导致电池失效。对 2V 的单体电池，一旦液面超过极耳高度，往往由于汇流排和极耳的材料不同，两种材料构成微电池，造成极耳根部腐蚀断裂。

补水作业还有其他的要求，按工艺补水到富液状态，实际水位置的控制采用图 4-37 所示的专用的设备，就可避免由于电解液过量造成电池损伤。

实际工作证实：在一个地区补加水，虽然补水量随电池厂家、海拔、负载大小等因素而异，但总有一个统计规律可循。

（4）水的质量要求　补加水的质量，新的国家标准规定用电导仪检测大于 $100k\Omega/m$ 即可使用，这个标准高于桶装饮用水的标准，桶装饮用水的标准是 $10k\Omega/m$。原标准为大于 $500k\Omega/m$ 或小于 $2S/m$。$500k\Omega/m$ 这个纯净度就是蒸馏水的纯净度。用离子交换柱制备的纯水可以达到这个要求。水的纯净度越低，加入后造成蓄电池自放电就会越大，加速了电池的失效。在纯净水的制备车间，离子再生后的开始阶段，成品水的纯净度很高，达到 $500k\Omega/m$ 是没有问题的。

实践证明：合理地补加水，可有效延长电池的使用寿命。欧共体使用的通信蓄电池，已经开始进行补加水。2004 年，铁道部已经把补加水编入阀控式铅酸蓄电池检修规程，执行了多年，收到实际使用寿命翻一番的效果。

4.5.3.2　对容量均衡性的测定

对保有容量的测定，主要用于控制蓄电池组的均衡性。一个电池组中，夹杂一两个落后电池，就会造成整组电池的不能供电的事故。

利用负载电压法原理制作的使用保有容量检测仪可以在线、便捷、快速、定量、无损的检测每个电池的实际供电能力，所以可定量检测电池的动态实际容量。用检测到的数据控制蓄电池的运行质量，可把蓄电池事故消灭在酝酿的过程中，保障通信设备的安全运行。

检测仪的原理是对被检测电池施加一个大功率的恒定电流负载，在特定的时间，锁定电流值和对应的电压值，测量过程由计算机控制。对一个确定规格型号的蓄电池，在不同的保有容量条件下，检测仪锁定的电压值是相对确定的。由于这种检测仪可以测量蓄电池的保有容量，所以称为保有容量检测仪，简称 CB 仪。检测仪在检测管式极板的固定电池时，由于电池内部特性差异较小的原因，检测精度可控制在 8%。检测涂膏式极板的阀控式铅酸蓄电池，由于电池内部的差异较大，测量偏差较大，因此最大极限偏差可以控制在 ±10% 以内。检测值偏差的主要部分，并不是检测仪本身的数字处理造成的，而是由于电池内部物理结构和电化学结构的差异造成的。但是这种检测精度，对挑选故障单节和维护蓄电池组容量均衡性已经达到有效程度。

检测电池时把检测仪的测脚压接在电池上，计算机控制电池以恒定电流放电，几秒钟后放电终止，就把电流值和电压值同时锁定在面板上。如果电流值不能稳定在 200A，则检测锁定的电压值无效。锁定的有效电压值大于安全标准的阈值，蓄电池就处于正常状态。小于阈值的蓄电池，就是落后单节。

这种检测精度，作为电池维护的工作已经够了。美国电气与电子工程师协会在蓄电池维护规程 IEEE 1188—1996 中推荐的电导式内阻仪，其测量精度和使用的方便程度都远远达不到 CB 检测仪的水平，其检测功效差距只要在基站对比使用一次就可确认。其 CB 检测仪主要在 4 个方面优于电导仪。

① 用 CB 检测仪可迅速建立在线电池的安全标准，确定电池下线的特征值。

② 检测数据的复现性和稳定性好，不同批次生产的同容量电池数据相对稳定。

③ 当检测发生偏差时，检测的偏差值会偏向安全一侧。CB 检测仪只可能把有效电池判断为失效电池，而不会把失效电池判断为有效电池。

④ 检测值包含了对连接状态的检测，避免局部接触不良发热，导致电池火灾的发生。

用这种检测工艺，检测 48 个蓄电池，需要 15min 时间。如果保有容量达标，不需要对充电电压做调节作业。如果容量不达标，应根据需要的容量差值适当提高浮充电压。电池的损坏不可能一致，个别单节提前失效是正常的情况。实践证明，只要在巡检中，按照几个月 1 次的周期，把低于安全标准的电池剔除，更换合格备品，就能防止失效单节的连带性扩大，保障不发生容量性掉站。具体的时间间隔，根据电池的新旧程度而定。

表 4-7 是在成都地区提报给通信公司电源主管的动态蓄电池检测数据报表，根据报表的数据，主管对在线电池组中每个电池的负载能力都在掌控之中。

表 4-7　在成都地区提报给通信公司电源主管的动态蓄电池检测数据表

基站	容量/A·h	1月	2月	3月	4月	5月	6月	7月	8月	9月	10月	11月	12月
阿坝农行	500	**1.62**	**1.53**	**1.31**	**1.39**	**1.21**	1.72	1.54	1.72	**1.65**	1.78	1.87	**1.61**
		1.82	1.94	1.92	1.85	1.87	1.86	1.88	1.89	1.90	1.84	1.78	1.47
铁路党校	550	1.93	1.94	1.81	1.85	1.93	1.95	1.93	1.86	1.89	1.86	1.92	1.93
		1.65	**1.73**	**1.69**	1.72	1.75	1.74	1.74	0	0	1.72	**1.68**	
金泉街	600	1.86	1.79	1.79	1.80	1.82	**1.52**	1.75	1.74	1.75	**1.49**	1.76	1.79
		1.86	**1.59**	1.77	**1.54**	0	1.72	**1.65**	**1.48**	0	1.65	1.84	
影视学院	600	1.86	1.79	1.79	1.80	1.82	**1.52**	1.75	1.74	1.75	**1.49**	1.76	1.79
		1.86	**1.59**	1.77	**1.54**	0	1.72	**1.65**	1.77	**1.48**	**0**	1.65	1.84
金港花园	500	**1.62**	**1.66**	**1.70**	**1.58**	1.71	**1.69**	1.71	**1.61**	无电池		1.64	1.64
		1.75	1.72	1.71	1.74	1.77	1.73	1.82	1.71	1.69	0	1.42	
五块石	800	1.89	1.78	1.87	**1.68**	1.83	**1.19**	**1.34**	1.83	1.90	1.88	1.85	1.85
		1.79	1.86	1.87	1.88	1.94	1.70	1.75	1.96	1.91	1.82	1.75	1.93
		1.87	1.78	1.75	**1.63**	1.89	**0.86**	**1.27**	1.66	1.84	1.84	1.79	1.78
		1.91	1.88	1.82	1.84	1.89	**1.68**	1.84	1.92	1.86	**1.66**	**1.68**	1.90

续表

基站	容量/A·h	1月	2月	3月	4月	5月	6月	7月	8月	9月	10月	11月	12月
东泰微	550	1.70	**1.49**	1.79	**1.66**	0	0	1.62	1.72	**1.60**	1.45	1.52	1.38
		1.58	1.59	**0.85**	1.41	0	1.51	1.55	1.66	0	1.53	**1.29**	**1.15**

注：表中的低于1.70V的电池（黑体），按企业标准为不合格电池。

这种检测方法，检测精度与电解液的浓缩程度有关。当电解液浓缩后，检测值会出现正偏差，要消除和减小这种偏差，就要控制电解液的液面高度。如果液面不可见，就不知道浓缩到什么程度。通常液面到可见高度较合适。

4.5.3.3　对基站配置的改进

蓄电池维护的初级阶段，是对蓄电池不合理的配置加以改进，主要有两个方面。

① 原设计在基站都是用2组电池，对重要程度较高的基站，增加第3组电池。这些电池并不是采用新电池，而是用备品电池。这就需要纠正"不同年限、不同厂家、不同容量的电池不能混用"的错误认识。笔者开展维护作业的某个分公司，电源主管工程师很早就在重点基站采用并联第3组电池的方法，效果良好。

② 对并联结构加以改进。

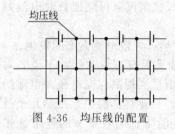

图 4-36　均压线的配置

通信电源由于要求运行时不能有瞬间中断，电池组检修时并联结构会带来许多方便，所以通信电源蓄电池都采用并联结构。不论2组并联还是3组并联，都不能采用流行的简单并联方式，应采用如图4-36所示的配置。蓄电池组均衡工作时，均压线上没有电流，当不均衡发生时，均压线就限制了不均衡性的扩延发展。

由于蓄电池的内阻在"mΩ"的数量级上，电池组反电势有0.1V的差值，就会造成电流分配的不均衡。电池组合使用，应采用先并联，再串联的技术结构。如果先串联，再并联，偏流问题难以解决。串联的电压越高，充放电次数越多，充放电深度越大，偏流问题越严重。在经常发生交流电停电的地区，并联电池组的故障率明显偏高。

铁路机车和柴油发动机汽车都曾采用过并联蓄电池结构，由于电池损坏率高，实际使用寿命只有正常寿命的30%左右，现均已改为串联。在通信行业，由于现在并联引发的故障，造成蓄电池损坏，通信电池用户会找蓄电池厂家解决，不会去找电池安装设计部门索赔，所以这种不合理的状态已经纳入标准规范，至今在很大范围沿用多年。

在蓄电池组并联运行时，两组蓄电池电流不均衡是永恒的问题，电流分配不均衡会引发许多故障，导致电池提前失效。"均压线并联结构"这种并联方式可消灭各组蓄电池电流不均衡问题，使蓄电池组的可靠性大大增加。

从2006年起，有的电池厂已经采用这种结构向用户供应蓄电池组。实际蓄电池的内部结构，都是用多片极板并联组成一个单体电池。蓄电池组正常工作时，均压线上没有电流。当蓄电池组均衡性发生偏差时，均压线能及时地维护均衡性，不会把故障扩大化。采用这种结构，不同厂家、不同使用年限、不同规格的电池可以互换使用，不会降低蓄电池组的可靠性，并且大大提高了电池的利用率。这是在线容量维护所产生技术和经济的综合效益。并联均压线实例见图4-37。在图中，横的方向是串联结构，提供蓄电池的输出电流，竖的方向是均压线的布置。均压

图 4-37　并联均压线设备实例

线的均压效果见表 4-8。

表 4-8　均压线的均压效果

测序	历时	电压/V	测序	历时	电压/V	测序	历时	电压/V
1	原始单节 1	2.121	3	5h 时单节 1	2.204	5	23h 时单节 1	2.101
	原始单节 2	**1.158**		5h 时单节 2	**1.919**		23h 时单节 2	**1.863**
2	3h 时单节 1	2.199	4	7h 时单节 1	2.203			
	3h 时单节 2	**1.903**		7h 时单节 2	**1.925**			

注：1. 时间：2009 年 9 月 25 日。地点：四川遂宁。电源结构：—48V。基站名：新机房。

2. 表中只记录一对电压相差最大的电池电压数据。

3. 原有的第一组电池容量是 500A·h，补充第 2 组电池容量是 600A·h。

4. 黑体表示不良电池。

　　并联运行表明，试验电池原始电压相差 0.863V。实际正常情况下，单节电压不会有这样大的差别。电压 1.158V 的电池实际容量比 0 还要低，这是为试验选取的专用电池，记录的数据在 24h 内达到稳定值。

　　这个基站维护前，2009 年 6 月 29 日第 1 次检测电池时，第 20 号电池的容量是保有容量为 0，整组电池供电能力不到 10min。经过维护的全过程作业，控制均衡性、补加水、按新结构并联电池组几个月后，2009 年 11 月做了放电容量检查，用基站设备 40A 放电 23.57h 到 44V，这个基站的蓄电池供电能力得到大幅度的提升。

　　蓄电池在线容量维护技术已开始在几个通信公司实施，实施单位得到了实际的技术效益和经济效益。凡是维护的基站，管理人员每月都得到在线电池的实际状态数据、电池的实际负载能力、单节间容量的不均衡程度、需要更换的失效单节的位置和数量。这些重要的技术状态，以前都是未知的。

4.5.4　维护工艺

维护工艺的基本内容见表 4-9。

表 4-9　维护工艺的基本内容

故障或对策	工具材料	故障或对策	工具材料
预防硫化和状态控制		浮充电压的动态调节	
电压显示偏高	万用表	预防性除硫化	电子除硫化
调整电压值偏低		控制柜电压显示的校准	由设备厂提供
容量均衡性控制	CB 检测仪，假负载	防腐蚀处理	凡士林，碱
及时补充水	去离子水	连接件的检查	

表 4-9 中工艺规定的作业，按通信部门规定的频次操作。

在通信基站内蓄电池的容量维护工作，工作时不停机。其工作程序如下。

① 由通信部门制定基站电池的使用下限标准。

② 记录控制柜显示电压 U_1 和蓄电池组总电压 U_2，调节并校准使 $U_1 = U_2$。

③ 用万用表检测每个电池的空载电压，对电压低于 2.20V 的电池做出重点检测标记。

④ 对频繁发生掉站的基站，直接用保有容量检测仪逐个检测电池的负载电压值 U_F，并记录。

⑤ 切断交流电源，由蓄电池独立给控制柜供电。用保有容量检测仪逐个检测电池的负载电压值 U_F，并记录。检测时应连续观察控制柜显示的电压值，低于 44.1V 时应立即停止测量。

⑥ 用 6V、150A·h 的电池跨接其中的不合格电池，再用合格品更换。将负载电压值

U_F 低于安全使用标准的电池更换。

⑦ 补充水到极板高度，每年做一次。

⑧ 对保有容量普遍偏低的蓄电池组进行除硫化作业。偏低的标准以低于 40％为界。

⑨ 检查腐蚀状态，对发生腐蚀的做防腐蚀处理。拆下连接片，用碳酸钠碱液清洗后涂凡士林并打开排气阀。

⑩ 根据保有容量，调节浮充电压到 54～56V。

4.5.5　两类维护工艺的比较

对"在线容量维护"这项新技术，许多人误解为是市场上流行的"容量复原"，其实这两种技术的指导思想和作业内容完全不同。最大的区别："容量复原"是一次性处理作业，"在线容量维护"是连续的动态作业跟踪过程。

表 4-10 是两种工艺的简单比较。

表 4-10　两种工艺的简单比较

对比内容	在线维护	容量复原
实施目的	预防硫化，控制容量均衡性	消除硫化，整定容量均衡性
作业次数	连续进行，开始每月一次	一次作业
效果显现时间	完全显现至少需要 3 个月	3 天作业后立竿见影
电池辅助搬运	在线作业，搬运更换少数电池	整组拆下和安装
实施价格/[元/（24 个·500A·h·月）]	235	350～800
保障质量时间	连续使用 5 年以上	使用期按 1 年计算
电池运行状态	提供在线电池的动态数据	不能提供

注：1.价格计算依据电池容量复原的价格范围，现在收集到的为 0.35～0.80 元/（A·h），由业主一次性支付。表中的价格按此价格可折算出可比价格。

2.经"容量复原"上线的电池一年后，蓄电池组容量仍然达标的实例，现在尚未见到公开报道或内部报告。通常是 3 个月时间内，就有容量不合格的电池组出现。

蓄电池的容量复原技术，在活化剂中采用了锂元素的效果已经达到极点。在元素周期表中，锂元素原子半径最小，渗透性最强，活化效果最好。由于不可能找到比锂离子更小的金属离子，因此用于电池活化，活化剂的功能充其量也就只能达到目前的水平。从以往的容量活化来看，经活化后的电池，由于极板会被不同程度软化，一年后蓄电池组容量仍能达到标准的寥寥无几。

容量活化是一种有效的应急性处理措施，把这种措施作为正常的维护工艺是不合理的。

3.维护作业次数，在"免维护"转化到"维护"的状态的过程中，电池的稳定性较差，需要每月做一次检查，几个月后进入稳定期，就可以纳入正常的维护安排。

4.5.6　维护作业的频次和经济效益分析

蓄电池的在线容量维护技术的实施，首先需要决策层提高对阀控式铅酸蓄电池的认识，抛弃"免维护"和"质保期内免维护"的错误做法。按 10 年使用期计算，维护的频次和费用见表 4-11。

表 4-11　蓄电池维护的频次和费用计算

使用时间	维护频次/次	费用/元	主要作业内容
第 1 年	1	400	补加水、均衡性匹配
第 2 年	1	400	
第 3 年	1	400	
第 4 年	2	800	补加水、均衡性匹配、浮充电压调节
第 5 年	2	800	

续表

使用时间	维护频次/次	费用/元	主要作业内容
第 6 年	3	1200	
第 7 年	3	1200	
第 8 年	4	1600	补加水、均衡性匹配、浮充电压调节、更换落后单节
第 9 年	4	1600	
第 10 年	4	1600	
合计		10000	平均每年每个基站 1000 元

对表 4-10 的说明如下。

① 维护作业的内容按"在线容量维护技术"的全工艺进行。

② 费用包含交通、工资、蓄电池用水三项费用。交通条件，平原地区按每天可到达 7 个基站计算，每个基站工作 30min。维护频次根据实际数据会有所增加。

③ 数据计算按 48V 系统两组 500A·h 电池计算。

④ 电池业主得到 2 个电池使用期，折合为节约了一次电池的购置费，计算价格为 $1.30 \times 500 \times 48 = 31200$（元）。

维护支出为 10000 元，业主节约费用为 $31200 - 10000 = 21200$（元）。

4.5.7　对维护效果的确认方式

蓄电池维护以后，业主关心维护的实际效果，如何认定维护作业的效果，这里作以说明。

4.5.7.1　对两种指标的说明

对维护后电池容量的确认，有两种指标。

(1) 电池组的保有容量数确认　用户希望知道维护前后电池容量的变化，这就需要电池维护前原始容量的确认。在接手维护的时候，业主都不能提供电池组容量的数据，要取得这个数据，需要用放电设备对蓄电池组进行放电作业。这种放电作业没有技术问题，通常业主也有恒流放电设备，但并不做这项工作。主要的难点在于放电检测容量的作业成本高，一个基站的放电作业需要两个工作日，直接成本约在 500 元，所以业主都不能提供这个重要的原始数据。

维护作业后，要知道蓄电池组的容量，也需要在基站通过放电检测其保有容量。这个数据，受电池浮充电压的制约，会有较大波动。在现有的 $2.20 \sim 2.27V$ 的浮充范围内，电池的保有容量会有 70% 的波动。而电池真实结构容量数据只有在充足电量的情况下，才能用放电方法取得。放电作业同样由于成本的原因，电信公司都不愿意另外增加费用，维护公司难以用维护费用承担放电作业。

由于以上的原因，所以维护报表中没有电池的安时容量数的增加值。不进行放电，并不是不知道电池的容量。

采用的保有容量检测技术，利用电池的大电流放电数据，就可知道电池的保有容量。表 4-12 就是蓄电池的检测电压值与保有容量的对应关系。

表 4-12　蓄电池的检测电压值与保有容量的对应关系

C/%	100	90	80	70	60	50	40	30	20	10	0
M500	1.95	1.91	1.88	1.85	**1.83**	1.80	1.78	1.75	1.73	1.69	1.60
M600	1.90	1.88	1.86	1.85	**1.83**	1.81	1.79	1.77	1.75	1.72	1.62
6-100	10.6	10.4	10.35	10.25	**10.15**	10	9.75	9.5	9.1	8.5	6.4

注：表中黑体数值表示通常掌握的安全标准数据。

采用这种检测方法，可以便捷、即时、定量、无损地检测蓄电池负载能力和对应的保有容量 CB 值。其检测精度虽然低于恒流放电法，但它兼顾了精度和效率两个指标，达到蓄电池维护作业的技术要求。

维护的作业标准，是依据业主的安全标准进行的，低于安全标准的电池都需要从电池组中剔除。业主可以根据表 4-12 的数据推断电池的容量，维护人员只提供原始数据，对数据不做演算处理。如果业主要求的电池容量较高，更换的单节就较多，反之亦然。维护人员只能根据业主的作业标准进行作业。

（2）蓄电池持续独立供电时间　进行在线动态维护以后，基站每月有维护报表，其中的数据，已经反映隐蔽的蓄电池状态，只是表述方式不是习惯的安时数，而是用负载电压值表述。作为维护依据，负载电压的表述精度已经能保障蓄电池组的可靠性检测。电信公司管理人员依据这个数据，可以知道每个基站的蓄电池技术状态。

但是要知道电池能够独立供电多少时间，就需要知道电池的保有容量、基站的负载电流和一次掉电的设定电压值。后面两个参数，每个基站都不一样，所以同样容量的电池，实际供电时间是不同的。因此，供电时间只保障在多少时间以上，而不准确表达是多少时间，这是符合维护工作要求的。

4.5.7.2 分析实例

（1）对某个 48V 系统的分析计算　待分析的 48V 系统原始数据见表 4-13。

表 4-13　待分析的 48V 系统原始数据

基站名	玉溪路			浮充电压		53.9V		负载		9A	
电池型号	500A·h			电池厂家		××		电池端		53.1	
节号	1	2	3	4	5	6	7	8	9	10	11	12
1 排	1.82	1.85	1.83	1.84	1.83	1.88	1.87	1.83	1.87	1.81	1.8	**1.78**
2 排	1.87	1.79	1.86	1.9	1.86	1.88	1.85	1.82	1.86	1.82	1.8	1.83

注：黑体数值表示最高和最低电压。全书下同。

分析：

① 该基站配置 1 组 48V 电池，浮充电压电池端为 53.1V，与标准值 54V 相差 0.9V，应予以调节校准。

② 该组电池中负载能力最低的电池是第一排的第 12 个单节，负载电压为 1.78V。其保有容量值为 40%。电池组容量均衡性较好。高差值为 1.9－1.78＝0.12（V）。

③ 电池组容量为 40%，折合为 200A·h，基站负载为 9A，全部放出的供电时间为 25h。该基站设定的一级下电电压尚不知道，所以准确的放电时间不能确定。如果按 46V 的标准设置计算，在 40%～25% 之间是为通信使用，25% 为传输使用。交流供电中断后，电池独立为设备供电时间为 75A·h÷9A＝8.3h。

（2）对某个 24V 系统的分析计算　待分析的 24V 系统原始数据见表 4-14。

表 4-14　待分析的 24V 系统原始数据

基站名	物资局			浮充电压		26.8V		负载		68A	
电池型号	600A·h			电池厂家		××		电池端		26.4, 26.4	
节号	1	2	3	4	5	6	7	8	9	10	11	12
1 组	**1.87**	1.76	1.82	1.73	1.74	1.86	1.78	1.82	1.81	1.77	**1.72**	1.73
2 组	1.74	1.75	1.82	1.75	**1.71**	1.77	1.83	1.85	1.8	1.86	**1.85**	1.83

注：黑体数值表示最高和最低电压。全书下同。

分析：

① 该基站配置 2 组 24V 电池，两组浮充电压电池端为 26.4V，说明充电保险良好。与标准值 27V 相差 0.6V，应予以调节校准。

② 第一组电池中负载电压最低的电池是 1.72V，第二组中负载电压最低的为 1，71V。其保有容量值为 20%。高差值为 1.87-1.72=0.15V。

③ 电池组容量为 10%，折合为 60A·h，两组电池共 120A·h，基站负载为 68A，全部放出的供电时间为 1.75h。该基站设定的一级下电电压尚不知道，所以准确的放电时间不能确定。如果按 46V 的标准设置计算，交流供电中断后，电池独立为设备供电时间小于 1h。

④ 根据以往的经验，如果电池不缺水，该组电池的浮充电压校准到 27V 以后，1 个月左右，蓄电池组的保有容量可提升到 40% 以上。

（3）对一体化基站的计算分析　某一体化基站的电池状态原始数据见表 4-15。

表 4-15　某一体化基站的电池状态原始数据

基站名	南剑大道			浮充电压	54.1V	负载		21.4A	
电池型号	100A·h			电池厂家	××	电池端		53.7,53.6	
节号	1	2	3	4		节号	1	2	3	4
1 组	11.7	11.9	12.0	11.7		2 组	11.9	11.9	11.7	11.8

分析如下。

① 该基站电池的浮充电压正确。两组电池工作正常，电池均衡性好。

② 两组电池的标称容量为 100A·h，合并容量为 200A·h。

③ 全部供电时间为 200A·h÷21.4A=9.3h。该基站设定的一级下电电压尚不知道，所以准确的放电时间不能确定。如果按 46V 计算，交流停电后供电时间为 9.3h×75%=6.9h。

4.5.8　一体化基站蓄电池的选型与改造

4.5.8.1　基本情况

一体化基站的数量在通信部门占基站总数的 20%～35%，由于投资较少，运行效率高，所占比例有上升的趋势。这类基站工作的可靠性，对通信可靠性有举足轻重的作用。一体化基站通常工作电流 10A 左右，采用-48V 工作制，配置 12V 100A·h 的蓄电池组。电池组用先串后并的方案组合成两组-48V 蓄电池。一体化基站的外观见图 4-38。

在一体化基站中，要求蓄电池的使用寿命达到 6 年，现在实际使用 2 年左右，电池组的结构容量就下降到 80% 以下。

是那些原因造成这一不正常情况，下面加以分析。

4.5.8.2　存在问题

（1）不合理并联　现行电池组采用传统的先串联、再并联的结构，这种结构会加速蓄电池的不均衡性发展。一路蓄电池组中，一旦有一个故障单节，由于故障电池本身的反电势会偏高，就会导致所在电池组整组充电不足。

图 4-38　一体化基站的外观

更换新电池时，不必沿用以前的电池组结构。采用一组 200A·h 的蓄电池，由于消除了电池组不均衡带来的故障，其蓄电池运行的可靠性远高于两组并联的结构，这个优点，在停电频繁的地区表现尤为突出和明显。为了便于运输、安装和维护，减少电池的连带报废，电池宜采用 6V 或 4V 单体，不宜采用 12V 的单体结构，以减少连带报废。

（2）工作环境温度高　由于一体化基站没有空调，设备功耗约为 1000W，温度控制依赖通风降温。强迫通风的温控点是 45℃，当环境温度在 25℃ 时，设备柜中的温度长时间处于 45℃ 以上，如果通风降温效果较差，控制柜中的温度会经常处在 50℃ 左右，这对蓄电池是十分不利的。蓄电池的合理工作温度是 25℃，把强制通风的控制点设置在 45℃，蓄电池在这种工作环境，只需一年半左右时间，水的散失就直接导致结构容量下降到其安全限度80％ 以下。

图 4-39　进风口位置设置

现在机柜的进风通道设置在前后门上，位置如图 4-39 所示。进风通道有 90°的弯道，以减少尘土被风直接吹入。但是这样做，就会把进气通道面积缩小到门开口面积的25％，只有顶面的面积用于安装滤网，这对通风是不利的。建议把进风口面积增大，直接采用底部进风，整个底面积（60cm×60cm）直接铺设过滤网，纤维滤件直接放在可防鼠的金属防护网上，开门后可方便取出清洗，不需用紧固件固定。

取消门中间的进风口，可增加热空气上升的烟囱效应，凭借烟囱效应，可减少排气风扇的工作时间，减少能耗。

风扇应安装在进风口，不宜安装在排风口。在进风口安装风机，可使机柜内保持正压，尘土不能从结构缝隙中进入。底部的进风口设置迷宫加滤网结构，可有很好的降温滤尘效果。

通风的进风口设置了纤维滤网，滤网的清洁维护应根据当地情况实时进行。图 4-40 所示的使用 1 个月的滤网，上面是清洗后的状态，下面是清洗前的状态。可见的灰尘厚度约1mm，纤维空间已经被粉尘封堵，进风阻力至少是新品的 5 倍以上，这样就难以保障冷却通风。应在每次巡检时都清洗滤网。

进风口的结构改进，依靠设备制造厂方才能进行。

设备柜用银粉漆直接粉刷，机柜温升会低于现在烤漆工艺的浅白色。

（3）电池无法补水　现在用户多采用不能补加水的电池结构，这类电池的加水口是被塑料封盖粘死的。采用这种电池的主要原因是采购者不知道在基站条件下，蓄电池合理补加水，可以大幅度延长蓄电池的使用寿命。

图 4-40　进气滤网被污染的情况

现在市售的蓄电池，许多方便补水的蓄电池对消除酸雾考虑不周，要买到既可方便补加水，又能有效防止酸雾的蓄电池，需要费一番周折，这就增加了采购的难度。

4.5.8.3　对策

（1）进风口清洁维护　建议用户对进风口滤网每月清洗一次，列为每次巡检必做。

（2）进风口改造　建议在现有结构的下部，设置一个高 100mm 的专有进风构建。下部用工业棉过滤尘土，工业棉用金属滤网定位。用 4 个 220V 供电的直径 180mm 风机抽风向上方送风，其他进风口封堵不用。测温点设在蓄电池上方，风机的温度控制点设在 30℃。这样的结构，可大幅度降低柜内的温升，延长蓄电池的使用寿命。

（3）采用专用电池　采用适合一体化基站使用的专用电池，使用寿命达到 4 年以上。这种电池具有以下特点。

① 采用聚丙烯外壳。

② 外部有防热变形的加强筋。

③ 方便补加水。

④ 采用聚四氟乙烯片滤酸。

⑤ 采用 6V 组合，铅极柱，用 M8 连接。

现在也有采用锂离子电池用于一体化基站的方案，由于锂离子电池需配用"蓄电池管理系统"，所以采购总成本是铅酸蓄电池的 3～4 倍。但由于锂离子电池一次过充电或过放电就会造成蓄电池永久性损坏，锂离子电池组的监控和维护要比铅酸蓄电池困难得多，要使锂离子电池的使用寿命达到铅酸蓄电池的 3 倍，是很困难的。

4.5.9　对蓄电池的全面质量管理

在线容量维护技术是从全面质量管理的理念出发，对蓄电池从采购到报废鉴定的全过程进行控制。所以它能充分和合理利用蓄电池的使用价值，降低设备使用成本。

这项技术的基本内涵如下。

一个观念：阀控式铅酸蓄电池不是免维护电池，合理的维护会成倍延长蓄电池的使用寿命。

两个效益：实施单位会收到经济效益和技术效益。

三个支柱：这项维护工艺依靠合理补加水、容量均衡性控制技术、建立备品制度这三项基础技术。

四个阶段：实施经过四个阶段，才算一个完整的维护过程。

① 对下线电池进行报废鉴定，从下线电池中制作配备。

② 控制蓄电池组的单节间容量均衡性。

③ 对在线电池组补加水。

④ 对并联结构的蓄电池组加装均压线。

现在普遍的情况是用户没有对电池开展有效的维护，使用全过程的运行质量全部由电池制造厂负责。有的公司和电池厂签订的合同，要求电池厂按照现在"免维护"运行方式保用 5 年，容量不低于 80%，由于电池运行的动态电池厂无法掌握，所以这是一个电池厂无法执行的条款。电池厂按照用户要求生产合格电池，交付使用后，电池厂不应当承担电池动态质量的检测和控制责任。

用户只要改变"阀控式铅酸电池就是免维护电池"观念，对阀控式铅酸电池进行的合理维护，可稳定地把蓄电池使用寿命延长到 10 年以上。这需要控制多种因素，才能达到提高在线使用质量和降低消耗的预期效果。

效益是推动实施的原动力，这项技术实施后，其效益会随时间逐步显现出来。

维护技术实施一个月，就可以看出技术效益，技术管理部门得到一个每个基站每个电池的技术状态表，明确每个基站蓄电池组中的落后单节有几个？在哪个位置？是否已经处理？没有处理的原因是什么？这个表每个月更新一次。根据这个表，可以对可靠性较低、可能发生掉站事故的基站提前采取措施，把事故消灭在酝酿的过程中，彻底改变传统依据掉站事故较多的数据，才去更换新电池的被动做法。这项工作，通常是从处理掉站频发的基站开始的。

实施 3 个月，就可以统计出事故的降低率。实施 6 个月，就可在财务账面上统计出节约的电池采购费用。

由于在短时间内就可给企业带来实际的效益，所以一旦被通信部门认识，就会被采纳。

4.5.10　基站蓄电池的合理安装

图 4-41　双层布置的蓄电池

通信基站配置的两串 48V 蓄电池，组成整体的蓄电池组，现在的配置方法是两串蓄电池分别以上下两层固定在两个安装架上，如图 4-41 所示。

这样的安装方式，常用的 500A·h 的电池组，在安装架上组装后，质量的集中载荷为 2000kg/m²，这个载荷往往超过民用居住房的承载限制，结果就需要铺设钢结构的支架，以分散集中的载荷。

建议在民用居住房的基站，电池可采用单层布置，沿墙角一字排开。电池用角钢固定在墙上，完全可以达到抗震的要求。

改进的优点如下。

① 这种布置方案，免除了地面钢结构的施工，降低了生产成本。

② 电池采用单层布置，便于安装和维护作业。

4.5.11　在通信基站蓄电池组的轮换充电方法

为了供电的可靠性，通常在基站配置两串蓄电池，两个 48V 的蓄电池串并联成一个蓄电池组，用充电机进行充电。这种电路无法保障充电流的均衡分配。使用一段时间后，电池的不均衡性越来越大，电池串的动态内阻差别越来越大，结果就造成充电电流的偏置。经常发生一串电池得不到充电电流，另一串电池由于充电电流偏大而被充坏。

解决的办法就是在充电机和蓄电池之间，设置一个轮换充电控制器，这个控制器按时间间隔轮换对蓄电池进行充电。

在图 4-42 中，电池串 1、2 分别用 K_1 和 K_2 控制。接通时为充电态。K_1 和 K_2 按 24h 间隔轮换接通。充电电流由电源模块提供。两个接触器轮换时有短暂的重叠时间，确保在任何时间总有一串电池可以供电。

当交流电中断时，由于总有一串电池在供电，基站不会发生失电退服的事故。当检测到交流电中断后，控制装置在几秒内自动控制两串电池为并联状态。

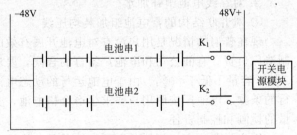

图 4-42　轮换充电的控制

本技术的优点如下。

① 减少某电池串被过充电损坏的情况，同时减少另一电池串充电不足的情况。

② 减少电池在充电时正极被腐蚀的损伤，减少电池的水分散失，延长蓄电池的使用寿命。

③ 减少电池的发热，降低基站内的温升。

④ 由于在 24h 内电池的自放电小于 1%，因此对供电可靠性无影响。

4.6 开关电源对蓄电池的影响

本节是从蓄电池在线维护的角度出发，详细介绍传统开关电源蓄电池充电技术出现的一些问题。讨论了开关电源充电方式对蓄电池性能的影响，及其充电参数设置和电池容量的关系；提出了对可能发生或已经表现出的落后电池进行在线维护的技术，详细介绍蓄电池在网运行过程中通过不同的阶段来调整开关电源充电参数方法来提高电池组的性能，延长蓄电池组的使用寿命，并成为较为成熟和低成本的技术方案。在这方面，兰州移动的包静做了有实际效果的研究。

4.6.1 现行开关电源充电方式的不合理之处

通信基站开关电源设备目前所采用蓄电池充电方式均未能遵从电池内部的物理化学规律，使整个充电过程存在着过充电和析气等现象，充电效率低，这是造成蓄电池容量较快下降的一个重要原因。

目前通信基站所使用开关电源设备对蓄电池充电是采用传统恒压充电方式，用于对技术状态良好的蓄电池进行补充充电是可行的。然而通信基站开关电源采用恒压充电方式，充电电源的电压在全部充电时间里保持恒定的数值。与恒流充电法相比，其充电过程更接近于最佳充电曲线。用恒定电压充电，由于充电初期蓄电池电动势较低，充电电流很大，充电的进行，蓄电池端电压的逐渐升高，电流将逐渐减少，因此，只需简易控制系统。这种充电方法电解水很少，避免了蓄电池过充。

采用恒压充电时，一个重要问题就是要选择适当的充电电压，若充电电压选得过高，则充电初期的充电电流就会过大，这对蓄电池不利；若充电电压选得过低，不仅会使充电速度减慢，而且会过早地停止充电，造成蓄电池充电不足。所以若选择的充电电压适当，则既能防止充电初期充电电流过大，又能使蓄电池基本上充足电。恒压充电的缺点是充电电压恒定，充电电流不能控制和自由调节，因此不能适应对各种不同技术状态的蓄电池进行充电，同时也不能保证蓄电池彻底充足电。

4.6.2 开关电源的充电管理

高频开关电源具有电池管理系统。它采用二级监控模式，能对电池的端电压、充放电电流、电池房温度及其他参数作实时在线监测。可根据电池的充放电情况估算电池容量的变化，还能在电池放电后按用户事先设置的条件自动转入限流均充状态，通过控制母线电压来完成电池的正常均充过程，并可自动完成电池的定时均充维护，均/浮充电压温度补偿等工作，实现了全智能化，不需任何人工干预。

电池管理的基本思想是，以电池组保有容量、电池充电电流为依据，控制电池由浮充转入均充。以充电电流和充电时间为依据，控制电池由均充转入浮充。如果系统配有温度传感器，其均/浮充电压可根据温度做适当补偿。

保证负载电流基本不变，以电池电流和总负载电流作为主要输入基准，通过调节模块输出电压及限流点，稳定负载电流，控制电池电流及电压，防止电池充电过流。

监控模块的工作曲线如图 4-43 所示。监控模块可以实施对电池的全自动管理。为了实现此功能，各充电模块必须设置在"自动"工作状态。

监控模块对电池的智能化管理主要体现在以下几种工作状态中。

（1）正常充电状态 监控模块自动记录均充和浮充的开始时刻，在上电初始如果监控模块发现均充过程尚未结束，则会继续进行均充；如果上电前是处于限流均充状态，则继续进

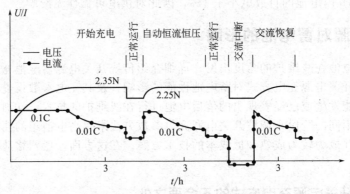

图 4-43 监控模块的工作曲线

行限流均充；如果是处于恒压均充状态，则继续进行恒压均充。在限流均充时，当充电电压达到恒压均充电压值的时候，会自动转入恒压均充。

在浮充情况下，若浮充电流大于设定的转均充参考电流定值，或电池组剩余容量小于转均充容量比设定值，则监控模块会自动控制进行均充。对电池进行均充时，充电电流应该是监控模块设置的限流值，此阶段为电池恒流充电阶段，电池的电压是随着充电时间增加而升高的；当电池电压增大到一定值时，充电进入恒压阶段，在恒压阶段，充电电流不断减小，以充电电流减小到 $0.01C_{10}$ 为开始计时点，3h 后恒压充电阶段结束，充电电压降低，进入浮充状态，至此充电过程完成。充电控制曲线如图 4-44 所示。

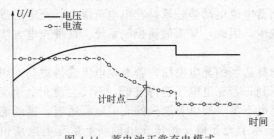

图 4-44 蓄电池正常充电模式

（2）定时均充状态　用户可选择是否采用定时均充这种维护方式，还可对定时均充的时间间隔及每次均充的时间进行设定。一旦设定，电池管理程序就可自动计算电池定时均充的时间，以便确定在何时启动定时均充，何时停止定时均充，所有这些操作都是自动进行的，运行维护人员可在现场通过监控模块上的显示来明确这一过程，也可在远程监控中心的主机上查看这一过程。一般电池每隔 30 天均充一次。

（3）放电后均充状态　交流停电后，电池组放电，给设备供电。再次恢复交流供电时，若充电电流大于转均充参考电流设定值，或电池组剩余容量小于转均充容量比设定值，则监控模块会自动控制模块进行均充。在监控模块的软件设置中，电池放电后，转均充条件有两个：电池现有容量、电池电流。两个条件中的任意一个达到即进行转换。

（4）温度补偿　用户可选择是否对均/浮充电压进行温度补偿，并可对温度补偿中心点和温度补偿系数进行设置。一旦设定，监控模块就会根据温度传感器的信号自动对均/浮充电压进行调节。温度传感器应贴在电池组温度较高的电池极柱上，这样较为合理。

（5）容量分析　用户可设置电池的充电效率、放电特性曲线等参数来调整电池容量的计算结果。监控模块可根据电池电流、充放电状态以及充放电系数对电池容量进行估算。公式为 $Q=Ih$，每隔 15s 计算一次电池容量的变化量，并在菜单上实时显示出来，使用户能一目了然地看到电池容量的实时变化。

（6）自动与手动相结合　监控模块可在"自动"和"手动"两种方式下工作。在"自动"方式下，监控模块可自动完成上述的所有功能，完全不需人工干预；在"手动"方式下，电池的管理交给维护人员来完成。维护人员可手动调节模块的输出电压来实现电池的均/浮充转换；通过对模块的限流点调节，实现对电池的限流调节。此时监控模块只通过通信口采集各模块的数据及配电数据，不对模块做任何控制处理，因而不会在放电后进行自动均/浮充转换，也不会启动定时均充，但仍可对电池的容量进行估算。由于长期均充会导致电池寿命下降，为了防止在"手动"方式下均充时间过长，监控模块会自动监视均充时间。当均充时间超过用户设定的设定值时，就会转入浮充。

4.6.3　合理管理的效果

根据以上的介绍分析，蓄电池的运行状况受控于与之连接配套的直流配电模块整流和智能管理于一体化的高频开关电源。蓄电池在容量正常时，就是在网运行 1～3 年，该充电方法也是完全可行的。但是移动公司通信基站的蓄电池时常处在频繁放电、深放电、过放电状态下，并且使用环境较恶劣，加上开关电源对蓄电池充电方式的技术的局限性，蓄电池只有在完全放电的情况下才能够检测到其真实容量，而在正常使用情况下是无法检测到 CB 值的。开关电源所采集的蓄电池放电电压、放电电流以及放电时间，来实现简单的容量估算。另外，蓄电池在没有充电饱和的情况下放电，所计算出来的容量也不是真实容量。每次开关电源的均充电是根据电池组剩余容量、电池充电电流为依据，控制电池由浮充转入均充，以充电电流和充电时间为依据，控制电池再由均充转入浮充。在蓄电池容量下降后或出现硫化后，以上的判断条件将无法满足充电要求。由于通信基站蓄电池的日常充电维护管理主要靠开关电源设备，因此解决蓄电池容量下降问题的根本出路在于开关电源充电问题。

在蓄电池组实际运行时，开关电源并不是对每个电池单独控制充电的，而是控制整组电池的充电电压。如要求单体浮充电压为 2.25V 时，对通信电源的 24 节电池组，则整组电池电压设为 $24 \times 2.25 = 54(V)$。这时，由于电池生产过程中材料、工艺等非一致性，导致了单体电池性能参数的非一致性，每个单体电池并没有按理想设定的浮充电压（2.25V）在充电。虽然流过各单体电池的浮充电流是相同的，但由于电池组中各单体电池特性存在离散性，这个浮充电流对某些电池可能是过量的，对某些电池又是欠量的，而且这种过量和欠量又是动态的，在不同的使用环境（如温度影响）、使用年份（如充放电次数）等物理因素和蓄电池内部硫酸盐化进程等因素的作用下会发生不规则的变化，造成蓄电池单节的自放电率出现差异，导致保有容量出现差异，这种状况在现行的充电运行方式下是无法干预的。因此在达到现行的所谓电池充足标准下，各电池其实处于程度不等的"荷不满"。由于电池处于"荷不满"状态，用各种方法去检测其容量，也就变得毫无意义，因为电池单体处在不同的"起跑线上"。

过高的浮充电压意味着对电池的过充，加速了正极板腐蚀并减少了电池寿命，这就会造成个别单体蓄电池长时间均浮充，导致过量充电，其危害大致有正负极板有效物质的脱落、变形，增加电解液的损耗、干涸，过充电严重时易造成电池温度升高，自放电加速，外壳膨胀鼓包、变形等。

同样，过低的浮充电压意味着对电池的欠充，加速负极板腐蚀，也减少了电池寿命；同时会造成个别单体蓄电池充电不足，难以补充电池本身自放电，时间久了，即易形成极板硫酸化。

电池组中各单体电池电压会相互影响，产生更大的波动，加强了过充和欠充现象。

图 4-45 描述了充电电压和腐蚀速率的关系，显示了过高和过低的充电电压对极板腐蚀的影响。

在对实际运行的蓄电池组浮充电压数据进行分析后，开关电源充电不足造成浮充电压的偏离现象是普遍存在的，特别是在网运行 2～3 年的蓄电池组。尽管理论和实践都证明，单体电池的浮充电压和电池容量没有相关性，但是浮充电压的离散度却和电池性能有相关性，通过放电测试验证了浮充电压长期偏离对容量的影响，尤其是浮充电压离散度更能表征对电池容量产生的影响。

　　如图4-46所示是兰州苦水移动基站一组蓄电池组中其中 $1^{\#}$ 与 $7^{\#}$ 电池的浮充电压与平均浮充电压的比较图，显然 $1^{\#}$ 电池处于长期欠充电状态，$7^{\#}$ 电池处于长期过充电状态。

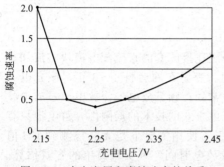

图4-45　充电电压和腐蚀速率的关系

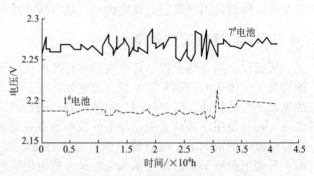

图4-46　两个电池的浮充电压对比

　　图4-47所示的放电数据完全证实了这一判断，$1^{\#}$ 电池由于长期处于欠充电状态，放电电压明显低于平均电压，且在放电终止时回升缓慢，而 $7^{\#}$ 电池由于处于长期过充电状态，放电电压也明显低于平均电压，但在放电终止时迅速跳跃回升，表现了内阻较大的作用。

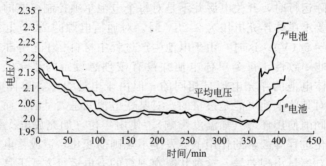

图4-47　两个电池的放电对比

　　从以上分析和数据可以得出以下结论。

　　① 开关电源充电参数会对阀控式铅酸蓄电池的浮充电压、电池容量和寿命产生影响。

　　② 由于电池制造工艺的非一致性，也由于蓄电池总是成组使用的，导致了实际使用中浮充电压离散性不可避免地存在。

　　当蓄电池由于多种原因导致亏电后，再使用恒压充电方式进行补充充电，因恒压充电方式固有的不足，蓄电池不能完全充足，极板表面硫化现象不能完全消除，蓄电池投入使用后，又容易再次发生亏电故障。如此不良循环的恶果就是，蓄电池极板表面硫化现象越来越严重，蓄电池的容量越来越小，蓄电池的技术状态越来越差。这是造成通信基站蓄电池提前报废的一个主要原因。

　　对于恒压充电法，我们看到开关电源的输出电压，始终是在开关电源设计者认为蓄电池安全受电的最高允许电压上，低于这个电压，将无法使蓄电池充满，这个电压是否真的安全？

　　充电过程中，如果单体蓄电池的充电电压比电池自身实时的反电势电压高出 100mV，通过蓄电池的充电电流要比蓄电池的最大安全受电电流增大10倍以上。而充电前蓄电池一般都是在放完电后，这时的蓄电池是处在最低的电压上。如单体铅酸蓄电池放电后一般为 2.0V，而此时的充电电压如果是恒定在 2.25~2.4V，可见充电器输出的电压和蓄电池电压的差已远远大于 100mV。这样的恒压充电，通过蓄电池的充电电流将是蓄电池最大安全电流的几十倍，如果开关电源的输出功率与容量足够大的话，容易造成蓄电池的损坏，如果开关电源的容量不够，则必定会造成开关电源的过载烧毁。经过改进后的恒压限流充电方式，虽能保障蓄电池和开关电源不致遭到损坏，却降低了充电效率，增加了损耗，延长了充电时间。

我们知道，蓄电池较长时间处于亏电状态，极板极易产生硫化，而恒压充电方式又很难消除极板硫化现象，充电时较大的充电电流除用于消除极板硫化现象外，还会电解水，所以充电时蓄电池很快就产生了大量气泡，给人以蓄电池已充足电的假象。如果仔细观察就会发现，极板硫化的蓄电池充电时，很快就能产生大量气泡，而正常的蓄电池则是在充电终了时才会产生大量气泡。仅从气泡产生的时间来看是不一样的，是有较大区别的。由于极板硫化，蓄电池的容量就会大大降低，直接影响蓄电池的正常使用。也就是说，使用恒压充电方式很难恢复蓄电池的额定容量。

蓄电池的充放电是一个复杂的电化学过程。一般地说，充电电流在充电过程中随时间呈指数规律下降，不可能自动按恒流或恒压充电。充电过程中影响充电的因素很多，诸如电解液的浓度、极板活性物的浓度、环境温度等的不同，都会使充电产生很大的差异。随着放电状态、使用和保存期的不同，即使是相同型号、相同容量的同类蓄电池其充电也大不一样。

但对于"用时间长了"的蓄电池，其失效原因各种各样。失水是大量发生的严重的问题，维护的重要环节就是补加水。事实上，所有的铅酸蓄电池，只要使用一段时间，其正极板的活性物质的结构和化学组成就已经改变了，也就是说，所有"用时间长了"的蓄电池，其正极板都或多或少存在着问题。如果采取同一种模式和方法进行蓄电池充电管理，是不可行也是完全不现实的。

4.6.4　开关电源蓄电池参数设置的基本方法

由于阀控式铅酸蓄电池平时一直处于浮充电状态，所以只有三种可能，即正常浮充状态、过充状态、欠充状态。这一状态的判别，并不是简单的在某一时刻去测量单体电池浮充电压，而是应该通过一段时间的电压数据分析，如自身离散度的变化、相对整组离散度的变化等，主要是依据 CB 值的变化，才能较为准确地获得浮充电状态。

(1) 对确认过充的电池予以在线活化　当电池处于长期过充电状态时，将加速正极板的腐蚀，影响电池容量。过充的电池会在浮充电压中得到表现，并依据提及的分析方法得出判断，通过适当补加水，在线对过充电池适当调整浮充电压，可改善过充对电池造成的损害，并使电池恢复到正常浮充电状态。

(2) 对确认欠充的电池予以在线补充电　长期充电不足或是在放电后没有及时完全充电，将导致负极板的硫酸盐化，使原本处于欠充的负极板 $PbSO_4$ 无法得到还原，并影响电池容量。欠充的电池会在浮充电压中得到表现，并依据本文提及的分析方法得出判断，及时予以在线补充电，改善可能出现的硫化现象，使电池恢复到正常浮充电状态。

(3) 保持良好的浮充状态　单体浮充电压是根据电池厂家要求设定的，阀控式铅酸蓄电池一般在 2.23~2.27V 之间，单体浮充电压对阀控式铅酸蓄电池的寿命有着明显的影响。

浮充运行是指整流器与蓄电池并联供电于负载。当交流电正常供应时，负载电流由交流电经整流后直接供电于负载，蓄电池处于微电流充电状态；当交流电停供时才由蓄电池单独供电于负载，故蓄电池经常处于充足状态，大大减少了充放电循环周期，延长了电池寿命。

(4) 浮充电压的选择　蓄电池浮充电压的选择是对电池维护得好坏的关键。如果选择得太高，会使浮充电流太大，不仅增加能耗，对于阀控式铅酸蓄电池来说，还会因剧烈分解出氢氧气体而使电池严重失水，并有发生爆炸的可能。如果选择太低，则会使电池经常充电不足而导致电池加速硫化。

整流器稳压精度必须达到 $\pm 1\%$；I_C 为蓄电池充电电流，主要是补充蓄电池的自放电；由于蓄电池处于浮充（充足）状态，反电势 E_2 和电池内阻 r 基本不变。对于开口型电池，因电解液由各使用单位自行配制，故充电开始时有所差异。对阀控式密封铅酸蓄电池，出厂时已成为定值，为此

$$I_C = \frac{U_C - E_2}{r} = \frac{Q\delta\%}{24}$$

式中，Q 为蓄电池组的额定容量；$\delta\%$ 为电池一昼夜自放电占额定容量的百分比。

$$U_C = E_2 + I_C r = E_2 + \frac{Q\delta\%}{24} \times r$$

由此可见，浮充电压应按电池的容量、自放电的多少而定，而不应千篇一律，照抄国外或沿用老资料，特别是阀控式密封铅酸蓄电池，其自放电很小，故可降低浮充电压。对于阀控式铅酸蓄电池，因电解液、隔离板均由厂家出厂时已设为定值，故应增加一个自放电的指标。

合理选择浮充电压。各种蓄电池浮充电压不尽相同，在理论上需要浮充电压产生的电流是以达到补偿自放电电量的需要。但在实际工作中还需根据电池组工作年限及各种情况来定，需考虑电池结构状态、正极极栅腐蚀速率、电池内气体的排放、通信设备在浮充系统的基础电压等要求。有些电池长时间放电后需长时间补充能量，则临时需调高浮充电压。对于如负载电流为 40～50A，300A·h 的蓄电池放电时间只有 2～4h。浮充电压设置方法为 24h自放电量及充放电效率，故需比平常提高浮充电压 0.1～0.5V。

（5）均充电压的设定

① 均衡充电　电池在使用过程中，有时电池串中的单节会发生容量、端电压不一致的情况。为防止其发展为故障，电池要定期履行均衡充电。此外，电池单独向通信负荷供电在15min 以上，也依均衡充电来补足电池的容量。一般均充电压比浮充电压高出 0.05～0.07V/只，以限流定时来进行。

充电所需的时间，由蓄电池放电深度、限流值选择的大小、电池充电期间的温度以及充电设备的性能等因素决定。通常电流选取的范围为 $(0.15\sim0.25)C_{10}$。如温差较大，如常年环境温度在 $-20\sim35$℃之间，室内温度一般就在 0～45℃之间变化。如空调不是在一直运行，需对均充电压定期调整，均充电压提高 0.1～0.3V。充电时间一般以放出电量的 1.2 倍估算。

也有个别厂家不设均充电压，即只有浮充电压，这是不合理的。

要注意对于均充电时间不宜过长，否则将使电池内气体增多，影响氧再化合效率，使板栅腐蚀度增加，从而损坏电池。

② 定时均充周期　一般为在线运行一年内并定期做容量试验，可设置为 60 天均充一次，否则会发生个别电池经常充电不足的现象，即形成"落后电池"。因此，通常每个月对蓄电池组进行一次均充电，蓄电池经过治疗性修复后要及时更改为正常值，否则会造成合格电池随着落后电池过充电，使有效物质从极扳栅跌落，影响电池寿命，导致新的落后电池及电池容量下降。

③ 定时均充时间　一般为在线运行一年内并定期做容量试验，蓄电池良好时可设置均充时间为 10～12h；蓄电池组已出现落后电池的，可根据具体情况设在对均充电压调整后，不必更改充电时间。

④ 转浮充参考电流 一般为在线运行一年内并定期做容量试验,蓄电池良好时可设置为 $8 \sim 10A$;蓄电池组已出现落后电池的,可根据具体情况设在对均充/浮充电压调整后,可设定为 $3 \sim 6A$。

⑤ 衡压均充时间 一般为在线运行一年内并定期做容量试验,蓄电池良好时可设置充电时间为 3h;蓄电池组已出现落后电池的,可根据具体情况设在对均充/浮充电压调整后,可设定为 $4 \sim 5h$。如遇到特殊情况可进行手动调整。

⑥ 转均充判断电池容量 蓄电池放电是极板膨胀过程,充电是极板缩小过程,也就是说,每经过一次充放电循环周期,构成正负极板的团粒结构就要从静态经过一次膨胀和收缩的动态过程。不管蓄电池放出多少容量,均充都会造成焦耳热,严重时会使蓄电池出现热失控。热失控将会使蓄电池迅速失水,隔膜内电解液很快干枯,并会使有效物质从极板栅掉下变成沉淀物,引起极板有效面积减少,容量降低,直至报废。

一般的设置方法可根据以往统计蓄电池放电情况灵活设定。在线运行一年内并定期做容量试验,蓄电池良好时可设置为 $70\% \sim 85\%$;蓄电池组已出现落后电池的,可根据具体情况设在对均充/浮充电压调整后,可设定为 $85\% \sim 95\%$。

⑦ 转均充判断电池电压 根据在线蓄电池具体情况,对均充/浮充电压调整可设定为 $47.8 \sim 48.75V$。

⑧ 转均充判断充电时间 根据在线蓄电池具体情况,对均充/浮充电压调整后,充电时间可设定为 $0 \sim 3h$。

⑨ 蓄电池充电效率 根据在线蓄电池具体情况,对均充/浮充电压及限流值调整后,运行 $1 \sim 2$ 年的蓄电池组可设定为 $97\% \sim 120\%$,运行 $2 \sim 4$ 年以上的蓄电池组可设定为 $93\% \sim 95\%$。

⑩ 蓄电池充电限流点 充电初始电流过大,对电池损害较大,当电池失水较多时,往往热失控就发生在放电过后的充电过程中,因此,充电最大电流应掌握到 $(0.10 \sim 0.23)C_{10}$ 为好。充电电流以理论计算满足自放电补偿电量需要,浮充电流可取 $42mA/(100A \cdot h)$。

4.6.5 频繁停电地区充电方法

(1) 对充电限流值参数进行调整 目前开关电源中对蓄电池充电限流值一般设定为 $0.1C_{10}$,建议调整为 $(0.15 \sim 0.2)C_{10}$(应根据季节做相应调整),但最大充电电流不能超过 $0.25C_{10}$,以缩短蓄电池充电时间,增加蓄电池充电前期充入的电量。

(2) 适当延长均衡充电时间 根据该基站停电次数及时间,如果停电次数多且停电时间长,建议对开关电源中均衡充电时间和充电电流值进行调整,延长均衡充电时间,可比原设定延长 $20\% \sim 30\%$;另外建议调整开关电源均衡充电时间周期设置,把原设置一般 3 个月时间周期调整为 1 个月或更短,对蓄电池进行均衡充电。

(3) 提高低电压保护设定值 对基站组合开关电源内电池欠压保护设置电压值进行重新设定,提高蓄电池欠压保护的设置电压,尽量避免蓄电池出现过放电和深度过放电。具体设置要求如下,开关电源一次下电设置电压要求不低于 46V,二次下电设置电压必须大于 44V,建议设置在 44.4V。对负载电流小于 $1/3I_{10}$ 的基站,其放电时间尽可能不大于 24h,即行切断。具体可在开关电源内设置。

(4) 对已经硫化的电池要除硫化 放电后开始充电时,如果蓄电池充电电压偏高,说明蓄电池内阻过大。如果蓄电池充电电压偏低,说明蓄电池亏电。可对蓄电池充电 $2 \sim 3h$ 后,再对蓄电池充电电压进行检测,观察蓄电池充电电压的变化。如果蓄电池充电电压由高变低,说明蓄电池内阻已经减小,还能有继续使用的可能性,如果是蓄电池的充电电压依然居高不下,维持较高的充电电压,一般是蓄电池硫化严重所致,对硫化严重的电池要做除硫化维护。

4.6.6 环境温度维护方法

4.6.6.1 电池温度和电池内阻的关系

当电池温度升高时，电解液的活动加强，故电池内阻减少；当电池温度降低时，电解液的活动减弱，故电池内阻增大。大量试验数据表明，当温度较低时（25℃以下），电池内阻随温度变化显著；当温度较高时（25℃以上），电池内阻随温度变化缓慢。

工作于浮充方式的阀控式铅酸蓄电池，温度升高时，由于内阻的减小，其浮充电流增大，导电元件的腐蚀加剧，因而寿命减少。另外，当温度很低时，由于内阻的增大，电池就不能对负载放出能量。所以，阀控式铅酸蓄电池的温度监测和环境温度是十分必要的。还必须对充电电压进行温度补偿，以避免高温下的过充和低温下的欠充。

4.6.6.2 蓄电池浮充电压与温度的关系

蓄电池在投入使用后，首先要进行补充充电，即均充电。在25℃时电压值为2.35V±0.02V，充电时间在16～20h。如果不在标准温度时应修正其充电电压，只有在蓄电池充足电的情况下才能进行核对容量试验，即初次容量按95％核对，对于放电容量受温度影响的程度应依据公式计算。

$$C_e = \frac{C_t}{1 + K(t - 25)}$$

式中，t 表示放电时的环境温度，℃；K 表示温度系数，10h 率容量试验时 $K = 0.006℃^{-1}$，3h 率容量试验时 $K = 0.003℃^{-1}$，1h 率容量试验时 $K = 0.01℃^{-1}$；C_e 表示25℃时电池的标称容量值。

应注意的是，在浮充运行中，阀控式铅酸蓄电池的浮充电压与温度有密切的关系，浮充电压应根据环境温度的高低做适当修正。

从上式明显看出，当温度低于25℃太多时，若阀控式铅酸蓄电池的浮充电压仍设定为2.27V，势必使阀控式铅酸蓄电池充电不足。同样，若温度高于25℃太多时，若阀控式铅酸蓄电池的浮充电压仍设定为2.27V，势必使阀控式铅酸蓄电池过充电。

在浅度放电的情况下，阀控式铅酸蓄电池在25℃下以2.27V运行一段时间是能够补充足其能量的。在深度放电的情况下，阀控式铅酸蓄电池充电电压可设定为2.35～2.40V/C（25℃），限流点设定为0.1C。经过一定时间的补充容量后，再转入正常的浮充运行。

应当说明的是，由于电池极板活性物质从表面到内部进行充分的化学反应时需要一定的时间，因此建议两次充放电时间间隔应大于10天。充电时间越长，则放电深度相对要深一些。

定期修正电池系统的浮充电压可参照表4-16调节。

表 4-16　浮充电压与温度的关系

环境温度/℃	单体电池电压/V	总电压/V	环境温度/℃	单体电池电压/V	总电压/V
35	2.21	53.04	15	2.28	54.72
30	2.23	53.52	10	2.30	55.2
25	2.25	54	5	2.32	55.68
20	2.26	54.24			

由于电池系统浮充电压值受温度影响较大，因此应根据电池系统使用中环境温度的变化而及时修正系统的充电电压值。

监控中心一旦接到基站停电告警后，应密切注意该基站运行情况，一旦出现无线信号中断超过 6h，应及时通知基站维护人员携带发电机组赶赴现场进行发电，确保蓄电池因放电终止后能进行及时充电。

利用监控系统可早期发现电池故障，对一些不能按要求自动检测电池的放电情况，对电池进行均浮充转换的开关电源，应按要求在监控中心通过远端手动遥控开关整流电源对电池均充。在市电恢复正常后，开关整流电源不能对电池进行均充，维护人员要根据电池放出实际容量的情况，在远端通过动力环境监控系统及时调整开关电源设备对电池的充电电流及均充/浮充转换，在监控中心通过远端手动遥控开关整流电源对电池均充。所以只有电池工作在合理的浮充运行状态下，蓄电池组容量准确具备了必要条件，也使蓄电池组实际使用的环境接近合理，使放电时间得以延长。

4.6.7 应用实例

如图 4-48 所示为维护前后蓄电池组电压的离散度，其中在 A 时刻对整组蓄电池组进行了维护，可以直观地看出，在线维护后，整组电池浮充电压的离散性变小，其一致性明显变好。

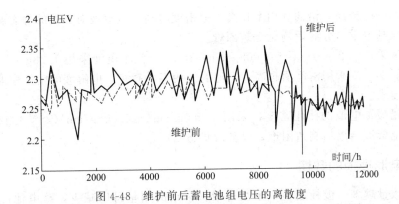

图 4-48 维护前后蓄电池组电压的离散度

在图 4-49 中可以看到，有两节蓄电池的浮充电压明显偏高，且在此运行阶段，波动较大，图中是其中一节 $20^{\#}$ 蓄电池的浮充电压离散度表现，其中在 B 时刻对该电池进行充放电维护，从图上看，$20^{\#}$ 电池的浮充电压离散性在进行维护后明显变好，且离散度本身的变化波动也明显变小。本节电池的浮充电压由维护前的 2.303V 变为 2.256V 正常浮充状态。

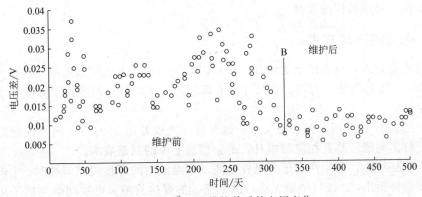

图 4-49 $20^{\#}$ 电池维护前后的电压变化

甘肃移动兰州分公司自 2002 年开始该进行项工作的实验，对基站的电源参数进行了合理化调整，对蓄电池进行前期的在线修复，并取得了良好的结果。经过一定时间的在线参数调整和修复，电池由原来放电 1h 延长至现在的 3～4h。经过上述蓄电池在线或者线下调整和修复的实例证明维护的可行性和有效性。运用上述开关电源充电参数调整技术，先后对 10 个郊县基站 200A·h 的蓄电组进行在线修复与维护。经多次市电停电测试，在负载电流为 20～30A 时，电池组平均放电时间 7～9h，蓄电池容量恢复到 80%，基本满足电池放电要求。在 2007 年对上述 10 个基站进行 10h 容量测试，除 3 个基站蓄电池容量不足 20% 以外，其余基站容量保持在 50% 左右，平均放电时长 5h，蓄电池使用寿命平均延长了 3～4 年。

4.7　蓄电池集团采购中的技术要求

集团采购时提出统一标准，以下的要求虽然不属于通信蓄电池 YT 799 标准范围，但可给使用中的维护提供有利的条件。以下标准的要求，会增加一些制造成本，电池价格略有上升，但用户这部分投入所获得经济回报却在 1∶10 以上。

4.7.1　电池电解液的数量和密度

电解液的密度越高，铅的利用率越高。但密度越高，电解液对极板的静态腐蚀越大，电解液分层现象越严重，分层后均化也越困难。

固定电池采用 $1.215g/cm^3 \pm 0.005g/cm^3$（25℃），汽车电池采用 $1.28g/cm^3$，摩托车电池采用 $1.30g/cm^3$。采用密度值越高，电池的使用寿命越短。电解液的密度应兼顾寿命和实际可能两个要求。

阀控式铅酸蓄电池的使用密度，采用 $1.280g/cm^3 \pm 0.005g/cm^3$（25℃）较为合适。采用低密度的电解液会增加制造困难，以富液状态出厂。

4.7.2　电池极板的数量

极板的数量越多，极板越薄；采用薄极板，铅的用量可以减少，蓄电池厂成本有所降低，但电池的充放电循环寿命减少。薄极板对使用寿命的影响，在电池使用初期并不表现出来，用户通常无法知道。

蓄电池循环寿命的检测，需要专用设备和人力，只有在检测中心才能完成。

建议采用统一的极板数量，500A·h 电池按正极板 13 片、负极板 14 片的结构组合。当蓄电池极板数量和电解液密度相同时，蓄电池放电时的内阻特性就容易一致，这就为以后的检测提供了统一的原始标准参照。

4.7.3　电池的连接方式

电池的连接方式，应方便电池的互换。所以电池的连接方式应采用唯一的结构。固定电池的 JB 1203—71 标准中，对槽、盖尺寸就有确定的要求。但是阀控式铅酸蓄电池现在尚没有这个规定。

建议采用如图 4-50 所示的外部尺寸，这个尺寸是铁路用 500A·h 阀控式铅酸蓄电池的规定尺寸。许多电池厂都有相应的模具，不会增加电池的制造成本。

采用 4 极柱结构，可靠性大于 2 极柱电池，当电池内的焊接出现裂纹时，4 极柱电池可以用专用设备检测出，2 极柱电池无法检测汇流排的焊接故障。电池间的连接采用铜质连接板，表面搪锡。这种连接板，可抵抗漏酸的腐蚀，再生后如新。

采用统一的外部连接尺寸，维护时电池的互换会减少无效劳动，并大幅度减少备品的数量。

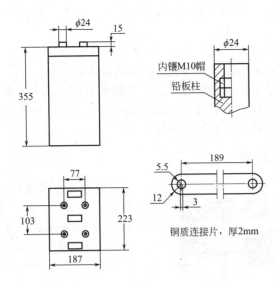

图 4-50　500A·h电池的可互换尺寸（单位：mm）

4.7.4　蓄电池的组合方式和构架高度

　　通常蓄电池是成组使用的，在许多场合，蓄电池采用组并联的方式运行。电池的组合方式，不但应方便电池的互换，而且有利于消除电池组之间的内阻不均衡。现在不合理之处是两组电池分开独立组合布置，如图 4-51 所示。这样的组合布置，不利于调整和控制两组电池充电的均衡性。一旦有一组电池的内阻减小，充电电流会全部流过该组电池，另一组电池得不到充电。改成如图 4-52 所示的组合方式，就会缓解这种非使用性损坏。

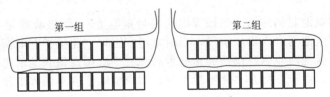

图 4-51　现在蓄电池的组合

　　在图 4-52 的组合方式中，两组电池并列在一起，累计标称电压相同的电池在同一个序位，在相同序位上连接一条均压线，就可把电池的不均衡性负作用降低到最低程度。

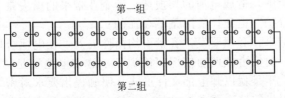

图 4-52　电池的并排组合方式

　　现在许多电池架的上下间距只有 100 多毫米，更换一个失效电池时，必须拆开多个电池的连接，从一端逐个取出不需更换的电池，最后才能取出需要更换的电池。电池架的上下层间距，应大于 450mm，这样可以在需要更换失效电池时，在任何位置都可将其快速取出，不必断开全部电池的输出电路，提高工作效率，保障运行安全。

　　在中心机房使用的电池数量大，有时会有 3 排、4 排电池组并列组合，这种情况下，不能采用双层结构。否则，中间部位电池一旦失效，更换起来工作量很大，且电源中断时间长，影响安全。

阀控式铅酸蓄电池允许卧式安装，但是一般不要采用这种方式。这样的安装方式，电池不能采用富液结构，不便采用延长电池的使用寿命的措施。

对需要 1000A·h 以上容量的电池，不宜采用单个 1500A·h 或 3000A·h 的电池，这类电池实际在内部做了并联扩容。如果安装场地允许，采用 500A·h 的电池组合，可大幅度减少电池的维护成本并增加电池组的可靠性。

4.7.5　电池的极柱防护

图 4-53　不宜采用的极柱防护结构

蓄电池的极柱需要防护，避免导电物落在极柱上造成短路事故。建议采用透明平板式防护。取消如图 4-53 所示在每个极柱上加防护套的结构。在基站工作条件下，极柱上的防护套不便观察极柱漏酸的腐蚀情况，也不便于保有容量的测量。

4.8　蓄电池维护的技术层次和效益

阀控式铅酸蓄电池作为备用电源的主体，在许多行业已经普遍采用并开始做维护。随着对这类电池认识的一步步深入，对其维护的方法也在逐步发展，最终会达到全面质量管理（TQC）的层次。全面质量管理理念和方法，不但会给用户带来实际的效益，而且会节约大量能源和资源。

4.8.1　"免维护"层次

阀控式铅酸蓄电池起初称为"阴极吸收式密封蓄电池"，阴极吸收是指内部氧循环的方式。阀控式铅酸蓄电池刚进入市场阶段，当时电池厂冠以"免维护"的商业美名，用户由于缺乏蓄电池知识，就把商业名称误认为是技术名称。当时用户得到的信息是，这类电池不需维护就可保障安全。由于声称是"免维护"的，用户免除了许多保养工作，所以迅速被大范围采用。

这个错误的认识导致高层决策部门取消了电池维护的规程和相关研究，直至在邮电学院把通信专业的蓄电池课程都取消了。现在通信行业年轻的技术人员中，由于蓄电池方面的知识欠缺，在实际工作中不能对发生的故障及时提出技术对策，当新的蓄电池技术出现时，也不能判断其合理适用范围，造成电池的误损坏，给企业带来的损失是无法估量的。

用户希望的"免维护"电池，实际是不存在的。

电池实际运行的结果，必然要发生容量不均衡性失效，在电池合理使用寿命内，发生了一些供电能力的故障。通信事故使通信部门认识到，这类电池不是"免维护"，而是需要维护。当时邮电部尚存，于是就以邮电部文件形式，明确提出要求对密封电池进行维护。

当时邮电部文件提出的这个要求，只是一个号召，没有可实施性。因为要实施维护，就要解决维护的原理、工艺、专用设备、标准、人力、资金、制度等一系列实际问题。20 多年过去了，虽然几个通信公司的维护规程陆续出台并相互拷贝，也制定了许多版本的电池维护规章、制度、标准，但现在落实到一线维护工人的操作，只有用万用表测量并记录浮充电压和打扫卫生这两项工作内容。这两项工作与电池的运行内在质量不相关。之所以出现这样的情况，主要原因是现在的许多维护规程不是实际维护先进经验的总结，而是从产品说明书的一些概念出发编写的文档，并不适合生产实际，维护人员无法进行有效作业，维护工作也不能为用户带来效益，于是在实际推行中就逐步被简化到两项内容了。

例如，根据放电检测容量的要求，许多单位购买了一种"蓄电池检测仪"，但并不知道这种检测仪的使用条件。这类检测仪实际是有记录功能的恒流放电设备，用这类检测仪检测一组蓄电池，虽然精度高，但电池状态良好时却需要 10h，检测一个基站的电池，需要 2 天时间，直接成本就是 600～700 元，这样的成本和效率在日常的维护中是无法普遍采用的。在日常的电池维护中，并不需要知道电池的容量是多少，只需要知道是否处于安全状态。这种维护理念，才是符合实际工作要求的。

还有许多单位购买一种"电导式蓄电池内阻仪"，试图用这类检测仪检测电池组中落后单节。由于这类检测仪在安全使用的标准限界数值上，难以制定电池"能用"和"不能用"的分界标准，所以操作者不能根据监测数据更换失效电池并承担维护责任。

发现这类错误很容易，只要按照已制定的规程做一遍，看看实际效果，就明白了。

现在通信公司支付的电池维护费用收效较小，电池基本处于免维护状态。电池运行中的实际供电能力大小？有几个落后单节？电池容量衰减是否正常？电池提前失效的原因是什么？这些至关安全和成本的重要信息，并不掌握，这是目前大量通信基层单位的电池运行现状。

4.8.2 采用除硫化进行容量复原层次

在线运行的蓄电池，按固定资产折旧应使用 8 年。实际电池使用 3 年左右，容量就降低到 80% 以下。如果按通信行业原定的在线电池容量标准，电池就应该换新，这在实际中是无法执行的。

于是许多公司就开始采用"容量复原"技术措施，使蓄电池容量提升后继续使用，这个措施的技术基础就是"除硫化"。基本方法有化学除硫化和物理除硫化两类方法，各有优缺点，但实施的结果，电池总体容量确实得到提升。有的单位误认为，电池这种容量提升可以进行多次，就像向茶杯中可以反复注水一样，这是一种误解。

这类容量的提升是要付出代价的。容量复原的价格通常是购买新电池价格的 30%，但容量复原后的使用时间很难达到 2 年。笔者也做过这方面的工作，电池实际上线使用后，半年之内由于容量不均衡性的原因，多数电池组的容量就降低到安全限度以下。容量复原工艺不能保障蓄电池稳定的质量，有其内在的工艺缺陷原因。有的容量检查验收工作，只放电 20min 就结束，然后"验收"合格。

容量复原后电池的运行质量，与电池原始损坏的程度直接相关。由于化学复原有软化极板的副作用，经容量复原后的电池，循环寿命很低，在停电频繁的地区，3 个月就会连续发生供电事故，所以这类工作难以在一个单位开展两次。

现在有一种利用脉冲波除硫化的电子除硫化器。这种除硫化技术已经在铅酸蓄电池行业电池制造中的"化成"工序普遍采用，收到很好的节能效果。根据基站电池的容量和电压设计的专用电子除硫化器，已经在许多地方使用。适度补加水后用除硫化器除硫化，可以收到较好的容量提升效果，副作用较小。但把这类装置长期挂附在蓄电池组上，没有必要也不合理。

在基站条件下电池的硫化，是长期在低保有容量条件下才会产生的。在正常浮充和维护条件下，电池不会发生硫化。

如果只把注意力放在除硫化上，制定除硫化的技术标准，制作除硫化的设备，编写除硫化的工艺，采用除硫化的措施，而不去改变蓄电池工作条件，蓄电池的硫化仍然会不间断地产生。

"不合理使用产生硫化-除硫化-不改变使用条件再次产生硫化"这是一个许多单位走不

出的质量怪圈。

4.8.3 在线容量维护层次

有了除硫化作业效果较差的经历后，认识到要解决通信蓄电池故障较多的问题，不应把注意力放在除硫化上，应把工作核心放在避免发生硫化损伤上。

这项工作是从调查蓄电池使用条件开始的。笔者用了几年的时间，对通信蓄电池的标准、规范、维护规程做了系统的调查，调查报告反复征求了通信电源的专家和行家。经过多次维护实践的验证，最终提出了"蓄电池在线容量维护技术"。

这项技术从 2009 年开始，已经在通信公司开始实施，用户得到了实际的技术效益和经济效益。凡是维护的基站，管理人员每月都得到在线电池的实际状态数据，电池的实际负载能力，单节间容量的不均衡程度，需要更换的失效单节的位置和数量。这些重要的技术状态，以前都是未知的。

"蓄电池在线容量维护技术"主要的实施工步如下。

① 建立蓄电池备品制度。在下线的蓄电池中有 30％～50％可以生成备品，蓄电池的备品在模拟基站的工作条件下保存，备品提用时检测实际容量符合使用标准。

② 给蓄电池补加水，中断电池的非使用性损坏，利用基站电源，适当调节开关电源参数，进行除硫化作业。

③ 检测每个蓄电池的保有容量，把不符合安全标准的电池用合格备品更换掉，保障蓄电池的供电能力，同时调节浮充电压，使其与保有容量合理匹配。这项工作可把事故消灭在酝酿的过程中。

④ 在并联蓄电池组中的等压点连接均压线。这项措施可避免电池的连带损坏，把电池的损坏压缩到最低程度。

这项技术的实施可给通信部门带来实际的技术和经济双效益，现在的难题是如何使决策层认识到这一点，并使其上升为标准。进行技术培训时，通常有决策权的领导不会来听，技术人员听明白了却没有决策权，回去汇报其中的道理和依据又不是几句话能说清楚的。要理解其原理并可看到其价值需要时间和实践的验证，实施维护新工艺也需要多方面配合。

提高决策层认识是必要条件之一，维护产生的效益是这项技术被采用的根本推动力。

4.8.4 维护的最高层次 TQC

电池的许多故障，是由到达用户之前的原始因素造成的。对这些因素的控制，不是现在单纯执行 YD 799 标准就可以做到的。这些原始因素有设计标准、规范、产品标准、制造工艺等多面的原因。目前电池损坏主要的原因是不合理的使用条件造成的，图 4-12 中对蓄电池损坏原因做了分析。

通信行业省公司下属的通信分公司可以决定采纳一部分基站的蓄电池调节工艺，收到的效益较小。要实施"在线容量维护技术"，就需要建立一些制度，这就需要省通信公司做出决策。要对所有的损坏因素进行有效的控制，就需要对行业的电池标准、规范做修订，对蓄电池的原始质量和设备设计上采取改进对策，这就要在集团公司和行业标准的层面上进行工作。例如一体化基站电池寿命只有一年左右，这就是设计中不合理的选型原因造成的，这个问题需要在行业标准中修订才能解决。

电池维护的最高层次是实施全面质量管理，只有做好这项工作，通信行业才能收获到蓄电池运行质量稳定提高，同时蓄电池的资金成本逐步下降的双效益。

这项技术和管理理念，可广泛用于成组使用蓄电池的 UPS、蓄电池机车、电动汽车等行业。

蓄电池在线容量维护技术实施后，产生的效益有 3 项。

① 技术效益　技术效益主要由通信部门得到，减少基站的运行故障，提高设备的可靠性，减少故障率，减少责任的追究数量和责任程度。

② 经济效益　通信部门的蓄电池的消耗量逐步降低，节约成本支出。第一部分是由减少误报废得到的。现在维护部门由于没有便捷有效的检测手段，对频繁发生供电故障的基站都是整组更换电池。实际上电池组中有一个电池发生故障后，会导致整组电池失去供电能力。笔者提供的技术可以便捷、即时、定量、无损地检测出失效单节，更换后整组电池立即恢复供电能力。第二部分是延长蓄电池使用寿命。现在通信部门的电池，由于是采用"免维护"的方式使用，使用 3 年左右，电池就发生"硫化"损伤，使电池失效。用合理的维护，即可以避免发生这种损坏，大幅度延长电池的使用寿命到 10 年左右。国际电工协会已经认识到密封蓄电池维护的重要性，在标准中已经废除"免维护"和"密封"两个词，改用"阀控式铅酸蓄电池"，这就加入了需要维护的技术含义。

按照现在使用寿命的时间，对 48V 电池系统，电池的折旧费用每个基站每个月约为 600元，维护后延长一个月，通信部门就节约电池购买费用 600 元。用其中的 80% 支付维护费用，通信部门可获得节约 20% 电池费用的效益。维护部门在通信部门获得效益的前提下才能获得效益，所以两家的合作稳定性较好。

③ 社会效益　减少能源和资源的消耗，增加就业机会。由于延长了蓄电池的使用寿命，就节约了电池制造所消耗的能源和资源，达到节能减排的效能。

4.8.5　维护效益分析

蓄电池在线容量维护技术的实施，首先需要决策层提高对阀控式铅酸蓄电池的认识，抛弃"免维护"和"质保期内免维护"的错误做法。阀控式铅酸蓄电池在线容量维护技术，包括操作工艺、硬件设备、管理软件三个方面。采用其中任何一个措施都不可能获得电池使用10 年的目标。把电池使用中动态因素造成的损坏推给电池厂承担，是不合理的思维管理方式。采用阀控式铅酸蓄电池在线容量维护技术，需从技术培训开始。通信部门首先要转变观念，应建立阀控式铅酸蓄电池不是"免维护"电池的观念，改变对电池的"免维护"做法，在维护标准和工艺两方面与维护操作方的认识一致了，就有了对话交流的技术平台，以后的配合才能默契，工作才能较顺利开展。采用"阀控式铅酸蓄电池在线容量维护"这项技术，用户可获得安全和经济双收益。

在经济方面，现有的蓄电池总支出中，全部用于更换新电池。用消灭电池的误报废技术措施，就可节约大量资金，把节约资金的一部分提出，就可支付维护费用，其中另一部分是改变管理方式直接产生的经济效益，两部分的比例大小，取决于维护的条件和电池价格的变动。维护可减少的资金支出见图 4-54。

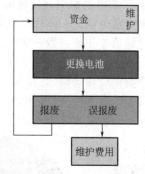

图 4-54　维护可减少的资金支出

4.8.6　避免电池误报废的扼要说明

4.8.6.1　误报废的现状

通信部门蓄电池整组更换下线后，就存放在仓库等待报废。在等待报废的库存的蓄电池中，有相当数量的蓄电池是被误报废了。

这些电池的损坏，首先是从失水开始的。电池内不能缺水，这是蓄电池电化学反应的基本条件。在反应方程式中

$$PbO_2 + 2H_2SO_4 + Pb \Longrightarrow PbSO_4 + 2H_2O + PbSO_4$$

如果左边没有 H_2SO_4，电池是不能进行反应的。许多电池由于缺水，电解液液面下降，极板的上部已经干枯，真实状态就是缺少了 H_2SO_4，这部分极板放电后已经不再参加充电反应。这是电池的第一种非正常"缺水性损坏"。解剖下线的蓄电池，都可看到这一情况。

库存等待返厂时间往往长达几年。对下线的电池，不做报废鉴定，全部堆放在仓库里，有的因为地方小，电池堆放多层，下层电池外壳被压裂的并不少见。堆放在露天状态，也是常有的事情。

对可用电池的存放，需要模拟基站工况予以保存。这是由于蓄电池有自放电问题，在静置存放期内，电池会逐步失去电量。最终由于电池在低保有容量下保存，导致极板硫化，这是加速下线电池报废的第 2 种非正常"存放性损坏"。

在每个分公司的仓库里，经常存放几百节电池等待返回电池厂。

为了减少这两种损坏，有的公司决定对库存旧电池进行一次"容量复原"，把可用的电池分离出来继续使用，这样可以挽回一些损失。

但是由于造成这种损失的源头没有解决，所以在线电池仍在损坏，新的整组下线的电池仍会不断地进入库房堆放。

4.8.6.2　认识滞后导致误报废

造成这一情况的原因是，蓄电池组中有个别单节出现故障时，蓄电池组的供电能力就大幅度下降。这是由于一级掉电的设计电压标准是 46V，电池组的标称电压是 48V，其差值只有 1 个电池电压值的 2V。当管理人员得到某基站频繁掉站信息时，电池组的内在质量情况往往就只有 1 个电池有故障，这是大多数下线电池情况。

开关电源输出电源偏低 0.2V，就会造成蓄电池组大范围容量不合格。这一点，在现有的基站巡检作业中并没有规定予以校准和用什么工艺校准。许多技术管理人员误认为开关电源与蓄电池无关，不允许蓄电池维护人员调节开关电源的参数与蓄电池合理匹配。

目前电池损坏首先是从失水开始的，500A·h 的电池根据使用的具体条件不同，每年约有 $100 \sim 250$ mL 的失水量，使不少电池到第 3 年，容量就下降到低于 80%。电池厂在 5 年蓄电池保修期内的质量承诺约定：单体出现漏液、变形、容量低于 80% 等情况，应免费更换。在一组 48V 蓄电池组中，出现漏液、变形、容量低于 80% 等情况的单体电池达到 4 个，应免费更换整组蓄电池。一体化基站电池要求质保 3 年，实际 1 年多时间，容量就不合格。如果基站蓄电池到第 4 年半，做一次质量普查，就会发生大量的索赔。由于通信公司没有条件进行容量普查，所以这种承诺很少兑现。但是由于业主认为"5 年的质保期是免维护期，维护作业后厂方不会负责质量赔偿"，在 5 年内不对电池做任何维护。结果到 5 年使用期末，电池内部已经受到深度的缺水性损伤，电池厂不应该也不会对这种损伤进行赔偿，最终造成的损失实际落到用户头上。容量复原工作都是首先是对蓄电池补加水，其原因就在这里。

电池不缺水，在合理浮充条件下，常年处于"备用"状态，而不是处于充放电的使用状态，所以一般使用 10 年时不会坏的。中心机房使用的 GMF 型蓄电池，寿命都在 15 年以上，用户常做的工作就是根据液面位置指示及时补加水。

一组已经使用 8 年的电池，经在线补加水 20 多升作业后，容量稳定后的实际数据见图 4-55 和表 4-17。

本组共管理电池 48 节，差电池共有 3

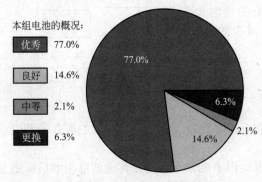

本组电池的概况：

- 优秀　77.0%
- 良好　14.6%
- 中等　2.1%
- 更换　6.3%

77.0%　6.3%　2.1%　14.6%

图 4-55　电池组的容量分析

节。本组电池类型为光宇 2002 年 9 月出厂 GFM500。优良率 91.67%，不合格率 6.25%，优秀 37 节，良好 7 节，中等 1 节。导出日期：2010 年 5 月 27 日。

表 4-17　单节电池的容量数据

电池号	容量/%	状态	电池号	容量/%	状态
1	89	优	25	91	优
2	18	差	26	86	优
3	87	优	27	56	差
4	60	良	28	74	良
5	89	优	29	87	优
6	87	优	30	89	优
7	80	优	31	75	良
8	89	优	32	67	中
9	42	差	33	87	优
10	85	优	34	82	优
11	89	优	35	86	优
12	87	优	36	87	优
13	85	优	37	89	优
14	89	优	38	73	良
15	87	优	39	87	优
16	75	良	40	88	优
17	89	优	41	89	优
18	87	优	42	87	优
19	85	优	43	89	优
20	89	优	44	82	优
21	87	优	45	80	优
22	89	优	46	87	优
23	70	良	47	72	良
24	87	优	48	89	优

这样的电池组是没有供电能力的，因为在每一串电池中，都有容量低于安全限界的电池，维护的工作就是要把这些失效单节电池更换成合格电池。

4.8.6.3　防止误报废的措施

由于阀控式铅酸蓄电池在制造初期提出内部氧循环理论后，曾采用贫液式结构，在小电池中把电解液的注入量严格控制到"一滴"的精度，所以贫液式阀控式铅酸蓄电池对失水特别敏感。随着技术的进步，为了提高阀控式铅酸蓄电池的可靠性，人们已经采用富液式结构制造阀控式铅酸蓄电池，许多电池用户并不知道这一点。

每年一次的补加水作业，可以避免电池的缺水性损坏。补加水的质量、数量、加水后的作业要求，都需要按照补加水工艺进行，否则会导致电池损坏。特别是对几年未补加水的电池，从"免维护"过渡到"在线容量维护"过程中，初次加水会不可避免地损坏一批电池，这并不是加水作业的错误，而是没有及时补加水的错。解剖损坏的电池可以看到，由于缺水脱落的物质造成的内部短路是内在原因，每年及时适量地补加合格的蓄电池用水，电池就不会发生这类损坏。

4.9　对相关标准和现行的修正建议

4.9.1　美国 IEEE 1188 标准的不足和失误

对阀控式铅酸蓄电池的维护，美国电气与电子工程师协会发布的 IEEE1188 标准，有具体的规定。这个国际标准规定的主要不足和失误如下。

① 阀控式铅酸蓄电池不能补加水，这是陈旧的观念。

② 用电导仪测量蓄电池内阻以判断电池的状态。虽然 2005 年的修订版对判断标准做了修订，但基本测量方法的失误依然存在。

③ 没有备品管理要求。下线电池全部报废会造成大量电池的误报费。

国内许多单位都是根据这个标准，提出蓄电池维护工艺。实践是检验维护工艺有效性的唯一标准，用两种工艺方法在现场都做一遍维护，放电检测效果就明白了。笔者提出的"在线蓄电池容量维护技术"，其工作效率和效能，与美国电气与电子工程师协会颁布的阀控蓄电池维护规程 IEEE 1188 相比，都超过美国标准。

4.9.2 对一些现行做法的修正建议

（1）规定测量在线电池的浮充电压　浮充电压不能表达电池的供电能力。没有规定测量状态的浮充总电压的前提条件。依据电池的浮充电压值对电池运行质量的控制是弱控制，不能防患于未然。

规定浮充电压中电池端电压差≤90mV（2V）、240mV（6V）、480mV（12V）。这个参数有自我减少的过程，且与容量无关。注意应控制容量的均衡性。

（2）对落后电池浮充电压阈值的不合理规定　在线测量电池的端电压是 2.18V 时，需要对电池进行维护。基站中 2.18V 对应的 CB 值基本是 10% 以下。当电池容量降低时，有时电压会升高，并不是容量降低电压也一定会降低。

（3）对补加水的不合理规定　"补加水会破坏电池贫液状态。补加水会破坏电池的密封状态。补加水造成了一些电池的损坏。"正是这些错误认识，造成目前电池的损坏主要是缺水引发的。

（4）对电池互换的不合理规定　规定同厂家、同规格、同年限、同容量的电池才能互换。电池互换的原则是容量相同就可以互换，基站电池的实际供电容量是保障安全的参数。执行"四不同原则"会加速电池整组报废。

（5）核对性放电检测容量的误区　规定每年一次放出 30%～40% 的容量，核对蓄电池的实际容量。忽略了电解液浓缩的干扰。得到的是偏差较大的虚假数据。

（6）用连续 3 次放电确定落后单节　在连续 3 次放电循环中电压最低的单节，就可以判定为落后单节。再一次作业中连续 3 次放电，由于作业时间长，不能纳入日常作业。如果按连续 3 年，每年 1 次放电作业，就不能把落后电池及时剔除，成为安全隐患。

（7）电导仪的规定　规定电池内阻仪检测精度是 0.001mΩ。电导仪精度为 2%。500A·h 蓄电池极板间电解液静态内阻在 50μΩ 左右。电池的内阻没有并没有固定的标准值，而是与多种因素相关的不确定值。这类仪表不能提供与容量对应的标准值。操作者没有可操作的作业依据。

（8）电池不能优先采用卧式安装　卧式安装不能使用富液式电池。应优先采用立式、沿墙、落地、一字排开方式安装，便于散热和维护。采用富液结构，对电液密度要限制。卧式安装在贫液状态是有利的。

（9）对控制柜的电压不做校准　在模拟信号转换成数字信号时会产生偏差。对电压的显示应纳入计量管理。

（10）浮充电压的范围不合理　浮充电压 1% 的波动，对应 CB 值有 15%～20% 的变化，基站有效充电电压只有 2V 左右。定值在 2.25V，总电压 54V 是合理的。现在规定在 2.20～2.27V。

（11）油机启动电池的按年限报废　油机启动一次，由积分 $I=f(t)$ 下的面积可知，大约消耗 1A·h 容量。浮充电压降低到 27V，安全标准建议为 200A 负载，4s 锁定电压 10V。在这个容量状态，可连续启动 20 次以上。

（12）要求使用电导仪测量胶体电池内阻 容量大于 300A·h 的电池，静态内阻与保有容量不相关。电导仪没有判断电池是否处于安全状态的使用标准。在富液状态，测量值会无规律跳动。

（13）没有备品管理制度 当在线电池失效时，没有合格备品。从下线电池中产生的备品，要考核结构容量 CJ 和自放电率两个指标。自放电指标按国标需要 28 天才能得出。模拟基站工况，对备品进行小电流浮充。自放电大，上线后会破坏电池组的均衡性。

（14）电池保护电压的设计偏差 现确定的 1.83V 保护电压，是按 C_{10} 设定的。由于传输电流 I 远小于 C_{10}，导致保护无效。

（15）电池组不合理并联使用 对并联电池组的充电电流均衡性没有检测表。用增加均压线的方法，可把落后电池的影响压缩到最小。

（16）使用大连体电池 超过 1500A·h 的电池，采用单体组合结构。增加了搬运、安装、更换的困难并造成连带报废。

（17）电池连接尺寸标准化 同容量的蓄电池外部连接尺寸应按统一标准，以利于互换。500A·h 和 200A·h 电池可参考铁道部标准。

4.10 提高管理者的认识是第一步

现在要实施的通信基站蓄电池维护，与以往的技术工艺不同，它不是某一特定的工艺，而是对蓄电池使用全过程的性能检测控制和容量维护技术，简称"在线蓄电池容量维护技术"。实施这项技术，需要计划、财务、技术、物资管理、运行管理部门的配合，不是单一的技术问题，最高决策者认识到维护的价值和意义，才可能组织实施。

现在基站蓄电池出现使用寿命被缩短到 50% 以下的问题，不是单一因素造成的，也不是单靠维护就能解决的，这需要从电池的选型、组合结构、上线后维护、备品电池管理等方面，采取综合措施，才能达到预期目标。这个目标是电池故障引发的事故降低到"0"，电池使用寿命延长到 10 年以上。

这就需要业主的配合，业主首先要认识到问题出在哪里？需要采取哪些对策？现在能采取哪些措施？实施全面质量管理需要做哪些制度和标准上的准备？这些问题，需要一次深度的技术交流。没有业主的配合，代维公司只能做外围修补性维护，不能根治其故障的产生根源。

下面对 3 个突出的问题，说明业主提高认识的重要性。

4.10.1 不合理并联

基站采用不合理的蓄电池并联结构，造成蓄电池串的单边发热和损坏，单靠更换电池是无法稳定在线运行质量的。为什么并联结构会引发电池损坏？现在全国为什么会普遍采用这种错误并形成设计规范？业主认识到深层的原因后，要对在线电池改造其结构，就需要额外费用，对新装电池，业主只要提出要求，不需要增加成本，就可完成。

4.10.2 补加水

阀控式铅酸蓄电池运行中电解液的水分是逐步散失的，统计数据是 500A·h 的电池每年耗水 250mL。由于缺水，到第 4 年，电池的容量就衰减到报废限界。这是电池的特性决定的，与电池是否有充放电循环无关。由于缺水，使蓄电池的充放电循环使用价值无法发挥出来。在现有的标准中，却没有补加水的规定。加什么水？如何加？加多少？如何避免加水后电池损坏？业主知道这些问题，就会允许维护人员开展补加水的作业。

4.10.3　有效的检测工艺

　　现在更换电池都是整组进行的，在合理使用条件下，10 年内其中只有 1～2 个电池失效，并非全部损坏，整组更换电池造成的浪费可想而知。为了发现落后电池，移动公司曾推广"内阻检测仪"，这是国际电工协会 IEEE1188 号标准推荐的检测方法，实践证明的是低效能的工艺方法。这种方法的原理什么？为什么是低效的？我们采用高效的检测方法是什么？业主得到我们的检测数据能说明哪些性能？当发生掉站退服事故时，如何认定责任？

　　这些问题，对在线蓄电池的运行质量至关重要，没有电源管理工程师层面认识的提高和工作配合，维护人员是无法单独完成的。

　　蓄电池的性能变化，是个缓慢电化学反应的过程，以上的几个问题，不是几个基站做个试点，就能全部看清楚的。

　　所以，要有效开展在线蓄电池容量维护，需要与地区分公司电源管理工程师做一次深度技术交流。根据当地的具体情况，可采取更换个别失效电池，短时间就可以收到恢复电池组的供电性能的技术效益。

━━━ 本章小结 ━━━

　　① 现在备用电源中的蓄电池，其实用价值远远没有发挥出来。

　　② 通信电源蓄电池相关的一些标准和流行做法，导致了蓄电池的提前报废。

　　③ 蓄电池在线容量维护技术不但可以延长蓄电池的使用寿命，而且把蓄电池的故障消灭在酝酿的过程中，增加了通信设备的可靠性。

　　④ 实施维护技术并不增加蓄电池总经费的支出。

　　⑤ 对蓄电池的全面质量管理是解决蓄电池问题的根本方法。

第 5 章

锂离子电池的原理、结构和使用

本章介绍

锂离子电池由于单节电压高，质量比能量和体积比能量都高于铅酸蓄电池和镍氢电池，所以其应用范围在迅速扩大。锂离子电池的缺点是"娇气"，一次过充电或一次过放电都会造成锂离子电池的彻底损坏。本章介绍了锂离子电池的基本原理和使用条件，为合理使用锂离子电池做了知识准备。

5.1 锂离子电池简介

随着各种电子仪器、电动工具等电子工业产品以及航空航天工业的迅速发展，对可充电池的要求越来越高。这些要求主要包括以下几点。

① 比能量高，即单位质量的电池输出的能量高，或者说重量轻。

② 能量密度高，即单位体积的电池输出的能量高，也就是体积要小。

③ 单体电压高，电压高可以减少串并联带来的问题，也可以提高输出能量和输出功率。

④ 充放电功率大，即要求电池能在最短的时间内充电，同时也能具有良好的大电流负载性能。

⑤ 自放电率低。

⑥ 无重金属污染。

⑦ 循环寿命长。

传统的铅酸蓄电池和镍镉电池比能量都比较低，并且都含重金属（铅、镉），铅酸蓄电池不适合深度充放，镍镉电池具有明显的记忆效应，因此，传统电池很难满足迅速发展的各种用电器具的要求。

金属锂具有最负的电极电位，并且具有很小的原子量，因此，用锂作为电池的负极可望得到最高的电压和很高的比能量。正因为如此，锂离子电池的研究得到了广泛的关注：从20世纪70年代开始，一次锂离子电池就开始商品化生产，这种电池除具备比能量高、电压高的特点外，还具有自放电率很低的特点，年自放电率<2%，一次锂离子电池的成功发展，人们对可充电的锂离子电池寄予了厚望。

锂离子电池分为两大类：不可充电的锂离子电池称为一次性电池；不可充电的锂-二氧化锰电池是以锂为负极，以二氧化锰为正极的电池，其电解液为有机质。同锌锰干电池相比，其最大的特点是电压为锌锰干电池的2倍。但自放电极小，年自放电小于2%。正常储存期是锌锰干电池的2～5倍。一次性电池多为纽扣式，可充电的锂离子电池称为二次电池，如锂-聚苯胺电池。两类电池的主要品种见表5-1。

表 5-1　锂电池的分类概况

名　称	结构	型　号	标称电压/V	容量/mA·h	类别
锂-二氧化锰	纽扣式	CR####	3.0	28～800	一次性
	柱式		2.8～3.2	750～1250	

名　称	结构	型　号	标称电压/V	容量/mA·h	类别
锂-亚硫酰氯	柱式	ER＃＃＃＃	3.6	900~13000	
锂离子	纽扣式	LIR＃＃＃＃	3.6	20~110	可充电
	方形	LIS＃＃＃＃＃＃	3.7	600~1000	

说明：型号后面的"＃"是电池的外观尺寸，柱式的前 2 位是直径，后 2 位是高度；方形的分别是厚（单位 0.1mm）、宽（单位 mm）、长（单位 mm），各用 2 位数。

另一种不可充电锂离子电池是 $Li-SOCl_2$，即锂亚硫酰氯电池，金属锂是阳极材料，它的熔点是 184℃，在熔化状态极其活泼，液体亚硫酰氯是阴极材料，它的沸点是 78℃，这种电池的工作温度不能超过 150℃，不适合在高温下长时间保存。目前这种电池主要以小功率的形式生产，大功率的电池安全性尚不能满足要求。

锂离子电池的发展阶段如下。

从 20 世纪 80 年代开始，人们开始深入研究可充电锂离子电池，但是，这种电池的研究遇到了两个很大的困难。第一是锂电极的可充性能很差，由于锂在充电过程中容易与溶剂反应生成保护膜，这样就会影响锂离子电池的充电效率和寿命。第二是锂枝晶容易造成短路，引起电池安全问题，而且锂的熔点只有 178℃，一旦有金属锂析出，电池就可能发生爆炸、燃烧的事故。

20 世纪 80 年代末期，国外曾经批量生产过锂二次电池，这是一种用锂做负极，二硫化钡做正极的电池，但是这种电池在使用过程中发生了安全性问题，致使产品被召回，这一事件宣告了金属锂可充电池的终结。

为了解决锂可充电池遇到的问题，有两种改善途径被广泛研究，一种是用锂合金或嵌锂化合物取代金属锂作为负极，另一种是用固态电解质取代液态的电解质，从而可以从根本上解决锂离子电池的安全性问题。第一种方法研究的材料包括锂铝合金、硅合金、碳等化合物，这些材料虽然在质量比能量方面比金属锂低得多，如金属锂的比容量为 3800A·h/kg，而碳的比容量只有 372A·h/kg，但是由于金属锂的可充性差，实际上往往需要过充 4 倍以上电量才能获得较好的循环性能。

在研究中发现，合金材料充放电过程中体积膨胀太大，因此循环性能很差，而碳材料在充放电过程中却十分稳定，正是由于对碳材料的电化学嵌锂行为的大量研究，导致锂离子电池的迅速发展。

1992 年，日本 Sony 公司首先开始批量生产锂离子电池，这种电池使用有机化合物的裂解产物硬碳作为负极材料，用层状钴酸锂作为正极材料，在充放电过程中，锂离子在正负极层间穿梭，对电池材料的结构影响很小，因此具有非常好的循环性能。电池的电压为 3.6V，正好是镍镉电池的 3 倍，因此具有较好的可替换性。当时生产的 18650 型号的电池容量只有 1100mA·h。这种产品被大量地应用于笔记本电脑中。

Sony 公司的成功刺激了日本其他企业对锂离子电池的开发热情，从 1992 年开始，三洋、松下、日本电池、东芝等企业相继投产锂离子电池，到 1998 年，仅仅 5 年时间，日本生产的锂离子电池的年销售额就已经超过了铅酸蓄电池的销售额，成为可充电电池中销售额最大的品种。

在产量迅速攀升的同时，锂离子电池在技术上也取得了很大的进步。这种进步主要是由于在碳材料和电解液的研究上取得了较大的进展。石墨材料开始应用于生产过程中，如三洋公司采用改性的天然石墨作为负极材料，不仅成本大幅降低，而且电池容量得到很大的提高，到目前为止，市场上 18650 电池的容量基本都是 2200mA·h 以上了。另外，方形电池逐步取代柱式电池，成为市场的主流产品。

在液态锂离子电池迅速发展的时候，全固态电解质的研究却遇到了很大的困难，经过近20 年的研究，固体电解质的电导率仍无法满足实用化的要求。只有在高温的情况下才能获得比较满意的电导率。为了解决这一问题，Bellcone 公司在 1994 年发明了一种新的电池制造工艺，其核心内容是加入液态电解液与固态电解液形成胶态，以改进固体电解质的导电能力。另外，这种电池采用铝塑材料包装取代金属外壳。Bellcone 公司声称这种电池可以随意变形，并且可以做得很薄，安全性也有改善。

Bellcone 公司的概念被美国、欧洲等许多电池企业接受，并开始对此项技术实施产业化。但是，经过很多年的研究，虽然对此技术有很大改善，这种技术在产业上却很不成功。一个很大的问题是这种技术造成电池的短路比例很大，成品率很低，另外，电池的低温性能和大电流负载能力也比较差，安全性方面也一直存在争议，但是 Bellcone 公司的技术在铝塑包装这一点上的确是很吸引人的，这样可以轻易地实现薄形化，而这正是锂离子电池的发展方向之一。

日本 GS 和东芝公司借鉴了铝塑包装的优点，直接采用液态电池的制造工艺，仅仅更换成铝塑包装，这样也可以实现薄形化，并且保留了液态锂离子电池的优点。这种电池被称为 ALB（advanced lithiumion battery）。

日本 Sony 公司和三洋公司采取了另一种途径，其核心内容是通过物理或化学方法使电解液在装入电池后形成胶体，仍然使用液态电池的隔膜，这样可以解决短路问题，但同时也保留了胶体电解质带来的好处，这种技术目前也已经开始批量生产。

不管以上几种聚合物电池怎么发展，其真正的优势在于外形薄形化。由于胶态电解质仍然含有液体电解质，因此，有关安全性的问题，内部是否需要改善一直存在争议。但采用薄膜包装后电池不会爆炸，最多只会燃烧。

工业和信息化部、国家发展和改革委员会、科学技术部、财政部联合于 2017 年 2 月 20日发文，对电动汽车使用的锂离子电池提出质量攻关目标要求有以下几项。

（1）产品性能大幅提升　到 2020 年，新型锂离子动力电池单体比能量超过 300W·h/kg；系统比能量力争达到 260W·h/kg、成本降至 1 元/（W·h）以下，使用环境为 -30～55℃，可具备 3C 充电能力。到 2025 年，新体系动力电池技术取得突破性进展，单体比能量达 500W·h/kg。

（2）产品安全性满足大规模使用需求　新型材料得到广泛应用，智能化生产制造和一致性控制水平显著提高，产品设计和系统集成满足功能安全要求，实现全生命周期的安全生产和使用。

（3）产业规模合理有序发展　到 2020 年，动力电池行业总产能超过 1000 亿瓦时，形成产销规模在 400 亿瓦时以上、具有国际竞争力的龙头企业。

（4）关键材料及零部件取得重大突破　到 2020 年，正负极、隔膜、电解液等关键材料及零部件达到国际一流水平，上游产业链实现均衡协调发展，形成具有核心竞争力的创新型骨干企业。

（5）高端装备支撑产业发展　到 2020 年，动力电池研发制造、测试验证、回收利用等装备实现自动化、智能化发展，生产效率和质量控制水平显著提高，制造成本大幅降低。

5.2　锂离子电池工作原理

锂离子电池（Li-ion）是由锂电池发展而来的。所以在介绍锂离子电池之前，先介绍锂电池。锂电池的正极材料是锂金属，负极是炭。锂在元素周期表中处于活泼金属的前列，并且具有重量轻、比能量高等优点。但金属锂的极活泼性也成为锂电池的致命缺陷。在锂电池的基础上，锂离子电池应运而生，它不仅继承了锂电池的优点，而且，锂不再是以金属态存在，而是以 Li^+ 的化合态存在，大大增加了电池的安全性。磷酸铁锂电池就是这种电池。

锂离子电池所涉及的物理机理，目前是以固体物理中嵌入理论来解释的，嵌入是指可移动的客体粒子（分子、原子、离子）可逆地嵌入到具有合适尺寸的主体晶格中的网络空格点上。电子输运锂离子电池的正极和负极材料都是离子及电子的混合导体嵌入化合物。

磷酸铁锂电池正极材料采用磷酸铁锂，呈橄榄石结构。负极采用层状石墨，呈六边形结构。负极也可以采用金属锂，但是负极采用金属锂容易发生锂阳极的钝化和枝晶穿透问题，所以工业产品的锂离子电池中不采用锂作为负极。这样既保持了锂离子电池高容量、高电压等许多优点，还大大提高了电池的充放电效率和循环寿命，电池的安全性也得到了较大的改善。电解液目前主要采用含有六氟磷酸锂的碳酸乙烯酯、碳酸甲乙酯等有机溶剂组成的混合溶液。

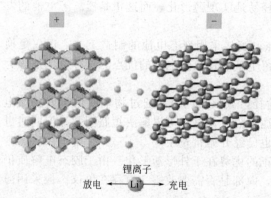

锂离子

放电 ←— Li —→ 充电

图 5-1　锂离子电池的原理示意

在本质上磷酸铁锂电池仍然是通过电能和化学能之间的变化来存储能量的。在锂离子电池的充放电过程中，锂离子处于从正极→负极→正极的运动状态，其正负极上的所发生的电化学反应如图 5-1 所示。锂离子电池的两极就像一把摇椅，摇椅的两端为电池的两极，而锂离子就像运动员一样在摇椅来回奔跑，所以锂离子电池又叫摇椅式电池。

因此在正极上充电过程中伴随着锂离子的离去，正极材料磷酸铁锂被氧化成磷酸铁。铁的变价（$Fe^{2+} \rightarrow Fe^{3+}$）产生了电池的电压，同时溶液中的锂离子被还原，并与负极石墨材料生成锂碳合金。锂离子电池的原理示意如图 5-1。

充电后 Fe^{2+} 变成了 Fe^{3+}，正极处于 $FePO_4$ 状态。

$$LiFePO_4 - e == FePO_4 + Li^+$$

Li^+ 进入电解液，在电场力的作用下向负极运动。

Li^+ 运动到负表面，吸收一个电子。

$$Li^+ + e == Li$$

得到电子的同时，Li 嵌入负极基体材料碳的六边形层结构 C_6 中，生成 LiC_6。

$$Li^+ + C_6 == LiC_6 - e$$

此时电池将电能变为化学能。

放电时，负极生成的锂碳合金分解，锂元素以锂离子的形式进入溶液，而溶液中的锂离子与正极的磷酸铁反应生成磷酸铁锂，此过程中化学能变为电能。

把两个反应式合并为

$$6C + LiFePO_4 \underset{放电}{\overset{充电}{\rightleftharpoons}} LiC_6 + FePO_4$$

从结果上看是在充放电过程中，锂离子通过电解质在正负极之间发生嵌入和脱出的往复运动。电池充电时，锂离子从正极材料中脱出，穿过电解液和隔膜向负极迁移，外电路中电流流向正极，电子流向负极，到达负极后与溶液中扩散来的锂离子以及石墨材料反应生成金黄色的锂碳合金。电池放电时，锂碳合金分解成石墨、锂离子和电子。外电路中电流流向负极，电子流向正极，与磷酸铁以及溶液中扩散来的锂离子重新生成磷酸铁锂。

锂离子在单位时间里迁移的数量，决定着电池的充放电性能。锂离子迁移的总量，决定着电池的容量。

由于充放电时正负极的物质有变化，不同物质密度有差异，会表现为极板的膨胀和收缩。磷酸铁锂电池充满电时，正极体积收缩 6.8%，刚好弥补了碳负极的体积膨胀，所以循环性能良好。这种电池的正极板是橄榄石结构，这种结构主体是由三角形组成，这类结构的物理强度最稳定。其中所有阳离子与 P^{5+} 通过强的共价键结合形成 Fe-O-P。即便是在全充电态氧原子也很难脱出，提高了材料的稳定性和安全性，即使在大量锂离子脱嵌时，材料的结晶结构也不塌陷。不难理解，与铅酸蓄电池相比，锂离子电池充放电反应时由于没有生成新的化合物，晶体结构变化小，极板的微观结构稳定，所以循环寿命远高于铅酸蓄电池。

在负极的表面形成一层很薄的 SEI（固体电解质中间相）膜，这种膜具有半透膜的性质。这种膜能保护负极被电解液腐蚀，这种膜在第一次充电就生成了。这种膜的厚度、致密度和稳定性也就直接影响到电池的寿命。

正极是三元复合材料的锂离子电池，是指由镍（Ni）、锰（Mn）和钴（Co）三种材料组成的复合材料，三者组合的比例约为 5∶3∶2。材料的压实密度为 3.4g/cm^3，每克容量达到 150mA·h。纯净的锰酸锂克容量为 120mA·h，用三元材料 70% 和纯净锰酸锂 30% 混合，制造的锰酸锂电池，其电化学性能超过纯净的锰酸锂电池，综合性能可以达到较好的水平，纯净的锰酸锂电池由于锰溶解，锰在正负极之间是变价离子，造成自放电较大，电压下降较快。和一元材料比较，具有成本低、环境友好、物理结构稳定、循环性能好、电池容量高的优点，已经被广泛采用。

5.3 锂离子电池的优缺点

5.3.1 优点

（1）工作电压高 单体电池的工作电压高达 3.2～3.8V。磷酸铁锂电池的工作电压，按 3.2V 计算，较为可靠。

（2）比能量大 目前能达到的实际比能量为 100～115W·h/kg 和 240～253W·h/L（2 倍于 Ni-Cd 电池，1.5 倍于 Ni-MH 电池），未来随着技术的发展，比能量可高达 150W·h/kg 和 400W·h/L。

（3）循环寿命长 锂离子电池的循环寿命明显高于铅酸蓄电池，磷酸铁锂电池一般均可达到 2000 次以上，甚至 3000 次以上。对于小电流放电的电器，电池的使用期限将倍增，增加了电器的竞争力。电池在深度充放电时，对电池的伤害较大，对长期使用的锂离子电池，放电深度控制在 80% 的 DOD 较为合适。

（4）安全性能好 无公害，无记忆效应，锂离子电池中不含镉、铅、汞等对环境有污染的元素。Ni-Cd 电池存在的一大弊病为"记忆效应"，严重束缚电池的使用，但锂离子电池不存在这方面的问题。

（5）自放电小 室温下充满电的锂电池储存 1 个月后的自放电率为 10% 左右，大大低于其他碱性电池，与阀控式铅酸蓄电池相当。

（6）内阻小 蓄电池的内阻，主要是电流回路中的非金属物质造成的。铅酸蓄电池的内阻受控于硫酸溶液的电阻，锂离子电池的内阻受控于有机电解质。由于锂离子电池的正负极间距是铅酸蓄电池的 1/200～1/100，所以电解液的内阻值远小于铅酸蓄电池。

钴酸锂类型材料为正极的锂离子电池不适合用作大电流放电，过大电流放电时会降低放电时间（内部会产生较高的温度而损耗能量），并可能发生危险；但现在生产的磷酸铁锂正极材料锂离子电池，可以以 20C 甚至更大的大电流进行放电。

由于锂离子电池金属极板的间距通常为 0.01mm，远小于铅酸蓄电池的 1～2mm，所以锂离子电池的静态内阻和动态内阻都远小于铅酸蓄电池。在充放电时效率较高，在1C电流条件下，效率在90%以上，这是铅酸蓄电池难以做到的。

例如100A·h的锂离子电池，当保有容量在30%状态下，在200A负载条件3s末的动态内阻只有同容量铅酸蓄电池的1/6~1/5。所以大电流放电性能较好，这个特性，有利于提高电动汽车的启动加速性能。

（7）可快速充电　与铅酸蓄电池相比，可实现快速充电。通常单个电池的循环寿命试验，都是用1C的电流进行的。组装成电池包后，由于散热的难度增加，充电率要适当减小。

5.3.2　缺点

① 电池成本较高。主要表现在$LiCoO_2$/$LiFePO_4$的价格高，电解质体系提纯困难。

② 单节电池需要专用的BMS配套的管理系统。

a.过充保护　电池过充将破坏正极结构而影响性能和寿命；同时过充电使电解液分解，内部压力过高而导致漏液等问题，故必须在最高限压4.1~4.2V下充电。

b.过放保护　锂离子电池一次过放电会导致活性物质恢复困难，造成电池永久性损坏，这给长时间的仓储带来困难。

③ 电池回收再利用比较困难。由于其中有多种金属，分离和净化的技术难度大，报废电池的环保处理成本远比铅酸蓄电池困难。

④ 任何储藏有能量的器件，短时间释放全部能量时，就是爆炸。锂离子电池与其他电池相比，发生火灾和爆炸的概率要高。电池中的能量，以20A·h锂离子电池为例，储存的能量是

$$3.6V \times 20A \cdot h = 72W \cdot h = 259.2kJ$$

每克TNT炸药含4.20kJ的能量，即一个20A·h的锂离子电池仅存储的电能相当于61.7g TNT炸药的能量。以上计算还未计电解液燃烧所含能量，以及正极活性物质分解的能量。

5.4　锂离子电池失效机理

5.4.1　正常失效

锂离子电池充放电的化学反应原理虽然很简单，然而在实际的工业生产中，需要控制的工艺参数较多，如正极的材料需要添加剂来保持多次充放的活性；负极的材料需要在分子结构级去设计以容纳更多的锂离子；填充在正负极之间的电解液，除了保持稳定外，还需要具有良好导电性，减小电池内阻等。

虽然锂离子电池很少有镍镉电池的记忆效应（记忆效应的原理是结晶化），在锂离子电池中几乎不会产生这种反应。但是，锂离子电池在多次充放后容量仍然会下降，其原因是复杂而多样的。主要是正负极材料本身的变化，从分子层面来看，正负极上容纳锂离子的空穴结构会逐渐塌陷、堵塞；从化学角度来看，是正负极材料活性钝化，出现副反应，生成稳定的其他化合物；从物理角度来看，还会出现正极材料逐渐剥落等情况，总之最终降低了电池中可以自由在充放电过程中移动的锂离子数目。

5.4.2　过放电失效

电池如果被不受保护地过度充电和过度放电，将对其正负极造成永久的损坏，从分子层

面看，可以直观地理解，过度放电将导致负极碳过度释出锂离子而使得其片层结构出现塌陷，过度充电将把太多的锂离子硬塞进负极碳结构里去，而使得其中一些锂离子再也无法释放出来。过度充电会使正极板的 Cu 电镀到负极碳上，破坏负极结构。如图 5-2 所示就是过放电损坏的负极照片，从照片可看到暗红色的铜充斥在黑色的碳之间。

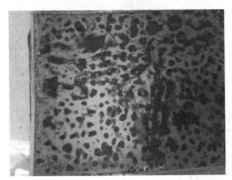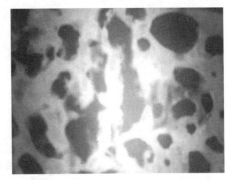

图 5-2　锂离子电池过放电负极损坏

通常控制 2V 电压为放电下限，脉冲放电限制到 5C 电流，30s 以内。恒流放电用 3C 电流，到 2V 截止。

放电工作限制在 −20～60℃，充电电流限制在 0～45℃。

锂离子电池要比铅酸蓄电池"娇气"，合理工作条件比较严格，这也是锂离子电池为什么通常配有充放电控制电路的原因。

5.4.3　过充电失效

过充电时，电池的负极上会聚集过充的锂离子，生成的游离状态锂和碳发生电化学反应，生成"碳化锂"，这不但会破坏负极碳的微观结构，而且金属锂会析出，形成晶枝。晶枝刺穿隔板，就会发生微短路，最终导致电池失效。

所以要严格控制充电电压，使每一个电池充电时都不发生过充电。单节最高充电电压限制在 4.10V 是合理的。

5.4.4　高温失效

不适宜的温度，如 80℃ 的环境温度下，将会引发锂离子电池内部其他化学反应，生成对电池有害的化合物，电池会因不能承受而被不可恢复地损坏。电池反应生成的 Li_xC_6 与电解质发生反应的温度是 120℃。为了防止发生热损伤造成事故，锂离子电池也会根据被应用的领域做一些性能调整，如在正负极之间设有保护性的温控隔膜或电解质添加剂，在电池升温到一定的情况下，复合膜膜孔闭合或电解质变性，电池内阻增大直到断路，电池不再升温，确保电池充电温度正常。

在通信设备的使用上，有人认为锂离子电池可以工作在高温环境下，取消空调的设置，是一种错误的认识。在一体化基站的设备上，采用锂离子电池，就有夏季高温造成电池早期失效的问题。

所谓"热失控（ther runaway）"，是指单体电池放热连锁反应引起电池自温升速率急剧变化，不可逆，引起过热、起火、爆炸现象。热失控扩展（thermai runaway propagation）是指电池包或者电池系统内的单体电池，或者电池模组单元热失控，并触发电池系统中相邻或其他部位的动力电池的热失控的现象。如图 5-3 所示为清华大学公布的某款常见材料的锂离子动力电池的热失控机理分析。可以看到热失控发生时，各种材料相继发生热化学反应,放出大量的热量,形成链式反应效应,使得电池体系内部温度不可逆转快速升高。链式反应过程中,电解液气化及副反应产气造成电池体系内压力升高,电池喷阀破裂后,可燃气体被点燃,发生燃烧反应。单体电池的热失控特性表现为其组成材料反应热特性的叠加。

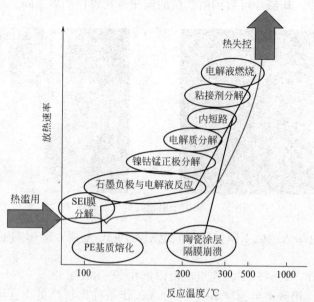

图 5-3　清华大学公布的某款常见材料的锂离子动力电池的热失控机理分析

5.4.4.1　热失控的诱因

热失控的诱因包括机械诱因、电诱因和热诱因,如图 5-4 所示。以上诱因可单独或者结合引发热失控。

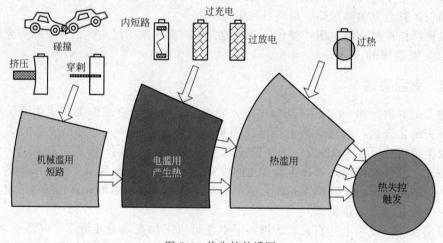

图 5-4　热失控的诱因

机械诱因的典型事例是汽车底盘被路上凸起物刺穿,或发生碰撞后短路引发火灾。

电诱因的典型事例是过充电引发的火灾,在低温条件下充电也容易造成过充电事故。

热诱因是指在运行中,动力线连接松动使得系统产生高温,引发火灾。

电动汽车高压系统进水浸泡可引发热失控,电动公交车在大雨后的积水中浸泡一段时间后着火。

以上热失控的诱因是直接可观的，除此之外，对于使用中的电动汽车有一个生命周期安全性问题，比如使用一段时间的电动汽车再无任何触发事件情况下会发生由电池部件的热失控引发的自燃。

5.4.4.2　热失控机理

在外部诱因作用下，经过演变过程，电池事故将会进入"触发"阶段。进入到触发阶段后，锂离子动力电池内部的能量将会在瞬间集中释放，此过程不可逆且不可控，即热失控。热失控的电池发生剧烈升温，在高温下可以观察到冒烟、起火与爆炸等危险现象。

当然，从广义的"安全性"的定义来看，电池安全事故中，也可能不发生热失控。比如电池发生碰撞事故后并不一定发生热失控，而电池组绝缘失效造成人员高电压触电，电池漏液产生异味造成车载人员身体不适等情况下，电池也不会发生热失控。在动力电池的安全设计当中，以上情况都需要考虑。而热失控则是安全事故最常见的事故原因，也是锂离子动力电池安全事故特有的特点。

大量的实验现象表明，热失控后的电池不一定会同时发生冒烟、起火与爆炸，也可能都不发生，这取决于电池材料发生热失控的机理。如图 5-5 所示为某款锂离子动力电池绝缘热失控实验中的温度与电压曲线。

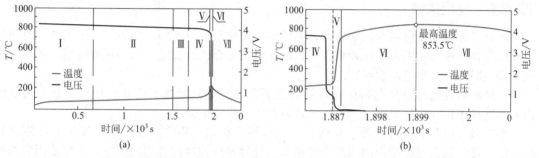

图 5-5　某款锂离子动力电池绝缘热失控实验中的温度与电压曲线

根据其热失控温度变化的特征，将热失控过程分为 7 个阶段。在不同阶段，电池材料发生不同的变化，图 5-6 通过一系列的图片解释了各个阶段电池材料的变化情况。

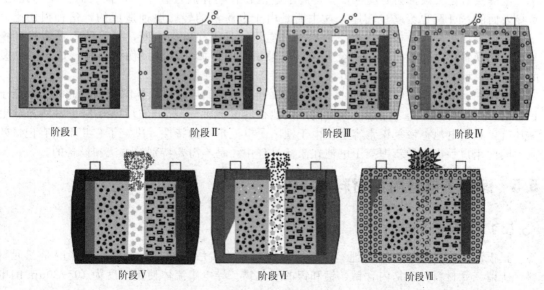

图 5-6　某款三元锂离子动力电池热失控不同阶段的机理示意

在阶段Ⅰ，电池温度已经上升到失效温度。在阶段Ⅱ，电池内部有气体产生，外壳已经变形，并有少量液体放出。在阶段Ⅲ，温度继续上升，有较多气体排出。在阶段Ⅳ，电池内部已经发生剧烈的放热反应。在阶段Ⅴ，已经开始冒烟，如果电池内部温度低于正极集流体铝箔的熔化温度660℃，电池正极涂层就不会随着反应产生的气体喷出，此时观察到的是白烟；而如果电池内的温度高于600℃，正极集流体的铝箔熔化，铝是可以在氧气中燃烧的，电池正极涂层随着反应产生大量的气体喷出，此时观察到的是黑烟。对于起火的情况而言，热失控事故中的起火一般是由于电解液及其分解产物被点燃造成的。所以从阶段Ⅱ开始，从安全阀喷漏出来的电解液就有可能被点燃起火。从燃烧反应的三要素可燃物、氧气、引燃物来看，可燃物即是电解液；氧气在电池内部存在不足，因此电解液需要泄漏出来才会发生起火；引燃物可能来自电池外短路产生的电弧，也可能来自热失控时，高速喷出的气体与安全阀体摩擦所产生的火星。对于爆炸的情况而言，爆炸一般表现为高压气体瞬间扩散造成的冲击。电池内部具有高压气体聚集的条件，而安全阀则是及时释放高压聚集气体的关键。安全阀如能在电池壳体破裂之前开启，并释放足够多的在热失控过程中产生的高压气体，电池就不会发生爆炸；安全阀如不能及时开启，就可能发生爆炸事故。

在整个发生爆炸的过程中，电池的电压并没有出现高压的尖峰。

5.4.5　备用失效

锂离子电池维护使用的备用电池，其管理与铅酸蓄电池不同，锂离子电池不能长时间处于高保有容量状态，因为在这种状态下，电池的正极会因自放电，失去所有电量，使端电压低于安全限界，发生自发性损坏。

一种解释是电池如果在高保有容量状态下存放，负极上的SEI膜会增厚，就会使电池内部的锂离子传导增加困难。导致电池内阻增大，容量下降。

作为通信设备的备用电源，长期处于"待用"状态，要注意防止电池发生非使用性损坏。所以作为备用电源使用的锂离子电池组，其容量应控制在合理的范围，不应沿用铅酸蓄电池的标准，使电池长期处于浮充状态，因为在浮充状态，电池会处在100%的保有容量。这需要综合控制电池单节数量和选择合理浮充电压两个参数，使电池的保有容量控制在75%左右。

电解液对正负极都会有腐蚀性。锂离子电池在长期存放过程中，正极表面会发生钝化，负极表面的SEI膜也会逐步增厚。这主要是由于电解液的轻微腐蚀造成的，这种损伤是处于不停顿缓慢扩大中。如果进行一两次充放电，这种损伤就会中断，损失的容量会得到恢复。再次静置存放，这种损伤又会开始。如果长时间存放，这种损伤就会发展成不可恢复的。这是一种非使用性损坏，这方面目前尚缺乏定量的数据分析。

在使用锂离子电池中应注意的是，电池放置一段时间后则进入休眠状态，此时容量低于正常值，使用时间亦随之缩短。但锂离子电池很容易激活，只要经过3～5次正常的充放电循环就可激活电池，恢复正常容量。由于锂离子电池本身的特性，决定了它几乎没有记忆效应。因此用户手机中的新锂离子电池在激活过程中，是不需要特别的方法和设备的。

5.5　锂离子电池内部材料

5.5.1　正负极材料

正极活性物质一般为钴酸锂、镍钴锰酸锂材料或磷酸铁锂，现在使用最多的是三元材料。所谓三元材料，就是内含钴、锰和镍的氧化物。导电集流体使用厚度为$10\sim20\mu m$的电解铝箔。

负极活性物质为石墨，其微观结构有层状的和球形的两类，球形结构的机械强度较好，在充放电过程中空间结构不易发生塌陷，锂离子的吸纳和吐出需要的空间结构较稳定。导电集流体使用厚度为 $7\sim15\mu m$ 的电解铜箔。

现在一般选用六氟磷酸锂（$LiPF_6$）做锂盐，在复合有机溶剂中溶解，形成电解液。

由于锂离子电池采用有机电解液，电池意外的高温会导致电解液燃烧，甚至由于体积突然膨胀，导致爆炸。

为了防止这类事故发生，在电解液中添加阻燃剂是个有效的方法。阻燃的途径是添加剂可以吸收电解液中高温产生的易燃成分，使其成为高燃点的物质，切断温度恶性上升的循环，避免在过热条件下，发生事故。

5.5.2　隔膜

隔膜的作用是将正负极隔离，防止内部短路并使锂离子通过。

透气性是隔膜的一个重要指标，透气性越好则锂离子透过隔膜的通畅性越好，隔膜电阻越低。它是由膜的孔径大小及分布、孔隙率、孔的形状及孔的曲折度等各因素综合决定的。曲折度低、厚度薄、孔径大和孔隙率高都意味着透气性好，隔膜电阻低。但是孔隙率并不是越高越好，孔隙率越高，其力学性能将受到影响。大多数锂离子电池隔膜的孔径在 $0.01\sim0.1\mu m$ 之间，孔径小于 $0.01\mu m$ 时，锂离子穿过能力太小；孔径大于 $0.1\mu m$，电池内部枝晶生成时电池易短路。孔隙率在 30%～50% 之间，厚度一般小于 $30\mu m$。实际应用的隔膜厚度为 $16\sim40\mu m$，空率为 40%～50%，孔径在 $0.03\sim0.10\mu m$ 之间较合适。这些指标与铅酸蓄电池相比，有很大的不同。阀控式铅酸蓄电池的厚度为 2mm，空率为 80%，孔径在 $1\mu m$ 以上。从这种差别可以理解，锂离子电池的内阻远小于铅酸蓄电池，所以作为动力电池，启动型大电流放电性能明显优于铅酸蓄电池。

隔膜的特性是可以使离子导通，但没有直接的电子流通。隔膜的厚度均匀性包括纵向厚度均匀性和横向厚度均匀性。其中横向厚度均匀性尤为重要。一般均要求控制在 $+1\mu m$ 以内，厚度现已可以控制在 $+0.5\mu m$ 以内。隔膜的拉伸强度与制膜的工艺相关联。采用单轴拉伸，膜在拉伸方向上与垂直方向强度不同；而采用双轴拉伸时，隔膜在两个方向上一致性会相近。一般拉伸强度主要是指纵向强度要达到 100MPa 以上，横向强度不能太大，过大会导致横向收缩率增大，这种收缩会加大锂离子电池厂家正、负极内部短路的概率。抗穿刺强度是指施加在给定针形物上用来戳穿隔膜样本的质量，用它来表征隔膜在装配过程中发生短路的趋势。因隔膜是被夹在凹凸不平的正、负极片间，需要承受很大的压力。为了防止短路，所以隔膜必须具备一定的抗穿刺强度。经验上，抗穿刺强度值在 11.8kg/mm。透过性能可用在一定时间和压力下，通过隔膜气体的量的多少来表征，主要反映锂离子透过隔膜的通畅性。隔膜透过性的大小是隔膜孔隙率、孔径、孔的形状及孔曲折度等隔膜内部孔结构综合因素影响的结果。隔膜在电解液中应当保持长久的稳定性，不与电解液和电极物质反应。

隔膜的一个基本特性要求有自动关闭功能，就是当电池处于超过合理工作的高温时，隔板能起到阻断电流的作用，使电池不至于发生燃烧之类的事故。但是这种功能的作用不是可逆的，一旦发生一次，损失的容量就是永久的损失。复合隔膜的阻断温度大约为 140℃。

自动关断保护性能是锂离子电池隔膜的一种安全保护性能，是锂离子电池限制温度升高及防止短路的有效方法。隔膜的闭孔温度和熔融破裂温度是该性能的主要参数。闭孔温度是指外部短路或非正常大电流通过时所产生的热量使隔膜微孔闭塞时的温度。熔融破裂温度是指将隔膜加热，当温度超过试样熔点使试样发生破裂时的温度。由于电池短路使电池内部温度升高，当电池隔离膜温度到达闭孔温度时微孔闭塞，阻断电流通过，但热惯性会使温度进一步上升，有可能达到熔融破裂温度而造成隔膜破裂，电池短路。

近年来发展起来的 PP/PE 双层膜和 PP/PE/PP 三层隔膜，就融合了 PE 的低熔融温度和 PP 的高熔融破裂温度两种特性，成为目前研究开发的热点。多层隔膜既提供了较低的闭孔温度，同时在 PE 膜闭孔后 PP 层仍保持其强度，从微孔闭塞到隔膜熔融破裂之间温度范围宽，安全性比单层膜好。

电池内部的实际温度，用户难以测到，如果把温度传感器安置在电池极柱上，测量的偏差最小，如果安置在其他地方，实际偏差与工作条件相关。

锂离子电池对隔膜强度的要求较高。电池中的隔膜直接接触有硬表面的正极和负极，而且当电池内部形成枝晶时，隔离膜易被穿破而引起电池微短路，因此要求隔离膜的抗穿刺强度尽量高。

在锂离子电池中，目前使用的 PEO/锂盐复合体系，当温度升高到 120℃ 以上时，复合体系软化，失去机械强度和支撑作用，锂离子电池发生短路。另外，柔软的嵌段共聚物在高温下不够稳定，这两个因素使得锂离子电池的使用温度都在 150℃ 以下。

基于上述考虑，北京大学范星河教授/沈志豪副教授及其团队成员成功研发出一种双亲性含刚性聚合物侧链的嵌段共聚聚合物刷。由于该聚合物刷侧链之间较大的排斥力，提高了嵌段间的相互作用参数，有利于共聚聚合物刷自组装，因此提高了微相分离结构的稳定性。这种含 PEO 的聚合物刷在高温下也能保持原有的自组装结构，有利于提高聚电解质的稳定性。

该含刚性聚合物侧链的双亲嵌段共聚聚合物刷的锂盐复合体系，在高温下具有高的离子传导率，有望解决目前市场上使用的锂离子电池的安全隐患等问题，可大大提高电池的安全性，应用于火箭、卫星或者飞行器等需要承受高温场合的高温下使用的锂离子电池。

研究结果表明，采用含刚性侧链的双亲性嵌段共聚聚合物刷的锂盐复合体系，制备的离子电池的锂离子传导率随着温度的增加而增加，在 200℃ 时的离子传导率为 1.58×10^{-3} S/cm，达到了目前文献报道的含 PEO 的固态聚电解质离子传导率最高水平，有希望应用于高温锂离子电池中的固态聚电解质。该研究成果具有巨大的产业化前景，并有望改变现有锂离子电池产业格局。

5.6 锂离子电池两种结构

5.6.1 软包结构

锂离子电池的结构有两种，其中一种是软包式。其结构是卷绕式，如同做花卷一样，把正极、隔膜和负极材料卷成一体，用铝塑复合膜封装，如图 5-7 所示。这种工艺，可制成容量为 20A·h 以下的单体软包装电池，再把这种软包装电池组合成大容量电池，封装在硬塑

图 5-7 软包电池的结构

料壳体中。超过 20A·h 的软包电池，由于几何尺寸的限制，封口不容易密封，所以软包电池的容量上限都是 20A·h。由于防护和连接上的要求，软包电池不能直接使用，用软包单体并联组成的单个电池，容量通常都在 200A·h 以下。

5.6.2 圆柱结构

锂离子电池的另一种结构是圆柱式，如图 5-8 所示。

圆柱电池已经标准化，有 32650、26650、22650、18650、18500、18490、18350、16340、14650、14500 和 14430 这些规格，其中 18650 和 26650 两种规格被采用的数量最多。

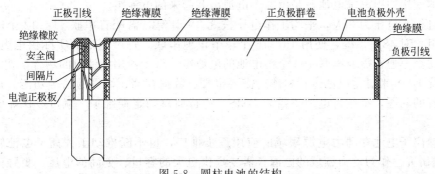

图 5-8　圆柱电池的结构

对 18650 电池内部构件，实际测量值是极片长度 650mm，宽度 56mm，测量正极厚度 0.125，负极厚度 0.125mm，隔膜宽度 60mm。

目前在电动汽车上使用锂离子电池，国内有两个技术路线：一是磷酸铁锂电池，能量密度水平高的在 140W·h/kg，水平低的在 95W·h/kg，电池组的能量密度差别比较大，大致在 90～120W·h/kg；二是三元材料电池，能量密度水平高的在 210W·h/kg，水平低的在 140W·h/kg。

电动汽车的电池组循环寿命要求 1500 次以上。

5.7　锂离子电池组保护电路

单体锂离子电池一般都带有管理芯片和充电控制芯片。其中管理芯片中有一系列的寄存器，存有容量、温度、ID、充电状态、放电次数等数值。充电控制芯片主要控制电池的充电过程。锂离子电池的充电过程分为两个阶段，恒流快充阶段和恒压电流递减阶段。恒流快充阶段，电池电压逐步升高到电池的标准电压，随后在控制芯片下转入恒压阶段，电压不再升高，以确保不会过充，电流则随着电池电量的上升逐步减弱到 0，而最终完成充电。电量统计芯片通过记录放电曲线（电压、电流、时间）可以抽样计算出电池的电量。

锂离子电池与铅酸蓄电池不同，在使用过程中需要专门的电路对其保护，使其在充电过程中不发生过充，在放电过程中不发生过放。如图 5-9 所示是单体锂离子电池的保护电路。

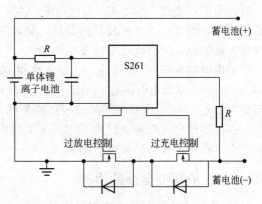

图 5-9　单体锂离子电池的保护电路

手机里使用的就是单节锂离子电池。在电池的端面有一块电路板，对电池进行保护。如果电路发生了故障，电池使用一次就损坏了。

从图 5-9 中可见，控制充放电的两个场效应管是从被保护的电池取得驱动电压的，如果因为控制极电压低而不能开通，电池就不能工作。适当提高充电电压，通过限流电阻给控制管一个驱动电压，强制开通场效应管，电池就可能进入工作状态。这就是常说的"激活"。如果电池内部发生了实质性损坏，是无法"激活"的。

手机的备用电池，合理的使用方式是轮番使用，不要把备品电池长期存放，防止由于长期自放电会使蓄电池失去全部电量，这会给蓄电池造成非使用性损坏。

笔记本电脑使用的锂离子电池，是由 3 个电池串联起来的电池组。保护电路要复杂一些，笔记本使用的锂离子电池，是由 6 个电池串联起来的电池组。

电动自行车电压为 36V，平均工作电压按 3.2V 计算，需配置串联 11～12 个电池的锂离子电池组。对 48V 系统，使用 15～16 个单节电池串联，每个电池的实际供电电压按 3V 计算。电动汽车通常需要串联 100 个蓄电池的电池组。对于使用电池组的场合，就需要蓄电池管理系统 BMS 来对蓄电池进行检测，需要报警、数据存储、数据通信等功能。这是锂离子电池特有的问题，铅酸蓄电池不需要 BMS，进行简单的定期维护，就可以保障电池组良好状态。

随着锂离子电池在动力电源领域的应用逐步推广，也不断推动了锂离子电池管理系统（BMS）的研究。作为动力领域的电源，需要提供更大的容量、更高的电压、更强的输出功率，这就需要电池不仅需要能在数十千瓦级的功率型放电，而且还要通过串并联的方式来增加电池容量，提高电池组电压。

与电池单体的保护相比，经过串并联后的电池组的保护难度更加复杂。针对电池组控制而研究出的电池管理系统，不仅要控制电池在安全的电压、电流、温度条件下工作，还要处理好各单个电池间的均衡、功率放电、能量分配等技术问题。

由于石油能源危机逐步临近，新能源的应用是摆在人们面前急需解决的课题。随着动力型锂离子电池及电源管理系统的技术研究不断推进，锂离子电池在电动汽车等动力领域的迅猛发展必将成为现实。

5.8 锂离子电池的安全使用

5.8.1 影响安全的机理

在正常情况下，充电时正极由 $LiCoO_2$ 变为 $Li_{0.5}CoO_2$，负极由 C_6 变为 LiC_6。在过充电的作用下，正极产生了 CoO_2，负极产生了 $LiC_6 + Li_6$ 这样的物质。负极产生的锂是很强的还原剂，锂可以产生树枝状的晶枝，刺破隔板，遇到很强的氧化剂二氧化钴，发生短路，放出大量的热，使有机电解质发生燃烧。

采用磷酸铁锂（$LiFePO_4$），安全性得到较大改进。磷酸铁锂电池正极的原始状态是 $LiFePO_4$，正常充电时和过充电时都为 $FePO_4$；负极原始状态是 C_6，正常充电和过充电时都变为 LiC_6。由于没有内部晶枝短路的条件，电池的可靠性大大增加了。

一次过放电就会造成锂离子电池永久性损坏，主要是过放电会把负极导电的铜镀到正极晶格上，破坏正极存储锂离子的能力。

5.8.2 提高安全性的措施

① 设计时负极容量大于正极容量，在过充电时不会产生游离态的锂。

②　使用时确保不发生过充电。充电机的输出电压应有多重保护，防止保护失效时把整组电池充坏。快速充电的安全限界很难掌握，通常不要采用快充的方法恢复容量。

③　电池组合时，要留有散热空间，圆柱电池的外皮不能紧贴在一起。电池在充放电时，总要发热，电流越大，发热量越大，散热条件不好，就会直接影响电池的寿命，甚至发生事故。一个锂离子电池充电 40％放到冰箱里冷藏可以保存十年，但是一台插电使用的笔记本电脑，如果持续不断地在加热的情况下使用，寿命通常只能维持 12～18 个月。这很好说明了，锂离子电池对温度是很敏感的，若发现笔记本电脑使用一年之后，电池续航能力大为降低时，多半就是以上原因引起的。

5.8.3　个人锂离子电池的安全使用

个人使用锂离子电池的地方，最多的是手机、笔记本电脑、电动工具和玩具。这些锂离子电池，容量较小，但是不合理的使用，也会发生危险。

5.8.3.1　充电器不是绝对安全的

通常的充电电池都设有保护电路，一旦出现过电压、过电流等情况对电池造成损伤时，保护系统会自动识别，由大电流变为小电流，这样电池就会停止充电，所以不会引起起火爆炸。

但也有个别电池厂家出于价格等方面的考虑，可能没有设计保护电路，有保护电路也会有失效的时候，在这种情况下长时间充电，电池内部便容易发生反应，产生大量的热和气体，从而发生起火、爆炸事故。

充电结束后，要拔下充电器的电源。

也发生过在充电状态下使用手机发生人身触电死亡的报道，充电器一旦发生短路故障，220V 的电压就会进入手机，造成触电事故。

5.8.3.2　合理使用手机和笔记本电脑

使用手机时，从安全角度，应注意以下几个问题。

①　电池爆炸的诱因是高温造成内部短路。

不要长时间用手机通话，长时间通话不仅会造成手机电池发热，同时也会造成手机内部电路及听筒发热，如果这时你刚好用的是伪劣电池，极易引发爆炸。

2007 年 6 月 19 日，位于甘肃省金塔县双城镇的营盘铁选厂 22 岁的电焊工肖××作业时，手机电池突然爆炸，导致其肋骨断裂并刺破心脏而死亡。那天中午，当地气温较高，肖××戴着面罩作业时，其装在胸前衣兜里的手机突然一声巨响，肖××倒在了血泊中，其被送往医院经抢救无效死亡。警方勘查现场并进行尸检后认为，肖××是由于手机电池在高温下发生爆炸，被炸断的肋骨刺破心脏身亡的。

②　在充电时尽量不要打电话。

在充电时，手机电池会产生热量，这时再继续用它打电话，那么热量就会快速提升，很容易引发危险。手机充电时电压高于待机时，如果同时进行其他操作如通话等，电压会超过平时很多倍，容易使内部零件受损。而且不合格的充电器、手机电池，可能会因为设计缺陷、散热不好等原因，由于过热而有爆炸的危险。因此，在手机充电时，不要拨打电话。

③　不要将话机挂在胸前或贴身。

将手机挂在胸前虽说是一种个性的展示，但却不是明智的做法，如果手机炸了会直接伤和胸部和面部。最好不要放在牛仔裤的兜里，一旦发生危险，将直接伤害身体。应尽量将手机放在包里。

④　多用耳机接听电话，最好是有线耳机（蓝牙耳机也是用锂离子电池的）。

耳机接听电话既可以减少辐射，同时也能避免因手机爆炸而带来的面部伤害。有线耳机因为无电池，更安全些。

⑤ 一定不要将手机压在枕头下或者被窝里等散热不好的环境里充电；在床上使用笔记本电脑也要注意适配器和电脑的底面要有较好的散热条件。

⑥ 在任何情况下，都不得拆卸或解剖电芯，因为拆卸和解剖电芯可能会导致内部短路。

⑦ 在使用说明书上，有时会看到"新机的锂离子电池需要进行 2～3 次 12h 的彻底充电"这样的要求。对于锂离子电池来说，这是完全不必要的。这种"前三次充电要充 12h 以上"明显是从镍镉和镍氢电池延续下来的说法。所以这种说法，可以说一开始就是误传。

锂离子电池和镍电池的充放电特性有非常大的区别，过充和过放电会对锂离子电池，特别是液体锂离子电池造成巨大的伤害。锂离子电池充电最好按照标准时间和标准方法充电，特别是不要进行超过 12h 的超长充电。

⑧ 新电池必须进行"激活"，但不需要特别地对它进行长时间的充电。

在使用锂离子电池中应注意的是，电池放置一段时间后则进入休眠状态，此时容量低于正常值，使用时间也随之缩短。但锂离子电池很容易激活，只要经过 3～5 次正常的充放电循环就可激活电池，恢复正常容量。由于锂离子电池本身的特性，决定了它几乎没有记忆效应。因此使用者中的新锂离子电池在激活过程中，是不需要特别的方法和设备的。

5.9 用锂离子电池替换铅酸蓄电池和镍镉电池的技术问题

(1) 电压匹配 很多通信设备采用 12V 的电压，使用 10 个串联的镍镉或镍氢电池，而锂离子电池只能是用 3 个串联成 10.8V 或用 4 个串联成 14.4V，与 12V 系统不能兼容。如能扩大原有 12V 系统的电压范围，把电压范围从 10～15V 扩大到 10～17V，就可以适应锂离子电池的使用。

在电压兼容的情况下，有时可采用串联二极管的方法降压，每个二极管按降压 0.7V 计算，可以将充电机输出电压调节到所需电压。

(2) 电池几何尺寸匹配 很多通信设备原来是以镍镉或镍氢电池作为设计基础的，因此，只考虑了镍镉或镍氢电池的标准化问题。锂离子电池大多使用方形电池，并且有保护电路，因此，针对不同的产品需设计不同的结构和尺寸，这样不利于标准化，也增加了锂子电池的开发成本。

(3) 蓄电池管理系统 锂离子电池和铅酸蓄电池和镍氢电池相比，比较"娇气"。在使用的过程中，必须严格控制其充电的上限电压和放电的下限电压，才能使电池的使用价值充分发挥出来，这种控制通常被称为能源管理系统。如果没有这个管理系统，锂离子电池组实际是不能正常使用的。

手机使用的锂离子电池和笔记本电脑使用的锂离子电池，都有这个管理系统。市场上廉价的充电机，由于电压控制的精度差，会把电池过充，使电池受到不可恢复的伤害。检查充电机上限电压时，应在电池充足电时，测量其恒定电压。

在通信行业使用的锂离子电池，适用于通信基站，特别是在微基站上的使用。由于锂离子电池的体积比能量高于铅酸蓄电池，所以比较容易用锂电池替换铅酸电池。但是由于要增加锂电池管理系统，所以管理维护的技术程度较复杂。

5.10 锂离子电池的充放电特点

① 充电应采用第一阶段恒流，电压上升到 4.1～4.2V 转恒压。采用转恒压充电，可使电池保有容量提高 30%。

② 锂离子电池的可用容量为标称容量的 85%（一般为 100%，除非终止电压太高或放

电电流太大)。

③ 锂离子电池放电时第一次循环的放电容量远小于充电容量。这是因为在第一循环放电过程中,碳电极电位从开路电位(约 3.0V)降到 0.7V 的过程中主要是表面基团和溶剂的电化学还原。只有当电势降到锂碳化合物的热力学电位(约 0.7V 以下),才开始锂的嵌入反应。由于表面基团和溶剂的还原为不可逆过程,随着充放电循环,溶剂的还原在碳表面生成较厚的钝化膜,有效地阻止溶剂进一步还原,而锂离子却可以透过这层电子绝缘膜进行电化学嵌入、脱出反应。所以,从第二周循环开始,充放电效率迅速接近 100%。

第一次循环在电池出厂前已经完成,因此用户不用担心此问题。

锂离子电池与镉镍电池、镍氢电池相比,其优点十分明显见,见表 5-2。

表 5-2　锂电池与镉镍电池、镍氢电池性能对比

项目	镉镍电池	镍氢电池	锂离子电池
工作电压/V	1.2		3.6
质量比能量/(W·h/kg)	50	65	100~160
体积比能量/(W·h/L)	150	200	250~300
循环寿命/次	500		可以达到 1000 次
−20℃容量/25℃	60%		90%
工作温度/℃	−40~60		−40~80
自放电/%·月	25~30		可充电的小于 10%
记忆效应	有		无

锂离子电池的性能指标和测试条件见表 5-3。

表 5-3　锂离子电池性能指标和测试条件

项目	指标	条　件
额定容量		$0.2C_5$ 放电,终止电压 2.75V
大电流容量	不小于 $0.9C_5$	放电电流 $1C_5$,终止电压 2.75V
额定电压	3.7V	$0.2C_5$ 放电时的平均电压
放电终止电压	2.75V	
充电电压	4.2V	
额定充电时间	5h	充电电流 $0.5C_5$
快速充电时间	2.5h	充电电流 $1C_5$
充电温度	0~45℃	
放电温度	−20~60℃	
容量保持能力	不小于 88%	23℃±3℃存储 1 个月,用额定容量检测
循环寿命	不小于 300 次	

方形锂离子电池和扣式电池快速充电要求是,用 1C 的电流恒流充电到 4.2V,时间大约 50min。在 4.2V 转恒压充电,共充电 2h 即可。充电曲线如图 5-10 所示。

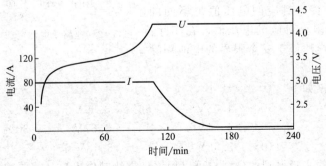

图 5-10　充电曲线

锂离子电池在过充电时会使金属锂析出，这是电池发生爆炸的根本原因。因此，用于给锂离子电池充电的专用充电机应有良好的防过充电功能。当一组锂离子电池串联充电时，必须保证每一个单节电池都不发生过充，这才是安全的。

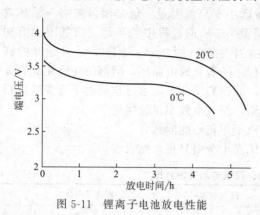

图 5-11　锂离子电池放电性能

锂离子电池由于内阻小于同容量的铅酸蓄电池，所以在放电时电压较平稳，如图 5-11所示。

锂离子电池放电下限的实际有效工作电压为 2.7V，电池在工作电压下降到低于 2.7V时，由于电池的动态内阻已较大，其端电压下降很快，这时电池已没有实际的供电能力。考虑到检测电路的偏差，电池停止工作的下限电压可在 2～2.5V 之间选取。有的手机电池下限电压为 2.2V。

电池的放电深度越深，循环寿命越短，表 5-4 是一组锂离子电池的试验数据。

表 5-4　锂离子电池寿命和放电深度的关系

放电深度/%	100	50	20
循环次数/次	350	1000	2800
单次放电时间/h	2	1	0.4
累计放电时间/h	700	1000	1120

从表 5-4 可知，用 20% 的放电深度，与 100% 放电深度相比，工作寿命延长了 60%。把电池电量消耗完再充电是不合理的使用本方法。

5.11　锂离子电池空载电压技术含义

在通常的使用条件下，维护作业中使用万用表测量蓄电池是最方便的，作为初步判断电池的优劣有一定的可信度。锂离子电池空载电压与 CB值的关系见图 5-12。

从图 5-12 中可以看出，电池的容量在 0～100% 的范围，空载电压的变化范围只有 0.6V。在日常的工作中，可以粗略地理解为 0.1V 的变动，会对应 20% 容量变化。对在不同的使用条件下，允许电池最低容量对应的电压值是不同的，用户记住这个安全限界对应的电压值，在实际排除故障操作时，把电压低于安全限界的电池剔除，会有很大的便利。

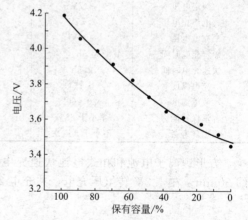

图 5-12　锂离子电池空载电压与 CB 值的关系

图中的对应数据如下。

100%　4.191V	90%　4.08V	80%　3.99V	70%　3.9V
60%　3.82V	50%　3.74V	40%　3.67V	30%　3.61V
20%　3.56V	10%　3.52V	0　3.48V	

数据是用以下的实验得到的。用户可以用这个方法制作出自己需要的曲线，并找到特征

电压值。

操作步骤和流程顺序于下。

① 取 5 个经分容工序后的单体 18650 电池，结构容量按本批次的中间值选定，记录其结构容量。

② 测量万用表用 3 位半的数显表，放电装置为恒流放电。

③ 试验程序表见 5-5。

表 5-5　锂离子电池空载电压与保有容量的测试记录

序号	内容	记录每个电池的 U 值					说明
1	测量每个电池的电压/V	4.189	4.191	4.192	4.191	4.192	原始状态
	放出 10% 的容量						电池内还有 90% 的容量
	静置到电压恢复稳定值			206s			
	测量每个电池的电压/V	4.063	4.064	4.063	4.064	4.064	
2	放出 10% 的容量						
	静置到电压恢复稳定值			206s			电池内还有 80% 的容量
	测量每个电池的电压/V	3.992	3.994	3.992	3.993	3.993	
3	放出 11% 的容量						
	静置到电压恢复稳定值			206s			电池内还有 69% 的容量
	测量每个电池的电压/V	3.92	3.921	3.921	3.921	3.921	
4	放出 10% 的容量						
	静置到电压恢复稳定值			206s			电池内还有 59% 的容量
	测量每个电池的电压/V	3.835	3.835	3.836	3.835	3.836	
5	放出 10% 的容量						
	静置到电压恢复稳定值			207s			电池内还有 49% 的容量
	测量每个电池的电压/V	3.732	3.736	3.735	3.732	3.733	
6	放出 10% 的容量						
	静置到电压恢复稳定值			206s			电池内还有 39% 的容量
	测量每个电池的电压/V	3.664	3.663	3.664	3.664	3.665	
7	放出 10% 的容量						
	静置到电压恢复稳定值			207s			电池内还有 29% 的容量
	测量每个电池的电压/V	3.627	3.626	3.627	3.627	3.627	
8	放出 11% 的容量						
	静置到电压恢复稳定值			206s			电池内还有 18% 的容量
	测量每个电池的电压/V	3.591	3.59	3.592	3.591	3.592	
9	放出 10% 的容量						
	静置到电压恢复稳定值			207s			电池内还有 8% 的容量
	测量每个电池的电压/V	3.524	3.523	3.527	3.525	3.528	
10	放出 8% 的容量						
	静置到电压恢复稳定值						电池容量为 0
	测量每个电池的电压/V	3.461	3.462	3.462	3.463	3.462	

实验用的电池是河南安阳金钟电池厂的18650三元电池，为完全新品电池。

关于开路电压表达的技术含义，下面介绍两个实验。

实验1：电压与容量之间的关系验证

本次的实验对象是已经使用过一段时间未进行充电的电池，其结构容量都为2000mA·h。从中随机选取了80个18650型电池，旨在通过测量电压来迅速判断电池的容量状态。

测量的数据绘制成图，从图5-13可以看出，测量数据具有分散的特性，但是仔细观察就会发现，数据在电压 $U \in (3.65, 3.8)$ V，容量 $C \in (1.0, 1.8)$ A·h 的范围内比较集中，这些电池在其正常的使用寿命范围内。而容量小于1A·h的电池数目有5个，这几个值称为离群值，占比为6.3‰，所对应的电压分别为3.384V、3.525V、3.579V、3.613V、3.708V，这些电池应是弃之的，其中有3个电池的电压低于3.65V，电压为3.708V的电池所对应的容量为979.1mA·h，接近1A·h，处于临界报废状态。

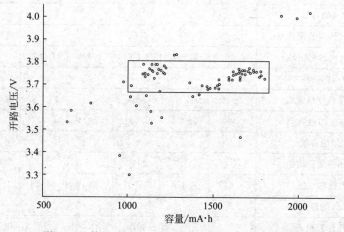

图5-13 静置已久电池的开路电压与保有容量关系

其中有3个电池，电压大于3.8V，容量大于1.8A·h，这类电池的存电量是充足状态。

有9个电池，电压虽然小于3.65V，容量却大于1A·h，如果以3.65V作为电池报废的临界值，这些电池也是报废的对象，这样的话误差率为11.3%，而这9个电池中有6个电池的容量是处于临界容量的状态，也就是说处于报废的边缘，加上前述电压为3.708V，应该报废而没有弃之的电池，真正的误差率仅为5%。

综上所述可知，我们可用测量电池电压这种最简便快捷的方法来判断电池的保有容量时，要知道可能存在的偏差范围。在3.7～3.8V范围内，保有容量会在1100～1800mA·h范围波动。在小电流供电条件下，这些电池都是可用的。

实验2：锂离子电池电压恢复实验

1.目的

在充电和放电后，锂离子电池需要一段时间，电压才能恢复到稳定值。在没有恢复到稳定值之前，测量得到的值会误导用户，做出不符合实际的判断。究竟需要多少时间，电压才能恢复到稳定值，需要验证。

2.实验设计

① 取15个单体电池，每3个一组，共分成5组，标号为1、2、3…14、15，先将这5组充满的电池进行放电实验，分别放出的容量为30%、50%、70%、90%、100%，测量每

组电池放电结束后电压多长时间可以稳定，然后将所得的每组数据取平均值。

② 将 1 中 5 组电池全部放电，然后分别充入 10%、30%、50%、70%、100% 的容量，测量充电结束后电压的恢复情况，将每组电池的数据进行平均取值。

3. 结论

从图 5-14 中可以看出，不论是充电之后，还是放电之后，锂离子电池的电压基本都会在 5min 内稳定，并且这和充放电的深度是没有关系的，所以在以往资料中锂离子电池充放电后要静置 24h 是没有必要的。

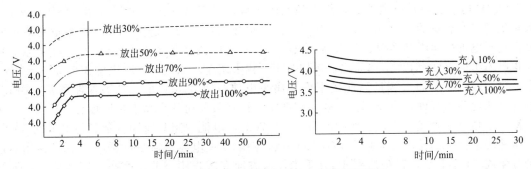

图 5-14　电池在充电和放电后电压恢复的时间

5.12　锂离子电池组合中的点焊质量

单体锂离子电池在组合的过程中，要使用点焊机，焊接质量的控制是一项重要的工作。理解焊接过程，有助于控制焊接质量。

点焊机是利用短时间的大电流热效应，把连接点的金属熔化，使得两片金属连在一起。

通常镍带的焊接质量，是用撕开镍带的方法检验的。如果焊接良好，两片金属被熔化连接，在焊接点应有镍带被撕裂的状态。

如图 5-15 所示是镍带在电池正极上的焊接。在焊接过程中，焊针与镍带，镍带与上盖都有接触电阻，分别用 R_1、R_2、R_3 和 R_4 表示。焊接过程电流的热效应中的能量分配，取决于 $R_1 \sim R_4$ 的大小。

如果焊接的是导线，就有被焊接的两种材料温升相差较大的问题。当导线直径在 0.2mm 以下时，由于导线重量轻，热容量就较小，焊接时温升较高，致使导线晶体结构变化，原本柔软的导线会变脆。

双点焊接的焊针位置与焊接质量直接相关。如果焊针都在镍带上，电流是在 4 个电阻上分配。焊接电流有两个分支，第一个是流经 R_1-AB-R_3，第二个是流经 R_1-R_2-CD-R_4-R_3，显然，第二分支电流是有效焊接电流。

如果有 1 个焊点落在位置 3，就减少了一个接触电阻，电流就会增大许多，表现出火花明显增大。单点焊接就没有这个问题，单点焊接就是上下两个焊针对接，每个焊点的焊接质量比较一致。在有条件的时候，尽量采用单点焊接。

在修复电池时，原有的焊接疤需要清理干净，如果没有清理干净，焊接时大电流会单独从上部流通，会把镍带烧损。

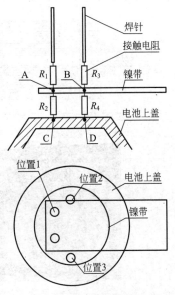

图 5-15　点焊机的焊接质量

镇江齐宏科技的 PQ05-2A 点焊机的热量分配有 4 个控制条件：焊针压接时间是保障 R_1 和 R_3 降低到最小；焊接时间是调节热量的传输时间；输出焦耳热是控制点焊过程中总的输出能量；电压调节是控制变压器的输出电压。通过 4 个参数的调节，可以确定合适的工艺。

5.13 螺纹连接的圆柱锂离子电池

由张贵萍先生研制的螺纹连接的大容量高能量密度锂离子电池，已获得多项技术发明和实用新型专利，安全性能高，制造中在极片涂有固态电解质或陶瓷涂层，技术上与小容量的 18650 圆柱电池和软包电池相比，都有独到的优势，对于替代国内外（日本、韩国、美国）大量生产的小容量的 18650、21700 等产品具有很强的竞争力。螺纹连接的大容量高能量密度锂离子电池成组组装简单、效率高、成本低（一个电池相当于小容量的 20～30 个电池），使得电池组的 BMS 管理结构简化，例如对于一辆乘用车，采用 18650 电池需要 5000～7000 个，采用螺纹连接的大容量高能量密度锂离子电池只需要 300 个，对于管理系统（BMS）则容易实现简单管理，高效率。实联长宜淮安科技有限公司的产品能量密度已大于 320W·h/kg，放电率可达到 10C，工作温度为 −40～70℃，电池内阻只有同容量其他电池的 50%。正常使用条件下三元电池循环寿命为 1000 次，磷酸铁锂电池达到 2000 次。质保期乘用车达到 8 年或 20 万千米，客车达到 40 万千米，这方面在客户中（北方客车、宇通重工、依维柯、舒驰等）都得到有效认证和认可。公司设立完善的售后服务部，通过定期定点为客户进行合理化、科学化的维护和保养。

这种电池结构技术特别有利于 10A·h 以上大容量电池的制造。

螺纹连接的圆柱电池命名规则是 5 位数，前两位是圆柱直径 ϕ，后三位是圆柱的长度（不包含螺纹的尺寸），单位为 mm。现在的规格有 60280，容量为 60～85A·h；60180，容量为 30～60A·h；46180，容量为 20～30A·h；32100，容量为 10～20A·h。这种电池的优点是连接方便，组合过程无需焊接，与方形电池相比，散热条件好，外形边界见图 5-16。两端的固定连接，是用塑料制成的骨架连接成蓄电池组的。如图 5-17 所示螺纹连接电池组，是宇通牌纯电动扫路车中的组成箱体之一，其尺寸为长 790mm×宽 470mm×高 305mm，采用 30 串 2 并的组装方式连接，标称容量为 140A·h，标称电压为 96V。一种螺纹连接电池组的端面结构见图 5-18。

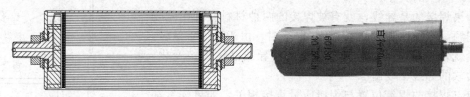

图 5-16 螺纹连接电池的外形边界

图 5-17 螺纹连接电池组

图 5-18 一种螺纹连接电池组的端面结构

几种电池的螺纹结构见表 5-6。

表 5-6　几种电池的螺纹结构

规格	内螺纹	外螺纹	螺纹规格	螺纹长度/mm
46128	√	√	M6×1	
46160	√	√		5
46180	√	√		
60180	√			7
60280	√			7
60180		√	M12×1.25	14
60280		√		14

注："√"表示已有的结构。

5.14　卡座连接的圆柱锂离子电池

在圆柱电池组合时，需要焊接连接的镍带或铜板。在电池正极焊接还比较容易，在电池的负极焊接，就比较困难。主要是负极的底面有电解液存在，电池焊接的热传递，会加热电解液。由于电解液的冷却作用，也影响焊接质量。如果焊接电流偏大，会直接损坏电池。焊接后的电池包，如果发现其中一个单节损坏，更换时拆卸的辅助工作量较大，更换后需要专用的点焊机焊接，维护成本高。

焊接结构固有的这些缺点，引发了卡座式结构的组合方式。这种组合方式是使用图 5-19 所示的塑料构件为基本单元，在二维方向进行拼接，组成任意数量的串并联结构，以适应不同的空间和电池组的需求。组合时把图 5-19 中的构件 b 装入构件 a 中，圆柱电池从上方压入卡座，利用构件 b 环周的 8 个弹性片压在圆柱电池的外壳负极上，承担电池的负极连接。圆柱电池的外部绝缘皮，要去掉约 10mm 一段。电池的正极从卡座的下方装入卡座，与弹性片焊接，完成电池的串联组合。在另一种单元结构中，弹片是 12 个，弹片越多，导电点越多，接触电阻越小。一种电池卡座的边界尺寸是边长 21.5mm×直径 18mm×高度 19mm。这种组合的接触电阻，实验证明电流在 0.5C 的范围内，与焊接结构没有差异，适用于电动车辆使用。

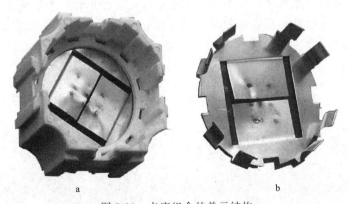

a　　　　　　　　　　　　　　　b

图 5-19　卡座组合的单元结构

一个电池串的结构如图 5-20 所示。这个电池串是用 8 个单节圆柱电池串联组成的，如图 5-20(a) 所示，组合的整体电池串分别从正负极引出连接线，其端面的导电带串联结构见图 5-20(b)。

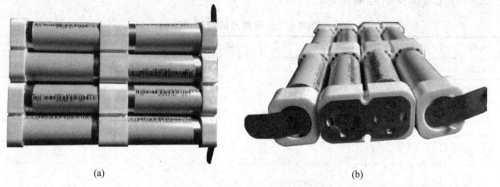

(a)   (b)

图 5-20   一个电池串的结构

这种组合的优点是负极不点焊，电芯内部无损伤，负极独有接触方式，抗振性好。串并联连接片接触面积大，可满足大电流放电，对电池组进行 1C 放电，正负极的温度基本一致。这种组合单元体可拆卸，维护比较方便，组合时虽然人工成本低，但组合单元成本要高于焊接的结构成本。

图 5-21   一个 5 并 10 串的电池组

这种组合结构，电池间有 1mm 缝隙，有效地解决了电池散热问题，电池组使用寿命大幅提高。如图 5-21 所示是一个 5 并 10 串的蓄电池组。附有保护板，容量是 $10A \cdot h$，标称电压是 36V，用于电动自行车。

本章小结

① 锂离子电池的缺点是与铅酸蓄电池相比，比较"娇气"，如果没有使用条件的合理控制，其优点就会被"价格高"的缺点所掩盖。

② 锂离子电池的"管理系统"是个独立于蓄电池组之外的电子组合部件。

③ 用锂离子电池组替换现有的铅酸蓄电池组，需要配套解决浮充电压的匹配和单节电压的检测问题。

第 6 章

电动汽车蓄电池合理使用与维护

本章介绍

乘用电动汽车分两大类:一类是使用铅酸蓄电池的低速电动汽车,车速在80km/h,续行里程在80km左右,这类车辆的蓄电池使用问题,在第7章讨论;另一类是使用锂离子电池作动力电池,这类车辆速度在100km/h以上,续行里程达到300km以上,本章主要介绍这类电动汽车上蓄电池的合理使用技术。

6.1 电动汽车电池的选型

6.1.1 铅酸蓄电池

铅酸蓄电池虽然质量比能量不如锂离子电池,低温性能不如碱电池,但它是最容易与市场接轨的,这主要是使用成本低、制造的铅材料可回收重复循环使用这两个突出特点,使得碱电池、锂离子电池、锌空气电池、镍氢电池都难以和铅酸蓄电池抗衡。市场上销售量最大的电动汽车,正是用铅酸蓄电池驱动的速度限制在60km/h的低速电动车。

电动汽车使用的铅酸蓄电池的结构主要有以下3种。

(1)阀控电池结构 这种电池不适合深度放电,补加水和充电条件严格,常作为浮充备用电源。但是目前在电动汽车上,由于外观整洁,不少厂家采用这种电池。用户由于缺乏维护技术,电池的使用寿命较短。

(2)启动型汽车电池结构 这类电池中有一种是需要注入电解液的,这种电池是干荷电池,电解液可以补充,使用于启动性放电。还有一种是不需要注液的,在深度放电时的循环寿命只有300~400次,这种电池仍被许多电动车厂普遍采用。

以上2种电池多采用12V的连体电池,是6个单体电池串联起来的,使用中存在连带报废的问题。其中一个2V的单体电池失效,整个12V电池组都需要更换。

(3)管式电极电池结构。这种电池属于牵引车电池,其正极是管状的,这种结构可减缓深度放电时活性物质的脱落,适合深度放电。国家标准循环寿命是750次。但这种电池体积比能量和质量比能量都较小。管式电池多采用单体2V结构,电池外部的连接件较多,外观整洁性较差。现在也有采用3个单节组成的6V独立电池。

这3种电池的结构决定电动汽车的续行里程、加速性能、快速充电性能、运行成本等指标。采用阀控电池,外观整洁,视觉感官较好。采用注酸电池,加速性能较好。采用管式电池,质量比能量小,体积大,维护工作量大,但电池的使用成本最低。采用前2种电池,对制造厂有利,采用第3种电池,由于电池的循环寿命长,对用户降低运行成本有利。

市场销售往往受价格、外观的影响较大。用户多数缺乏蓄电池知识,甚至不知道还有管式电池,更不知道管式电池的优点。甚至误认为管式电池就是电池外形像一根管子。所以市场上大多数的电动汽车,多采用注酸电池。适合深度放电的铅酸蓄电池的正极板是管式结构,管式结构有圆管和扁管两种,由于扁管电池的极板间距小于圆管,电池内阻小于圆管,同时，由于扁管电池的板栅是用 2 条竖筋并联起来的，电池断筋对容量的影响降低了许多，所以扁管电池的放电性能优于圆管电池。

采用管式电池，由于正负极间距较大，低温条件下硫酸电解液内阻较大，在低温条件下，对电池要采取保温措施，以减少内阻。

胶体电池是把铅酸蓄电池的电解液改为胶体结构，基本材料是硫酸电解液和硅酸钠混合，使得电解液呈糊状或肉皮冻状，也就是溶胶和凝胶两种形式。这种电池极板不会受到不可逆硫酸盐损伤，对保养的要求较低，在电动汽车上使用较为合适，但成本有所上升。国内胶体电池的研究和制造水平，已跻身世界先进水平。

由于铅酸蓄电池的质量比能量大致为 $35\sim45W\cdot h/kg$，所以在低速车上使用，续行里程在 150km 左右。这类车速度在 60km/h 以下，在县级范围内适合一般家庭使用，销售量较大。

这类车通常使用 150A·h 的蓄电池，单个有 6V 和 12V 两种，内部都是用 2V 单体电池串联而成。这类蓄电池串的最大缺点是有一个电池损坏，连在一起的整体电池都要报废，串联的单节越多，连带报废的比例就越大。曾经有串联几十个电池为一个整体电池的组合方案，这种机构，只能在特殊条件下使用，没有民用商业价值。另一个缺点是组装麻烦，外观整洁性较差，商业卖点较差。一般使用 6V 的蓄电池组成本较低，主要是减少了连带报废。

作为动力电池，蓄电池工作在深度充放电状态，所以极板不宜采用板式结构，而是采用管式结构。启动型电池采用板式结构，启动功率大，适合于短时间的大电流放电工况。现在电动汽车厂家多选用板式结构的电池，是出于降低成本的考虑，但运行后加大了用户的电池消耗费用，这对用户是不利的。板式结构电池的循环寿命是 300 多次，管式极板结构的电池循环寿命国家标准是 750 次，但价格并非翻一番。管式结构的正极板如图 6-1 所示，管子的材料是耐腐蚀的聚丙烯纤维，负极板与启动电池相同。铅酸蓄电池的寿命受制于正极的寿命，管式电池的铅粉封闭在管子中，硫酸电解液可以流通，但铅粉不容易脱落。

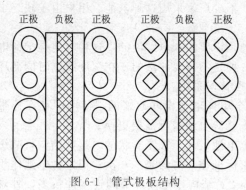

正极 负极 正极   正极 负极 正极

图 6-1 管式极板结构

图 6-1 中左面的俯视图是扁管结构，每个管子中有一个汇集电流的竹节状芯柱，周围灌注铅粉，电流经过上面的汇流条流进和流出，下部是塑料托。图 6-1 中右面的俯视图是圆形的管结构，每个管子中有 2 个汇集电流的竹节状芯柱，周围灌注铅粉，下部用铅条把两个芯柱并连起来。

管式极板结构的电池寿命以扁管结构优于圆管结构，这是由于扁管下部有铅条焊接，当管子中间连接断开时，下部的导电回路依然使管子中的活性物质发生反应。由于生产管式极板的电池需要专用设备，生产厂家较少。

胶体电池的优点是对维护要求低一些，电解液中水的散失慢一些，但也不是"免维护"。

6.1.2 超级蓄电池的结构及原理

铅酸蓄电池不适合大电流脉冲放电，所以采用铅酸蓄电池的电动汽车，启动加速性能远不如燃油汽车。为了解决这个问题，采用超级电容器对启动大电流进行补偿。把超级电容器与蓄电池合为一体，就是超级蓄电池。普通铅酸蓄电池也有电容器的因素，但储存能量小，没有实际做功能力，用万用表测量的电压值 U，就包含有这个成分，工作瞬间，电压就降低

到一个稳定值 U_1。$U-U_1$ 常被称为"虚电压"。

超级蓄电池的基本原理是把蓄电池和超级电容器结合在一起，改进蓄电池的一些性能，这些性能如下。

① 消除启动时大电流的尖脉冲性能。启动蓄电池的大电流脉冲性能是蓄电池的最重要的指标。大电流放电时可在消除尖脉冲的同时，提高蓄电池组的输出功率。

② 大电流充电时可吸收脉冲电流，增加能量回收比例，这个特性具有在电动汽车上增加行驶里程的实际价值。

超级电容器增加电池容量的方法介绍如下。

电容储存 1C 电量，端电压升高 1V 的电容是 1F。当超级电容器与蓄电池并联时，其工作电压就受到蓄电池的牵制，在 1.75～2.30V 范围内波动。

对 100F 的电容，由于工作端电压差值只有 0.5V，其储存的电量是 50C。1s 内通过的电流就是 50C/1s＝50A，对应的容量是 50A×1s/3600s＝1/72A·h。

也就是说，用大约 7000F 的电容器，储存的容量是 1A·h。

所以，电动汽车采用超级电容器不是增加电池的容量，而是提高蓄电池脉冲放电和充电的性能。

利用综合型超级电容器的改进，将蓄电池的正极（PbO_2）作为超级电容的一个电极，符合金属氧化物类型要求，再将蓄电池的负极作为双性电极（即电容性与电池性），其过程如下。

第一代双性负极将电池负极与电容负极并联作负极，正极用 PbO_2。

第二代双性负极是将原电极的负极分为两半，一半为电池板，一半为电容板，这是一次大的改进，确实具有电池电容双性，但制作困难，不适合于工业规模生产。

第三代双性负极（不含双层极板）是在原有极板基础上表面电渗析一层薄炭（C），作为电容电极，内层为 Pb，作电池电极，这样兼具两性（电容、电池），而且在现有电池工厂不要进行额外投资就可以大规模生产，只是工艺配方进行调整，因此可以立即投产，为超级蓄电池快速进入市场奠定生产基础，其基本结构见图 6-2。

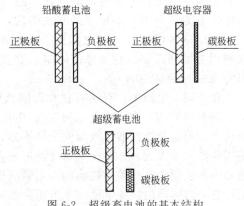

图 6-2　超级蓄电池的基本结构

超级蓄电池兼有电池特性与电容特性，利用电容特性在放电时以移动储存电荷释放电子（不是化学反应释放电流），又利用电池提供化学反应产生电能，因而超级蓄电池是一类新型储能装置，它既靠极化电解液来储存静电能量，又靠电化学反应储蓄能量，又称电化学-金属氧化物双层电池电容器。在储能机理上，它具有高度可逆性，可以反复上万次充放电，而且可以大电流放电，又能快速充电，工作温度范围广（－40～50℃）。超级蓄电池外形尺寸具有与原有电池一样的大小，且电容量高，电压稳定特性好，可靠性高。

根据用超级蓄电池技术工艺制作的 36V、10（12）A·h 电池组，做了部分试验数据，来看一下超级蓄电池产品的性能指标。

（1）容量　环境温度 25℃±5℃，实际初始容量，12A·h 用 5A 放电 142min，蓄电组放电终压 31.5V。

（2）大电流放电　常规大电流 1.5C、15A 放电 18min，蓄电池组放电终压 28.8V；3.0C、30A 放电 6min，电池组放电终压 28.8V；5.0C、50A 放电 2.3s，蓄电池组放电终压 28.8V。

（3）寿命　试验室台架试验（环境温度 25℃±5℃）70%放电深度循环；5A 放电 1.4h，以 3A 充 5.6h 为一循环，932 次（放电终止时电池组终压为 30.6V）。

100%放电深度循环：5A 放电至蓄电池组终止电压为 31.5V，然后限压在 44.1V±0.2V 恒流 0.3C、32A 充电 6h，如此反复进行 474 次，终止时蓄电池组放电时间为 93min。

（4）车载记录　通常使用 3～3.5 年，部分可使用 4 年。

使用超级蓄电池不需要另外并联超级电容器，其使用范围更广，目前只在轻型电动车上作动力电源，其实可以作启动和牵引用。目前已批量用于无轨电车，使用达 8 年之久。

综观以上，超级蓄电池是驱动电动车辆的一种电源，可以提高电动车辆的启动性能。

6.1.3　锂离子电池

锂离子电池使用范围现在已经很广泛。由于锂离子电池单节电压高，质量比能量高，常可看到在电动汽车上使用的报道。由于锂在空气中可自燃，电解液又是有机物，电池的安全性就较铅酸蓄电池差。电池燃烧将整个车辆烧毁的事故发生多次。随着生产工艺技术的进步，现在生产的磷酸铁锂动力电池，基本解决了安全性问题。现在市场上使用最多的是三元锂离子电池，三元锂离子电池的各方面性能均高于磷酸铁锂电池。

由于锂离子电池的质量比能量是铅酸蓄电池的 2～3 倍，所以对车的行驶里程、速度和舒适度要求较高的车辆，都选择了锂离子电池。

对电池容量的选择，比较流行的做法是选用大容量的单体电池。选用大容量单体电池的优点是连接方便、整体性好，缺点是散热问题比较突出，容量越大，中心部位与外部的温差就越大。在现有的温度检测配置中，电池内部的温度是测不到的，这就会隐藏不安全因素。这种方形电池的外观如图 6-3 所示，最大容量已做到 500A·h。选用大容量的单体电池，由于外形尺寸是刚性结构，有时在车上的布置会受到空间几何尺寸的限制，空间利用率难以提高。电池用到下限标准时，尚有许多利用价值，电池转到其他行业二次利用会受到许多结构尺寸的限制。这类电池内部多是用软包电池并联的，通常每个软包电池的容量是 20A·h。

在锂离子电池里，有锰酸锂和磷酸铁锂两大类。锰酸锂电池的工作标称电压为 3.6V，磷酸铁锂电池的工作标称电压为 3V。电压越高，比能量越高，所以选锰酸锂电池为电动汽车动力。但是早期锰酸锂电池安全性不好，在全国发生多次"烧车"的恶性事故，当然这与使用条件关系极大，并不完全是电池厂的责任。但是用户是中心，要求用户具备较多的蓄电池知识再使用电池，是不现实的。当磷酸铁锂电池产生后，安全性得到很大提高。人们自然把注意力转向磷酸铁锂电池，把电压高的锰酸锂电池几乎"遗忘了"。

当把电池的容量从几百安时的大电池降低到几安时的小电池时，锰酸锂电池的安全性也达到了磷酸铁锂电池的水平。磷酸铁锂电池的安全性检查有短路、挤压、针刺、过充电、过放电几项。用这几项要求同样检查小圆柱锰酸锂电池，同样也是安全的。小圆柱锰酸锂电池的外观见图 6-4。这种电池在国际上已经标准化了，通常有 26650 和 18650 两种规格，外径是 26mm 和 18mm，长度都是 65mm。

现在市场上使用量最大的电池是三元锂离子电池，电池的正极材料是由三种材料组合成的。这类电池的安全性已经达到磷酸铁锂的水平。

用这样小的电池驱动电动汽车，就需要把电池组合起来。采用这种小电池，由于组合可以有多种方式，电池包的长、宽、高可以根据具体条件确定，空间布置很灵活。电池发生单节损坏时，可以方便地更换，损失较小。电池使用到下限标准时，可以转入电动自行车或其他行业使用，这就降低了电动汽车的运行成本。

图 6-3　方形锂离子电池外观

图 6-4　小圆柱锰酸锂电池的外观

用 18650 圆柱电池组合成蓄电池组，李革臣教授总结了以下优点。

① 具有系统安全性，可应用于安全性要求很高的场合。

② 以相同散热效果角度，比能量和比功率都优于其他形状电池。

③ 极板面积相对小，极板电流均匀，有利于使用寿命。

④ 电池散热面积大，温度差别小，有利于使用寿命。

⑤ 圆形结构稳定，外壳不易变形，寿命长。

⑥ 容易实现多极耳，减小内阻，实现高倍率。

⑦ 小圆柱电池内部独有的安全断电功能，使单体电池更安全。

⑧ 生产自动化技术成熟，有全自动生产线，高成品率。

⑨ 便于回收，重新分选组合，实现梯次利用，环境友好，降低成本。

⑩ 软连接结构牢固稳定，适合振动机高速移动场合应用。

6.1.4　锂离子电池和铅酸蓄电池的互换

在速度低于 80km/h 的低速车辆上，多采用价格较低的铅酸蓄电池。由于铅酸蓄电池的体积比能量和质量比能量都较低，所以这样配置的车辆，通常续行里程都在 150km 以内。

为了增加这类车辆的续行里程，可采用并联锂离子电池组的方法。用 26650 锂离子电池可以灵活地组合匹配，这个规格的形体标称尺寸是 $\phi26×65mm$，锰酸锂电池容量为 3.85A·h，磷酸铁锂电池容量为 3.3A·h。根据车上的安装空间，采用这种电池，可以方便地组合成不同容量、不同标称电压的蓄电池组。把这种电池组并联到原有的铅酸蓄电池组上，就可以增加车辆的动力性能和增加电动汽车的续行里程。通常在后排座位的下面和后备厢的位置，可以增加锂离子电池组。

由于锂离子电池的内阻远小于铅酸蓄电池，所以并入锂离子电池组后，在提升车辆加速性能上会有明显增强。但是这种组合，需要注意电压匹配和兼容的关系。

表 6-1 是三种电池组成 72V 电池组的技术数据

表 6-1　三种电池组成 72V 电池组的技术数据

内容	铅酸蓄电池	磷酸铁锂电池	锰酸锂电池 26650
标称电压/V	2	3	3.5
单节数/个	36	24	20
充电上限/V	36×2.4=86.4	24×3.8=91.2	20×4.2=84
放电下限/V	36×1.8=64.8	24×2.5=60	20×3.0=60

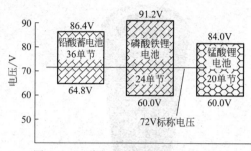

图 6-5　三种电池混用的电压变换范围

在以铅酸蓄电池为主体的车上，充放电条件是按照铅酸蓄电池的条件设定的。如果锂离子电池的电压适应范围大于铅酸蓄电池的电压范围，对锂离子电池来说，无需特殊保护。如果锂离子电池的电压范围小于铅酸蓄电池的电压范围，就需要对锂离子电池进行特殊保护，否则锂离子电池将很快损坏。从图 6-5 中的数据可以看出，磷酸铁锂电池可以方便地替换铅酸蓄电池，锰酸锂电池则要增加保护装置。

从质量比能量的指标比较，锂离子电池大约是铅酸蓄电池的 3 倍，在高速电动汽车上是不二的选择。但和燃油比较，燃油是铅酸蓄电池的 150 倍，是锂离子电池的 50 倍。

6.2　蓄电池的成组效应

6.2.1　单体电池和电池组的概念

蓄电池厂出厂的蓄电池，都是单体电池或单个电池。单体电池是指最小独立电化学电压单位的电池。碱性的镍镉电池的每个单体为 1V，铅酸电池的每个单位为 2V，磷酸铁锂电池的每个单位为 3V，锰酸锂电池的每个单位为 3.6V。在小功率供电时，常常使用一个电池，如手机和家庭用的手电筒，都是用 1 个单体锂离子电池供电。

在许多情况下，蓄电池必须组合成大容量、高电压的蓄电池组，才能满足设备的需要。如汽油车启动用的 12V 电池组，通信基站使用的 48V 蓄电池组，铁路机车上使用的 96V 蓄电池组，电动汽车上使用的 144～288V 蓄电池组，都是用单个电池组合而成的。

在容量较大的单个蓄电池的内部，也都是用并联单体电池的方式产生较大容量。汽车用铅酸蓄电池的极板，每片 15A·h，并联组成以 15A·h 为台阶的系列电池。锂离子电池的软包类似铅酸电池的极板，每包 20A·h，可以组成以 20A·h 为台阶的系列电池。使用 18650 一类的 2A·h 圆柱电池组合，理论上并联可以得到任意大容量的单个电池。

在实际使用中，有一个问题常被用户误解。在机械机构里，构件的并联可以增加可靠性。在蓄电池组里，有不少人认为也是这样，实际正相反。无论是串联方式还是并联方式组成的蓄电池组，可靠性都低于单体电池，这就是蓄电池的"成组效应"。许多电路设计人员，不了解这个特性，按照电池厂使用说明书上的数据，进行串并联组合，由于组合方式的不合理，造成大量电池的连带损坏，使得车辆的运行成本超过燃油车。

下面进行具体分析。

6.2.1.1　并联影响

并联结构常在增大电池容量时使用。

在并联结构的电池里，要并联许多单体电池，其中有 1 个单体损坏，就会导致整个电池损坏，这种连带损坏会造成蓄电池使用价值难以充分发挥出来。

在图 6-6 中，由 3 个单体并联成 1 个电池组，由于输出电压是单个电池的电压，实际是 1 个电气单节电池。如果中间的单体电池失效，端电压就逐渐偏低，由于并联电路电压的钳制作用，在充电过程中由于外部电流较大，充电时影响较小。充电结束后，其他两个电池就对损坏的电

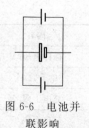

图 6-6　电池并联影响

池放电，直到电量放完为止。

　　如果用 10 个单体电池并联，其可靠性就降低到单体电池的 10%。有的用户，用几十节单体电池并联成一个单体锂离子电池，以为可靠性可以增加，实际正相反，用 100 节单体电池并联组成的锂离子电池单节，其无故障工作时间的可靠性就降低到单体电池寿命的 1%。总体来说，用 M 个电池并联的组合，整体可靠性就降低到 $1/M$ 之一。

　　在电动汽车上，使用规格为 18650 的锂离子电池，往往会把多节电池按图 6-7(b) 的方式并联，图中的 20 个电池正极和负极分别焊接在汇流板上，从汇流板的上面导出成为 80A·h 电气单节电池的两极。在使用软包电池的条件下，常会采用图 6-7(a) 的并联结构，把 4 个 100A·h 的电池并连成 1 个 400A·h 的电气单节电池。这样的电气单节电池并联成整组蓄电池。

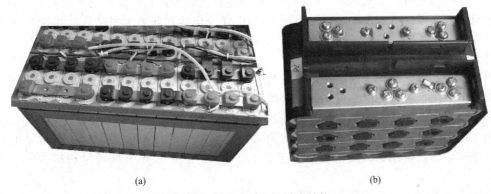

(a)　　　　　　　　　　　　　(b)

图 6-7　常用的蓄电池并联结构

　　从电路设计人员看来，1 个标称电压单位的电池就是独立的电气单节电池，没有组合概念，其实不是这样。在 1 个电池内部，从电化学角度理解，1 个微小的正极和 1 个微小的负极，就可以构成一个微小电池，这个微小电池是没有使用价值的。我们可以把市售的商品电池理解为由无数多微小电池并联成单个商品电池，电池的损坏都是从微小电池损坏开始的。有了这个认识后，就可以理解为什么大容量的独立电池，故障率明显高于低容量的独立电池。

　　在铅酸蓄电池中，正负极之间的隔板，有 1 个 0.5mm^2 的微小的空洞发生短路，就导致整个几百安时单个电池的报废，这是经常发生的。

　　锂离子电池的隔膜厚度为 $20\mu\text{m}$，即 0.020mm。穿孔的概率远大于铅酸蓄电池，所以对工作环境的清洁度要求远高于铅酸蓄电池。在工业化生产中，电池厂使用的隔膜是由专业的隔膜厂供应的，其质量依靠隔膜的供应商，电池厂无法逐个检验。

6.2.1.2　串联影响

　　串联结构常在增大电池组输出电压时使用。

　　在电池串里，串联许多单体电池，整串电池的有效容量，是按"串"中最小容量计算的。其中有 1 个单体损坏，就会导致整串电池不能工作。

　　在图 6-8 中，如果中间的电池发生损坏，充电时由于损坏电池的反电势较高，在恒压的"智能"充电条件下，充入的电量会减小。放电时，损坏单节容量降到零，随后电池发生反极。在用电压表测量该电池电压时，会看到极性相反。这种情

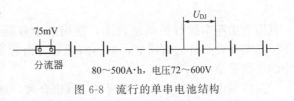

图 6-8　流行的单串电池结构

况，对铅酸蓄电池的伤害很大，对锂离子电池却是致命的。锂离子电池由于负极的物理化学固有特性，使其与铅酸蓄电池相比，十分"娇气"，电压一次低于下限 2.5V，负极汇流板上的铜（Cu）就会溶解，覆盖在石墨的表面上，造成永久性损坏。

用 100 节单个电池串联组成的电动汽车锂离子电池组，其无故障工作时间的可靠性就降低到单体电池寿命的 1%。同样，用 N 个电池串联的电池串，可靠性会降低到单只电池的 $1/N$。

损坏的单体电池是电池组的短板，如果不能及时更换失效单体电池，损坏就会像传染病一样，逐步扩大到整组电池。许多人误解为一组电池中有许多单体电池，损坏 1 个是少数，不会影响整体性能，这是不对的。

现在许多乘用轿车，采用 100 个电气单节串联，电池组的可靠性就是单节电池的 1%。

电池的损坏是随机的，原始质量好的电池有可能发生早期损坏，这是由于车上的使用条件，对每个电池来讲，总有差异。维护总是有一定程度的滞后，所以在组合的电池组中，其可靠性总是低于单体电池。如果电池组通常使用 M 个电池并联成 1 个单节，再用 N 个单节电池串联组成电池组，整体的可靠性就下降到 $1/(MN)$。这是与电池厂无关的特性，是只与组合使用方式有关的固有规律。

当我们表达蓄电池组合的时候，常听到"××并××串"的说法，这是被广泛采用的经典电路。上了国家公告的电动汽车，都采用了这种结构。这种电路，有其不合理的成分，正是这种不合理的电气结构，把电池的损坏放大了若干倍，造成电池的不合理连带损坏。

由于锂离子电池的单体电池，软包结构的容量未超过 30A·h，圆柱 26650 电池容量是 4A·h 左右，所以电池组需要的容量大于 20A·h 时，就需要用并联的结构扩大电池组的容量。

单体锂离子电池的电压是 3~3.5V，用串联的方式将电压达到所需的 200~300V。这就是图 6-8 所示电池组"××并××串"结构的来由。图 6-8 中的 1 个电池，是由多个单体电池并联成的，由于电压值是一个单节电池的电压 U_{DJ}，我们称为电气单节。在国家已经公告的电动汽车目录上，普遍采用如图 6-8 所示的电池组合方式，几乎没有例外。

目前对先并后串的蓄电池组合方式，已经有多家生产配套的 BMS。这些厂家生产的 BMS，虽然各有特色，结构也有很大区别，但共同点是，采集蓄电池电气单节的电压值 U，并根据电池单节的 U 值，决定限制充电电流和关断蓄电池放电。

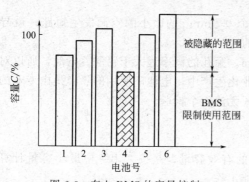

图 6-9 车上 BMS 的容量控制

蓄电池使用一段时间后，电池的均衡性总是向不均衡的方向发展，在一个电气单元内和一串电池里，总会呈现出图 6-9 所示的差别。BMS 在充放电时识别的电压信号 U_{DJ}，就是容量最低的电池，这个电池，充电时电压最高，放电时这个电池电压最低。而高于这个电池的容量便被"隐藏"起来，不能参加充放电循环。这时驾驶员行车使用的容量就降低了。有人误认为 BMS 的耗电量很大，造成电池组可使用的容量下降，这是不了解 BMS 工作过程的误判。

正常电池的循环寿命都在 2000 次以上，有一款用于出租车运行的电动汽车，使用 3 个月后，续行里程便由 200km 降低到 150km 以下。其实在几个月的时间里，电池的循环寿命远没有衰减 25% 的可能，起副作用的就是其中的个别单节。

当整车电池组是由几千个圆柱电池组合时，这种容量被"隐藏"的情况就是制约正常使用的首要因素。通过人工维护作业，就可以查找并更换其中的个别落后单节，车辆就可基本恢复到出厂状态。如果没有这个环节，车辆的续行里程就会衰减得较快，衰减的速率取决于最差电池的衰减速率。

在某种电动公交车上，使用 100 节电池串联，每节用 20 个软包并联，每个软包的容量是 20A·h，电气单节标称容量为 400A·h，该电池组的可靠性就降低到单包电池的 1/2000。

对使用 6000 个 18650 电池组成的小轿车蓄电池组，可靠性就降低到 1/6000 的水平。这就是实验室检验有 2000 次循环寿命的磷酸铁锂电池，上车后的使用寿命会减低到 200～400次的内在原因。

使用原始质量好的名牌电池，价格要高一些，其作用是会缓解和推迟电池组失效的时间，但电路结构造成的连带损坏是不能消除的。

下面介绍的蓄电池网络组合法，是在生产实践中逐步形成的新工艺，是一种新结构的组合方法，用这种方法组合的蓄电池组，可靠性远高于单纯的串联或并联结构。这种电路，已经用于铅酸蓄电池的组合，大幅度减少了电池的连带损坏，增加了蓄电池组的可靠性。移植到锂离子电池组合机构上，也有相同的效益。

6.2.2　网络组合的认识过程和电池构架

该项技术，在第 4 章的"4.5.3 电池维护的三个阶段"一节中做过简单介绍。网络的纬线是充放电的电流方向，网络的经线是电压均衡的连线方向。

用串联的方式达到蓄电池组的所需电压，用并联的方式达到蓄电池组所需的容量，这是电池组合的基本结构。在网络组合法中，依然采用这种基本结构。

每个锂离子电池串内电池的容量，可以是 2～20A·h 的单体电池。多条电池串简单直接并联后，组成蓄电池组。实际使用表明，这样的电池组合，故障率很高。内在原因是充电时在每串电池上的电流分配是不均衡的，而且这种不均衡性有正反馈的特性，导致其中一串电池温升无法控制，该电池串最终被损坏。当发生一串电池损坏时，整组蓄电池的输出电压被该串电池牵制在低电压，最终造成整组电池的失效。这个演变过程的长短，主要取决于电池组充放电的循环频率。在实验室的条件下，可以连续进行充放电循环，在 7～30 天内，就会有损坏的电池串。电池串标称电压越高，损坏就越早发生。在实际使用的备用电源中，只是在交流电网停电时才发生充放电循环，表现出危害的时间会较长，不容易表现出来。

串联的电压越高，这种损坏越严重。笔者曾处理过标称电压为 96V 的两个铅酸蓄电池串组合，其实际使用寿命只有单串电池的 10%。这种电路设计，曾用在东方红 21 型内燃机车上。原本可稳定使用 3 年的电池，实车使用 3 个月就发生电池单边发热的故障，电池温度已经把电池外壳软化，如同帆布一样。用手一压，出气口呼呼直响。导致这一情况的直接原因，就是充电时两串电池电流分配的不均，这种偏流是处于正反馈状态，电池串本身无法修复。后改为单串电池，故障消失了。对于 48V 的电池串，寿命降低到 30% 以下。并联电池串可靠性下降基本符合图 6-10 所示的规律。蓄电池的内阻越小，发生电流偏置的程度也就越严重，损坏越严重，电池失效的时间就越短。

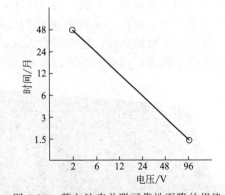

图 6-10　蓄电池串并联可靠性下降的规律

在许多场合下，为了保障设备的可靠性和维修作业的需要，电池串必须并联使用。解决这个问题的方法就是在电池串的等电压点，加装"均压线"，在正常情况下，均压线上没有电流。电池串之间发生偏流时，均压线上就有电流 I 流过，电流 I 可以抑制偏流的发展，起到负反馈的作用。这个作用，就大大增加了并联电池组的可靠性。

这种工艺，在 2008 年出版的《蓄电池使用技术》中，笔者就做过介绍。

可以把网络组合理解为先并联后串联。均压线把每个竖排电池的单节容量差均化了，所以这种组合对电池的原始容量差的要求较宽容。如果每个单节的容量为 2A·h，每排电池组合就是 20A·h。实际运行表明，电池的损坏是以"排"为单位的。在每排电池中，损坏是从"某一个单节"开始的，由于没有及时更换掉该"某一个单节"，造成了整排电池的过放电损坏。

电动汽车蓄电池的消耗量，直接决定着车辆使用的综合成本，只有综合运行成本低于燃油车，电动汽车才有商品价值。蓄电池的价格是整车成本的 30%～40%，只有把蓄电池的使用价值重新发挥出来，才有可能做到这一点。

流行的"先并后串"蓄电池组合方式和免维护的使用方式，由于结构上的不合理，加速了电池的损坏，大大削减了蓄电池的使用价值。内在原因是在如图 6-11 所示的电池模块中，是用 50 个单节电池并联成的。在这 50 个电池中，由于原始质量的差异、连接导线电阻和实际使用中环境温度的差异，流经每个电池的电流是不相同的。电阻小的电池损坏较早，早期发生损坏多是在电池引线附近的几个电池。这样的组合结构，无法判断是其中哪个电池有故障，也无法排除故障，只能更换整个模块。

"先并联"的电池组合结构，导致电池损坏的最小单位就是这样 1 个电气单节，容量范围从 100～400A·h 不等。实际电池的开始损坏最小单位是 2～4A·h，其余都是属于连带损坏。这就是磷酸铁锂电池的循环寿命在 2000 次以上，统计的乘用轿车实车使用寿命远小于 1000 次的内在主要原因。

在使用的过程中，电池总是从均衡向不均衡发展，最终是个别电池首先损坏，导致整组电池的性能不合格。按"免维护"的方式使用蓄电池，是要付出缩短寿命代价的。使用电池是需要维护的，这是已有的共识，但是现在电动汽车的使用说明中，很少看到电池维护的要求和操作说明。其中主要是汽车厂和电池厂不能提供有效诊断确认故障电池位置的方法。

以上两个问题，从 2010 年开始研发解决方案，经过 3 个科技公司的接力研发，现在已经得到解决的措施。

所谓的网络组合法，就是采用图 6-12 所示的结构，进行电池的组合。用小容量的电池在纬线方向串联构成 1 个独立的电池串，电池串联达到所需电压。在不同的电池串中，在经线方向等电压点布置一条有阻尼的均压通道。在纬线方向，是动力电流的路径，在经线方向，是均压电流的路径。这种组合方式，电池间的均衡是随机的。一旦有微小的电压差异，均压通道上就会自动有电流进行补偿。

图 6-11　典型的并联组合

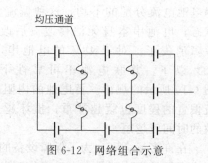

均压通道

图 6-12　网络组合示意

　　这种网络组合与流行的"先并后串"相比，有明显的优势。在图 6-13 中，粗线的电池为内阻较小的优良电池，在左面先并后串的组合中，充放电流总是沿最小阻力路径流通的，内阻最小的电池负荷最重，会被首先损坏。在网络组合中，电池是随机组合的，每个电流的通道容易处在均衡状态。所以这种组合的电池模块，有利于大电流的快速充电。

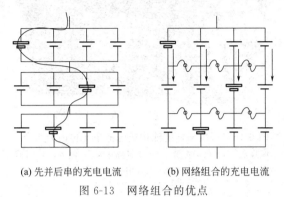

(a) 先并后串的充电电流　　　　(b) 网络组合的充电电流

图 6-13　网络组合的优点

　　在网络组合方式中，均压通道不是简单的导线结构，其功能保障了蓄电池的均衡性，比较充分地发挥了电池容量使用价值。

　　在电动汽车上，目前损坏的电池单位是 $100 \sim 400 A \cdot h$，采用网络组合，现在已经达到的技术，就可以压缩到 $20 A \cdot h$，这对压缩蓄电池的运行消耗提供了基础技术条件。在电动公交车上，由于电池的容量较大，电池的安装位置不能像在小轿车上，集中在连续的空间。在这种情况下，如图 6-14 所示，有两个可选择的方案：一个就是把每一串电池放在一个独立的空间，最后动力线在电动机控制器处汇总，如图 6-14（b）的结构；另一个就是在每一个独立可利用的空间，用网络组成不同电压的电气单元，最后串联成整体蓄电池组，如图 6-14（a）的结构。这要根据车体结构和电池的型号，才能确定合理组合方案。在电动公交汽车上，把蓄电池损坏的最小单元从几百安时降低到几十安时，这是我们的目标。

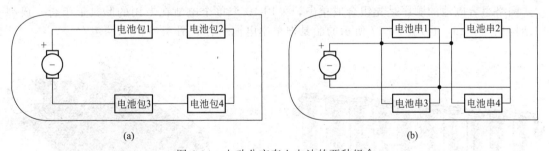

(a)　　　　　　　　　　　　　　　(b)

图 6-14　电动公交车上电池的两种组合

　　网络组合法与传统组合法的可靠性比较和验证，已在第 4 章的 4.4.2 小节中作为"不合理并联"讲解，这里不再赘述。

　　在通信基站作为备用电源的 48V 蓄电池组，由于交流电中断时才使用电池，循环充放电次数较少，发生损坏甚至需要几年的时间。在电动汽车上，电池一直处于深度充放电工作状态，发生这类损坏的时间很短。

　　对蓄电池的网络组合结构，下面予以进一步说明。

　　用圆柱电池构成电池单元包内的组合如图 6-15 所示。这是一个 5×8 的组合结构，在竖的方向串联数为 5，在横的方向并联数为 8。它的特点如下。

　　① 电池的组合方式在横的方向是并联结构，在竖的方向是串联结构。并联和串联的数

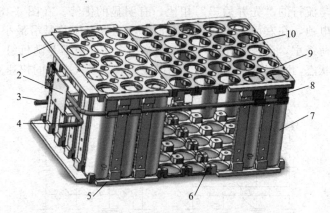

图 6-15 对用圆柱电池构成电池单元包内的组合
1—保险槽；2—保险盒；3—负极汇流；4—正极输出；5—侧板；6—下骨架；7—电池；
8—焊片；9—上骨架；10—螺栓

量都是可变的，有很强的适应能力，所以对空间的利用率较高。

② 圆柱电池是先焊接，再用上下两面的骨架扣合，焊接点在定位骨架的里面，方便更换失效电池。

③ 在电池的正极和负极输出端，有一个汇流条，把每个单独串联的电池输出电流汇集起来，成为正包电池的输出端。

④ 在汇流条的连接处，采用焊接结构，减少接触电阻。

⑤ 上下骨架用 M3×65 的螺栓连接。

⑥ 每包电池设置一个熔断保险。当发生短路时，保险熔断，新电池串解体。

⑦ 每包电池的输出电压用串联的单节数调节，每包的容量用并联的电池串数量调节。

⑧ 工作时散热条件较好，圆柱电池有一个钢制的外壳，导热较好，工作中整体温度比较均匀，温度最高的发热处都在两端，露在外面。电池包不需要外壳。

网络组合电池的顺序是先组合成单串，采用 10 个单个电池在专用的胎具上组合，成型的结构见图 6-16，再用图 6-17 所示的胎具把单串电池组合成图 6-15 所示的包。

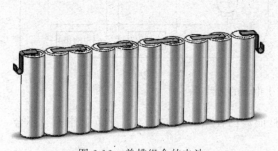

图 6-16 单排组合的电池

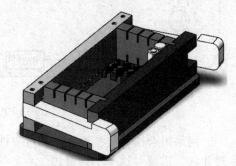

图 6-17 一种组合的胎具

用网络结构组合 18650 电池时，如图所示 6-18 所示，需要对电池外部做 2 点修改。

(1) 正极端封口外沿下降 1～0.6mm 在 18650 电池组合时，在正负极之间的镍带有 0.2～0.3mm 的厚度，外面的塑料骨架用 M3 螺栓压接在电池的端面。在电池组合中，正负极距离最近的地方，就是镍带与负极外壳上沿的接触地方。电池在使用中，温度会升高，现有的绝缘垫层是塑料的，软化后就容易发生本单节电池短路，这是很危险的。

解决的方案是，增大电池正极焊接面与塑料绝缘之间的距离，图 6-18 中上端的 0.4mm 的间隙。这样在正极与本体外壳负极的绝缘之间，就有一个空间距离，用这个距离保障镍带和绝缘物之间没有压力，即使发生过高的温升，绝缘物软化，也不容易发生短路。

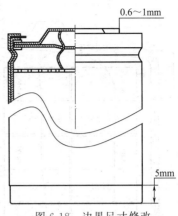

下降 0.6～1mm 都是合适的。

这种结构，在所有的电池组合中都可以使用。

（2）电池外部的底面包封缩短 5mm　单节负极的包封，缩短 5mm。这段绝缘材料，在电池组合时是有害的。由于这段绝缘扩大了电池的直径，在塑料骨架对位置时，就增加了难度，去掉这段绝缘，空间位置增大，容易组装。

电池包的汇流出口，要注意有均流的要求。

图 6-18　边界尺寸修改

在电池组合结构中，总有电流的输出线。输出线通常按导线最短的原则连接，如图 6-19 中的上部所示。在这种结构中，右边的电池 6 最靠近输出端，充电时得到的电压最高，放电时放出的电量最多。电池 1 与其相反，充放电时由于线路上多了 10 段长度为 A 的导线，得到的充电电压最小，放电时放出的容量最少。长时间的累计效果，就使得电池损坏总是从第 6 个电池开始，这种不均衡减少了电池的使用寿命。

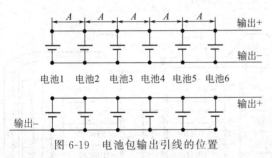

图 6-19　电池包输出引线的位置

把组合的结构改为下面的结构，就消除了长度为 A 的导线的不利影响。

早在 2011 年，笔者所在的郑州千熙新能源科技有限公司就是采用这种技术方案，组装电动汽车电池，达到的效果是可以续行 500km，最高速度达到 135km/h。2012 年 11 月 14 日，在广东省中山市做了实车演示。市政府安排中山市电视台新闻部派车和记者全程跟踪，起步时两台车里程表清零，用一整天时间证实了 500km 的数据是真实的。这个技术方案后来不断改进、完善和发展，现在已经发展到与换电站工作相互衔接，合理分工，共同承担电动汽车的蓄电池合理使用与维护的全过程。

用这种组合技术，对某款车做了技术升级，原车配置进口电池组的能量是 30.4kW·h，单体电池是软包结构。采用网络组合结构后，采用 18650 单体电池，总能量达到 40kW·h。明显提高了车辆的续行里程。

原车的电池组合如图 6-20 所示，改造后的电池组合如图 6-21 所示。

原车采用软包组成的电池为包，使用 3 个或 2 个软包串联，在不同的位置上，布置数量不等的电池包。电池包的边界尺寸为 225mm×230mm，高度为 71mm。最后一排是立式组合，其余位置都是卧式组合。全部电池包按曲线方向串联起来成为一个整组电池。这种布置的缺点是当几个电池叠加在一起时，中间电池的散热比较困难，增加了电池工作条件的差异。

网络组合的特点如下。

① 电池包电池采用 4 种组合，10×5，10×6，10×11 和 10×12。包内 10 个电池串联，标称电压 36V，每包并联数有所变化以适应现有的结构空间。这种组合可以提高现有的电池箱空间利用率。

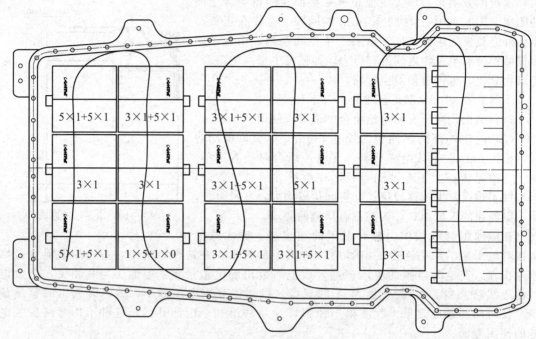

图 6-20　一种整车电池的布置

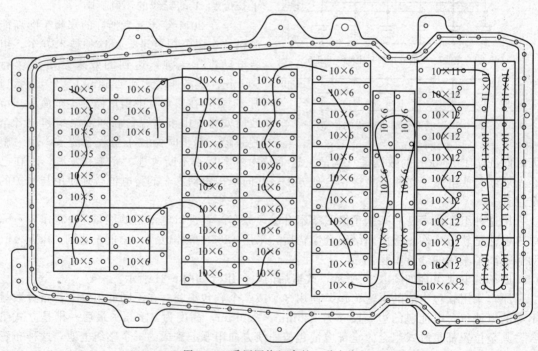

图 6-21　采用网络组合的一种方案

② 整车采用 8 串电池并联，图中不同的曲线串联成各自的电池串。每串电池 9 包，标称电压 324V，与原车相同。8 串电池并联起来成为整个电池组。

采用这种组合，整车的能量配置，由原来的 30kW·h 提高到 40kW·h。整车的动力性能得到提升。

这种组合技术，在通信基站和电动汽车上都有实际使用，收到了电池组的可靠性成倍增大的效果。

网络组合技术是介于蓄电池厂家和汽车厂家之间的边沿技术，只有在两方面技术交融的条件下，才会被认识和采用。

蓄电池的网络组合技术，已经申报了发明专利。

6.3　网络组合结构配套的 BMS

6.3.1　基本说明

BMS 的数据采样和数据处理，是与电池串的结构配套的。流行的"先并后串"的电池串结构，已经有许多厂家专业生产配套的 BMS，最长已经有十几年的历史，并出口到欧洲。这类 BMS 采集的原始数据，都是电气单节的电压值，我们称为 BMSU。

对网络组合的电池组运行检测，需要设计配套的 BMS，这类管理系统，主要检测运行中的充放电电流分配的均衡性，我们称为 BMSA。发现不均衡性超过预定的阈值时，采取人工维护方式予以解决，人工维护在换电站进行。在对电池性能的判断上，一定是用同一时刻的电流 I 和电压 U 两个参数。单一参数不能真实地反映内在质量，特别是铅酸蓄电池，尤为明显。在电动汽车的 BMS 中，记录和检测最大电流时对应的电压值，才能给换电站的维护提供技术依据。

如图 6-22 所示是某车辆的蓄电池配置组合设计，整车由 11 串电池并联构成，每串电池的容量为 20A·h，累计标称电压为 144V。

组合的方式是，使用 18650 电池先组合成 36V、20A·h 的电池单元包，4 个单元包电池串联构成一个电池串，11 个电池串构成一个整车电池组。

另一种轿车电池串并联前的实际电压数据见表 6-2。

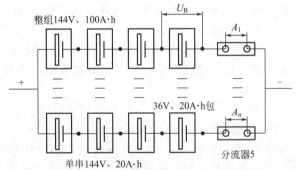

图 6-22　某车辆的蓄电池配置组合设计

表 6-2　另一种轿车电池串并联前的实际电压数据

串联次数/次	1	2	3	4	5	6	7
并联前空载电压/V	347.1	347.3	347.4	347.6	347.2	347.4	347.7
电池包内结构	5×10	6×10					12×10
与平均值的电压差/V	−0.28	−0.08	0.02	0.22	−0.18	0.02	0.32

电池串并联时，会有轻微的火花，并无大碍。串电压并联后很快就自动平衡了。

在实际运行车辆上，在电池组第 5 串中加进失效电池，BMS 记录的数据见表 6-3。

表 6-3　加入失效电池后 BMS 显示的数据

状态	100%C	第5串	加1	加2	加3	加4	加5	加6
电流值/A	98	10	9.7	9.4	8.5	6.9	6.7	6.7
状态	60%C	第5串	加1	加2	加3	加4	加5	加6
电流值/A	87.5	9.3	9.0	8.5	7	5.2	4.8	4.7
状态	20%C	第5串	加1	加2	加3	加4	加5	加6
电流值/A	83.0	8.8	8.0	7.9	0.8	6.2	5.6	5.2

　　从表 6-3 中可以看出，在电池串中加入 1 个失效电池，串电流值就有可分辨的变化。

6.3.2　电流电压采集技术要求

　　① 电流采集具有 1 路电压采集能力，采集回路与测量回路电气隔离，采集范围为 0～400V，采集精度 1V。

　　② 电流采集具有绝缘电阻采集能力，采集范围为 0～10MΩ；

　　③ 电流采集具有多路温度采集功能，用于采集每串电池温度。温度传感器采用热敏电阻。

　　④ 电流采集具有 CAN 通信能力，将采集到的电流数据通过专用协议传送到仪表。

　　⑤ 电流采集具有充电容量、放电容量计算功能。同时能够接受仪表下发的充电校正容量，并保留连续 3 个充放电循环数据。

　　分流器也可采用霍尔元件，北戴河德昌霍尔元件厂有几款产品可以使用。

　　⑥ 电流采集具有超限报警功能，包含电压报警、电流报警、容量报警、漏电报警等。

　　⑦ 当检测到一串电池的电流突然降到"0"时，说明该串电池已经断开，电动机的总电流应降低一个等级。具体数值根据电池串的数量确定，原则上按 1.5 倍限流。例如电池组共有 5 串电池，断开一串，总电流应降低 30%。这样可以保障其他电池串工作正常，避免发生全部电池保险都被熔断，发生需要救援的事故。

　　这个电路，也可以设置成"一停再开"的功能，当发生一串电流突降到"0"时，整车电路关断，并发出声光报警。司机重新启动车辆，按减小电流的工况维持运行到维护工作点，避免发生救援事故。

　　⑧ 在没有液晶屏显示的车上，用 φ3.5 的红色 LED 显示电流的差值超限，以平均电流值为基准，显示的标准是最大电流值减去最小电流值，相差超过平均值 30%。该值可以由管理员设置。

　　⑨ 电路板由汽车照明 24V 电源独立供电。

　　⑩ 总电压用精密电阻衰减分压。

　　⑪ 输入信号接口：分支电流接口，总电流接口。输出信号接口：驱动 LED 报警灯 2 线，驱动电动机控制电流降低 2 线，实时向液晶屏发送信号用 2 线，总电流 2 线，总电压 2 线，12V 电源 2 线。

　　⑫ 数据可以向计算机发送。数据格式是

＊＊年＊＊月＊＊日＊＊时＊＊分＊＊秒　充电＊＊A　开始电压＊＊V　＊＊kW·h　最高电压＊＊V
＊＊年＊＊月＊＊日＊＊时＊＊分＊＊秒　放电＊＊A　开始电压＊＊V　＊＊kW·h　终止电压＊＊V

　　记录的存储数量按 100 个循环设计，这是考虑到在家庭使用条件下，换电作业的周期较长。

　　可以根据放出电量收取电池使用费。根据充电最高电压判断非正常充电。根据最低电压判断是否超限使用。

　　⑬ 每串电流信号采集的电路，安装在电池箱内。避免多头动力引线穿出电池箱，造成结构的复杂化。整车电流和电压的采集电路在电池箱的外部。

　　电流采集如采用霍尔元件，布置较方便。霍尔元件如同分流器一样，可以输出正负信号，可以方便地测量充放电电流。

　　⑭ 电压采集范围为 0～400V，采集精度为 1V。电压采集每个电池包的串联电压值，电池包内并联的电池电压不采集。电压信号线从均压线的端头引出。

　　电压信号有两种传输方式。

　　第一种结构是用导线直接引出，送到 BMS 中去，这种方案由于芯片接口数量限制，只能采集到第一串电池电压。其余 2～10 串的电压线并联到第一串上，箱内并联线很多。

第二种结构是用安装在电池包上的电路板，采集本包电池的电压，用 CAN 总线传输到 BMS 中去。箱内并联线只有 3 条 CAN 总线。采集的电压线号不受接口数量的限制。

⑮ BMS 具有超限报警功能，包含电压高压超限和低压超限报警、电流超限报警、容量报警、漏电报警、低温报警。电池组温度低于 5℃ 时，车辆不能充电，需要自动启动加热功能。

⑯ 充电机的电流由 BMSW 控制，按照恒流转恒压再转小电流恒流的流程进行充电。

⑰ 在没有液晶屏显示的车上，用 $\phi3.5$ 的红色 LED 显示电流的差值超限，以平均电流值为基准，显示的标准是最大电流值减去最小电流值，相差超过平均值 30%，该值可以由管理员设置。

⑱ 电路板由汽车照明 12V 电源独立供电。

6.3.3　仪表及整车控制器的配套开发

采用已有的硬件 ZB299-7CAN 表或其他型号的仪表，其基本结构如图 6-23 所示。

仪表显示一般车上都有的车速、转速、水温等参数。总电压表在满刻度范围显示：使用 90 个单节串联成 324V 系统的锰酸锂电池，显示 230～400V，均匀等分刻度。

仪表具有一块 5～7in（1in=2.54cm）彩屏，能自由显示各种报警符号。显示内容如图 6-24 所示。其中总电压、总电流和本次充放电能量 3 项用数字显示。本次充电能量值为充电计费使用，停充后数值保留并锁定，中间未经放电作业继续充电时数值累加。本次放电为本次放电放出能量，停止放电后未经充电继续放电时，数值累加，停止放电后数值保留并锁定。这两个数值，关闭电源再次开机后依然显示关机时数值。电池组最高配置有 12 串电池。放电时电流显示的最高为绿色，最低为红色，充电时颜色显示值相反。在不同的车上使用，由于使用的电池串标称容量不同，电流差的阈值也是不同，该值可以由系统管理员设定。检测到超过差值限度时输出声光报警信号，报警信号用差值最大的两个柱形条闪烁表示，刷新和显示频率为 1 次/s。报警在 8s 内消失，不做违章操作记录。报警超过 12s 自动关断，0.5h 内不再报警，超过 12s 属于违章操作，输出报警后芯片要做记录，在换电站输出数据后由管理员消除报警记录。司机报警后应告知换电站第几串电池报警，此信息未告知换电站，属违章作业。

图 6-23　综合仪表基本结构

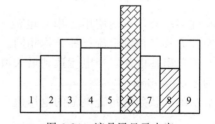

图 6-24　液晶屏显示内容

1～9—独立电池串的状态，显示框表示电池结构容量的百分比

容量显示框为电池组结构容量的百分比，不表示真实的保有容量安时数值。充电总电压上升到 378V 时归位显示 100%，放电到 270V 时归位显示为 0。直方图数值为蓄电池组的电流值。充电时的容量增加值，由于充放电效率的折扣，可取检测值的 0.9。放电时按实际值减去。

关于电池内实际容量数 SOC 的检测，都希望能达到高的精度。从数据传输的角度看无论是分流器或者霍尔元件，测量精度都达到 0.5%～1%。在进入检测电路后的数据处理，精度都在 0.5% 以上。为什么实际精度都达不到 1% 的水平？这不是电路设计的问题，而是充电时充入的能量，不可能全部转换成化学能储存到电池中，而是有一个折损系数。这个系数随着电池的新旧、环境温度、连接状态等因素的不同而有所不同，这是不能依靠电路设计完全校准的。所以到 3% 的精度，几乎就是极限。对这个参数过高的要求，是不合理也是不必要的，燃油车油量的测量精度，远低于 10%。

充、放电时要显示放出电能的千瓦时数值，该数据属性为只读。充电时显示数据在增加，放电时显示数据在减少。一般充电时的增加值用充电测量的能量值乘折算系数 0.9 得到。连续数次充电或连续数次放电的数据连续累加，按比例在容量显示的水平条增减，计算所用的结构容量是上次的测量 CJ 值。记录对应的起始和终止时间，记录数据可导出。

在两次充电之间的放电数据累加值就是实际放出电量，该数据是电池使用费用的收费依据。充电作业充入的电量，是计算充电费用的依据。

6.3.4　司机违章使用电池的记录

由于司机的违章作业，会造成电池的提前损坏，对这类操作要做记录。这类操作如下。

① 电池总电压连续低于设定值 10s。该限定值由蓄电池业主维护人员根据电池状态和使用条件设定。总电流超过设定值 5s。

② 并联电池组中各支路中最大电流与最小电流差别大于 50%，连续持续时间超过 1min。记录前要声光报警提示。

③ 当一串蓄电池的保险熔断后，整车断电，实现"一停再开"动作。一串保险的熔断，用电流信号获得。保险中断导致"一停再开"时，电流的允许值应减小 K%，K 值为串数所占比例的 2 倍。

6.3.5　数据存储和通信

记录的数据，可以管理员的身份转储到计算机，并可以清零。但清零后保留痕迹，注明 ＊＊年＊＊月＊＊日＊＊时＊＊分由＊＊＊导出数据，共＊＊M。痕迹保留最后 30 次，超期自动清零。

行车记录的数据需要上传到上位机，并以 EXCEL 表格形式保存。

6.3.6　单串组合的 BMS

在许多场合，只能使用 1 串蓄电池。这种电路结构需要采集电流和电气单节电压的数据，管理方式与市场上流行的结构相同。

对于单串蓄电池，当电流达到最大值时，采集每个电池的端电压，并储存。数据采集的频率为 1 次/10min。

显示的柱状条为每个电池的电压值，最高电压为 4.3V，最低电压为 2.5V。

6.3.7　对能量转移功能的分析

蓄电池串中容量的不均衡，BMS 的设计者采用容量均衡电路来解决，其电路的原理如图 6-25 所示。在所有的单串电池的 BMS 中，都有这个电路。在图 6-25 中，假设第 5 个电池的容量较高，电池就通过蓝线所示的电路进行放电，通过变压器的升压，使其对整组电池放电。这样，容量高的电池就把一部分容量转移到其他电池中去，电池容量的均衡性就得到提高。

这是电气设计者的初衷，实际情况不是这样。

在一个电池串中，充放电的电流始终是一样的，运行一段时间后，单节之间出现的容量

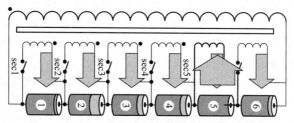

图 6-25　电池容量均衡电路的原理

差异，是由电池本身电化学性能的差别引起的。充放电过程中，始终有一个转换系数在起作用，充电时不是所有的电能都能转换成化学能储存在电池中，放电时也不是所有的化学能都转换成电能送入电路，转换系数高的电池发热较小，反之亦然。

在电池串中出现某个单节容量高于其他电池的情况，就是这个电池的转换效率较高造成的。既然这个单节容量较高，把它的容量释放出来一些，就会减少容量差。但是否能转移到其他电池中，就是另外一回事了。

没有一种电池的转换效率是 100%，这是绝对的。实际运行的结果，不会是从高电压电池中取出所有放出的容量，都被其他电池吸收。

实际运行效果往往证明有均衡电路的配置，电池的均衡性就较好。为什么采用这种电路，实际运行电池组的均衡性会有明显提高，这是由于变压器升压后的输出是尖峰波，尖峰波的电压值高于正常充电电压的数值，其他电池于是就得到较多的能量。在正常充电中，采用这种尖峰波，也会有同样的效果。尖峰波的高度和宽度，直接决定充电的效果，合适的尖峰波，可以减小电化学的极化，这个效果，已经被人们认识。这种充电技术，在铅酸蓄电池的化成工序中，在全国范围已被普遍采用。

电动汽车的用户，看不到充电的波形。这种电路的设置，均衡电流越做越大，这就增加了 BSM 的成本。

对蓄电池串容量的均衡性控制，主要依靠人工维护来解决。在网络组合的蓄电池组中，均压线就可起到均衡的作用。

6.3.8　网络组合的效能和实施

蓄电池组合方式直接关系着电池的实车寿命。

用并联的方式达到所需的结构容量，用串联的方式累积到所需的电压值，这就是"先并后串"的电池组合结构。这种组合结构已被认为是经典的组合结构，对其不合理的一面很少有人关注。在实车使用中，流行的"先并后串"结构大幅度缩短了电池的循环寿命，这不是电池厂的责任，而是汽车厂对电池的使用技术不熟悉的设计失误。

蓄电池的实车使用寿命长短，决定着运行成本的高低。汽车制造者和使用者给电池提供合理的工作条件，对电池的实车寿命来说，与电池的原始质量同等重要。流行的"先并后串"组合方式，使电池失去了独立发挥效能的条件。但是直接采用"先串后并"的组合方式，由于每串电池的充电电流分配无法均衡，电池的使用寿命更短。虽然在其他行业已有实际使用的先例，在电动汽车上如何解决这个问题，前后已经历 3 家公司的资金接力，连续进行了 7 年的研究攻关，才逐步完善了有实际使用价值网络组合结构和工艺。

如果您统计过电池损坏的数据，分解过提前失效的电池组，您就掌握了电动汽车蓄电池的运行失效内在状态。如果您还具备较深的蓄电池电化学和制造工艺流程方面的知识，就能根据失效状态分析出电池非正常损坏的原因，会得出蓄电池"先并后串"组合结构本身所携带有电池连带损坏基因的结论。

为什么经过国家认证的磷酸铁锂电池 2000 次以上的实验室循环寿命，在实车上只有 300～500 次？据悉在欧盟，也只达到 800 次循环。在一次杭州电池行业会议上，笔者介绍了蓄电池的网络组合方式，与会代表一致认为是个最简单、最有效压缩蓄电池连环损坏的工艺方法，并在向通信基站供应蓄电池组时采用了这种结构。

在一些情况下，需要采用多串电池并联供电的结构，也有人做过尝试，但都不成功。这里所说的"成功"是指蓄电池的循环寿命能够充分发挥出来。这种简单并联的方式充电时会导致某一串电池明显温升偏高，加速电池的损坏，电压越高，充电偏流越严重，电池温升越高。12V 电池串并联，寿命减少 50%。96V 电池串并联，寿命降低到 10%。这个数据，是在大范围的生产实践中得到的，电池内阻越小，问题越严重。于是不少实践者得出"先串后并"的电路是行不通的结论。其实，这个难题问题，用网络组合方式就能很好解决。网络组合方式可以自动平衡充电电流，把电流的偏置降低到最低程度，为发挥蓄电池的循环寿命提供必要条件。

蓄电池网络组合技术并不是保证蓄电池不损坏，电池出厂后，用户就不能对电池内部结构做什么改动，网络组合技术是追求最大限度地把蓄电池的使用价值发挥出来。蓄电池在充放电循环中，结构容量是逐步衰减的，这是正常的变化。现在大量的情况不是这样，电池的循环寿命远没有达到合理的次数，电池就失效了。用"电池不过关"这样的托词，把责任推给电池厂，就阻断了对电池非正常损坏的认识和探索。

要实施蓄电池的网络组合，需要几个基本条件。

（1）电池组合的定位骨架　对不同的圆柱电池和软包电池，需要不同的骨架。市面上出售的塑料骨架，电池焊接后，维护作业时无法取出已经失效的电池。网络组合的塑料骨架，全套有 11 个零件，可以组成任意串并的电池包。骨架在设计时，就考虑电池维护的需要，经过多次的修改，终于达到了组装工艺简单、工作效率高、维护辅助作业量小的效能。

（2）需要配套专用的 BMSW　市场上流行 BMS 主要是检测电压信号的，BMSW 不但检测电压信号，还要检测多串电流信号。对两种信号的综合分析，就可准确定位故障电池的位置和不良电池的不良程度。在电池失效前的发展过程中，就可发现其演变过程。这对预防事故是十分重要的。正是这种预警功能，预防了电池的连带损坏。

（3）需要专用的组装设备　在现有的先并后串组装生产线上，只需增加均压线焊接环节单元总成，原有的生产线就可量产网络组合的电池组。

（4）需要有专用的设备和工具　开展按实际电池状态的人工维护。

有了这 4 个基础条件，网络组合才能发挥出经济效益和技术效益。

6.4　锂离子电池组维护的必要性和意义

6.4.1　人工维护的必要性

电池的原始质量，是电池可靠性的基础，但并不是全部内容。

有的汽车厂出厂的使用说明书中，规定的蓄电池维护按保养的程序进行，规定一保、二保的内容都是对电池外观检查，检查紧固件，没有对蓄电池的实质性容量进行检查和容量均衡性维护。

蓄电池的运行质量，实际只能由运营商掌握，根据实际状态，分辨出电池损坏的责任方，属于厂家的责任由电池厂赔偿；属于使用方的责任，及时修正维护不正常之处，使其整体性能基本保持在良好状态。

在网络组合的蓄电池组中，对并联结构的蓄电池串，首先要检测各支路的电流分配均衡性，这是可以早期发现潜在故障的办法。许多人常习惯采用测量电压的方法，这是不合理的。对电化学储能的电器元件来讲，当电流产生的化学效应累积到有明显结果的时候，才能在电压上反映出来。测量并联电池串中单个电池的电压值，利用这些数值判断电池的优劣，总会慢一拍。现在通信行业在并联电池组的使用中，由于不检测支路电流，那么早期就无法发现故障点，一直到电池出现损坏时，才在电压数值上看出差别。在电动汽车等大型车辆上也采用并联蓄电池，由于不能采取维护措施消除电流分配的不均衡，把故障消灭在酝酿的过程中，差异的正反馈迅速将电池串损坏。这种传染性蔓延的特性，电源管理者经常遇到。

对串联结构的蓄电池，运行中端电压的差异可以反映电池的内在质量。损坏的电池如果是内部短路的原因，充放电时端电压都会偏低。如果是电化学性能引起的，充电时电压会升高，放电时电压会降低。

更换电池的原则是备品电池与在线电池的结构容量和保有容量相同，实际操作中需要有专用的保有容量检测仪才能实施。

及早发现故障和确定故障的地点，是维护的先决条件。这需要硬件设备和工艺软件有机配合才能做到，也是用户应具备的技术条件。现在许多行业的蓄电池使用中，都忽略了这一点。导致这一情况的原因是受电池行业曾经使用"免维护"一词的误导，对蓄电池维护的意义缺乏认识。

电池是电动汽车运行消耗的主要材料。磷酸铁锂电池 2000 次的循环寿命如果发挥出来，每次循环行驶 200km，就可行驶 40 万千米。通过有效的维护，只有消灭了电池的连带性损坏，才能把现在的 200～300 次实际循环寿命提高到 2000 次，这是可以达到的目标。按照网络组合技术，三厢轿车的蓄电池配置可以到 40kW·h，保障车辆有 300km 的续行里程，经济效益上升一个台阶，这就是蓄电池网络组合加维护的潜在价值。

把电动汽车上使用的电池误认为是"免维护"的，是电池损坏率居高不下的根源所在。许多电动汽车公司，在车辆运行中不能有效控制电池的损坏，高昂的电池费用最终迫使其退出电动汽车领域。用网络组合法组合的蓄电池组，并联和串联的固有潜在故障都有可能发生。但是用网络法组合的蓄电池，用适当的检测电路，及时发现故障处所，可以做到快速排除故障，并把电池的连锁损坏压缩到一个小的范围，这就是人工维护的工作内容。

没有有效的人工维护，恢复蓄电池组单节电池容量的均衡性，就没有电动汽车的市场化。

6.4.2　均衡性维护设备

便携式电池组均衡性维护仪，是由哈尔滨威星动力电源科技开发有限责任公司方英民组织研发的国内独创产品，该产品主要用以解决锂离子电池成组管理中的均衡性问题。

锂离子电池出厂后由于疏于管理或管理不善而出现的一致性累积偏差，会逐渐生成电池循环寿命的非正常劣化现象。该现象常常表现在新能源汽车领域，原本厂家承诺的 3000～5000 次以上的循环寿命大多数不到 600 次。这种状态，极大地影响了广大购车族对电动车的购买热情。

电池厂能采取的措施，就是尽量做好电池的制造工艺和出厂一致性。这只能保持短暂的一段时间，在使用的过程中，电池总是从均衡状态向不均衡发展，而且是以正反馈的方式发展的。为了解决这个问题，车上的 BMS 中都设置了均衡功能。但是无论"被动均衡"还是"主动均衡"等措施，均难以奏效。

其原因是，两者都是以整组中电池电压最低的那个电池为均衡参考标准，而电压最低的那个电池是动态变化的，并不能保持固定值作参考，所以均衡结果为无标准可依，并不能真正做到解决电池差异性这一根本问题。

为了解决这个问题，开发了图 6-26 所示的蓄电池组均衡性维护设备，这种产品是 BMS

的技术延伸产品。适用于所有的锂电池组。该产品特点如下。

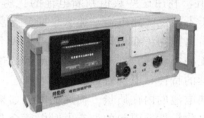

图 6-26　蓄电池组均衡性维护设备

① 采用专有的并充控制技术，确保各通道充电效果的高度一致。

② 采用模块化设计，采用独立的、完备功能的充电模块。

③ 支持各电池电压和电流的监测及数据打印。

④ 支持各通道充电时间和充电能量的测算及数据打印。

⑤ 转换效率高，外壳温升不高于 40℃。

⑥ 体积为 400mm×350mm×150mm，质量为 8kg。

⑦ 采用 AC 220V 供电，功率≤500W。

该系列产品采用并充维护模式，即一节电池对应一个充电模块，每节电池均为恒流的模式充电，当该节的电池电压达到事先设定的维护截止电压时，该节电池的充电结束。

由于该系列产品主要用以解决锂离子动力电池的"提前折寿"问题，所以受到广大主流电池厂的积极响应。经国内一些主流电池厂试用，解决电池一致性效果明显。例如图 6-27 是蓄电池组均衡作业效果。（北京国能电池科技有限公司为重庆恒通公司安装的电动公交大巴车，2017 年 2 月 17 日前后几天对同一组电池的原来的状态和均衡后的状态对比）。图中共记录 12 个电气单节电池的电压值，曲线中上升阶段的电压值是分散的，说明单节间电压值是不同的，下降部分是均衡后放电过程中的电压值，图中记录的数据是相同的，12 条电压线重合在一起。

图 6-27 中显示的试验方法为，用 12 个不同批次磷酸铁锂电池成组做维护测试，即串联组成锂离子电池组进行有规律的电池充、放电维护实验。该实验分两步进行，第一步是先将电池组总回路电流串充到事前设定的 3.5V 单体电池电压上限后，静置 1h，再对组内形成电压互差的每一个单体电池进行每通道 5A 的电流进行维护，从各单体电池电压变化的曲线可以看出，经过维护后，各节电池的放电曲线基本重合。第二步是经过维护后的同组电池再进行串联放电，静置 1h 后，重复进行上一循环。每进行一次即完成一次电池一致性的补偿，组内各单体电池一致性得到有效提升，通过实验进一步说明锂离子电池组经过分时间段维护，每做一次都会对电池组出现的一致性差异得到有效缓解。如同一批次电池从初始阶段就采用这种维护方法，将对组内各单体电池一致性做到有效保护，曲线特性会更加一致，电池的循环寿命也将得到有效提升。

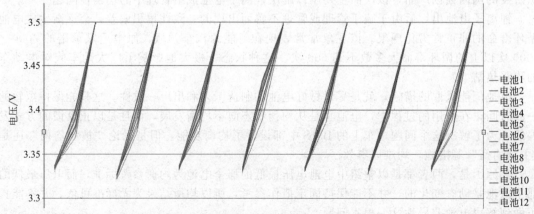

图 6-27　蓄电池组均衡作业效果的试验方法

从图中可见，在充电的过程中，开始时电池的电压是发散的，充电结束时电压一致性很好，表现出电压曲线重合到一点。

采用这种设备，由于大幅度遏制了电池组的非正常损坏，经济效益明显。

如图 6-28 所示是对一组蓄电池进行作业的现场。

以某运营公司 180 辆电动大巴车维护为例，初步预算其 PACK 价格为 18 万元/辆车，项目总造价为 3240 万元。按目前运营不到 2 年就有车辆频繁"趴窝"现象，根本满足不了 8 年 15 万千米的基本设计要求。以每 10 辆电动大巴车经初步测算，每隔 5000km 维护一次循环，该项目仅需要 20 台左右的便携式电池组维护仪就可以满足基本维护要求。其中维护成本仅需要投入几十万元，相对车辆"趴窝"造成的成批换、修电池，可节省大量的售后人力、物力、财力。该项目完成

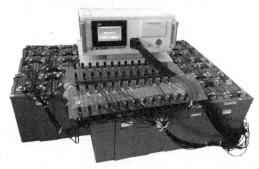

图 6-28　对一组蓄电池进行作业的现场

全寿命周期运营可节省资金，初步计算也要上千万元。

6.5　电动汽车锂离子电池维护的基本工艺

现在的电动汽车厂家和电池厂家，向用户提供的蓄电池维护内容有测量蓄电池电压、紧固连接件和清理电池表面的污染物。

现在车辆很多问题都出在没有日常维护的标准或没有国家强制检测的标准。传统车都有强制检测，电动汽车作为新生事物，相关的安全性、可靠性还没有达到传统车的级别，究竟每隔 3 个月、6 个月，还是 1 年进行检测，应该检测哪些项目（系统密封性、电器可靠性、连接可靠性等都需要检测），这都缺少相关的标准。

现在整车厂更多的卖点是电动车不用维护，但实际上这完全与安全的意识背道而驰，因此，国家应该制定强制检测的标准，整车厂也应该有强制检测的项目要求。

对 BMS 检测出的不良之处如何处理，在使用维护手册上基本没有这方面的内容。电池是按免维护方式使用的。

如何查找故障单节，是维护技术的核心内容。

电动汽车蓄电池组有两类组合方式。第一类是流行的先并后串的单串蓄电池供电结构，这类电池组使用的 BMS 主要依据电压信号，简称为 BMSU。第二类是网络组合结构，信号主要是采集电流信号，简称为 BMSA。

对于图 6-29 所示的先并后串的电池组结构，BMSU 采集的电气单节电压信号 U_{DJ}，可以根据该单节的数值判断，如果电压始终偏低，表明单节内部有短路。如果是充电时电压偏高，放电时电压偏低，就是该单节容量衰减较多。用这个方法可以找到不良单节。至于偏高和偏低的具体阈值，要根据使用条件确定。

对于网络组合结构，BMSA 记录的是每串电池的电流值，根据放电时记录的数值 $A_1 \sim A_n$，把电流最小的电池串取下。

取下的电池串，就是一个单串的蓄电池组。在图 6-30 所示的实验台上，对电池串进行大电流放电检测，比较其每包电池的 U_n，电压最低的就是故障电池的"包"位置。

用同样的方法，继续检测包内的蓄电池单节，就可以找出故障单节的位置。

对电池串的负载实验，要用远大于正常工作单流的负荷，负荷越大，对故障电池的检测精度越高。

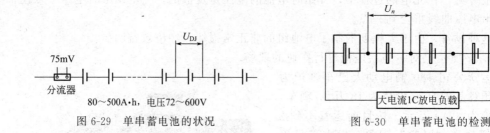

图 6-29   单串蓄电池的状况   图 6-30   单串蓄电池的检测

表 6-4 是一组先串后并电池的实际测量的数据。根据这组数据，可以看出第 2 列电池中测量电压偏高，第 5 列电池中测量电压偏低，判断该列有低电压单节，应进行维护作业。

表 6-4   某组中每串电压值   单位：V

列＼行	总电压	1	2	3	4	5	6	7	8	9	10
1	32.09	4.67	4.68	4.68	4.67	4.70	0	3.72	4.71	0	0
2	34.53	0	4.57	4.57	0	4.55	4.56	2.49	4.60	4.60	4.63
3	36.29	4.55	4.51	4.53	0	4.55	4.52	4.54	4.52	4.55	
4	36.28	0	4.55	4.56	4.54	0	4.54	4.50	4.51	4.52	4.55
5	36.32	4.05	4.04	4.04	4.04	4.04	4.03	0	4.04	4.03	4.04
6	36.32	4.04	0	4.04	4.04	4.04	4.04	4.04	4.04	4.04	4.03
7	36.06	0	3.93	4.19	4.67	4.67	0	4.68	4.66	4.66	4.65

对一包已经损坏的电池进行分解，用万用表测量的电压数据，见表 6-5。

表 6-5   一包先串后并的电池损坏测量单节电压值

列号	1	2	3	4	5	6	7
电压/V	4.18	**4.56**	4.17	4.19	**4.15**	4.20	4.17

注：黑体表示损坏的电池。

其中，分解前总电压是 36.2V，总电压值为分解后每串电压值。当不同电压值的电池串并联时，就会有损耗性放电发生。

从表 6-5 中可以看出，一旦有一个电池损坏，若不及时更换，就会导致连锁性损坏。以上的数据，都是用万用表的电压挡测量的。所以会看到锰锂电池虽然标称工作电压为 3.7V，实际测量损坏电池的电压在 3.7V 以下，很快就到 0。如果用动态内阻测试仪，就会测量出一些中间电压值，也就能发现更多的损坏电池。

在串并组合的蓄电池组中，对每个小电池的定位编号最低需要用 5 位数，其中有"行"和"列"的标识。这种编号用在电池管理系统中的故障电池显示环节，便于统计电池损坏的情况，如果号码的位置比较集中，就不是电池原始质量的原因，要查找环境的系统原因。

蓄电池组合后，需要进行负载实验，负载的大小要模拟车辆的实际工作电流大小才有意义。

如图 6-31 所示是郑州工程技术学院电动汽车实验室制作的蓄电池组负载试验台。负载功率最大 30kW，风冷。

该试验台有标称电压是 36V、72V、144V、288V 几个接线挡位，可以对单串电池进行负载试验，既可对先并后串的电池组做负载实验，也可对由 8 串电池组合的先串后并蓄电池组做负载实验，现有负载电流为 100A。电流值和电压值可根据用户需求设计制作。

在负载试验台上，可以检测接触器件的接触发热的温升情况，也可以准确查找电池串中的落后电池，为蓄电池组的维护提供技术依据。维护好的蓄电池组，其实际效果也可在实验台上验证。

这个设备是换电中心站开展蓄电池维护的基本配置。检测设备记录的数据用计算机转储和查询。

图 6-31　郑州工程技术学院电动汽车实验室制作的蓄电池组负载试验台

6.6　电动汽车的 12V 电池

现在大多数电动汽车，12V 和 24V 系统的供电仍采用铅酸蓄电池。如果采用锂离子电池，就需要进行配置设计。

电动汽车配置的 12V 电池只用于供照明和车上电器使用。车上电器最大用电是汽车前大灯，单个为 50W，两个为 100W，用 DC-DC 供电。电池的作用只是在停车离人后，供车上安保系统用电，该部分用电量不超过 0.1A。车辆警示灯的电流，采用 LED 灯，用电也不超过 0.1A。燃油车辆电池容量的国际标准是要求发动机停止工作，安保警示系统可独立供电 24h。

达到上述要求，其保有容量最低为 $0.2A \times 24h = 4.8A \cdot h$，结构容量取 $10A \cdot h$。考虑到动力转向电动机 200W、制动助力电动机 50W，电动车窗电动机 100W，空调蒸发箱鼓风机和空调冷凝器风扇 100W，开机时有 40A 电流脉冲，电池的保有容量取 $20A \cdot h$。考虑到低温的影响，设计标称容量为 $50A \cdot h$，总体较为合理。

6.6.1　采用 26650 型锰锂电池

采用三元锂离子电池，$12 \div 3.7 = 3.24$（个），采用 4 节电池串联，累计电压为 14.8V。这个电压车上原有的电器部件可以承受。但充电时的 DC-DC 输出电压则需要专门设置，如果按 4.2V 计算，需要 16.8V，这个电压高出标称 12V 有 40%，这是原有电器难以承受的。降低充电电压，电池不能得到应有的补充。

如果采用 3 节电池串联，工作电压为 $3.7 \times 3 = 11.1$（V），充电电压限制为 12.6V。这个电压范围，可以供车上所有电器正常工作。

电池组结构可采用 14 节 26650 电池并联为 1 排，构成 1 个电气单节。3 排串联成电池组，替代 12V 铅酸蓄电池。组合结构如图 6-31 所示。

采用原有的 DC-DC 输出电压为 13.8V，平均充电电压就达到 4.6V。现需要调整到 12.6V，每个单节充电电压为 4.2V。

6.6.2　采用 26650 型磷酸铁锂电池

采用磷酸铁锂电池，$12 \div 3 = 4$（个），采用 4 节电池串联。这个电压车上原有的电器部件可以承受。但充电时的标准电压为 $3.8 \times 4 = 15.2$（V），这个电压高出 12V 有 26%，这是原有电器可以承受的。工作标称电压为 $3V \times 4 = 12V$，DC-DC 输出充电电压限制为 13.6V，平均每个电池充电电压为 3.4V，每个电池偏低 0.4V，电池会处于欠充状态。

考虑到与现有的电池盒简化统一和互换，利用现有的电池盒，降低高度以示区别。电池组合结构为如图 6-32 所示（左边是正面，右边是背面）。14 个电池并联为 1 排，3 排串联成标称容量为 $50A \cdot h$、输出电压为 12V 电池盒。

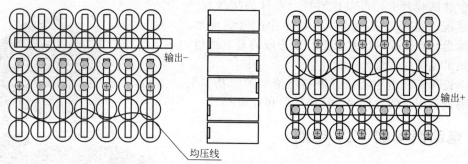

图 6-32　12V 电池组合结构

采用这种结构的组合替代铅酸蓄电池，需要配合电池组设置保护板，实际为简约型 BMS。其技术要求为，采集每 1 排电池的电压，限制每 1 个电池充电时的最高电压，锰锂电池为 4.2V，磷酸铁锂为 3.7V；放电时最低电压，锰锂电池为 3.0V，磷酸铁锂电池为 2.7V。超限时切断主回路。

6.6.3　独立 12V 电池充电电压调整

采用锰锂电池 3 串的结构，DC-DC 输出电压需要降低到 12.6V，单节浮充电压为 4.2V。采用磷酸铁锂电池 4 串的结构，DC-DC 输出电压调整为 13.6V，单节浮充电压为 3.4V，使电池处于合理浮充状态。

6.7　电动汽车的车载充电机充电

电动汽车的充电有两种情况，一种是在独立的充电设备上充电；另一种是在换电站充电。大量的充电是前者，就是常说的补充电。这一节讲述这方面的技术。

车载充电机设计大多数输入电压为 220V，功率为 3kW，这个限制是适应一般家庭的供电情况。利用晚上时间，补充 50kW·h 的电能，可以满足一般家庭 200～300km 的行驶使用。

在大多数情况下，私家车是用车载充电机进行充电的，它们是以"配套专用"的结构装在车上。这类充电机密封较好，外部不设开关和调节旋钮，依靠车上的 BMS 进行控制。如图 6-33 所示是一种车载充电机的外观。

图 6-33　一种车载充电机的外观

车载充电机一般都做成全自动的，这样做是为了防止操作失误造成电池损坏。

充电一般由电池管理系统进行控制，充电时根据电池管理系统检测到的数据进行电流和电压调节。在有 220V 交流电供应的地方，使用车载充电机补充电量最方便。

车载充电机通常安置在车辆的后备厢中，为防止水的进入造成损坏，全封闭结构是车载充电机的首选。车载充电机用于单组串联结构的蓄电池组，外部有三条电路：一是电源 220V 交流输入线；二是控制线，改线接到电池管理系统的对应控制端，电池管理系统根据检测到的电池电压数据，用以控制充电机的输出；三是接到蓄电池组的输出端接线。

对并联多组小容量蓄电池组的组合蓄电池结构，由于不能检测到每个单节蓄电池，所以只检测总的输出电压。这类充电机的充电调节依赖于本身的控制，基本按恒流充电到设定电压后转恒压充电即可。

电池被充电作业损坏的情况时有发生，一方面是充电机本身器件损坏或设定数据变化；另一方面是充电时电池的相关数据没有传递到充电机。

由于开关电源技术已经很成熟，工作效率高，输入电压的范围也较宽，车载充电机无一例外都选用了开关电源的电路结构。因为这类充电机，一旦输出高电压，就会造成整车电池损坏的严重事故，所以车载充电机的保护装置要完善，特别是对过充电的检测和防止要采取多种措施。此外对车载充电机的检修也要定期进行。

以下是车载充电机的基本要求，供设计者参考。

① 车载充电机是为远离充换电站或充电桩的电动汽车补充电量设置的。

② 通常输入电压是 220V 单相交流电，有条件时可选用 380V 三相交流电。

③ 输入功率单相 3kW，以适应家庭动力线，连续工作时间 8h，自然散热。

④ 充电采用恒流充电到预定电压，再转恒压方式。

⑤ 并联 2~4 个独立模块，模块连接主控制器。其中一个损坏后自动显示故障，切断充电回路。每个模块设计功率为 1kW。模块间输出电流有均流功能。输出电流的差值控制在 10% 以下。

⑥ 恒流阶段最大电流按 20A 限定。如果串联的单节数为 N，恒压阶段的转折电压值铅酸蓄电池按 $2.37N$ 设定，三元锂离子电池按 $4.2N$ 设定，铁锂电池按 $3.7N$ 设定。转折电压在电压稳定达到转折点 1min 以后执行。单节电压的基础值选择要小于单节允许的最高值，这是因为要考虑到电池电压不均衡的影响因素。

⑦ 充电机用 3 位数码管显示，电流（A）和电压（V）值都精确到 0.1。充电时显示输出电压和电流，充电后显示本次连续实际充入的电量安时数和交流电的千瓦时数，交流电源中断小于 5min 记录数据按一次充电累加，中断时间电流为 0。前者供司机参考，后者为缴费计量依据。

⑧ 按壁挂式安装于车辆后备厢，避免在充电机上堆积杂物而影响散热。外部电源线采用收辊保存，铜线长不少于 10m，线径 $3mm^2$。

⑨ 保护措施：出现短路、反极、电路板保护温度为 80℃、软启动时间为 5s、输出电流不超过 20A、意外短路引起输出端突然低压状态、输出高压、输出交流等故障状态时，应发出报警并关断充电电源。

⑩ 具有电磁兼容功能，功率因素大于 95%。

⑪ 为了避免非专业人员调节充电机参数，充电机外部不留调节孔。

6.8　充电桩充电和快速充电概念

充电桩的接口已经有国家标准，分直流和交流两种。

采用交流接口的充电桩实际就是自动计费和收费的交流供电站。供应的交流电经车载充电机对蓄电池组充电。采用直流接口的充电桩布置方式可以直接给蓄电池组充电。

直流接口应符合 QC/T 841—2010 标准，其示意见图 6-34。

DC+、DC- 连接蓄电池组，可通过直流电流 300A，耐压 600V。

S+、S- 为 CAN 通信接口，触点能力 2A。

A+、A- 提供低压辅助电源，参数为 36V、2A。

PE 为保护接地。

交流接口的示意见图 6-35，其接口的定义见表 6-6。

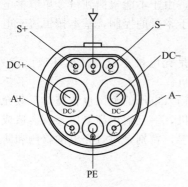

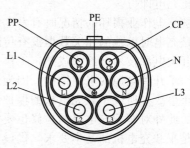

图 6-34　直流接口示意　　　　　　图 6-35　交流接口示意

表 6-6　交流接口的定义

标识	额定电流	
	220V	380V
L1	32A	
L2	—	63A
L3	—	
N	32A	63A
PE	接地保护	
CP	控制确认 2A	2A
PP	控制确认 2A	2A

其中，控制确认是充电过程控制的信号通道，主要包括确认充电接口的连接、电流容量的判断、充电过程的功率调整、充电停止。

快速充电是用户热切期望的技术，希望能像燃油车一样，在几分钟内快速补充能量。这项技术一旦突破，会对电动汽车市场化起到巨大的推动作用。电动汽车高层论坛百人会提出大功率充电为 1000V、350kW、350A、6～10min 充到电量的 80%，可续驶 300km 以上的指标。2017 年 5 月 6 日，电动汽车百人会研讨会的主题聚焦"电动乘用车大功率充电技术的前景与挑战"。电动汽车百人会邀请有关专家进行了研讨，总结了有关大功率充电的若干问题。2017 年 8 月 23 日，电动汽车百人会开会研讨了纯电动乘用车面向大功率充电的高压系统技术挑战与发展前景。

从事快速充电研究的公司很多，投入的人力和财力也不少，但能用于实际的却很少。

这里对快速充电的基本概念做以介绍。要实现快速充电，要解决三个方面的问题。

第一是电池要提高充电接受率，可以把大电流转换成化学能储存下来。这部分工作，只有电池厂承担。能生产基础材料的大电池厂，有一定的技术力量，可以从事晶体结构、电解液配方和制造工艺的研究。具有这样技术力量和设备的厂家寥寥无几，这项技术的研究前景是难以预见的，厂家的积极性不大。

第二是电池组合的结构，要适应大电流充电的条件，焊接点和连接导体的发热量，是与电流的平方成正比的。要保障充电的正常进行，就要建立接触电阻的限度标准。快速充电的电流远大于运行时的电流，如何提供可靠的散热条件，涉及材料、结构两方面的内容，是个复杂的系统。

第三是充电机的设计。充电机采用什么样的输出波形，才能提高电池的充电接受率，是需要反复试验才能确定的。充电机的功率设计要根据环境的基础条件决定，不是充电机厂独立决定的。在建立快速充电的过程中，现有的充换电站和充电桩都需要"伤筋动骨"地改造。

以上三个方面的技术成果衔接，才能使快速充电商业化运行。

大电流会引发产生大量的热，不但浪费了能源，也为快速充电设置了障碍。采用高电压的蓄电池组，就可降低实现快速充电的难度。采用 $800 \sim 1000V$ 的高电压，充电电流就可减小到现在的 30%，这是电动汽车发展的一个方向。

高压大功率充电面临的挑战：在高压器件、高压安全、热管理、大电流充电口等方面面临很大的挑战，尤其是高压器件和高压安全上，目前还缺乏可行的解决方案，相关成本会成倍提高，有结论说大功率充电短期内很难实现。高压大功率充电还会带来与现有充电桩的割裂，乘用车都采用 $1000V$ 高压方案，原来在市场上布局的所有充电桩都将退出市场。

6.9　换电站充电

在充换电站充电的优点是，快速补充电量，对出租车这样的使用方式，采用换电站的方式，可以大幅度提高车辆的使用效率。

换电后再充电时，可以对电池进行维护作业。维护作业的核心内容是维护蓄电池组容量的均衡性，把其控制在使用的标准之内。对网络组合的蓄电池组，单串电池的互换比较简单，只要标称电压一致就可以互换。各串之间的差异在车上会自动完成。对于单串结构的蓄电池组，要保障上车的电池其结构容量和保有容量都要一致，这是有难度的操作。只有蓄电池均衡的工作，才能保障车辆运行的可靠性，这对公务用车是必需的，要避免车辆发生中途抛锚的事故。

在充换电站充电，成本要高于充电桩充电。由于充换电站的充电机有几十台同时在工作，所以对每个充电机的监控要在总控制台上进行。河北凯翔电气科技股份有限公司生产的一种充电机总控显示界面如图 6-36 所示。对每台充电机用 LED 灯显示其处于恒流、恒压、均充、浮充中的哪个状态。用数码管实时显示输出电压值、电流值、充电持续时间、已经充入的能量千瓦时数值和安时数。单台充电机的展开显示如图 6-37 所示，如果有 1 个电池电压偏高，则说明这个电池的性能有差异。如果这个电池达到上限没有停充，就会被过充电。如果有 1 个电池电压偏低，该电池可能是自放电较大，这种电池通常要更换。

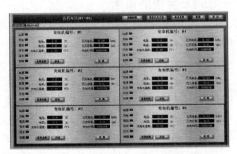

图 6-36　河北凯翔电气科技股份有限公司生产的一种充电机总控显示界面

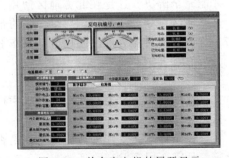

图 6-37　单台充电机的展开显示

许多充电机都显示充入电池的安时数，这个数值是从充电机输出电流中累计的安时值 S_{cd}，并不是实际存入电池的电量 S_{sj}，有效系数是 K；S_{cd} 与充电条件有关。铅酸蓄电池在低保有容量时，有效系数可达 100%，充电后期，系数越来越低。锂离子电池的有效系数较高，通常在 90% 以上。这个差别主要是电池反应原理和内部结构的不同造成的。

最后充电数据形成 Excel 电子表格，充电数据按电池组编号进行累加编辑尚需人工操作，升级后可以用数据库软件自动进行。

6.10　蓄电池组的热管理和浸水实验

6.10.1　蓄电池组的热管理

蓄电池组在电池箱中，需要考虑夏季散热和冬季保温。这两项要求，都要根据电池的合理使用条件和当地的气候条件综合因素确定。

夏季环境温度较高的地区，加上 10℃，作为蓄电池组的上限，是基本合理的。温度偏高对电池的伤害主要是隔膜材料的老化和变性。在通常使用的温度范围内，正负极和电解液材料的性能变化并不大。控制最高温升主要不是靠强制冷却的方法，而是靠降低工作电流的方法，在电池管理系统中应有电池温升的提示和告警。

在一辆用夏利 N5 改装的电动汽车上，配置 72V、300A·h 的磷酸铁锂电池，在环境温度 8℃下，车辆连续运行后，电池箱内温度是 13℃，温升只有 5℃。在电池箱顶部的测量值，与电池内部的实际温度估计最多有 5℃的温差。

电动汽车上由于防水密封的要求，电池箱的结构基本都是密封的。电池的自然散热条件比较差，控制温升的主要措施是控制电池的放电率。在不同的车上使用不同的电池，安全的充放电率是不同的，这需要根据实践的数据积累，才能确定合理的工作点。

需要在电池箱上增加通风孔来增加散热的条件，在通风孔上采用合适的过滤材料，有一种透气不透水的材料，已经广泛用于阀控式铅酸电池上。这种过滤材料，利用材料本身的憎水性，经泡沫状的多孔板过滤后，可以滤去气体中的水分，使得潮湿的"气体"变成干燥的"气体"。把这种材料布置在进风口上，就可以保障进入电池箱的空气是洁净的。这种材料有聚四氟乙烯和聚丙烯两种。

冬季的保温可采用加保温层的方法。只要达到车辆运行后电池的温度高于 0℃就可以进行充电，冬天的充电最好先用 0.1C 小电流预充，待温度上升到 5℃以后，就可转入大电流恒流充电。

在冬季由于热呼吸的作用，热车降温后，内部在高温时吸收的水分就会凝结成水滴，这就破坏了蓄电池组的绝缘。这个问题依靠电池仓的密封可以解决一部分，还要辅助其他措施，才能完全解决。这是在北方地区使用电动汽车必须要解决的问题。

高寒地区纯电动乘用车技术条件的推荐标准已经颁布，标准号是 T/GHDQ 1001—2017，这项标准对北方地区使用电动汽车有实际的推动作用。

6.10.2　浸水实验

在日常的使用中，电动汽车会在水中行驶，虽然有密封结构，但是水浸泡蓄电池的可能性是依然存在的。

在这种条件下，受到浸泡的蓄电池是否会发生水进入电池内部的情况，进入后是否会引发火灾，是需要用实验来验证的。

实验设计及过程如下。

① 取 12 个单体电池，分为 3 组，每组 4 个。做标记为 1.1、1.2、1.3、1.4；2.1、2.2、2.3、2.4；3.1、3.2、3.3、3.4。

② 测出每个电池的结构容量，见表 6-1 中的浸泡前一栏记录的数据（用先恒流再恒压充满电，然后恒流放电至电压为 3.2V）。

③ 将 1、2、3 组电池分别加热到 40℃、40℃、60℃并投入水中浸泡 1h，电池在水中浸

泡过程中正负极均有气泡产生，正极出现黄褐色物质浸出。

④ 将浸泡过的电池晾干后充满电，在充电过程中无异常情况出现。

⑤ 同②的方法测出浸泡之后的电池容量，见表 6-7 中的浸泡后一栏记录的数据。

表 6-7　锂离子电池浸泡前后的容量对比　　　　　　单位：mA·h

序号	1.1	1.2	1.3	1.4	2.1	2.2	2.3	2.4	3.1	3.2	3.3
浸泡前	2075	2009	2059	1981	2062	2031	2046	1968	2037	2074	2023
浸泡后	2094	2025	2083	2027	2076	2064	2061	1999	2052	2089	2042

结论如下。

① 浸泡过的电池充放电没有异常情况出现，容量也没有影响，并且有稍许增大，说明 18650 电池在涉水时，单体电池是安全的。

② 浸泡过程中出现气泡的原因是氢气的逸出，附着物质是铁的氧化物。

说明：

① 加热的温度是模拟车辆运行时电池的温度，夏季暴雨前温升是最高的，取 60℃；

② 浸泡模拟雨水的温度是 26℃。

6.11　电池组的熔断保险

在电池组合中，对有接线柱的电池，也可以用图 6-38 所示的方法安装保险片。对电池包，可以采用图 6-39 所示的方式，保险片就是汽车用的标准保险片。有 5A、7.5A、10A、15A、20A 和 30A 几种规格。保险片的实物见图 6-40。

图 6-38　一种保险片的安装方式

图 6-39　一种电池包保险片的安装方式

各种规格的快速熔断器串联在电池组的电路里，是最简便的方法。

这种保险熔断时的高温，需要有一个隔离空间。与快速熔断器相比，空间尺寸较小。

对于多包电池串联的电池串，在每个电池包上都设置一个保险，对防止短路事故有良好的作用。

图 6-40　保险片的实物

6.12　无轨电车供电方式

电动汽车的动力供电有两条技术路线，一条是采用蓄电池供电；另一条是采用架空线供电。无轨电池的技术发展和扩展，给电动汽车提供了一条简便的实施方案。

电动汽车的动力，用蓄电池存储的能量，由于受电池仓尺寸的限制，现在小轿车配置到 50kW·h，公交车配置到 240kW·h 就基本到了上线了。这与燃油车的油箱储备的能量总是有差距。电动汽车的续行里程短就是其软肋所在。电动汽车的技术人员花费很大精力，公司也投入大量资金去提高电动汽车的续行里程，因为这是电动汽车销售中的一个亮点。

如果在行驶途中，可以得到补充电，电动汽车的活动范围就会大大扩展。

无轨电车就是这种技术方案的产品，无轨电车的用途并不限于城市公共交通，其实最适合无轨电车行驶的是高速公路，在高速路上无平面交叉，无行人、非机动车干扰，挂上线可以一路开到底。如果我们建一个长途电车网，对社会开放，让所有燃油汽车、电动汽车都改装成带自动"辫子"的电车或混合动力车，那么一个绿色永续的交通系统就呈现在我们面前。

只要在公路、高速公路布上线网，理论上所有汽车都可以改装成这种带"辫子"的电车。能行驶多远不再取决于车上的蓄电池容量，而是看线网布到哪里，如果全国公路布上线网，那么所有新型电车都可以不用任何燃料直接用电力跑遍全国，完全不像现在的电池车受到里程限制。计量收电费只要在车上装一个预付费电表买卡充值就可以解决问题。

采用架空线路充电，车上配置的电池数量少，只需考虑从一条架空线能够行驶到另一条架空线即可。新车的购置成本也随之下降。这种技术路线就是把无轨电车适用范围扩大化。

6.12.1　经济分析

在电传动技术领域，最初是"直-直"方式，就是直流供电，拖动直流电动机。由于直流电动机有很好的牵引特性，所以得到广泛的应用。随着大功率整流器件的发展，推动了"交-直"传动技术的发展，就是采用交流供电，在牵引电动机的前端，整成直流电供直流电动机使用。但是直流电动机维护成本高，价格较贵，其可靠性大大低于交流电动机。目前，电力电子学提供的变流技术已经大范围使用，"交-直-交"传动已经广泛用在铁路机车牵引、冶金轧钢、变频空调等领域。电动汽车上使用的交流电池，也是这种应用。这就为交流供电铺平了道路，交流供电的成本低于直流供电。

在中国，建一个全国性的电车网大约五年即可完成。花费也不多，约 1km 需要 50 万元，1 亿元可建 200km 线网，1000 亿元即可建成 20 万千米线网，每年 1000 亿元，5 年即可建成 100 万千米的全国性电气化公路网。

有了这个供电网络平台，由于绕过了电池寿命短和续行里程短的难题，电动汽车就会进入"井喷"发展阶段。

6.12.2　基础技术

大范围实施这个方案需要一项基础技术，就是将拖拉式引线升级为"灵巧辫子"，这种灵巧的受电弓应有以下功能。

可自动完成升弓，粗略对位，精细调整位置，接触供电，行车室保持一定接触压力。脱线时也一样全自动完成。

这项技术，可以借鉴铁路电力机车的受电弓工艺。车内电池的配置和控制，与运行的电动汽车没有大的区别。

6.12.3　实施实例

由于架空线路有一定的高度，要符合道路交通的限高要求，所以在高度较低的小轿车和高度较高的特种车辆上，需要解决"辫子"的高度问题。

这一天并不遥远，德国西门子公司已经造出装有新式"辫子"、可自由挂线和离线行驶的混合动力电力货车，时速可达 90km，适合高速公路行驶。

北京公交公司在三环内的"油改电"项目，计划总投资 100 亿元，就是这条技术路线的展现。电池的容量配置按照运行 10km 需要设置，减少了电池的数量，整车的购置费用减少 20 万元。18m 长的公交车原使用柴油，每辆车的污染物排放量相当于 27 辆小轿车。公交系统的油改电对环保效果的贡献是明显的。

实施架空电动汽车的技术，以城市公交为切入口最为合适。公交系统使用车辆数量多，范围也集中。在这个架空网上，逐步扩展，把公交公司的供电网社会化，最终构成全省到全国的架空动力网络。

6.13　电动汽车商业化运行

电动汽车如何才能进入千家万户，实现真正的商业化运行，这不仅是汽车厂家孜孜以求的目标，也是战略攸关的事情。长期以来，许多人都认为只要出台优惠政策，厂家生产了符合检验标准的合格电动汽车，用户就会购买。实际情况却完全不是这样，电动汽车和燃油车的使用条件大不相同，致使上公告的车虽然有许多款，补贴政策业已出台，但市场并不看好。

6.13.1　与燃油汽车比成本是电动汽车的关口

近年来，我国汽车市场发展迅速，已成为全球第一大汽车市场。就效率而言，传统汽车的能源转化效率只有 17%，电动汽车的效率是 90%，即使考虑燃煤发电的效率损失，电动汽车的总效率也大于 30%，约为传统汽车的 2 倍，节能效果十分明显。

我国大部分城市城区行车速度限制在 70km/h 以下。在城区开车，因速度限制，车速很少能达到 60km/h。调查结果显示，一、二、三所有三个级别城市的平均日均用车里程都不超过 60km，这部分汽车用户或潜在汽车用户一部分转向公共交通，一部分转向使用四轮低速电动车。

在插电式技术路线已经暴露出致命弱点后，一些企业也在最近两年开始了换电式电动汽车技术路线的探索。但是选择换电技术路线并不意味着就一定成功，因为，即使事实证明换电技术路线的方向是正确的，也存在着多条道路的选择。

① 在上海世博会上，由上海电巴公司投资兴建的电动公交车换电站，成功地为电动公交车进行了换电服务，使电动公交车在世博会期间运行了几个月。但是，8600 万元的投资使换电成本居高不下。换电式电动汽车最关键的是能不能实现与燃油车可比较的低成本。

② 换电技术方案之所以能够带动电动汽车实现商业化，最重要的条件就是在这种模式中，由于电池采用快换模式补充能源，就可以对换下的电池进行人工维护。使单体电池在人工介入下恢复均衡，经常性保持良好状态，从而大幅度提高电池的使用寿命。在现有技术基础上使电池寿命从插电式电动汽车的大约 200 次提高到 1000 次，使电池的折旧成本下降 80% 左右，这才是换电式电动汽车的核心所在。但是，目前全国各地已经示范运行的换电式电动汽车和换电站，基本都不具有这项功能。

6.13.2　汽车电池的梯级使用和转行使用

电池的梯级使用有两个含义，一是把电池容量分成几档，分别配置在不同类型的车辆上；二是对电池转行使用。

转行使用的一个市场就是在通信基站采用下线的锂离子电池。锂离子电池在电动汽车上下线的理由是结构容量降低到安全限界以下，主要是体积比能量的指标降低了。在通信基站使用，由于安装的空间较大，这个指标就不是限制因素了。在备用电源的范围内，都可以这样使用。

下面是一种电动自行车采用电动汽车电池的实施方案。

在一种电动汽车上使用软包的锂离子电池，每片容量为 $30A \cdot h$，原装配是 3 个软包并联成 1 个 $90A \cdot h$ 的单节。如直接采用原装结构，无法在电动自行车上安装。后来采用单片软包串联的方式，如图 6-41 所示，组成一个标称电压 48V 的电池组，就可以固定到电动车的脚踏板上，直接与铅酸电池并联使用。串联焊接用镍带。

图 6-41 软包电池的串联组合

48V 的蓄电池供电设计，原使用 4 个 $20A \cdot h$ 的 12V 铅酸蓄电池，充电上限为 55.4V，放电下限为 4.2V。采用三元电池，用 13 个单节串联，充电上限为 54.6V，平均每个单片为 4.2V，使用下线电压控制在 39V，平均每个单包为 3V。

用 5 个 12V、$20A \cdot h$ 的铅酸蓄电池，串联成 60V 的蓄电池组供电。充电采用全自动充电机，按照每个电池 14.4V 的充电上限计算，电池组充电时电压的上限是 72V。实际测量值是 73V，转为绿灯后输出电压为 68V，平均每个电池承受电压 13.6V。

单体锂离子电池充电上限是 4.2V，改用锂离子电池后应配置 17 个单节电池，充电上限是 71.4V，距离充电上限还有 73-71.4=1.6（V）的超限，采用串联 3 个整流二极管的降压 2.1V 的方法，使其符合电池比较安全的需求。

6.13.3 电动汽车商业化之路

现在的基本情况是，汽车厂沿用传统的方式生产电动汽车，几乎所有的汽车厂，都是部件组装厂，最后决定整车设计图纸的人对蓄电池的认识，大多数局限于产品说明书的内容，对合理使用方面的技术，未作总结探索。电池厂和汽车厂的技术部门，基本上是拼盘关系，汽车厂甚至认为不应有蓄电池方面的技术人员，他们把单体电池的可靠性当作电池组的可靠性，这是基本概念的错误。把蓄电池的故障排除，更新技术和维护操作全部依赖电池厂，甚至不问、不听、不理这方面的技术介绍，电池使用全过程被切割在几个不相关联的商业公司。笔者接触到的汽车厂技术人员，甚至不知道装车蓄电池组合方式，蓄电池技术人员与汽车厂合作中，都会感受到汽车厂"强势"的一面。

当电动汽车在用户手里发生故障的时候，用户无法从商业公司得到帮助。由于车体电池箱结构不合理，电池的维护成本中，辅助成本就会成十几倍高于更换已经损坏电池的净成本。降低辅助成本的措施，需要改动车体结构，这又是电池厂不能涉及的范围。

电池的损坏，与使用条件直接相关，使用中的动态因素很多，也不是电池厂和配套的 BMS 能完全检测、控制和解决的。对蓄电池的可靠性维护，需要电化学、电气和机械方面的综合知识。控制电池的不合理损坏，需要从车体结构、电池组合方式、配套的 BMS、人工维护、二次利用等方面采取相关联的设计，研发每个环节的工艺和制作配套的专用装备。

我们的工作目标，就是把电动汽车的整体运行成本，降低到燃油车以下。要解决这个问题，需要在超越企业利益的层面上，在电池使用的全过程中，连续组织开发这方面的技术。这方面的开发在较长的时间里，难以获得商业效益。

电动汽车的生产，已经经历了十几年，运行实践证明，电动汽车的运行可靠性远低于燃油车。按照现在的质量状态，难以有稳定的市场。

在"免维护"的使用中，电池会提前损坏，这是正常的。但问题出自哪里？是用户违章使用的原因，还是汽车上系统的原因？用什么对策来解决？近期可采用的对策和远期的技术结构对策如何安排？对现在仍在线使用的车辆应采取哪些措施？这些问题需要从调查现在的实际情况开始。

车辆的实际运行状态数据，是提高电动汽车技术的原始依据。现在厂家对运行数据都严格保密，有的厂家直到被蓄电池费用的支出拖累到倒闭，都不公布这些数据。

因此，正确的选择不是去寻找新电池，而是改变电池免维护的定义，介入人工维护，这才是让电动汽车走向商业化的捷径。

电动汽车成套技术的核心不在车辆上，也不在高质量电池上，而在电池的使用中，如何把电池的使用价值充分发挥出来。通过电池全程服务和经营，用以下技术路线，可以解决困扰电动汽车商业化的难题。

① 车电分离，裸车售价与燃油汽车相当，使用户都能买得起。

② 充换电可在 5min 内完成，快捷性与燃油汽车无差别。

③ 发挥电池循环寿命达到千次以上，使能源总成本比燃油低 30%。

④ 配备低成本小型充换电站，像便利店一样网络布局，充换电比加油还方便。这样，电动汽车的商业化就不存在技术上的障碍了。

6.13.3.1　车电分离是先导条件

介入人工维护，就必须选择车电分离的技术路线，让电池在车外由专业人员和公司进行维护，这样才能确保电池的经济寿命。电动汽车的电动机和控制器，可靠性很高，其软肋之处就是蓄电池的可靠性。许多电动汽车公司，都认为蓄电池可靠性是电池厂的事情，在合同上对电池厂质量索赔的条款较严格。由于自身对电池不做维护，致使电池更换费用高，投入的资金不能进入正循环，最终退出这个行业。

车电分离，车上的 BMS 记录的数据，给人工维护提供技术依据。设计 BMS 的人，如果没有蓄电池维护的知识，他就不知道要采集哪些数据，什么时候采集才是有用的，记录哪些数据，哪些数据是该更新的，更新的频率和条件是哪些。现在的情况正是这样。笔者看到一些 BMS 的记录数据，都是按时间间隔记录的电压值，虽然数据量很大，但都属于无用数据。技术人员从这些数据中得不到蓄电池改进的依据，维护人员也得不到合理更换电池的依据。

6.13.3.2　需要产生新的职业

电动汽车开辟的是一个全新的时代，个人交通工具将发生系统性的变化，这在客观上需要有一个新的商业角色来承担电池全程服务和承担电池责任的社会职能，这个角色就是充换电运营商，它才是电动汽车时代的新主角。因此，对电动汽车的全局来说，孵化和培育承担电池全程服务及电池责任的充换电运营商，是主管部门应建立的新观点，这是一件比技术突破更重要的事情。

蓄电池维护是技术性很强的专业性工作，需要独有的工艺、设备、管理方式的问题。

6.13.3.3　电动汽车必须低成本开路

许多新产品，无论初期的成本有多高，都可以凭借功能独享的优越性，使购买者愿意花很高的代价去取得它，这就是奢侈品的营销路线。诸如手机、计算机、移动通信终端的升级产品，都可以遵循这条路线切入市场，进而扩大产能，降低成本，实现大批量销售，它就成为平民化的产品了。但是，电动汽车却走不了这条路，因为对用户来说，电动汽车没有创造出新功能，它唯一的参照物就是燃油汽车。这就注定了电动汽车的市场化道路就是与燃油汽车比成本，而不是比功能。电动汽车的起点就必须是低成本路线，不计成本的研发路线，即使提供出了功能卓越的概念车、概念充电站，也没有任何意义。

电动汽车的生存空间，在总成本上要低于燃油车。燃油车的最低成本，就是电动汽车成本控制的上限。其中硬成本是无法压缩的，运行成本中的充电成本也无法压缩，可以压缩的空间主要是电池的消耗量。只有把电池的消耗量控制到较低的水平，电动汽车才能表现出经济效益，进入商业运行。其关系如图 6-42 所示。

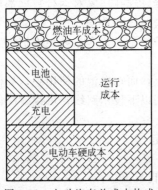

图 6-42 电动汽车总成本构成

电池人工维护是河南豫清新能源产业有限公司独创的核心技术，这套技术涵盖蓄电池的使用全过程，包括电池选购、网络式组合、配套的 BMS 监控、换电设备、蓄电池互换技术、蓄电池备品管理、蓄电池转行梯级使用和蓄电池回收处理。采用该公司研发的系列化专用设备，可了解蓄电池组中所有单体的基本工作状态，通过快速检测，可迅速锁定不良单体，并对其进行单独的调校或更换，使蓄电池组始终处在良好标准状态，确保把蓄电池组的使用价值充分发挥出来。

在郑州工程技术学院已经建立了电动汽车实验室，组织汽车专业的技术团队，专门开展蓄电池组合与合理维护技术的研发。按照已经确定的计划，正在稳步推进。

有了这项技术，就可以使电池折旧成本大幅度下降，达到100km 15～18 元的指标，加上充电直接费用和管理费用，每千瓦时电包括电池折旧在内的成本可控制在 3 元以下，而 100km 的全部燃料动力成本控制在 40 元左右，比燃油汽车节省30％以上，即使没有政府补贴，也已经拥有了对燃油汽车的竞争优势。

车电分离后的租用电池方案的可行性，已经有实施的例证。据 electrek 网站报道，雷诺当前已拥有 10 万辆装备租用电池的电动车在路上行驶，现在这些电池可以升级为 41kW·h。

雷诺在 ZOE 车型上改变了传统的电动车出售理念：顾客不必购买电动汽车电池，只需每月租用电池组即可驾驶电动车。虽然这一理念存在争议，但很明显此举降低了电动汽车的入门价格。到 2017 年 4 月，签约了第 10 万个电池组租赁合同，该销售模式受到了消费者的欢迎和接受。雷诺 2012 年推出了 ZOE 车型，当时大多数车辆配备 22kW·h 的标准电池组，可行驶约 120km。随着 2017 年新款 ZOE 的推出，雷诺采用能单次充电行驶约 320km 的41kW·h 电池组。

根据年行驶里程不同，升级后的电池组的月租价格从人民币约 506 元至 943 元。在大多数情况下，这一价格要低于驾驶人员支付的汽油费用。一个有趣的统计显示：雷诺称 93％的电动汽车客户选择租用电池组。

6.13.4 换电车的选用

在城市建设换电站，需要申请用地。为了减少这方面的阻力，产生了换电车的需求。江苏的南通中远重工有限公司，由刘会议负责设计、生产的换电车，用于电动汽车的换电作业，本系统分为钢结构部分、机械部分和电气部分。

结构部分主要由换电箱及电池架组成。箱体基本类似于 40ft（1ft＝0.30m）集装箱，采用自制封闭箱体，端部设有全开门，侧面设有电池进出口、观察窗、人员出入门。离地高度不超过 300mm，只要驳接小车的轨道支撑架安装即可。墙体采用了 3mm 的薄板，外壁采用广告贴布。

电池架采用的是角钢焊接成的支撑架，电池两端支撑，中间部位镂空，留出供叉齿进去的区域。

机械部分主要由接驳小车、堆垛小车及举升机构组成。换电车的外形见图 6-43，其工作状态见图 6-44。

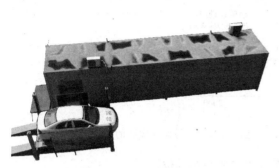

图 6-43　换电车的外形

图 6-44　换电车的工作状态

　　电气部分主要由成像定位系统、换电系统、收费系统、消防监控系统、温控系统、照明系统、智能管理系统及相关电控柜组成。

　　与充电桩方案比较，建设需复杂的土地审批，需建大量高压充电桩作为基础投入。每个充电桩需要约 5 万元人民币的资金投入，每千瓦时电的收益才 0.2 元，约 10 年才能收回成本，投资回报率低。

　　换电车的方案，可以在大型小区、地下车库附近、4S 店或加油站布点，可移动配置，不需要土地和建设投资；在城市可以永久性和临时性灵活分布。

　　换电的净作业时间仅需 10min 左右。

　　① 要使换电车高效率运行，需要市场上电池箱有标准的统一。对现有的同一型号的车辆，需要做适用性的机构附件。

　　② 汽车企业生产汽车时需设置快速拆卸电池功能，有下卸下装和侧卸侧装两类结构。

　　换电车作业过程说明如下。

　　① 需换电池的电动汽车驶入换电区域。

　　② 电动汽车沿换电平台导轨行驶至平台换电工位。

　　③ 驾驶员下车，进行刷卡充电消费，将电池信息导入换电系统。

　　④ 换电系统接收电池管理系统信息，信息包括电量、电池型号、电池故障等情况。

　　⑤ 换电系统根据采集到电池的实际信息，根据收费系统进行收费，并进行相应步骤的指派。

　　⑥ 如果换电系统接到电池故障信息，则会将电池送至维修平台进行维修处理。

　　⑦ 如果电池需更换，换电系统将指定已充好电的电池进行更换，并将需充电的电池送至充电工位进行充电。

　　⑧ 换电系统发出指令，驳接小车接到系统指令行驶至换电工位下方，见图 6-45。

　　⑨ 驳接小车顶升装置启动，取下需更换电的电池。

　　⑩ 顶升装置下降后，驳接小车驶入换电箱体驳接工位。

　　⑪ 换电箱体内顶部摄像头，扫描记录电池在驳接小车上的初始位置。

　　⑫ 堆垛小车接到系统指令，行驶至箱内驳接工位，此时电池旋转偏移至系统规定的电池零位。

　　⑬ 堆垛小车系统调整货叉高度，利用叉齿驳接电池。

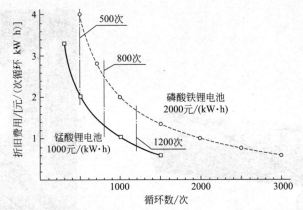

图 6-45   锰酸锂电池和磷酸铁锂电池的折旧费用与循环次数的关系

⑭ 驳接小车旋转装置根据指令旋转至系统规定的小车零位。

⑮ 堆垛小车根据系统指令将电池放置在指定的充电工位进行充电。

⑯ 充电工位传感器接收电池堆放信息然后将信息传递至换电系统，告知电池已放入充电工位，可以进行充电。电池管理人员根据信号去相应工位进行人工插接线，此时电池管理系统将电池的所有实时信息传递给换电系统（此处接口有充电及信息接口）；电池充电过程由电池管理系统实时监控，并将信息传递至换电系统；电池充电完成或者出现故障，电池管理系统及使将信息传递给换电系统并发出相应信号。

⑰ 换下的电池放置后，堆垛小车行驶至其他指定的充电工位，取下已充好电的电池。

⑱ 对于充电完成的电池，电池管理系统发出信息传递给换电系统，系统发出指令通知管理人员将接线头拔下；对于未拔接头的电池，电池管理系统会传递信息给换电系统，是不可进行换电更换的。

⑲ 电池取下后，充电工位传感器将信息传递给换电系统告知此处处于空位，可以进行新电池的充电工作。

⑳ 堆垛小车取下电池后，行驶至驳接工位，将电池放置在驳接小车上，然后堆垛小车返回设定位置。

㉑ 驳接小车根据系统记录的信息，将电池旋转偏移至电池初始位置。

㉒ 电池定位完成后，驳接小车将已充电完成的电池送至换电工位。

㉓ 升降装置顶升电池，将电池安装进电动汽车内。

㉔ 换电完成后，驳接小车返回驳接工位。

㉕ 已完成换电的电动汽车驶离平台，驶出换电区域。

6.13.5　电动汽车采购须知

大多数用户采购电动汽车时，需要从使用条件的基本要求出发，提出一些条件。购买到经济实惠的电动汽车，是大多数用户的愿望。

(1) 行驶距离　如果行驶距离不超过 100km，建议选用铅酸蓄电池，牵引采用直流串励电动机。这样的配置电池费用低，虽然按千米数设定检修作业范围的电动机维护费用高，但由于用车较少，维护时间周期较长，日常支付的维护费用也不高。目前时风电动汽车就是这样的配置。

一款时风电动车的基本配置如下。

牵引电动机采用直流串激电动机和配套控制器，保护功能齐全。

　　电池采用可维护结构，200A·h、6V 为一个连体电池块，整车标称为 48V 系统和 60V 系统两种。前舱放置 4 个为一组，后排座位下面放置 4 个为一组，两组电池串联使用。

　　设计行车速度 50km/h，使用 8 块电池至少可以行使 100km，使用 10 块电池至少可以行驶 150km。5 个车门，方便上下车和装运。

　　设计立足于代步车，达到"风不吹身，雨不打脸"基本功能，所以为进入千万百姓家提供了便利条件。

　　如果续行里程要求增加，可根据需要的里程数并入适量锰酸锂电池组，就可使车辆行驶 200km、250km、300km。如果全部采用锰酸锂电池，实验运行可达到 400km。这样的灵活配置，可以适应家用电动汽车的大多数情况。

　　如果每日行驶距离大于 100km，速度在 60km/h 以上，建议选用锂离子电池，牵引采用直流无刷电动机或交流电动机。这种配置适用于车辆使用频繁的出租车、公用车等情况。这样按运行千米数比较，电动机修程延长许多，其维护费用也较低。电动机控制器的可靠性是影响维护费用的重要数据。

　　(2) 其他配置　电动汽车的其他配置，还有空调、车载充电机、能量回收、管理系统的容量均衡性控制等。

　　电动汽车上的空调与燃油车不同，燃油车的空调能源来源于发动机，所以配置大功率的空调对动力性能没有大的影响。电动汽车则不同，空调消耗蓄电池组的能量，所以尽量不要使用空调。空调的配置功率 400W 就可达到热天不出汗的效果。过大的功率没有多少用处。

　　车载充电机设计功率 (220V) 通常以 3kW 为好，这样设计是考虑到家庭电网的承受能力。利用晚上的时间充电，时间充足，一般不考虑快速充电的方法。锂离子电池内阻小，可用较大电流充电，铅酸蓄电池则不同。为了电池的安全性，建议一般不采用快速充电。充电机的输出上限需要进行严格的控制，锂离子电池一次过充电就会造成永久性损坏。铅酸蓄电池过充电也会损伤电池，但不会一次就损坏。

　　能量回收装置是把刹车的能量回收到储能器中。由于回收要经过机械能到电能，电能再转换成化学能的过程，放出能量时又要经过逆向转换，所以把制动时的回收能量存储于电池中再发挥出来用于驱动电动机，就不到 20% 了。这套系统的价格和维护费用，用回收的能量难以弥补。如果储能器件是电容器，回收可到 70%。在长大下坡的道路上，回收系统发挥的效能会好一些。

　　管理系统的均衡性功能，是把高容量的电池容量转移到低容量电池中，达到电池组中单节间容量的均衡性。这个功能不是在任何时候都可以实现的，在特殊情况下，才能有效地实现。

　　(3) 维护承诺　电动汽车不是"免维护"产品，蓄电池组是软肋所在。蓄电池的维护成本，直接决定着电动汽车的使用成本。蓄电池的维护是重要的环节，购买电动汽车时，要落实维护地点、维护质量承诺和需要用户配合的条款。

6.13.6　电动汽车蓄电池使用成本分析

　　当电动汽车制造完成后，其车辆结构成本就已经形成了固定值，不再变化。用户使用过程中的成本中，电费价格是固定的，车辆的维护保养费用也较小，其变动成本就是蓄电池的消耗量。如果蓄电池发生非正常损坏，运行成本高于燃油车，电动汽车就失去市场。汽车销售后，厂家就不承担使用中电池的运行质量责任，在汽车厂的电动汽车使用说明书中，没有实际操作电池维护保养的条款，这部分责任，都习惯地"推给"电池厂承担。这种不合理的责任推定，最终使得电动汽车难以从新技术"展品"变成能实际使用的"商品"。

在车辆使用中，蓄电池组每进行一次充放电循环，就要付出一次折旧的代价。电池的循环寿命次数越高，每次循环折旧分摊的费用就越低。这个关系并不是简单的线性关系，而是双曲线关系。

锰酸锂电池和磷酸铁锂电池的折旧费用与循环次数的关系见图 6-45。图中磷酸铁锂电池的价格是按 6 元/(A·h) 计算，折合 2000 元/(kW·h)，这在国内是较低的价格，通行的价格是 8 元/(A·h)。

现在在车辆实际运行中，磷酸铁锂电池的寿命到 200 次就会发生故障，故障多发生在冬季和秋季。国外报道最好的运行数据是 800 次循环。由于磷酸铁锂电池的价格是三元锂离子电池的 1 倍，所以在循环次数较低的范围内，其折旧成本就高出锰酸锂电池的数倍。车辆采用磷酸铁锂电池的重要原因，就是电池的循环寿命长。实际使用的记录表明，在世界范围内，尚没有能把 2000 次循环发挥出来的记录。

电动汽车采用换电式结构，可以把补充能量的时间控制到与燃油车持平，大致 5min 左右，就可完成。但是这需要在换电站进行，车主有时并不需要快速补充能量，在较长时间的停车时间里补充能量，用户是可以接受的。车主采用自备的车载充电机，利用家庭电网充电，能给用户带来实际的便利。换电在电池维护时采用，平常自己进行充电，这是大多数私家车的电池运行方式。

由于电池的业主是运营商，而不是车主。运营商的收费最终要以放电容量收取蓄电池使用费用，这样有几个好处。

① 可以放开必须在换电站充电的限制，给车主以方便。

② 换电作业造成电池的随机上车，提高电池的利用率，也免除车主关注自己电池去向和担心"被掉包"。

③ 电池按实际容量的档次配置给不同用途的车辆，可大幅度提高蓄电池的利用率。

④ 运营商可以对蓄电池组的状态及时处置，进行维护和重组，开展蓄电池的深度使用。

运营商对车主的收费项目如下。

① 电池折旧费：磷酸铁锂电池按 1000 次计算折旧，锰酸锂电池按 500 次计算折旧，都是 2 元/(次·kW·h)。

② 充电费：放电 kW·h×能量转换系数 1.4×市场电价 1 元/(kW·h)。车主自行充电，则要扣除这项费用。能量转换系数是充电时的效率和放电时的效率综合值。充电效率中有充电机的效率和电池内部电能转换成化学能的效率两项，放电时的效率是化学能转换成电能的效率。

③ 电池维护人工费用为 12.5 元/(车·次)。

④ 电池维护材料费用与电池消耗量成线性增量关系。

这些费用加起来，基本与燃油车的加油费用持平。如果电池的实际循环次数达不到预定指标，电池折旧费用居高不下，就会造成运营商亏损。扭亏为盈的途径只有增加电池循环寿命这一条路。

达到 1200 次循环，每次折旧就下降到 1.65 元/(kW·h)，1500 次循环对应的数据是 1.32 元/(kW·h)，2000 次循环为 1 元/(kW·h)。

要解决这个问题，需要采取综合措施。有的地方把电池损坏的责任全部让电池厂承担，短时间可以做，由于不符合商业运行的客观规律，长期是行不通的。

到现在为止，尚未看到换电站达到盈利的公开报道。在上述的计算中，没有计算换电站的固资折旧和资金利息，国家电网花费几千万元建设的换电站已经不少，使用这类换电站，如果把换电站投资回收加在运营商的头上，就加重了换电站的负担，运营商承担不起。现在这些运行试点都是依靠财政补贴维持运行，这是目前不能商业化运行的关键所在。

计算参数如下。

电池每次循环行驶里程按 200km 计算。

每辆车 100km 实际耗油 8L，国家标准是 7L，价格为 $8 \times 7.6 = 60.8$（元）。

每次充电 24kW·h，行驶 200km。

电费 24 元，夜间 0：00～6：00 谷价 12 元。

充电作业工资费用，2 人按 3000 元/（月·人），20 工作日，每天 300 元，20min 服务 1 辆车，8h 服务 24 辆车，每车费用 2 人共 12.5 元。

电池折旧 $2 \times 24 = 48$（元）。

计算利润 30%。

总费用：电费 24 元＋充电作业工资 12.5 元＋电池折旧 48 元＋利润 30%＝109.85 元。

固资折旧未计。

铅酸蓄电池和锂离子电池，是现在使用量最大的电池，其性能、使用条件和价格直接影响着市场的稳定性。现就这些问题做一比较和说明。在产品设计和售后服务中，需要掌握和理解这些特性。

（1）价格比较　通常说的价格，常常用"安时"为单位来比较，以"安时"为单位通常又是指 1 个单体电池的安时数，这是不合理的，因为锂离子电池的工作电压是铅酸蓄电池的 1.5 倍。由于电压值不同，所以单纯用单位安时数比较电池价格是没有意义的。采用"瓦时"为单位，能较好地表达储能的技术含义。

例如铅酸蓄电池价格是 1.2 元/（A·h），锰酸锂电池的价格是可以是 2 元/（A·h），磷酸铁锂电池的价格是 3 元/（A·h）。铅酸蓄电池的电压是 2V，锰酸锂电池的电压是 3.6V，磷酸铁锂电池的电压是 3V。组成一个 48V、1000A·h 的通信基站蓄电池组，总能量是 4.8kW·h。采用铅酸蓄电池需要 24 个 1000A·h 的单节串联组合，费用为 2.88 万元。使用锰酸锂电池，需要 14 节串联组合，费用为 2.88 万元，采用磷酸铁锂电池，需要 16 个单节串联，费用为 0.96 万元。

铅酸蓄电池的回收价格约为新品价格的 25% 左右，锂离子电池现阶段在 5% 以下，这是业主要考虑选择的重要依据之一。

铅酸蓄电池本身有自我保护功能，不需要"蓄电池管理系统（BMS）"就可以工作。锂离子电池则不同，锂离子电池没有 BMS 的保护，一次超限使用就彻底损坏。在价格计算时，锂离子电池的使用价格要包含 BMS 在内。原则上说，BMS 可以使用多次，电子电路的寿命也大于锂离子电池，实际情况与推测差别很大。BMS 的故障导致锂离子电池的损坏经常发生。

电池的损坏不会是一致的，同一厂家，同一批次，同一规格，同一使用时间的锂离子电池和铅酸蓄电池，其循环寿命会有很大的差别。在几千个电池组合使用的一个蓄电池组中，其中 1 个单节的失效，如果处理不及时，会造成整组电池的失效。电池运行中的动态质量散差是电池的共性，如何及时排除电池组故障，保障设备的良好状态，是需要多方配合才能达到的。

（2）使用条件比较　在使用中，作为储能单元的蓄电池，其寿命通常寿命是用多少"次循环"表达的。12V 启动型铅酸蓄电池的循环寿命通常为 300 次左右，这两种电池被大量错误地当作动力电池使用。在电动汽车上，电池的工作特性是充足放光，属于深度放电，应采用动力性电池。动力型电池的极板是管式的，循环寿命国家标准规定在 750 次以上。

锂离子电池充放电过程中不同物质的晶体转换所需能耗，远小于铅酸蓄电池，所以在输出功率上，表现的内阻远小于铅酸蓄电池。锰酸锂电池低温性能远高于铅酸蓄电池。

（3）两类电池的互换　锂离子电池和铅酸蓄电池是可以互换的，把总电压的波动范围选择在在合理的浮充范围内即可。用锂离子电池替代铅酸蓄电池，就有随带 BMS 的安装和显示器件的空间结构是否具备的问题。在许多条件下，铅酸蓄电池的电池箱内难以安装 BMS 的线束和仪表引线。

本章小结

① 蓄电池的实车循环寿命是电动汽车的命门。

② 蓄电池的循环寿命是由电池原始质量和合理使用两部分内容构成的。

③ 避免连带损坏是合理使用的核心内容，合理的人工维护是发挥蓄电池使用价值的必要条件。

第 7 章
蓄电池在车辆上的应用

本章介绍

蓄电池在机动车辆上，主要是承担启动、照明和车上电器的供电，这与在电动车辆上使用的蓄电池，其基本工况全然不同，电池的损坏方式也不相同。本章介绍了这两类蓄电池的维护方法，关于电动车辆的内容，是指非公路用车的范围。

7.1 启动电池的使用

7.1.1 工作状态分析

现在汽车上使用的启动电池，有两种类型：一类是干荷电型，这类电池启用时现场注入电解液，俗称"水电池"；另一类是阀控电池，启用时不必注入电解液。

电池在车上的充电工况，决定着电池的工作性能。司机要求电池能随时启动发动机，要达到这一要求，除电池制造厂不断提高产品质量外，车辆电器系统对电池的影响也是至关重要的因素。使用中的大多数汽车电池，有以下几个规律。

① 电池装车使用后，保有容量 CB 迅速下降到（0.7～0.8）C。

② 在 2 年时间里，容量下降到 0.5C。

③ 使用寿命为 2～3 年。

④ 定期给电池补充电，对延长使用寿命效果不明显。

造成上述情况的原因是多方面的，首先是许多机动车不能给电池提供适当的工作条件。电池在车上安装使用，在车辆行驶时，任何时候电池温度都不能超过 45℃。有的汽车，设计时将电池安放在发动机附近，这样发动机的辐射热就不可忽略。在北方冬季时间里，这样安装位置很有益处；可在南方的夏季，这种安装方式不可避免地使电池受到热损伤。若空间布置允许，可采取加隔热板的办法，冬季拆下，夏季装上。对在冬季，电解液电离度低，电池内阻增大，使启动变得困难。应设置导风装置，将发动机启动后产生的热气流吹向电池，使下一次启车顺利一些，减少电池在低温状态下的工作次数。对车上的充电系统（发电机和电压调整器）不应使电池发生过充或过放电。

汽车电池的每次充放电循环，都会使一部分活性物质从极板上脱落或因内部结构发生变化而失去活性。城市公共汽车由于启动十分频繁（每天 100 次以上），其电池的寿命比长途汽车上的电池短得多，这是正常的情况。如果电压调整器有故障，发电机输出电压偏低，行车时车上电器使用较多，电池就会在短时间内放电，随后当电器负载减小时又转入充电工况，这实际就是在进行充放电循环。一般来说，发动机在怠速状态下，又加上中等负荷的电器负载，这时电池若不放电，充电系统就是可靠的。正常的充电系统应使电池在发动机启动后，不再有放电工况。对不同类型的铅酸蓄电池，其充电电压应有差别。对低锑板栅的"MF"启动型电池，由于出气量小，允许使发电机有较高的充电电压，其保有容量 CB 应保持在 0.8CJ。对普通板栅（含锑 6%～7%）的电池，充电电压应偏低一些，其 CB 保持在 0.7CJ 即可。

汽车保养时测定 CB 值并记入台账，可掌握电池和充电系统的异变状态，以便及时采取措施。发动机启动后，发电机和电压调整器的温度在 20min 内即上升到一个定值。随充电过程的进行，电池的温度虽然也在上升，但上升较慢，大约要 1h 才能稳定下来。蓄电池充电电压与温度的关系见图 7-1。从图中可见，在 0～70℃ 范围内，温度对端电压影响系数是 −20mV/℃（指 12V）。为了不使电池发生大电流过充电情况，充电电压也应有一个相应的负温度系数。把发电机应有的外特性套绘在图 7-1 上，当超过电池最高温度 45℃ 时，发电机输出电压应定值在 13.5V 上。

若充电系统没有这个特性，温升会使电池与发电机失去正确的"匹配"。显然，这就要求电池电解液的温度信号反馈到调压器，使发电机输出电压随电解液的温度而有所修正。

在机动车上，电池、发电机、用电设备是按图 7-2 所示方式连接的。发电机的标称功率在 200～500W 之间，若用电装置耗电量过大，其值超过发电机供电能力，电池的放电就不可避免。

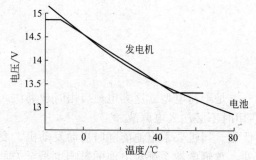

图 7-1　蓄电池充电电压与温度的关系

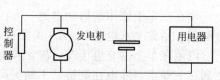

图 7-2　电池在机动车上的连接方式

如图 7-3 所示是解放 CA141 汽车发电量与电器负荷的比较，图中负荷横线的每一水平值，都对应着某一种电器负荷状态。电器负荷总装耗电量为 57.22A。这些电器并非同时工作，冬季白天最大耗电量为 25.4A，冬天夜间最大耗电量为 47.74A。从图 7-3 中可知，当车速以 5 挡 25km/h 速度行驶时，发电机转速为 2000r/min，发电量可保证在冬季白天的全部用电负荷，并使电池处于充电状态。当车速以 5 挡 45～50km/h 速度行驶时，发电机可保证在任何情况下，电池都处于充电状态。

在现代车辆上，除照明外，还有空调、通信装置、电动车窗等，总装机负荷达 100 多安。在这种情况下，要使电池在启动发动机后不发生放电，则要求发电机内阻很小且功率足够大，调压器精度高，这往往在设计上有困难。汽车电池在使用中的充放电过程可用图 7-4 说明。

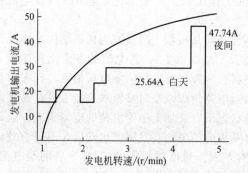

图 7-3　解放 CA141 汽车发电量与电器负荷的比较

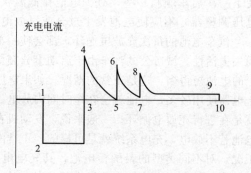

图 7-4　汽车电池在使用中的充放电过程

①　在"1"时刻，启动发动机，电池以大电流放电。放电峰值为"2"。其大小由电池容量和启动回路直流欧姆电阻决定，到"7"结束。

②　到"3"处，发动机已启动，电池立即转放充电工况，即"4"点。这时充电电流达30A左右。随着时间延长，电流迅速下降至"5"。这一阶段，为恒压充电。"5"点电流值的大小，用调整发电机输出电压的办法使用小的汽车电池充放电过程调整。在"5"处，司机换挡，发动机转速迅速升高，输出电压也升高，充电电流又迅速抬高到"6"。随后电流又依恒压充电视作下降，到"7"点。再次换挡，充电曲线再次波动一次。以后假定汽车匀速行驶，电流降到恒定处"9"，计车后电流为零，即到"10"点。电池正常使用应保持充入容量是放出容量的 1.2～1.4 倍。在图7-4中，"1～3"点连线包容的面积是放电量，"3～10"点连线包容的面积为充电量。用数字示波器可准确地记录上述波形。

值得注意的是，因直流发电机制造工艺复杂，使用中故障多，汽车上的发电机，已逐步改为三相交流发电机。发出的三相交流电，经桥式整流后向电池及其他电器供电，若按50Hz计算，电流的脉动系数是14%。充电规范要求脉动值不能大于5%，这里实际上已是最大限度的2.4V。这就使电池阳极板栅受到电化学腐蚀，加剧了电池的损坏。这个问题似乎被人忽略了。电池在整个使用期内，95%以上的充电时间是在车辆行驶中进行的，这种损伤的积累作用，使电池以过充电的形式损坏。分解报废的汽车蓄电池，可看到90%以上的阳极都受到过充电损伤。为了减缓这种损伤，应在充电回路中增设滤波装置，将电流脉动值降到5%以内。

汽车上现在普遍采用电子调压器，这种调压器的稳压精度较高，通常都能达到1%。这对蓄电池的使用是有利的，但由于汽车电池设计浮充工作电压是14.4V，对阀控电池偏高了一些。所以对汽车电池的补水，对延长蓄电池寿命有很大的作用。汽车电池的损坏，在长途车上主要是过充电，在公交车上主要是充电不足。对这两种不同的损坏方式，采取的对策是不同的。在长途车上采用正极保护剂可防止过充电造成的正极板损伤，在公交车上，夜间可采用补充电弥补充电不足。具体采取什么措施，要根据电池的CB值来选取。

由于汽车电器用电的要求，一些国家已经在汽车上采用36V或48V蓄电池系统。现在使用的电池，并不是简单地把12V电池串联，而是设计了专用的电池，电池本身带有一些检测控制电路，表现出一些"智能化"的特点。

7.1.2　汽车和几种铁路机车启动电池的启动过程分析

7.1.2.1　汽车的启动过程

汽车发动机在启动过程中，蓄电池放电，驱动启动电动机带动发动机曲轴旋转。汽车启动电流曲线如图7-5所示。启动过程是0.57s。

电流曲线下的面积，就是消耗的电池容量。其中电流的峰值，就是在接触器接通的瞬间，由于电动机未转动，没有反电势，这个电流就是短路电流值，该值就是电路的蓄电池的电压除以直流电阻的商。电动机一旦转动，电流值就迅速下降。

在启动过程中，阻力是连续迅速变化的，所以曲线不是曲率连续的平滑曲线。

要能可靠地启动发动机，选用电池时应考虑到下面的因素。

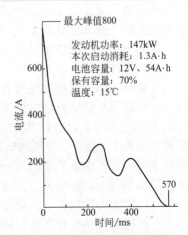

最大峰值800

发动机功率：147kW
本次启动消耗：1.3A·h
电池容量：12V、54A·h
保有容量：70%
温度：15℃

图 7-5　汽车启动电流曲线

(1) 低温影响 在 -40℃ 条件下，电池容量通常是常温下的 50%；在 0℃ 时，为常温的 75%。由于不同生产厂的工艺条件不同，不同品牌的电池低温性能差别较大。

(2) 充电不足 在正确的浮充条件下，普通铅酸蓄电池只能达到 70% 的保有容量，密闭电池可达到 85% 的保有容量。

(3) 确定临界状态 当电池结构容量 CJ 衰减到标称容量 50% 时，电池报废。

在最不利的情况下，其启动容量为

$$C_{20} \times 0.5 \times 0.7 \times 0.5 = 0.175 C_{20}$$

以 105A·h 电池为例，在最不利的状态下的启动容量为 18.3A·h。单从启动容量数来看，对启动一次发动机仍是十分富裕的。

在启动过程分析中，有两个最重要的参数；一是最大启动功率 N_{max}；二是启动过程耗电量 C。一般来说，只要第一条件达不到，曲轴不发生转动，电池放电所输出的电能量，就不能转换为发动机的机械能，发动机就不能启动。之所以要有一些储备容量，是因第一条件所需。

在下面两种情况下，常会发生不能启车。

(1) 蓄电池负载电压偏低 通常在启动瞬间，启动回路因电动机不动，所以没有反电势，这时电池放电电流最大，单节蓄电池应有大于 1V/格 的负载能力。这个瞬间值因驾驶室无仪表显示，司机无法知道。

(2) 启动回路电阻大 当发生不能启动时，往往不全是蓄电池的原因造成的。有时是启动回路中发生了某些故障，启动电流是从正端沿用电回路流回电池负极的。若电路中任何一处发生故障或接触不良，使启动电动机得不到大于启动需要的最小电流，都会启不了车。

例如：蓄电池正极性极头，常因腐蚀而导电不良，如果不及时清理污垢和防护，就会因接线抱卡的内圈与极柱外圆柱面接触电阻过大而不能启车。这时只要用锯片刮一下桩头，接好连线，就顺利启车了。

在有的汽车上，用铁丝代管启动连线；用熔丝夹在松的极柱与抱卡之间；导线与电动机的连线未用螺钉压紧，都是不符合启动工况要求的。正常的启动电动机与连线总的直流电阻只有 0.018Ω，若连线接头处电阻较大，使电阻总计大到 0.03Ω，车就无法启动了。实际使用中，常因这些"小事情"造成不能启车。

为了解决在低温条件下电池负载能力下降较多的问题，除电池制造部门提高电池低温启动性能外，使用部门还可采取外电源辅助启动的方法，这对机动车较集中的单位尤为适合。由于启动功率是从市电电网中获得，所以 N_{max} 可以很大。目前启动电源设备最大电流可达 1500A 负载，电压为 12V；峰值功率为 18kW。这样大的启动功率，启动 440kW 的柴油机也不成问题。通常启动载重 8t 的汽车柴油发动机，5kW 启动功率就足够了。

辅助启动也可以应用另一个电池，用强力夹子并联在汽车电池上，完成启动后拆除，这是最容易实施的。

这里要说明，使用低保有容量的电池和盲目地用大容量电池来解决启车困难都是危险的。主要是汽车启动电动机由于工作时间短，通常都是按短时间超负荷工况设计的，不能长时间工作。如汽车 CA141 用的 S6102 启动电动机，工作时输入电功率为 2.47kW，输出的机械功率为 1.47kW，发热的电功率就高达 1kW。用这样高的热功率加热电动机线圈，温升当然很快，设计连续工作时间一般不超过 5s，两次间隔时间应有半分钟，以利散热。当电池容量偏小时，因电池无力，电动机转速低，输出机械功率小，这时输入到启动电动机的电功率，以更大的比例转化为加热线圈的热功率。这时，电动机温升甚至会比电池容量偏高时还大。电池容量偏低时常会烧损启动电动机，就是这个原因。而当电池容量选择过大时，操作者很容易长时间使用起动机，这时电动机也易烧损，这两种情况都应注意。

当我们评价同型号电池的质量优劣时，通常都用比较电池初始容量的简单方法来判定，这是不对的，下面加以分析。

有甲、乙两个电池，它们的初始容量和使用中的衰变规律如图 7-6 所示。从图中可见，虽然在使用初期 $C_甲 > C_乙$，但由于甲电池衰减速率比乙电池快，到 t_1 以后 $C_甲 < C_乙$。甲电池在 t_2 时，其结构容量已衰减到启动发动机必需的临界限度 C_Q，甲电池提前报废。这时乙电池尚能用一时间。到 t_3 时，乙电池才报废。用户使用乙电池得到的实际效益比甲电池多 $\Delta t = t_3 - t_2$。从电池极

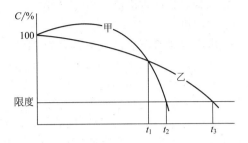

图 7-6　两种电池的初始容量和使用中的衰变规律

板的微观结构来说，若甲、乙两电池极板尺寸和数量相同，初始容量偏大的电池，一般来说，其容量衰减速率都较快。新电池启用后，通常在使用中没有必要进行多次工艺性深度充电、放电，如三充两放之类的作业。充放电循环会使正极板中结构坚固的 $\alpha\text{-}PbO_2$ 转变为结构松软的 $\beta\text{-}PbO_2$，由于微观表面积增加使得电池容量有所增加，但却加速了活性物质的脱落，即加速了容量的衰减。有的生产厂家或使用单位一味追求电池产品初始容量峰值也是片面的。

用蓄电池驱动的发动机，大致都有类似的过程。

7.1.2.2　东风 DF 型机车启动过程

用示波器记录铁路 1340kW 的东风型机车启动过程，其蓄电池组的端电压及电流波动情况见图 7-7。该机车装配 462A·h 的电池 48 个单节，电池串联工作，用直流发电机启动，发电机与柴油机曲轴直接联动，中间无减速机构。整个启动过程可分五个阶段。

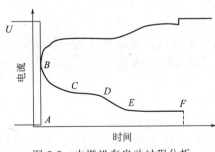

图 7-7　内燃机车启动过程分析

第一阶段，即 AB 段。蓄电池为使启动电动机及发动机曲轴的随动系统克服静摩擦做加速转动，电池输出功率达到最大值。

$$N_B = 1923A \times 44.7V = 85.96kW$$

电流的峰值实际上是放电回路的无感抗短路电流，由于电池处于大电流放电状态，其端电压迅速跌落到最低值。

这个阶段，电池负担最重。在汽车上，为了减轻这一负担，汽车司机常用摇把将发动机曲轴回转几周，使发动机各摩擦面充分滑油，形成润滑良好的油膜，这就大大减轻了电池的启动负载，对电池的寿命是十分有益的。

第二阶段，即 BC 阶段。随着发动机的转动，各摩擦面的润滑增加，阻力减少，启动电动机的反电势也随之产生并逐渐增大，于是启动电流迅速下降。蓄电池的端电压也开始恢复性上升。由于电流下降的幅度大，电压上升的幅度小，所以总的输出功率下降了。在 C 点对应的功率是

$$N_C = 641A \times 79.6V = 51.023kW$$

从 B 到 C 的时间为 1.6s 左右。

第三阶段，即 CD 段。这时启动电动机所需的电流，与电池中离子的反应达到相对平衡，所以输出电压和输出电流都有一段相对平滑的区段。

从 C 到 D 的时间为 1.7s 左右。

第四阶段，即 DE 段。从 D 点开始，发动机气缸内的热积累已逐步逼近发火点，蓄电

池的负荷越来越小。从 D 到 E，电流又一次减小。到 E 点，发动机正式点火。从 D 到 E 的时间为 2s 左右。

第五阶段，即 EF 段。发动机这时虽已点火，由于司机尚未松开启动按钮，启动曲线拖了一个"尾巴"。

东风型内燃机车启动电流最大为 2100A 左右，启动过程一般为 6～8s。

启动开始，在 0.1s 时刻，电动机尚未转动，反电势为零，柴油机及其随动系统的摩擦副中尚未形成良好的油膜，转动阻力也是最大值，转动的惯性矩阻碍着曲轴加速转动，这时电流达到最大值；同时电池组的输出电压跌到最小值 U_{min}，这时电池提供的启动功率达到最大值 P_{max}。随后，由于电动机的转动，产生了反电势，转动阻力也逐步减少，曲轴转速逐步升高，启动电流随之下降。启动过程中，图 7-7 中电流曲线下的面积，就是耗电的安时数。东风型机车启动耗电量最大值是 4.5A·h，东风 4 型为 2.5A·h。电池能否启动柴油机的关键是在 0.1s 时刻所能提供的最大启动功率 P_{max} 的大小。当该值不足使电动机加速度转动直至点火，柴油机便不能启动。

在启动过程中，若在第一阶段蓄电池没有足够功率，使主发电机及其随动系统克服静摩擦而加速地转起来。那么电池的容量即使远远大于一次启车的能耗，也不能将机车启动起来，如图 7-8 所示。

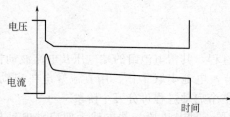

图 7-8　机车不能启动时蓄电池的放电曲线

这条曲线，是在连续启动机车工况下，"不能启动"发生时得到的。在图 7-8 中 $I_{max}=1026A$，$U_{min}=23.17V$，$P_{max}=24.40kW$。

由于最大启动功率不够，发电机始终不转动，所以在放电 0.7s 以后，虽然电池以 673A 持续放电，也不能将机车启动。启动功率的最低值约为 25.4kW。这时蓄电池尚有 16% 的保有容量，即 74A·h。

如果 P_{max} 值大于临界启动功率 P_Q 时，就可首先使电动机转动。电动机一转动，阻力就减少，电池的储备容量就可使电动机逐步加速，直至柴油机点火自转，完成启动的全过程。实车测定 DF_4 型 2568 号临界启动功率为 58kW（25℃）。

P_{max} 是由两个因子决定的：一是放电电流的最大值 A_{max}；另一个是与其对应的电压 U_{min}，即 $P_{max}=A_{max}U_{min}$。电池组提供的 A_{max}，取决于启动回路的直流电阻值和电池组端电压值 U_{min}。启动回路的电阻值是个不变的值，因此变量实际上只有 U_{min} 这一个值，电池组只要能保持启动放电时的最低电压值，U_{min} 大于启动临界值 U_Q，柴油机便能可靠启动。

在早期内燃机车电池从启动功能出发，选用了与汽车电池相似的结构，其正负极板都采用涂膏式，隔板用木隔板或橡胶隔板。这种电池的实车使用寿命通常为 1 年。在机车运用条件下，是用 48 个单体电池串联工作的，厂家供应的电池，都存在质量散差。在机车运行中，若有一两个单节出故障，就会导致整组电池启动功率陡降。当时，也没有可信的故障电池检测手段，所以为保障行车安全，机务段提出要求有低故障率的电池供应机车。曾采用正极为管式结构的机车电池，即为 C_5 容量 420A·h 的电池。

N462 电池的缺点如下。

（1）低温性能差　由于正极采用管式结构，正负极板的中心间距就拉大到 9mm。在低温时，启动性能差，使寒冷地区的机车启动安全系数缩小。地处"三北"地区的机务段冬季为了提高机车启动可靠性，常将电解液密度值调到 $1.28g/cm^3$，结果使电解液对极板的腐蚀加剧，实车使用寿命大为缩短，通常降到 2 年多一些。

（2）电池报废限界高　N420 电池的正极是管状结构，负极是涂膏式结构，正负极之间用微孔橡胶隔板。这种电池结构由于受工艺结构尺寸限制，管子直径为 $\phi 9mm$，正负极中心距为 9mm，如图 7-9 所示。由于硫酸电解液的电阻值是铅的 1000 倍，所以相同安时数的管式电极电池内阻总比涂膏式电池大，因此启动型汽车电池都采用涂膏式电极而不采用管式结构。

随着电池制造技术的发展，为了追求电池有较大的启动功率，最重要的措施是缩小正负极之间的距离。近 20 年来汽车用的启动电池，虽然标称容量相同，但启动功率峰值已有成倍的提高。

铁道部机务部门规定 N420 电池结构容量 CJ＞70％，上车后浮充电可达到的实际容量 CB 系数为 0.7。在 $-18℃$ 条件下启动，容量降到室温的 0.5，于是，在 "三北" 地区冬季电池的实际启动容量下限值为

$$CJ70％×0.7×0.5C=0.25C$$

机车启动的下限容量为 18％，两者相差为 $0.07C_5$，折合安时容量为 32A·h，按每次启动耗电 4A·h 计算，机车可连续启车 8 次，这是计算值。机车实际运转的区间，"三北" 地区有的远低于 $-18℃$，在东北依图里河 1 月平均气温可到 $-35℃$。在这一地区运行的机车，N420 则不能满足其冬季启车的可靠要求。加上机车上浮充电压的波动和单节容量均衡性的影响，机车启动可靠性总是向负值波动。"三北" 地区的许多机务段，为了提高机车启动的可靠性，采用提高电液密度，使电池内阻有所减少的方法，但副作用甚大，高密度值电解液会成倍地增加对电池极板的腐蚀。

目前采用的阀控蓄电池，极板是涂膏式结构，能大幅度提高电池的启动能力。两种电池的启动功率比较如图 7-10 所示。

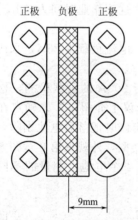

图 7-9　N420 电池极板间距

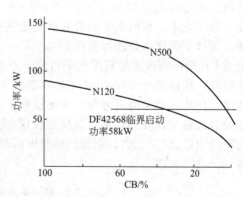

图 7-10　两种电池的启动功率比较

对图 7-10 分析如下。

① 当电池不能启车时，N420 电池的临界容量为 17％，N500 电池的临界容量为 1.6％。这个数值，涂膏式电池的启动功率远远大于管式电池。

② 按 10 次启车的储备容计算，N420 对应的容量为 25％，N500 对应的容量为 7％。

③ 推算在常温下的报废标准，N420 为 CJ＝70％，N500 为 CJ＝40％。

7.1.2.3　东方红 21 型机车启动过程

在东方红 DFH21 型机车上，由于柴油机主轴承采用滚动轴承，曲轴随动系统转动惯量也小，启动电动机经减速后驱动曲轴这三个原因，所以柴油机所需的启动功率较小，启动曲线也不同于东风型机车，如图 7-11 所示。测定时 N300 电池保有容量为 60％启动时电压最

低点是 65.6V，对应最大电流是 635A。

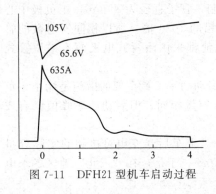

图 7-11　DFH21 型机车启动过程

以上几种机车都采用 110V 直流系统，配置 48 个单节 2V 的蓄电池，串联成整组电池。

7.1.2.4　和谐 HX 型机车起动和检测工艺说明

（1）基本状况　机车采用 64V 系统，用交流发电机直接启动。配置 NM450 电池 32 个，浮充电压 74V，平均为 2.31V/节。主发电机启动时间 21s，发电机总功率 4660kW。在 50139 号机车上实际测量，打滑油时间为 80s，主发电机启动时间 21s，最大启动电流 1000A，按平均 800A 计算，启动一次耗电 4.6A·h。由于和谐机车采用变频交流启动方式，用一台牵引电动机的逆变器提供 3 相交流电，供主发电机承担启动，所以启动电流波动远小于东风机车。启动时蓄电池组最高电压为 68.17V，最低电压为 57.25V。启动后浮充电压标准值为 74V，单节值为 2.31V。该车实际达到 76.5V，平均单节为 2.39V。

长沙丰日的"和谐"型机车电池产品，电池极群结构正 15 片，负 16 片，4 极柱，边界尺寸 223mm×187mm×355mm。

电池失水调查：一个报废的 2007 年的电池，空载电压为 2.15V，补加 1300mL 的水才能恢复到出厂状态。在使用过程中不加水，会导致容量较快损失。厂方要求对电池补加蒸馏水，机务段补加整备车间离子交换柱的软水即可。

一组 48 单节的蓄电池组，上车时间是 2009 年 8 月 30 日，使用 5 年后，放电得到 320A·h，折合为 71%，其中有 4 个单节为落后单节。

（2）检测方法　电池下车后用充放电循环检查电池容量，这项作业时间为 30h，一组 48 个电池两次充电耗能为 5kW×14h＝70kW·h。

在定修作业中，利用车上的负载对电池进行轻负载试验，电流负载为 25A，采用新的检测方法，可以节约这部分能源消耗。

电池 CB 检测新技术是利用电子负载，对蓄电池单节进行 200A 的负载检测，检测数据可靠性较高。该检测技术在 2002 年铁道部机车蓄电池杭州会议上介绍过，并确定在机车检修中使用。使用该技术的机务段，按照检修工艺操作，每次定修时把落后电池剔除，可以把蓄电池的碎修稳定地降低到零。该检测仪现在已经升级到 310 型，外观见第 8 章图 8-18。

由于检测电流是 200A，测脚的接触电阻就不可忽略。在 4 个电池上测量的不同部位测量，得到的数据见表 7-1。

表 7-1　机车电池不同部位检测数据　　　　　　　　　　　　　　　　单位：V

电压	1 号	2 号	3 号	4 号
柱电压	1.89	2.00	1.94	1.84
片电压	1.75	1.72	1.70	1.63
帽电压	1.50	1.39	1.49	1.39

在实际操作中，测量帽电压最为方便。铁道部机车蓄电池报废标准是容量在 50% 以下，选取测量帽电压 1.42V 为操作标准较为合适。由于这种检测仪只能产生负偏差，只能把合格电池判断为不合格，不会发生把不合格电池判断为合格，符合事故倒向安全的原则。测量时对低于 1.42V 的电池需要反复确认，就能避免误报废。

如需要进一步核实电池容量状态，可在电池极柱连接片上测量。用 310 型检测仪检测丰日 NM450 电池，得到表 7-2 的数据。

表 7-2　丰日电池的容量测量数据

保有容量/%	100	90	80	70	60	50
测量片电压/V	1.79	1.77	1.76	1.74	1.72	1.70
保有容量/%	40	30	20	10	0	
测量片电压/V	1.68	1.66	1.64	1.63	1.61	

利用这项技术，对现有的检修工艺进行升级。

① 可以在定修作业中，迅速检测蓄电池的保有容量值，判断蓄电池是否处于安全状态。

② 在检修工艺中取消用恒流放电检测蓄电池容量的方法，可大幅度提高功效并节能。

③ 铁道部制定的机车 NM450 电池的报废标准是容量在 50% 以下。采用 CB 检测技术，把电压在 1.70V 以下的电池淘汰即可。

④ 对电池进行补加水，从使用一年内的电池开始，每年 5 月补加 250mL 去离子水。用电导仪测量电阻达到 $500k\Omega/m$。

7.1.3　摩托车电池的电解液调节

在两轮摩托车上，发电机输出电压是不能调整的，且输出电压波动范围大。确定电液密度时，很难找到最佳的配合值。为了延长电池使用寿命，应按下述方法进行。

先注入密度明显偏低的电解液，充足电装车使用。由于电池端电压偏低，充电电流就会偏大，水耗量也大，这是正常情况。当需补充电解液时，不要补充蒸馏水，而用密度为 $1.24g/cm^3$ 的电解液补充到电液的上限位置，下次再补充时，依然用这种方法，补充几次以后，电解液密度逐渐上升。补充电解液的时间间隔也越来越长。大约经 3 个月才补充电解液时，再补加蒸馏水，以后按正常规范使用。这样使用的摩托车电池，因电解液密度同本车发电机输出电压有最佳的匹配，使用寿命会明显延长。

7.1.4　启动电池的损坏原因

普通汽车电池损坏的原因主要有两个。

7.1.4.1　正极板栅的不均匀腐蚀

电池中正极板栅的腐蚀是不可避免的，但现在汽车电池中正极板栅的破坏性腐蚀，并不是由于正常充放电造成的，而是由电解液分层造成的。在先放电过程中，电解液有一种逐渐分层的趋势，即电池下部的电解液密度越来越高，上部的电解液密度越来越低。消除电解液的分层，在旧结构的电池上只能用充电时产生的气泡搅拌电解液的方法来达到。汽车电池的底部都有一个容渣槽，充电时都在极板上产生气泡，在极板下面的容渣槽内的高密度酸，气泡是搅拌不到的，如图 7-12 所示。硫酸电解液的黏度较大，鞍子里的高浓度酸向上部低浓度区的扩散动力很小，这个搅拌死角里储存的高浓度酸加剧了正极板栅下部沿边的腐蚀。这只是化学腐蚀，还有更为严重的电化学腐蚀。

在新电池启用时，注入电池的电解液密度值是按最低冰点原则选取的。所谓最低冰点，实质是电解液中的离解度最大。当电解液分层后，下部密度大于上部，于是电池内下部电解液的导电性比上部大，在充电时，下部极栅表面的电流密度比上部大，这种与充电过程并存的电化学腐蚀比单一的化学腐蚀要强烈得多。由于负极板栅在充电时不被腐蚀，也就免除了电化学腐蚀，因此通常电池中负极板栅的寿命远大于正极板栅。由于正极板栅以"咬边"的形式自下而上地被连续腐蚀，使正极板栅总是下部受到严重的损坏，甚至大面积断筋，与损坏的板栅一起从极板上脱落。

现在，对充放电时电流在极板上的电流分配再进一步作分析，见图 7-13。

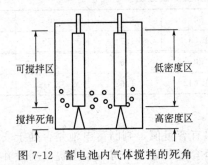

图 7-12　蓄电池内气体搅拌的死角

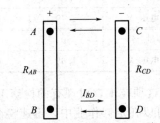

图 7-13　极板上电流分配不均匀分析

在充电时，设总电流为 I，流经极板上部 A、C 两点的电流为 I_{AC}，流经 B、D 两点的电流为 I_{BD}。

由于
$$R_{AB}>0$$
$$R_{CD}>0$$

流经 B、D 两点间的电流要多经过电阻 R_{AB} 和 R_{CD}。
$$I_{AC}>I_{BD}$$

同样，在放电时，设总电流为 I，则有 $I_{AC}>I_{BD}$。

这就是说，电池极板上部的电流负荷比下部大，电池上部极板的电化学腐蚀，活性物质的膨胀脱落都应比下部严重，但实际损坏的情况却正相反。

在实车使用状态下，电流分配并不是按上述分析流通。由于电解液不均匀化，导致了下部 B、D 两点电池的阻值小于上部 A、C 两点的阻值；而且这个差值淹没了 R_{AB}、R_{CD} 的影响，对充放电电流起着决定性的分配作用。于是才导致了实际电流负荷的分配，极板的下部总比上部大。所以分解报废的启动用电池，总看到下部损坏比上部严重，在汽车启动用的 Q 型电池和内燃机车启动用的 N 型电池中都是一样的。这里对正极板上活性物质脱落的内在原因作以分析。

在充放电循环中，PbO_2 和 Pb 的密度都比 $PbSO_4$ 大，在放电后，极板上的活性物质都要发生体积膨胀。从体积比值看 PbO_2 是 1.44，Pb 是 1~1.92，$PbSO_4$ 是 3.75，负极的膨胀量比正极大，理应更容易从板栅上脱落，但由于正极的膨胀是由板栅逐渐向外扩展，而负极是从极板表面向板栅扩展，两者的作用效果完全不同：正极的活性物质脱落量远远大于负极。脱落首先从无遮挡的下部开始，这种脱落使正极下部板栅外露，流经下部极板板栅的充电电流全部用来腐蚀板栅，进一步加剧了板栅的电化学腐蚀，这种加速度的恶性循环使正极受到严重损坏。当我们分解报废的电池，取出极板后，便能看到电池壳底部容渣槽内沉积着大量活性物质。这些活性物质，主要是正极极板腐蚀脱落造成的。

由于活性物质的脱落，使电池结构容量减小，甚至由于底部活性物质搭连在正负极之间，使电池内部短路，造成电池端电压近于零。

7.1.4.2　缺水

有的汽车电池装车使用后，由于司机不能直接从注液口看到电池内的液面高低，补加水全凭经验估计。这样，由于加水不及时造成电池板露出液面是常有的事。极板一次外露就会造成电池的永久性损坏。用聚丙烯材料生产的电池壳，是半透明的，可看到液面的高低，这种失误较少发生。

7.1.5　汽车电池的集中维护效益分析

7.1.5.1　工作目标

汽车上使用的蓄电池，现在普遍冠以"免维护"的名称，这是商业销售的技巧。铁路部门和部分通信部门已经对电池的维护提出具体要求，合理的维护，实践证明通常可使蓄电池的使用寿命翻一番。蓄电池的维护，需要一些专业知识和专用设备，但蓄电池的用户往往不具备这样的条件，大量蓄电池的损坏不是由于"使用"而损坏，而是由于维护不当导致的。通过专业的维护，使汽车电池实车使用寿命达到 4 年以上是有把握的。

7.1.5.2　基本措施

① 购买优质电池。在电池生产中，工艺标准是产品质量的保障，有军品生产标准的生产线，电池的工艺质量不会有大的偏差。阀控电池的使用条件较严格，在汽车使用条件下，实际使用寿命通常没有注液式蓄电池长。

② 根据使用条件，适当降低硫酸电解液密度。采用 $1.25\sim1.26g/cm^3$ 的硫酸，可减少非使用腐蚀。检测电池的实际启动功率，电池实际容量控制到够用、有必要的安全系数即可，容量不是越高越好。使用到第 3 年，可补充硫酸，提高电池的大电流放电能力。

③ 使用极板保护剂。汽车蓄电池，充电电压为 14.4V，在这个充电条件下，正极板的损坏远大于负极板，通常负极板的寿命是正极板的 2 倍。对正极板的保护，可有效减缓电池的过充电损坏。

④ 加入电解液后，根据 CB 值进行补充电，补充电量以 CB 值不再上升为好。

⑤ 要对蓄电池的实际保有容量进行动态检测，根据电池的保有容量 CB 的大小调节浮充电压，CB 值偏高会加剧正极的损坏，偏低会使负极板硫化。当电压调节器发生故障时，避免其对蓄电池的损伤。

⑥ 及时补加水。

⑦ 冬季夜间保温有外部覆盖和涓流充电两项措施。

⑧ 车下充电维护。依据状态充电法充电，避免过充电。

电池保有量计算的实例如下。

某公交车队蓄电池装车使用量统计见表 7-3。

表 7-3　某公交车队的蓄电池装车使用量统计

车辆类型	车辆数量/辆	蓄电池数量(195A·h×12V)/个	蓄电池数量(165A·h×12V)/个
空调大巴	25	25	25×2
大巴	94	94	
中巴	31		31
合计	150	119	81

总容量：195A·h×119＋165A·h×81＝36570A·h×12V，每年该车队实际支出承包费用 130572 元。

对实例效益分析如下。

按 4 年计算，总收入 130572×4＝522288（元）。

购买电池支出 400×365＝146000（元）。

工人 1 人，全工资 1500 元/月×48 月＝72000 元。

保护液 12×365＝4380（元）。

救援交通费 100 元/月×48 月＝4800 元。

检测设备 3000 元。

电动三轮车 3000 元。

办公 2000 元。

不可预见 5000 元。

电池维护成本支出合计 91180 元＋电池购买成本 146000 元＝237180 元。

合计毛收益：522288－237180＝285160/4（元/年）＝5939.75（元/月）。

工作量计算：

150 辆×12 次/年＝1800 辆·次/年。

1800÷12÷20＝7.5（车/天）。

其维护工作量 1 人每天工作 4h，就可完成。

7.2 电动自行车电池的使用

7.2.1 电池的选购与更换

电池的选购，通常用户根据使用的经验和商家的推荐决定。电池的内在质量，只能在使用以后才知道。

电池需要整组更换，如果新旧混用，会有容量不一致的问题。容量较低的电池总处于深度充放电状态，就会加速损坏。维修单位把下车的蓄电池重新配组，配组的原则是每个电池容量都能达到用户使用标准且容量基本一致。

"基本一致"是个含糊的说法，现在尚没有数量的标准。维护人员掌握的标准，只能根据实际可以接受的情况而定。

当发生电池明显寿命较短时，应检查充电机输出电压是否正确，合理的充电电压应是充电结束时，电压为 $14.4 \times n$，n 为 12V 电池的数量。

由于 12V 电池的损坏是由其中的一个单节损坏造成的，其他没有损坏的电池也只能连带报废。现在已经有用 2V 铅酸单体蓄电池的组合方案，有的厂家也在生产，这样的电池组，运行成本是最低的。

为了适应市场的需求，采用 60V 和 72V 电压的电动自行车速度快，续行里程长，已经大量上市。

7.2.2 电池的使用、保养和维修

电池的充电现在都是用"智能充电机"，充电过程不需人工干预。这种充电机使用起来虽然很方便，但是充电对电池的实际适应性，也只能是随其自然了。由于电池的容量始终是从均衡向不均衡发展，所以当电池性能发生不均衡时，使用这类智能充电机充电，电池组中有的单节是会发生过充的，有的单节也必然会发生欠充，这是客观存在但又难以避免的实际问题。如果充电机没有损坏，则整组电池过充电的情况很少发生。

为了延长蓄电池使用寿命，应避免深度放电。电动车不要骑行到无法走动的程度，在有条件时，应骑行一段时间，及时补充电，使电池处于浅充浅放状态，才是合理的使用方法。

以 48V 系统为例，电动自行车的电压表上有 31.5V 和 28.8V 两条标志，骑行时电压值到 31.5V 时发出报警，对应的单节平均值为 1.75V；电压下降到 28.8V 时停止使用，这时对应的单节平均电压值为 1.60V，应进行充电。停止使用后，电压又有所恢复，指示到 31.5V 以上，这是蓄电池的电压特性，并不表示蓄电池可以继续使用。许多用户不了解这

一特性，以为电压恢复了，就继续骑行，造成蓄电池的过放电。

在过放电条件下使用，并不能有效地放出容量，只是造成对电池的伤害。

取 3 个 6DZM10 串联进行放电，在 25～30℃ 的温度下用 5A 放电至 31.5V，停止 30min，用相同的条件放电。连续循环下去，直到在 1min 内电压达到下限，得到表 7-4 的数据。

表 7-4　一组电池的过放电试验数据

序次	1	2	3	4	5	6	7	8	合计
放电时间/min	138.5	7.1	5.8	4.0	3.4	2.0	1.6	1.2	163.6
放出容量/A·h	11.54	0.60	0.48	0.33	0.28	0.17	0.13	0.10	13.63

从表 7-4 中可以看到，用过放电的方法是得不到实际有效供电的。

现在许多人误认为阀控电池就是"免维护"电池，这是错误的认识，电池使用 3 个月，应做一次补加水，夏天应 2 月一次。电池缺水造成的损坏主要是会造成极板局部发生干枯而发生深度膨胀，导致电池永久性损坏。

补加水的水质应符合电导值 100kΩ/cm 的标准。补水量以使用时不发生液体溢出为标准。补加水应在充电前进行，充电结束后，补加水容易损坏电池。这是由于补加水只有在充电条件下，才能和原有的电解液均匀化。

极板发生脱粉和腐蚀的电池，这类损坏是无法修复的。现在的许多电池是由于不合理使用造成假损坏，这类损坏通过补加水和充电都能恢复一些容量。

蓄电池使用后，电池组中单节蓄电池的容量总是向不均衡的方向发展。蓄电池维护的重要工作是合理配组。

7.2.3　电动自行车电池配组技术

电动自行车电池组是用几个 12V 电池串联而成的。如果电池的实际容量不一致，串联后可使用的电池容量受容量最低的单体电池限制，表现出整体供电性能下降。

电池厂和自行车修理门市部对电池组的选配通常采用空载电压法，用万用表测量开路电压，根据开路电压差别越小越好的原则，把电池配组，这个方法难以控制质量。采用容量法配组，需要对蓄电池进行放电和充电作业，使用放电法检测出电池容量，再按容量大小配组。这种工艺费时，耗能高。

下面介绍一种负载能力配组法，这种配组方法，配组的质量和效率都较高，消耗较少。

由组装线下来的电池，实际容量的"0"点状态容易确定。利用这个特点，可采用简便的方法对电池配组。

操作过程是先对电池充电，充到 30%～40% 时，用 20～30A 的电流检测电池的负载特性，即记录电池的负载电压。按电压的大小排队，把几个排队连续的电池配为一组。电池的实际工作电流是 5A，检测采用 4～6 倍的电流。在低实际容量的条件下，用超过实际工作电流的大负载检测电池的工作电压，如能保持基本均衡一致，在高实际容量条件和正常状态下，电池的负载电压一定是均衡的。这样的配组实际只依据电池的负载能力，而不是依据电池的容量。用这样的配组工艺，耗能小，便于操作，工作效率高。

在修理门市部，需对电池充足电，再进行负载测量。用相同的方法配组，不但可查出落后电池，同时可提高工作效率。适用于这种检测工作的连体电池检测仪主机与汽车电池检测仪相同，如图 8-31 所示只需选用不同的负载即可。

7.3 生产用蓄电池车用电池使用

7.3.1 牵引蓄电池的工作特点和结构

牵引蓄电池的型号第 1 个字母用"D"表示含义为"蓄电池车用蓄电池"。牵引车用的蓄电池，最主要的工作特点是电量处于深度的充放电，通常使用的能量吞吐都在 50% 以上。这就要求电动车电池在设计、结构和制造工艺上与汽车电池、通信电池有较大的区别。有的用户把汽车电池用在电动车上，结果使用寿命短，故障多，降低了电动车的使用可靠性。

在蓄电池充放电时，蓄电池极板上的活性物质发生下述的变化。

$$PbO_2 + 2H_2SO_4 + Pb \Longrightarrow PbSO_4 + 2H_2O + PbSO_4$$

在这个过程中，极板上的活性物质的密度和电阻率发生了变化，详见表 7-5。

表 7-5 电池中几种物质的电阻率

项目	PbO_2	Pb	海绵状 Pb	$PbSO_4$
密度/(g/cm³)	9.5～9.87	11.3437	6.50	6.3
电阻率/(Ω/cm)	1.18×10^{-6}	2.1×10^{-7}	1.83×10^{-4}	10^{10}

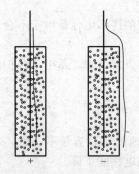

图 7-14 蓄电池极板的电流传输

蓄电池在充放电时，电流的分布在正负极上是不一样的。正极上的 PbO_2 导电性比 Pb 小，电流首先是由板栅传到 PbO_2 的。充电时，电流由板栅传入，先把板栅附近的 $PbSO_4$ 转化成 PbO_2，再由 PbO_2 逐步向外扩展到整个极板；放电时也是板栅附近的 PbO_2 变成 $PbSO_4$，再逐步向外扩展到整个极板。负极的情况恰恰相反，充电时极板的表面 $PbSO_4$ 先生成 Pb，由于新生成的铅的导电性与板栅相同，充电电流会沿着极板表面逐步向内部扩展。这就是说，正极的电化学反应是从中心向外展开，负极是由表面向内部展开，如图 7-14 所示。

由于物质密度的不同，伴随蓄电池的充放电反应，必然发生极板几何尺寸的胀缩。不同的是，负极板的胀缩是由表面逐步向里发生，正极正好相反，是由极板中心逐步向外扩展。就是由于这个原因，导致正极板的活性物质的脱落远比负极严重，不难理解，蓄电池能量吞吐比例越大，极板脱落就越严重。

在实际使用中，把报废的电池分解，可看到正极板的损坏比负极板严重得多，通常负极板的使用寿命是正极板的 2 倍多。

蓄电池的电化学反应原理是不可改变的，要延长蓄电池的使用寿命，就要解决脱落的问题。首先采取的办法是在正极板的活性物质里添加一些增加机械强度的材料，这样做的结果，增加了极板的电阻，使电池的放电性能下降。

用耐酸的纤维材料制成管子，把正极活性物质包裹在里边，这样，极板由于胀缩对活性物质脱落的影响就降低到最低程度。

在蓄电池技术上，为了提高蓄电池的大电流放电能力，有效的办法是减少正负极板的间距。但采用管式结构，因为管子的直径不能太小，有 $\phi 9.7mm$，$\phi 9.5mm$，$\phi 8.0mm$，几种，所以正负间距就难以缩小，国外最小做到 $\phi 6mm$。现用的管子直径尺寸比较见图 7-15。D440 电池的管子的直径是 $\phi 9.7mm$，极板中心间距是 9mm。这样做的结果是管式电池的大电流放电能力低于板式蓄电池。实际的极板群结构如图 7-16 所示。管式极板的排管之间有一个不可利用空间，如图 7-16 中所示的黑色区域。为了解决这个问题，美国一家蓄电池厂曾采用把圆管压成方形管的技术，国内没有厂家采用。所以管式极板与平板式极板相比，活性物质铅利用率较低，内阻较大。圆管和扁管的结构对比见图 7-17。

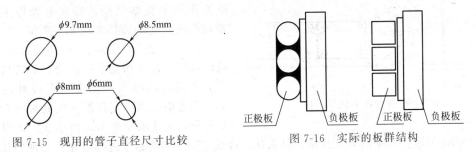

图 7-15　现用的管子直径尺寸比较　　　　图 7-16　实际的板群结构

这种极板的上部是铅铸造的汇流条，平行排列多个铅筋，铅筋上有多个突起。铅筋周围填充活性物质，外层用涤纶丝管包裹，底部用塑料堵头封底，如图 7-17(a) 所示。

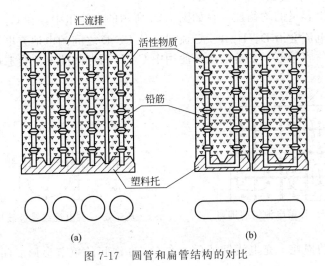

图 7-17　圆管和扁管结构的对比

这种结构的极板，优点是活性物质被包裹，在深度充放电工作条件下，活性物质不会脱落。缺点是当铅筋被腐蚀断裂时，断口以下的活性物质则不能参加电化学反应。为了解决这个问题，曾采用把底部的铅筋焊接起来，形成导电网络。这种技术措施未被广泛采纳，主要因为在流水线上的工艺有困难。采用把 2 个管子合并成 1 个管子，下部的两个端头焊在一起，如图 7-17(b) 所示，圆管子就变成扁形管子，这种结构比圆管子要好。

7.3.2　蓄电池叉车和平板车蓄电池组的绝缘分析

蓄电池叉车和平板车电池组是由 15 个或 24 个 2V 单节电池组成的，电池串联后放在铁箱中，电池箱座放在铁架上。电池组的对地绝缘值 R_D，直接关系着蓄电池叉车的运用质量。良好的绝缘状态，不仅可降低电池的损耗，而且可提高叉车的使用效率。

7.3.2.1　对地绝缘 R_D 被破坏的原因

(1) 腐蚀盐桥的因素　由于硫酸的存在，铁箱和紧固件会被硫酸腐蚀，生成 $FeSO_4$。腐蚀液蒸发后，留下白色的 $FeSO_4$ 结晶堆集在腐蚀处。$FeSO_4$ 疏松且易溶于水，一旦受潮形成导电桥，就会造成 R_D 被破坏，如图 7-18(a) 所示。

(2) 连线胶皮炭化　通常电池连线长期在高于室温 40℃条件下工作，胶皮会老化变脆，

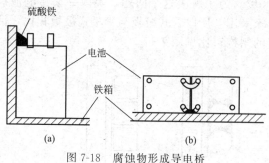

图 7-18 腐蚀物形成导电桥

表面呈现裂纹。导电液浸入后，该处与铁箱之间直接形成短路，如图 7-18(b) 所示。该电路中电流的热效应会使胶皮炭化，在电流作用下冒烟燃烧。在充电条件下，这种短路热效应的破坏作用尤为明显。

（3）电池壳酸液爬电　当电池顶盖密封被破坏后，补水和充电时总会有酸液搭连在电池之间或电池与铁箱之间形成酸污染导电。当污染达到一定程度，充电时可看到爬电火花，火花由少变多，由小变大，很快便发展成大功率放电，冒烟起火，使塑胶件炭化，烧成通洞。有时这个过程可在几分钟到几小时内完成。这种爬电多发生在电池与铁箱之间，但对如图 7-19 所示方式排列的蓄电池组，在正负线出头处直接电压差为 48V，所以 A~D 这 4 个电池的损坏率远远高于其他电池。

7.3.2.2　对地绝缘 R_D 被破坏后的危害

（1）破坏电池组容量的均衡性　在如图 7-20 所示的电池组中，在 C、D 两点的 R_D 被破坏，充电时有一部电流会沿 D、B、F、C 流过，使 C、D 之间的电池充电量小于 E 单节，这就破坏了电池组实际容量值，在蓄电池车使用中 C、D 两点间的电池会造成过放电。

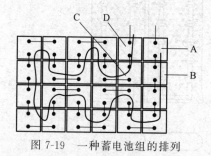

图 7-19　一种蓄电池组的排列

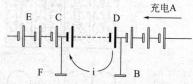

图 7-20　蓄电池绝缘被破坏后的影响

（2）增加了无功损耗　充电线拆掉后，在 C、D 之间的单节会形成闭环路进行自放电，这是无功损耗。

（3）增加了化学腐蚀　箱体在电流作用下的电化学腐蚀破坏速率远高于纯化学腐蚀，箱体一旦有短路腐蚀，常在 1~2h 内就能看到明显的凹坑。

7.3.2.3　提高对地绝缘 R_D 的措施

电池组的 R_D 值直接关系着蓄电池组性能，绝缘被破坏后，充电时一部分电流被分流，造成充电效果下降，如图 7-21 所示。充电后接地点之间的电池会构成放电回路，使得电池失去容量。提高 R_D 值是蓄电池作业的重要环节，需采取的措施如下。

（1）中和清洗　电池顶盖和四周有些酸液，是不可避免的。一般都用自来水冲洗予以清除，由于硫酸具有吸水性，与水反应生成水合硫酸，表现出一定黏度，所以冲洗效果较差。应在初步冲洗后，淋洒少许 Na_2CO_3 溶液中和残余酸液，看到不再有中和反应产生的气体，表明反应已完，再用清水清净。由于充电后电池温度高于环境温度，残留水一蒸发，R_D 值便大为提高。

（2）降低上沿口将蓄电池悬浮隔离　当蓄电池组装成箱时，在电池与电池之间，电池与铁箱之间，采用绝缘材料隔离，保持 2mm 的空气隙，电池之间保持一段竖直隔离面，高度不少于 30mm，如图 7-22 所示。由于悬浮结构切断了酸液和盐桥的导电通路，RD 不易被污物破坏。

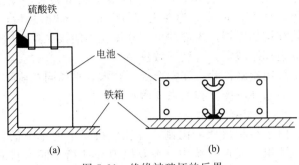

图 7-21　绝缘被破坏的后果

（3）箱底部开通风孔　在铁箱的底部电池壁的十字交叉口处，开 15 个 50mm 圆孔，增加排水和使酸液不能在箱内滞留，减少箱内的湿度，减少腐蚀。开口位置如图 7-23 所示。

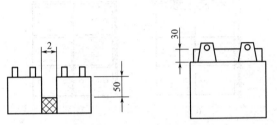

图 7-22　单体蓄电池间的距离和铁箱上沿下沉

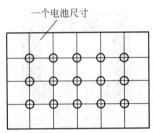

图 7-23　开口位置

煤矿用 CDXT-12（J）型蓄电池机车安装的蓄电池型号是 D-560-KT，容量是 560A·h，单节电压是 2V，48 个单节装在 1 个铁箱中，2 个铁箱电池串联，总输出标称电压是 192V，电池质量是 4274kg。

煤矿用 CDXT-96/12 机车上安装 48 个 560A·h 的电池，电池质量是 2137kg。

煤矿蓄电池机车的蓄电池连接方式见图 7-24。排列方式随机车轨距不同而异，这种连接方式是合理的。蓄电池采用双极柱连接，大大增加了工作的可靠性。

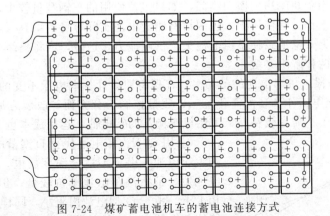

图 7-24　煤矿蓄电池机车的蓄电池连接方式

电池组供电电流依据电动机工况而定，牵引电动机额定电流是 134A。空压机电动机工作电流是 27A。机车额定功率持续工作时间 4h。

在矿用蓄电池上，使用防酸隔爆型加水帽。这种加水帽的上部是砂轮结构，下部是塑料螺纹，如图 7-25 所示。砂轮结构是透气的，处理后有憎水功能。充电时产生的酸雾气体经砂轮帽过滤后，气体中的气体成分排出，酸雾中的液体成分被过滤下来，这是它的防酸功能。充电时产生的气体，是 H_2 和 O_2，遇明火容易爆炸。经滤酸帽后，H_2 的扩散很快，外界的明火经滤酸帽砂轮结构的阻挡，内部的可燃气体就不能接触到可燃烧的温度，这是它的防爆功能。充电时可以去掉滤酸帽，有利于散热。

滤酸帽的憎水性，可用滴水检验。在帽上滴一滴水，水如同在荷叶上一样不下渗，为合格。如下渗，可用加硅油的办法恢复和加强其憎水性。

7.3.2.4 为蓄电池组提供热均衡条件

蓄电池组安装后，由于结构尺寸的限制，往往使得蓄电池单节的工作条件不一致。如图 7-26(a) 所示，蓄电池组安置在铁箱中，在蓄电池和铁箱之间常垫有缓冲层，其余蓄电池之间则是紧密排列的。这种结构造成环周的蓄电池散热条件较好，内部蓄电池的散热条件较差。实际运行的结果是中间的蓄电池较早损坏。

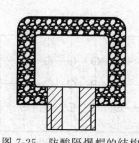

图 7-25 防酸隔爆帽的结构

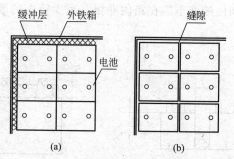

图 7-26 叉车蓄电池的间隔缝隙

合理的布置，应把外围的间隙均衡地分配到每个蓄电池单节，取消外围的缓冲层，如图 7-26(b) 所示。这样的布置，有利于蓄电池工作条件的均衡化，延长蓄电池组的实际使用寿命。

7.3.3 蓄电池车 D 型电池的替代

蓄电池车是以蓄电池为动力的机动车，由于蓄电池车没有废气排放，也不会产生排气火星，现被广泛地应用于在库房内搬动物品，如果单位使用的车辆数量较少，常因不能及时购到电池备品而影响工作。在使用中，也因没有测定电池实际容量的工具，不能找出真正失效电池，常因一两个失效电池致使整组电池失去供电能力，这时，会将整组电池误报废。为了降低运用成本，有两种解决办法。

① 在铁路机务段，机车电池的备品多，在保持原设计供电电压不变的前提下，把 D250 改为 N500。由于充电工作和备品简化统一，质量控制十分方便，改装之后，不但工作可靠性增强了，而且由于不需专设备品，可用机车淘汰的蓄电池，运用成本也下降了。

② 用 Q 型汽车电池代替 D 型蓄电池车电池。普通的汽车电池，由于不适合深度放电，所以寿命比 D 型电池短，虽然汽车电池单价较低，但总的运营成本不相上下。由于 Q 型电池内阻小，同样安时容量的电池，能使蓄电池车工作性能明显提高。

如图 7-27 所示是两种电池的供电曲线对比。两条曲线是两种电池在不同容量下，用电阻为 0.01Ω 负载放电时，单节电池的负载端电压值对比。单纯从容量上看，N462 安时的电池比 Q180 安时的电池容量虽高

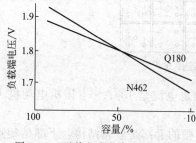

图 7-27 两种电池的负载能力对比

2.56 倍，理应在任何容量下，前者其负载电压都应高于后者，事实并非如此。从图 7-27 中可见，当实际容量低于 50% 时，D462 电池的供电能力反而低于 Q180 电池。由此可见，用袋板 Q 型电池取代 D 型电池有着实际的技术价值和经济效益。

7.3.4　矿山机车蓄电池维护工艺

7.3.4.1　开口蓄电池新品启用工艺

(1) 适用范围　蓄电池机车 D440、D560 新品电池启用作业。

(2) 需用材料　电解液、正极缓蚀剂、蒸馏水、纯水、耐酸漆、碳酸钠、凡士林。

(3) 需用设备和工具　多用表、密度计、温度计、蓄电池保有容量 CB 检测仪、漏电电流表、14～17 扳手、螺丝刀。

(4) 工艺过程　见表 7-6。

表 7-6　矿山机车蓄电池维护工艺

工步	作业要领与质量标准
加电解液	(1) 电解液温度不超过室温,密度为 1.24g/cm³ 或按厂方说明书配制 (2) 打开加水帽,注入电解液至极群上 15～20mm (3) 将缓蚀剂加入电池,每个单节 1 包 (4) 用水或风冷却电池
充电	(1) 待电解液温度降到 35℃ 以下时开始充电 (2) 第一阶段用 40A 充电 (3) 每 2h 测量一次温度和电压,当电液温度升至 45℃ 以上或充电时电压达到 2.3V 时,充电电流降到 20A (4) 充电时电解液温度不能超过 50℃,可采用停止充电的方法强制降温 (5) 总充入电量不低于 800A·h
测量 CB	(1) 停止充电 15min,用 CB 表测量 CB 值并记录 (2) 未达到 80% 时,继续用 20A 充电,充电时间(h)以下式计算 $$t = \frac{440(1-CB)}{20} \times 1.2$$ (3) 若达到 80% 以上,充电结束
整备	(1) 用碳酸钠溶液中和顶盖酸液,并用自来水冲洗 (2) 测量正负极漏电电流,不大于 40mA

7.3.4.2　蓄电池均衡性控制工艺

(1) 适用范围　本工艺适用于蓄电池机车的均衡性控制作业，每 3 个月需要对蓄电池组单节容量的均衡性做一次调节。

(2) 需用材料　电解液、蒸馏水、碳酸钠。

(3) 需用设备与工量具　蓄电池保有容量 CB 检测仪、漏电电流表、14～17 扳手、螺丝刀、充电机。

(4) 工艺过程　见表 7-7。

表 7-7　蓄电池组的均衡性维护工艺

工步	作业要领与质量标准
测 CB 值	充电后测量每个单节的 CB 值,个别低于下限电压值的单节电池进行更换
检查水位	检查液面高度为,应 15～20mm,不足者进行补水,以 20A 充电 2h
测量 A_L	用漏电电流表测量蓄电池组正、负端对地漏电电流 A_{L+}、A_{L-}。两个值都不得大于 40mA
整备	单节清洗

7.3.4.3　电池备品管理及报废鉴定

（1）适用范围　本工艺适用于对蓄电池的备品管理和报废鉴定。

（2）需用材料　电解液、蒸馏水、碳酸钠。

（3）需用设备与工量具　万用表、蓄电池保有容量 CB 检测仪、14～17 扳手、螺丝刀、充电机、蓄电池搬运车。

（4）工艺过程　见表 7-8。

表 7-8　蓄电池报废鉴定和备品管理

工步	作业要领与质量标准
检查连接	电池串联后，测量极柱连接状态。。若有断裂，应报废
充电	(1)把准备作为备品的电池全部串联，检查液面高度为 20～25mm (2)以 20A 充电 20h (3)用碳酸钠溶液中和酸液，自来水冲净
静置	静置 1 周
备品分级	(1)用 CB 检测仪测量各单节电池的 CB 值 (2)CB 值大于 80%，为一级备品。CB 值小于 79%、大于 70% 的，为二级备品。CB 值小于 69%、大于 50% 的，转地面蓄电池车使用
报废鉴定	在上栏(1)测量中，CB 值小于 50% 的单节电池应报废

7.3.4.4　使用电池容量标准的制定

煤矿蓄电池机车的容量允许使用下限，实际就是蓄电池的报废标准。由于各个矿井的使用条件不同，该标准也是不同的。这个数值与机车电池型号、牵引的车辆数、行驶距离、规定的牵引次数、行驶的坡度有关。

制定标准的基础是测量机车按工作标准牵引一次矿车，需要消耗的实际电量的安时数，这个数据用串联在主回路中的安时计可直接测出，设为"A"。

电池的容量使用下限是：

$$C_{\min} = \frac{AB}{80\%}$$

式中，$C_{\min}$ 表示蓄电池组中各单节的下限结构容量；A 表示机车运行 1 次消耗的实际容量；B 表示充电后机车运行的次数；80% 表示电池容量合理利用系数。

充电后测量每个电池的容量，都应大于 $C_{\min}$。如果单节容量不均衡，容量小于 $C_{\min}$ 的电池放电时会发生反极，严重影响电池组的工作。

7.3.5　延长矿山机车蓄电池寿命的几项措施

牵引车蓄电池使用寿命，按国家标准规定，应有 750 个充放电循环。在正常使用条件下，应使用 2 年。如果实际使用时间明显少于 2 年，其中必然有不合理使用时间的成分。其中最容易失误的就是"过充电"对电池的损伤。

7.3.5.1　非正常损坏的原因和充电概念

过充电造成正极板的损坏。正极板的断裂通常在上面的根部，这是在过充电的条件下，在极板表面原子氧的腐蚀直接造成的。极板下部的连接强度不减，说明是在强过充电电流分配不均匀条件下造成的。

充电后的极板上并没有电，这是一个经常被误解的基本概念。充电后的电池极板如果有电，就会立即被硫酸电解液短路，所以电池内部并没有电，而是有化学能。充电的过程是把电能"转化"成化学能。如果能量的形式转换在电池内没有完成，充电就是属于"过充电"，这时流进电池的电能用于加速电池的损坏。所以，不要以为"对电池充电，电池内就会有电"。

7.3.5.2　避免"过充电"发生对的硬件要求

（1）充电机应有 3 级充电功能　电池的充电电流应符合跟踪电池的电流接收率，其基本程序是大电流恒流-析气电压转恒压-小电流恒流，三个阶段应自动转换。

（2）在蓄电池机车上加安时计　现在的蓄电池机车上没有安装安时计，机车完成任务后实际消耗多少容量，充电工不知道，充电过程的控制不能根据电池的实际状态进行。充电工只能用"过充电"来保障电池的容量复原。

根据安时计的实际检测数据，可确定电池容量的安全限界。

在深度放电条件下，电池的极板膨胀和收缩较大，极板的物理结构容易受到破坏。电池的使用下限应保留 20％的容量，合理使用时不能把电池的容量放完。每个矿的使用条件不同，规定的牵引定数、坡度、工作次数也不同，所以每个矿的安全限界是不同的。

合理的安全使用限界应是

$$20\% + 牵引放电容量 = 蓄电池上车使用标准 C_{min}$$

低于 C_{min} 容量的电池不能上车。蓄电池班组的重要工作就是把容量低于 C_{min} 的电池挑出，用合格品代替。

（3）对电池正极采用缓蚀剂保护　在新电池启用时，添加正极保护剂，可有效减少充电时的氧气析出量，从而减少充电对正极板栅的腐蚀。试验证明，使用正极保护剂的蓄电池，实际寿命可增加 50％左右。

7.3.5.3　软件改进

（1）补充电　某厂电池的说明书规定的补充电就有过充电的成分。对 560 电池的补充电说明书规定：80A×7h＋80A×3h＋40A×（3～5h）。

第一项就达到 560A·h，其余 2 项加起来容量大于 20％×560A·h。

充电量不低于上次放出电量的 120％，应写为"120％～130％"，对上限应有限制性规定。

（2）电池容量的均衡性控制　不均衡性的直接伤害是对落后电池的深度过放电。串联电池组的有效容量受最低容量的单电池控制。

PbO_2、Pb、$PbSO_4$ 这 3 种物质的密度值不一样，深度放电造成极板的深度胀缩。控制放电深度的目的是保持极板的导电骨架。当电池组容量不均衡时，深度放电时容量低的电池会反极。电池的反极充电是在一个极板上产生正负极的两种物质，反过来又加深、加速电池的放电，所以大大加速电池的损坏，造成负极板的软化、脱粉，导致内部短路。因此合理使用下限应是保留 20％容量。

使用保有容量检测仪可检查实际容量，避免用全放电法检测容量。

最少每 3 个月做一次均衡性调节，根据实际使用状态调节蓄电池组容量的均衡性。

采用状态充电法：根据检测值的实际状态，确定充电对缺少电量 C_Q 的电池的补充电量为 $C_Q×1.2$。

通常在串联电池组中，有 1 个电池失效，电池组整组都不能正常工作。

（3）外部自放电控制　外部自放电用漏电电流表检测，标准为 40mA。漏电电流表的外观见图 8-7。

内部自放电原因：电解液杂质、极板脱粉和隔板穿孔造成微短路。

有的电池组表现自放电大，出车一趟回来用万用表测量就反极。这种现象，并不是电池自放电大造成的，根本原因是容量的不均衡，这种容量不均衡状态用保有容量检测仪在机车使用后很容易就可查出。

7.3.6 电动车辆蓄电池循环耐久试验

电动车辆的耐久性，是关系电动车辆运行成本的最重要指标，是对蓄电池装车质量的要求。实际使用寿命与使用过程中的许多人为因素相关，不能作为对电池原始质量的评判。现在大量的情况是用户缺乏蓄电池维护技术，在维护中存在大量的无效劳动，有时甚至是负劳动，付出的劳动和电力的效果造成电池的加速损坏。

电动车辆用的铅酸管式电池，标称容量用 C_5 标定，循环寿命按国标规定为 750 次，其试验程序见图 7-28。一个循环内的充入容量 $2.5C_5$，放出容量是用 $2.0I_5$ 放电 1h，放出的容量约是 C_5 的 50%。从试验的过程可以看出，试验的过程是在严重过充电的条件下进行的，试验主要是考核正极板的耐过充能力。负极板通常都容易达到标称容量。

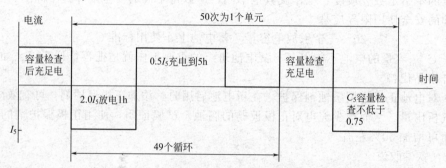

图 7-28 牵引用铅酸蓄电池循环耐久性试验

需要说明，试验得到的单元寿命，与实际使用寿命没有换算关系。

电动汽车用的电池，标称容量用 C_3 标定。电池的循环耐久能力试验符合 GB/T 18332.1—2001 的规定，按图 7-29 所示的方式进行。电池的耐循环次数不低于 400 次为合格。放电电流为 $0.75I_3$，放电深度为 $0.75C_3$，一个循环用 12h 完成。400 个循环共用 200 天。其中 50 次循环为一个单元，每个单元的最后做一次容量检查，容量不低于 $0.75C_3$ 为该次单元合格。电动汽车的蓄电池循环试验中，能量吞吐的比例比牵引车大，所以循环次数比牵引蓄电池少。

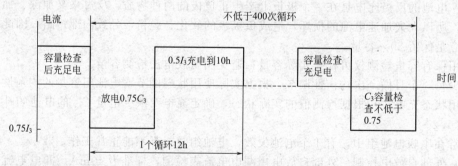

图 7-29 电动汽车蓄电池试验规范

电动自行车电池用户通常用行驶千米数来表达容量，由于行驶条件的差异，不能说明电池的真实容量。

电动自行车电池的国家标准是 JB/T 10262—2001，容量用 C_2 标定。

电动自行车 10A·h 电池试验程序见图 7-30。用图示的方法检测蓄电池的循环寿命，需要 150 天左右，而且费用较高。

图 7-30　电动自行车 10A·h 电池试验程序

由于检验循环寿命需要时间较长，目前有的单位采用快速检验法，整体试验时间压缩到 20 天，试验方法如图 7-31 所示。

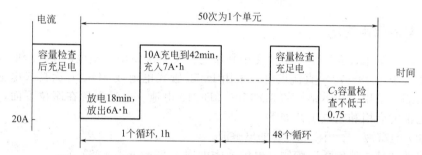

图 7-31　电动自行车 10A·h 蓄电池的循环寿命快速试验方法

7.3.7　蓄电池组电压抽头问题

蓄电池组总电压通常为 48～408V，车辆上的控制系统用电通常都采用 24V 系统，许多车辆采用从蓄电池组抽头的方式取得 24V 电压，如图 7-32 所示。这种电路设计，是由于设计人员忽略了长期供电对蓄电池容量的均衡性的影响，造成提供 24V 电压内的蓄电池早期损坏。

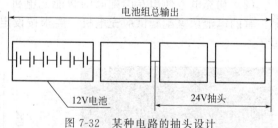

图 7-32　某种电路的抽头设计

有的电动车辆利用牵引电动机，拖动一个发电机，发出 24V 电压。采用这种方案，蓄电池组内的电能先转换成机械能，再由机械能转换成电能。由于能量转换要经过机械能的"中介"，因此需要两次不同形式转换，所以总转换效率不会高于 0.7。直接采用电子式的 DC-DC 转换，效率都在 0.9 以上。

7.3.8　叉车蓄电池维护实例

叉车蓄电池投入使用后，蓄电池就处于深度充放电工作状态，用户都希望电池无故障运行时间长一些。对于不同厂家的电池和不同的组合方式，其工作状态会有很大的差别。

对蓄电池组的维护工作，其核心内容是维护蓄电池组中单节容量的均衡性，保障每个单节都大于实际使用的下限标准 $C_{\min}$。蓄电池使用中正常的容量衰减是不能恢复的。市场上流行的容量复原技术，有很大的误导成分。

$C_{\min}$ 这个标准通过实际测量才能得到。在蓄电池组中，串联一个直流安时计，测量实际运行消耗的容量。在一个工作日内，安时计累积记录了实际放出的电池容量数 C_x，统计在不同使用条件下的 C_x，就可得到一个最大值，这个值就是 C_{min}。

在维护工作中，测量充电后的蓄电池单节容量，数值低于 C_{min} 的单节，就是不能承担一个工作日的落后单节，用合格品更换这些单节。经这样维护的蓄电池组，就可以保障其结构容量可以达到一个工作日的使用要求。

有了使用下限的标准，就能在该型号的标定曲线上找到 CB 检测仪的对应电压值 U_{min}，这就是在现场操作中操作者掌握的技术依据。

蓄电池组在循环使用 150 次左右，就需要做一次均衡性调整，这是合理使用的必要条件。如何掌握这个调整的频次，需要积累现场的数据。过于频繁的调整，要增加维护成本，发生故障后才调整，就要影响生产。由于使用条件相差较大，不能制定一个通用的标准。如果没有做，就会发生蓄电池的连带损坏，造成用户的连锁损失，这个问题在前面已经讲述。

7.4 电动游览车蓄电池使用条件

7.4.1 电池启用充电

国内电动游览车普遍用于风景区和小县城的公交系统使用，座位以 11 座和 14 座两种居多。动力系统采用 48～72V 直流供电，采用 D250 管式电池或 3D-210 涂膏式电池。由于车体结构的限制，采用三联体结构的 3D-150～3D-210 电池。电池布置在座位下面，如图 7-33 所示。新电池的启用和充电工艺如下。

（1）加入电解液　使用厂家配套的电解液。

用合格的"蓄电池硫酸"配制。电解液密度取 $1.27g/cm^3$（25℃）。

蓄电池第一次加入的电解液，应高于极板 15～20mm。在使用的过程中，只补充去离子水或蒸馏水，不能再补充含有硫酸的电解液。在蓄电池的使用中，电解液中的硫酸并不消耗，散失掉的只是其中的水分。补充水分必须在充电前进行，充电停止后补充水会加速电池的自放电。现在大部分厂家都是把灌注电解液的工作在厂里完成，电池可以直接上车使用。

（2）初充电　使用专门配套的智能充电机，充电过程按图 7-34 所示的 5 个阶段自动控制。有的电池厂家配套供应充电机，要求按设定的工艺充电。基本充电过程就是先恒流，再恒压。

图 7-33　游览车电池布置

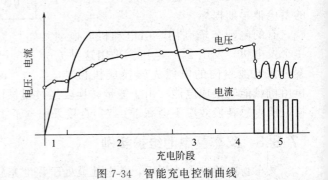

图 7-34　智能充电控制曲线

初充电是对蓄电池的第一次充电，初充电一定要充足。初充电不足会使蓄电池的结构容量发生部分硫化，导致蓄电池性能下降。用恒定电流充电是保障充足的必要条件。用恒流充入的电量应不少于标称容量的 2 倍。

厂家已经灌注好电解液的电池，只需做一次补充电即可。

（3）充电过程检测　在蓄电池组中各单节的容量基本均衡的前提下，使用这种充电机可非常方便地给电池充电。如果蓄电池组的容量不均衡，这种充电机反倒会加速电池的损坏。

这是因为，在充电的全过程中，充电机把蓄电池组当作一个电池来看待，检测被充电电池的总电压，根据总电压的变化，判断并控制充电过程。如果电池组中有一个失效单节，该单节在充电的过程中其端电压会远高于正常电池，充电机检测到的总电压包含这个错误值，这就导致其他电池尚未达到合理充电电压，充电机就提前进入恒压阶段。蓄电池的 70%～80% 容量补充是在恒流充电阶段完成的，在随后的恒压充电阶段，充电电压 1% 的下降，就会少充入 10% 的容量。很明显，电池和充电机系统，一旦进入这种关系，电池容量就进入"充电不足-内阻增大-再充电不足"的恶性循环中。因此，完全依赖充电机的"智能"，会加速电池的损坏。有的电动游览车，使用几个月后电池就发生损坏，就是这种充电方式的缺陷造成的。

这种充电不足的结果，是这种充电方式造成的。这种充电方式，是依据蓄电池组的总电压，进行各个阶段的自动转换。要消除这种充电的副作用，需要采用新的控制方式。

新的控制方式就是检测放出的电池容量，充电时依据充入的电量是放出的电量的 1.2 倍为合适，在何时控制充电电流以不同的电流充电，这是设计者需要重新考虑的。这样的控制原则，排除了落后单节充电时的高电压干扰外，还可以保障充电的效果。

充电过程是恒流转恒压，第一阶段是恒流，第二阶段是恒压。恒流过程是按充电机的最大输出电流设定的，充到设定的上限电压时，自动转恒压充电。

这里依据的充电上限电压值，是蓄电池组总电压值，并不考虑电池之间的不均衡性。

7.4.2　存在问题

① 使用说明书中关于电池保养的介绍太少，关于蓄电池方面的维护工艺几乎没有。

② 过分依赖智能充电机的"智能"，对充电过程缺乏人工干预的技术。当充电机出现损坏电池的现象时，不知如何处理。

所谓的智能充电机，设计上都不考虑电池容量均衡性的差异，如果差异较大，充电时就会发生有的电池被过充电，有的电池充电不足，这是会同时发生的。从这点来讲，智能充电机都不够"智能"，这是普遍存在的情况。

7.4.3　电动游览车蓄电池工作分析

电动游览车蓄电池处在深度充放电循环状态，充电应充到结构容量的 95%，放电的下限应控制在不小于结构容量的 20%，如图 7-35 所示，这是合理的使用方式。在这种使用条件下，蓄电池的循环寿命可得到充分的利用。

电动游览车多采用 72V 供电制，用 12 节 6V 的电池组成整车的蓄电池组。用恒流放电法可以精确测量蓄电池的容量，但由于作业时间需要几个小时，只适合于电池检验部门的实验室使用，在维护作业中，由于工艺性较差，无法在维护现场采用。

用负载电压法测量的蓄电池容量值，虽然精度低于恒流放电法，但也能基本满足维护作业的要求，由于工作效率高，所以能在维护作业中被采用。

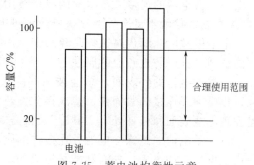

图 7-35　蓄电池均衡性示意

对于 6V 的连体电池，如某种 200A·h 的电池，测量时对电池施加 200A 的负载电流，其负载电压值和保有容量的关系见表 7-9。

表 7-9　6V、200A·h 蓄电池负载电压值和保有容量的关系

保有容量/%	100	90	80	70	60	50	40	30	20	10	0
电压/V	5.85	5.80	5.76	5.72	5.65	5.55	5.50	5.40	5.35	5.24	5.13

对不同的蓄电池，会有不同的电压对应值。由于每个电池使用点的规格有限，做一次标定需要 1 天时间，但得到的数据在以后的检修工作中，却会带来巨大的经济效益。

7.4.4　日常维护作业

被称为"免维护"的蓄电池，技术名称是"阀控蓄电池"。"免维护"一词的使用是为了迎合用户的消费心理而使用的商业性名称。完全免维护的电池是没有的。电池按照免维护的方式使用，用户实际上付出了寿命缩短到 30%～50% 的代价。

日常维护作业主要如下。

（1）补加水　蓄电池缺水会加速电池的损坏，及时补加合格的水，保障蓄电池的充放电基本工作条件，是维护的首要工作。

（2）容量均衡性控制　电池组的有效容量，受限于其中的最小容量单节。一组蓄电池中，有一个落后电池，会使整组电池失去供电能力。把容量差别控制得越小，电池组的性能发挥得越好。现在可以用负载电压法，把容量差别控制到 10% 以内。

某辆电动游览车蓄电池组单节的检测数据见表 7-10。电池规格是 6V、150A·h，数据是用连体电池检测仪测得的。检测时负载为 200A。从表中可以看出，电池组中 13 号电池为落后电池。这种落后电池，用万用表是无法发现的。在使用 100 个循环后，做一次均衡性检测，根据检测值调整电池的组合匹配，可有效延长蓄电池使用寿命。

表 7-10　某辆电动游览车蓄电池组单节的检测数据

电池序号	1	2	3	4	5	6	7	8
负载电压 N	5.68	1.68	5.69	5.69	5.69	5.52	5.72	5.59
电池序号	9	10	11	12	13	14	15	16
负载电压 N	5.69	5.71	5.72	5.66	**3.85**	5.76	5.52	5.68

（3）充电效果的确认和充电机参数的调整　智能充电机的输出参数，出厂时按照新蓄电池标准状态调整。在使用中，电池的充电接受率是不断变化的，所以要根据实际充电效果调整输出参数，才能获得较好的充电效果。

在车辆的折返点提供充电条件，中间补充电的充电效率最高，对延长电池寿命有益。

（4）蓄电池的连接　蓄电池的连接线用螺钉压紧，不要用接插件。行车中工作电流常在 100A 左右，接触不良会导致接头发热和供电电压的损失。

电池极柱的蓝绿色腐蚀物是硫酸铜，用食用碱水可方便地清除。极柱和铜质的线鼻子可用防腐剂涂抹，防止硫酸的腐蚀。

铅酸蓄电池的外表面，总会被一些硫酸电解液污染，这种污染不但破坏了蓄电池的绝缘，也腐蚀了连接的紧固件。造成接头发热烧损甚至火灾。硫酸电解液是不会蒸发干的，一旦发现电池表面和极柱处有"潮湿"，就需要用碱水中和酸值后用清水冲净。

（5）蓄电池的绝缘　电池外连接件的腐蚀问题常给行车带来意外的故障。这些腐蚀，都是由于电解液的泼洒、外溢和酸雾造成的。

硫酸通常酸能吸收空气中的水分，酸浓度越高，对水分的吸收性越强。浓硫酸通常可做干燥剂使用。在机动车运行时，虽然充电和热空气对酸液有干燥作用，但一遇潮气，又显出湿汪汪一片。

在室外，由于凡士林能粘住灰尘，所以不能使用。可用 15％ 的石蜡和 85％ 的黄油加热后混为一体，趁热用毛刷涂到电池极柱连接处，冷却后即形成一层防腐层。冬季黄油可取多些，夏季石蜡比例可大一些。

在国外，为解决电池连接件的腐蚀问题，有的采用能长期耐受浓酸腐蚀的不锈钢来制造连接件。这样做，虽可解决腐蚀问题，但成本高，不锈钢导电性差，不宜在大电流场合下使用。

（6）放电深度的控制　尽可能减少蓄电池的放电深度，应在工作间隙对蓄电池进行充电。工作后立即充电，充电的电流转换效率最高。用这个方法可有效地控制蓄电池的放电深度，延长实际使用寿命。

（7）蓄电池备品的管理　蓄电池损坏实际是单节逐个损坏的，当发现个别单节损坏时，就需要及时替换，否则会引起连带损坏，这就需要备品电池。备品电池来源于整组电池下线后，在报废鉴定中，可以使用的电池，转入备品。

备品电池需要在浮充条件下保存。提用备品电池时需要测量其供电能力，其数值要与待修复的整组电池匹配。

（8）几项维护内容　见表 7-11。

表 7-11　蓄电池几项维护内容

规程	间隔时间	作业内容	备注
建立台账	每次维护	检测结构容量 CJ	新电池启用
定期维护	3 个月	补加水，测量 CB	根据测量值调节充电机
日常维护		测量保有容量 CB	根据报修更换失效单节
备品		补充和提取	含报废鉴定

定期维护进行连接线防腐蚀处理。

维护作业环境条件需要一间存放电池的房间和室外空地。

（9）蓄电池改型　现在使用的 6V 或 12V 的连体电池，存在连带报废的损失，改用单体电池，就会避免这个损失。采用动力性管式电池，循环寿命国家标准规定为 750 次。连体的平板式极板，循环寿命只有一半。采用单体管式电池，需要一些技术条件，在当地条件成熟的时候，改用单体的管式电池，用户可获得可观的经济效益。

7.4.5　管理运行方式

车主都希望能延长蓄电池的实际使用时间，从中科获得经济效益。但是蓄电池的合理使用与维护需要有一定的专业知识和设备，这不是每个车主都能具备的。这就需要有专业的蓄电池维护作业者，来承担这项工作。

集中管理的操作程序如下。

① 车主按照以往的蓄电池消耗量费用，向维护者交付维护费用。

② 维护者用这笔费用，购买一部分新电池供更新电池使用。

③ 车主根据车辆的使用状态和维护规程要求，定期交付维护人员进行作业。

④ 维护人员按修程、实际状态、作业标准及操作工艺进行作业。

由于维护人员的作业保证每个电池都达到使用标准，所以车辆的运行里程是可以确保的。

开展集中维护车主的收益是得到"放心使用"的技术效益，维护者从"减少浪费"中得到经济效益。维护者的经济效益的多少依据维护车辆的数量确定。通常合理的维护作业可以成倍延长蓄电池组的使用寿命。

7.4.6　维护管理实例

郑州一个游览区有 40 辆电动游览车，电池已经使用一年，新电池车辆可运行 90km，现在多数可运行 30km。以往都是每年更换 1 次新电池，2015 年 4 月 15 日，对其技术状态进行调查。

（1）技术诊断过程

① 实际测量电动车运行的容量消耗。

② 充电是在家中进行的，调查的充电机充电上限电压达到 2.7V/节，抽查的电池电解液密度达到 $1.28g/cm^3$，排除充电不足的问题。在场地没有充电设施，运行过程中，没有充电的条件。充电机有 3 个输入电压挡位，分别是 220V、230V 和 240V，用户固定在 230V 未做调整。充电机依据输出电压对充电进行色灯显示并控制关断，充电机内没有充电电流的调节器件。最后阶段的脉冲间歇充电是用继电器控制的，充电机没有输出电流表和电压表。

③ 电池进行补加水维护，电池不缺水。

④ 6 辆电动游览车的蓄电池检测数据见表 7-12。

表 7-12　6 辆电动游览车的蓄电池检测数据

车号	负载 200A 的电压值/V					
28	5.62	5.57	5.64	5.64	5.62	5.66
	5.65	5.68	5.65	5.65	5.58	5.62
以下是 28 号车运行 21km 后对应的测量值/V						
28	3.63	3.35	4.54	3.49	4.71	3.73
	4.39	4.12	3.78	4.25	3.31	4.01
以下为上午 9：30 对其他车辆的测量值/V						
8	5.64	5.69	6.86	5.68	5.69	5.66
	5.69	5.64	5.71	5.68	5.65	5.71
6	5.68	5.71	5.68	5.71	胶封	5.69
	5.72	5.71	5.69	5.71	5.69	胶封
16	**4.77**	**3.33**	**3.04**	**4.71**	**4.62**	胶封
	4.54	5.29	**3.91**	**2.84**	**3.50**	**3.66**
13 可运行 40km	5.62	5.59	5.66	5.69	5.59	5.62
	5.64	5.65	5.66	5.72	5.76	6.75
29	5.43	5.59	5.57	5.52	5.31	5.57
	5.45	5.55	5.51	5.47	5.62	5.58

（2）数据分析和说明

① 所测量的大部分整车电池间的容量均衡性基本良好，没有发生普遍的均衡性问题。

② 其中 16 号车的电池已经损坏，整车只有 1 个电池负载能力良好。

③ 车辆使用的淄博管式电池，测量值在 4.5V 时，对应的保有容量是 0。6V 对应值是 100％。

④ 其中"胶封"电池是极柱烧断后用焊接补加的新极柱，表面用热熔胶封闭。测脚无法压接测量到极柱电压。

⑤ 使用电池型号是 3-D-180。计划改用 3-D-210 电池。少数备品电池在车主家中保存。

⑥ 车辆整车配置 12 个 6V 电池，标称电压 72V。

（3）诊断结论

① 电池在使用中不发生缺水损坏。车辆用户每天晚上的补充电作业过程是合理的。

② 电池容量衰减基本数据是 1 年内下降到 30%。

③ 整组电池的容量不均衡性影响使用占 17% 左右。

④ 电池的循环寿命未达到 GB/T 7403.1—2008 规定的次数。该标准规定管式电池循环寿命为 700 次，阀控电池循环寿命 400 次。使用的电池是管式电池，实际循环寿命未达到 400 次。

本章小结

① 非公路用电动车辆的铅酸蓄电池，"免维护"要付出寿命缩短一半的代价。

② 电池维护的核心内容是维护电池串中单节电池的容量均衡性。

③ 按照国家标准，要求电池厂家提供质量达到 750 次循环的质量承诺。

第 8 章

蓄电池和蓄电池组可靠性检测

本章介绍

蓄电池组的可靠性检测是用户关心的技术问题，可靠性内容包括哪些？如何检测？检测的标准是什么？这些问题，在不同的行业和不同的场合，有不同的规定和标准。本章就其中的一些基本方法和基本内容，做一些介绍。

8.1 术语说明

电池容量的概念，在不同条件下有不同的含意，为了准确表达技术与含义，可区分如下。

(1) 标称容量 按国标规定，是指在规定的条件下，蓄电池完全充电后所能提供的由制造厂标明的安时容量，其数值印在说明书上，用字母 C_n 表示，也有用 C 表示。

(2) 结构容量 电池内部活性物质结构状态决定的电池容量。用字母 CJ 表示。

这是指用最充分的充电方式充电后，电池所能达到的最大电量。电池在使用一段时间后，其 CJ 值可能高于标称容量，也可能低于标称容量。通常是在使用初期其 CJ 值逐渐上升，达到最高位后又渐渐下降。有的电池出厂时，其结构容量就略高于标称容量，这是制造厂家为确保质量有意所为。

(3) 保有容量 在使用状态下，电池中实际存储的容量用 CB 表示。有时也称为荷电状态或实际容量。在电动汽车上，通常用 SOC 表示。

(4) 启动容量 在启动性大电流放电时，实际放出的电量远小于标称容量，是指能提供的有效容量，用字母 CQ 表示。

用装水来比喻，标称容量是指厂方精确指出的每次装水量。结构容量是指瓶内附有固体沉积物后，瓶子外观大小虽没有变化，但循环使用时每次实际装水量却减小了。"保有容量"是指现在瓶子里现存有多少水。

电池的容量，并非是个唯一的定值。用不同的放电电流测定同一个电池，会得到不同的容量数值，放电电流越大，测得的容量数值越小；放电电流越小，测得的容量数值越大。如用 10h 率的电流 0.1C 进行放电，测得某启动电池有 100A·h 的容量，用 1h 率（1C）放电只能得到 50A·h 的容量。因此，在说明电池容量时，一定要同时说明测量时的放电率。电池的容量是电流 I 和时间 t 的乘积，单位是安时，记做 A·h。这两个参数，没有互异性。不是说 10A 放电 10h，得到 100A·h 容量的电池，用 100A 放电，就可持续放电 1h。放电电流越大，持续的时间就越短。准确的换算比例，只能用实验得到。

蓄电池的实际保有容量、连接状态和漏电电流是蓄电池组可靠性的三项内容。

(5) 蓄电池动态内阻 是指在蓄电池放电工作时表现的内阻，用 R_D 表示。

(6) 蓄电池静态内阻 是指蓄电池在非工作时，用电导法测量的内阻，用 R_J 表示。

在许多情况下，电池不是一个单体独立工作，而是一个有多个单体电池组成蓄电池组，这时电池组的可靠性就不是简单的单体电池电压和容量的累计，而是有许多新的内容。电池厂家往往提供的使用说明书是对单体电池的要求，对蓄电池组的要求涉及较少。

8.2　连接状态的检测

8.2.1　检测原理

单体电池的容量到 400A·h 以上，常采用 2 对极柱。

四极柱铅酸蓄电池在运用中，在内部的汇流条上常出现脆性断裂和极柱内铜螺母外露的故障，如图 8-1 所示。这种脆性断裂的故障，在 1 对极柱的电池上，依然存在。造成这种故障的原因是焊接工艺和使用材料不当，电池一旦出现这种情况，就失去了大电流放电能力，这对机动车的启动可靠性威协很大。

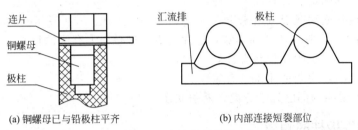

(a) 铜螺母已与铅极柱平齐　　　　　　(b) 内部连接短裂部位

图 8-1　连接故障位置

在电池检修作业中，为了查找这类故障，曾用松开连片、锤击电池极柱和听声音的办法查找。这样做不但工作量大，破坏了电池连片的连接状态，加速了电池的损坏，而且不能查找出靠近汇流条中部的断裂。使用连接状态 LJ 检测仪，可在不拆除连片的条件下，判断电池内外连接状态是否良好。该仪器原理如下。

汇流条不断裂时呈现的电阻非常小，而产生断裂时呈现的电阻变大。在连片上加一个交变电流，测量交变电流的变化量，即可反映汇流条的连接情况。

电池通常是按图 8-2 的方式连接的。这是两个电池的连接方式，其中 1、2 和 3、4 分别是电池 B 的两个内部并联的极柱；5、6 和 7、8 是电池 A 的两个内部并联的极柱。电池外部用长条形铜连接板连接。

8.2.2　对同性极柱的测量

对图 8-2 中 1、2 极柱或 7、8 极柱的同性极柱测量方法如图 8-3 所示。在同性极柱的 E、B 两点用送电叉输入一个恒流交流电。

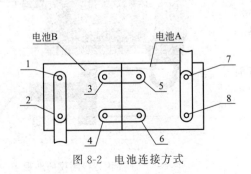

图 8-2　电池连接方式

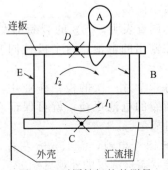

图 8-3　对同性极柱的测量

设总电流强度为 I，流经 E、C、B 的电流为 I_1，流经 E、D、B 的电流为 I_2，则 $I=I_1+I_2$。

若 C 处发生断裂，裂纹中虽有电解液连通，但由于硫酸电解液的电阻率是铅的 1000 倍，所以 $R_{ECB}\gg R_{EDB}$，于是 $I_2=I$。

I_2 可用钳流表测得，由于电流为差动式分配，所以，钳流表反应灵敏度很高。即使汇流条上有细小的裂纹，从电流分配值上也能判断出来。

经测定：N462 的 $R_{ECB}=0.20\sim0.3m\Omega$，$R_{EDB}=0.15\sim0.2m\Omega$。

若测得 $I_2/I=50\%\sim66\%$，这时电池处于正常状态，对不同厂家的电池，上述数据会略有差异。

统计表明，若 I_2/I 大于 80% 时，汇流排已有疏松并开始断裂，但尚未完全分离，下面以 80% 为特征值予以讨论。

对图 8-3 状态的测定，会有以下 5 种情况。

① $I_2=0$，连片松动或交流电未送入。

② $0<I_2<1A$，说明连片紧固不够，连片与极柱接触面上有腐蚀物。

③ $1A<I_2<4A$，说明连接状态良好。

④ $4A<I_2<5A$，说明汇流条已有裂纹。

⑤ $I_2=5A$，说明内部已处于分离性断裂状态。

8.2.3　对异性极柱的测量

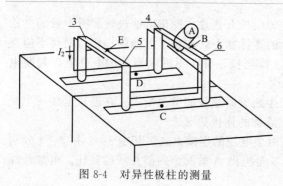

图 8-4　对异性极柱的测量

对图 8-2 中 3～6 极柱的异性极柱的测量，见图 8-4。这种连接状态，连片跨接在两个单节的异性极柱上，即图 8-2 中的 3～6。在连片中部 E、B 两点送入电流，这时钳流表在 E、D 线路上可测得 $I_{EDB}=I_2$。

测量情况可有以下 3 种。

① $1A<I_2<3A$，说明两单节均良好。

② $4A<I_2<5A$，说明 "C" 点所在单节汇流排已开始有裂纹。

③ $I_2=5A$，说明 "C" 点所在单节已有裂断或在 E、C、B 回路里连片螺钉松动或连片下有污物。

理论上，测同性极柱时总会有内外连接电路都有损坏，且其 R 比值恰好等于新品值；测异性极柱时，也会出现两个电池损坏程度恰好相同。以上情况，均会导致判断失误，但这类情况属小概率。

实际调查表明，95% 的裂断都发生在负极，对双极柱输出的电池，两个极柱同时断裂是罕见的。

在每 3 个月一次的检修作业中，只要将有分离性断裂的电池更换，就可保证在下一个检修期前可靠运行。

检查 48 个电池，需 15min 左右。

连接状态检测仪的外观见图 8-5。

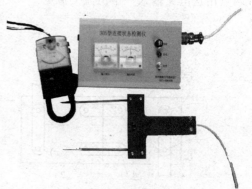

图 8-5　连接状态检测仪的外观

8.3　漏电电流的检测

蓄电池组装上机车、车辆后，如果漏电电流超过铁道部标准，则会造成电池组迅速失去容量和干扰车上通信，影响信号的正常工作。铁道部标准规定，电池组漏电电流的测量值 IL 不得大于 40mA。

电池组装车后，电池箱之间的连线可能由于破损，造成硬接地，这时，漏电电流 IL 值可达几十安培。通常测量用的万用表电流挡达不到这么大的测量范围，于是便将表烧损，如图 8-6 所示。

专用的漏电电流检测表，简称"IL 表"，具有测定蓄电池组漏电电流的功能，由于在测量回路中有可靠的保护，电表不会因误操作而烧损。

漏电电流表的外观见图 8-7。

图 8-6　电池组漏电烧表的原因　　　　图 8-7　漏电电流表的外观

该表的用途及使用方法如下。

8.3.1　测漏电电流

将蓄电池闸刀断开，将仪表任一线夹在车体上，另一线夹在电池闸刀的正极片上，按下测量按钮，同时观察电流表，如图 8-8 所示。

当按下按钮时，如果电流表显示值小于 40mA，说明正极漏电合格。用同样方法测量负极漏电电流也小于 40mA，电池的漏电电流合格。

电流值直接显示在仪表上，测量时如流表显示值大于 40mA，这时要查找接地点，处理绝缘低的故障，处理后再次测量。

40mA 的标准，是铁路机车蓄电池的维护标准，可供其他行业参考。

需要说明，这里测量出的漏电电流，并不是真实的漏电电流。真实的漏电电流是测量不出来的。这里的测量值，只是一个表征值，供维护作业使用。

8.3.2　查找电池组接地点

将仪表的黑线夹夹在车体上，红线夹夹在任一连片上，如图 8-9 所示，仪表将有一个显示值。将红线夹移向另一片，如果电流值增大，则说明接地点在另一方向。将红线夹移向另一方向的连片上，这时会看到电流表显示值逐步减少，直至 AL 值显示为零的那一个单节，便是接地点所在的故障单节。

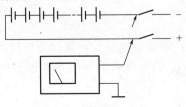

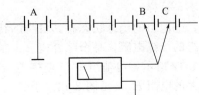

图 8-8　测量漏电电流　　　　　图 8-9　接地点的查找

8.3.3　漏电电流表的校对

漏电电流表的校对按图 8-10 所示进行。按下按钮，电流表和标准表显示一致，约 40mA。

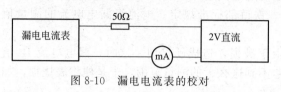

图 8-10　漏电电流表的校对

蓄电池组的对地绝缘在许多场合是不能用摇表检测的，因为摇表的表头是个微安表头，在几百伏的电压下，有几微安的漏电是无所谓的事，但摇表测量的显示绝缘却为"0"，需要做绝缘处理作业，这就不符合实际情况。在长期工作中已认识到对蓄电池漏电电流的检测比对地绝缘检测更为可靠。

8.4　蓄电池对地绝缘的分析和检测

如果电池绝缘不好，就会漏电，这是众所周知的。但对电池，特别是多单节串联、并联起来的高电压输出的电池组，其绝缘状态既不能用万用表的欧姆挡测量，也不宜用摇表去测。这是因为万用表的欧姆挡是用表中的电池（1.5V 或 9V）向被测电阻放电，通过放电电流的大小，推算其阻值，如图 8-11 所示。若用万用表测量电池极柱的绝缘电阻，电池中的电流会引起表头误显示，甚至将表烧坏，如图 8-11(d) 所示。

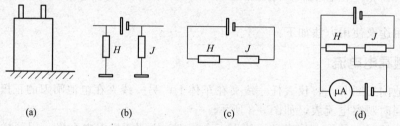

(a)　　　(b)　　　(c)　　　(d)

图 8-11　用万用表测量蓄电池对地绝缘的分析

在图 8-11 中，电池安放在设备机架上，正极柱和负极柱对机架都有一个阻值，这个值的大小是由极柱至机架间的清洁程度决定的。设正极对机架电阻为 H、负极对机架电阻为 J，如图 8-11(b) 所示，那么正极与负极之间的电流回路就如图 8-11(c) 所示。如用图 8-11(d) 所示方法去测量 H，显然有可能发生两种情况。

① $E_1 > E_2$ 时，E_1 对 E_2 放电。

② $E_2 > E_1$ 时，E_2 对 E_1 放电。

不论发生上述哪种情况，表的显示值都不是 H 的真值，如放电电流过大，表头会烧毁。

用摇表测量电池的绝缘电阻，也有不合理的地方。摇表输出电压为 150～1000V，表头又十分灵敏，表头是微安刻度，有微安级的电流通过就能显示"绝缘为零"。用摇表会测量运用中的电池或电池组，常刚一摇手柄，表盘立即显示电阻为零。在蓄电池车的开口电池上用摇表测绝缘，几乎都是这样。如果认为测量值是正确的，说明电池组都在放电。真实的电池状态并不是这样。

可见，电池组的绝缘状态有其自身的特点。

电池组的绝缘电阻，是个综合概念，很难用通用仪表直接测量，现做以分析和推算。

设图 8-12 所示蓄电池组中 C 点接地。其阻值为 R_b 的电压表的等效电路就是电流表串联 1 个较大的电阻 R_b，见图 8-13。于是

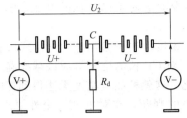

图 8-12　蓄电池组的对地绝缘模拟分析

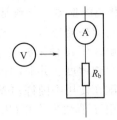

图 8-13　电压表的等效电路

负极对地电压 $U_- = I_{-a}R_b$

正极对地电压 $U_+ = I_{+a}R_b$

负极对接地点电压 $U_- = I_{-a}(R_a + R_b)$

正极对接地点电压 $U_+ = I_{+a}(R_a + R_b)$

总电压 $U_Z = U_- + U_+$

由上述方程式可得

$$U_Z = \frac{R_b(U_+ + U_-) + R_d(U_+ + U_-)}{R_b}$$

最后得到

$$R_d = R_b\left(\frac{U_Z}{U_+ + U_-} - 1\right)$$

这个公式是把蓄电池组当作两个蓄电池来看待，通过分析计算求得对地绝缘 R。从公式可见，电阻值与使用的电压表的内阻有关，所以它不能真实表达对地绝缘。

用"蓄电池组漏电电流表"值对漏电电流的检测，则没有这个问题。

8.5　蓄电池保有容量的检测

8.5.1　检测原理

阀控蓄电池使用的难题之一是用以往的办法不能检测其实际容量状态。这在一些重要设备上是个必须解决的问题，如铁道机车、电力供电枢纽和通信设备的备用电源。在这些设备上，电池实际容量一旦低于允许的标准，就会酿成重大事故。

为了探讨检测途径，我们首先分析以往的几种检测方法。

8.5.1.1　电液密度法（d 值法）

用电解液密度值来判断电池的保有容量 CB 值由来已久，且使用十分广泛，这种方法是基于双极硫酸盐理论。由电池反应方程式可知

$$PbO_2 + 2H_2SO_4 + Pb \xrightarrow{\hspace{1cm}} PbSO_4 + 2H_2O + PbSO_4$$

电池放电时，H_2SO_4 随正负极上活性物质成比例地消耗，于是通过对 H_2SO_4 含量的测定可判断 PbO_2 和 Pb 对应的状态。电池的容量是由 PbO_2、Pb 和 H_2SO_4 三种因素共同构成的，且按桶板原则形成电池的真实容量，即电池容量是由三因素中最少容量因素决定的。当电池在新态时，其 CB 值与 d 值有良好的对应关系。

但随着使用时间的延长，正负板栅不断被腐蚀，正负极活性物质不断脱落，使 PbO_2 和 Pb 的实际参加电化学反应的数量不断减少，于是，电液密度 d 值所能反映的真实容量值与电池动态内阻的测量值的差别也就越来越大。因此，用密度法来测定 CB 值只能达到色块的粗略精度，即"电已充足""尚可使用""需充电"三个精度。市售的电解液密度计上就有这样的三色区域。各部门使用实际的电池，电解液密度常被人为地调整，这就更加大了用 d

值表达 CB 状态的偏差，导致常发生误判断。不少测定 d 值已达标的电池，实际上容量低到失效程度，造成检修质量的事故。

不难理解，用 d 值来测定电池的 CB 值，其精度取决于参加电化学反应方程式左边三种物质搭配的合理程度，并非测得的 d 值越精确，对 CB 值的推断就应该越准确。由于三种反应物质的搭配在使用中随许多条件不断发生变化，这就使测量精度无法得到保障。

因此，用 d 值法来检测 CB 值，只能做粗略的判断，在对电池安全性要求较高的部门，不能保障检测工作的质量。

8.5.1.2 空载电压法（U 值法）

用直流电压表来检测单体电池方法现也被广泛使用，其中有很大程度的误解。认为低于 2V 的电池是不好的电池，电压为 2.1V 的电池是好电池，普遍认为电压越高，电池的实际容量就越好。

就本质言，用电压表测定电池的空载端电压，可认为是测定电池的电解液密度值，因为在电池的使用状态下，空载电压与电解液密度值有经验公式如下。

$$U = 0.85 + d$$

空载电压实质是电解液密度值的另一种表达方式，因此想用空载电压值测电池的 CB 值，其可靠性只能类同于 d 值法。

同样，这种用电压的 U 值法判断 CB 值的可靠性，与对 U 值的测定精度无关，有人认为用 4 位半的数字表来测 U 值，可判断 CB 值，这是一种误解。当 d 值被人为调高时，U 值会随之提高，但电池 CB 值并不会按比例提高。

8.5.1.3 恒流放电法（安时法）

以恒定电流 I 放电，电流值为 A，记录电池端电压下降到规定值时的放电小时数，A·h 即为电池实际容量，这种方法被电池生产部门使用并推荐给电池用户。这种测量方法虽然数据精度高，但由于作业时间长，放电后要进行充电作业，而且设备体积大，这种设备难以在现场移动使用。在移动车辆的检修工作中只好取下电池，运回工组进行放电作业，由于工作量大，成本高，在日常电池维护中，难以在正常维护中采用。

在通信行业，曾普遍配置了这类蓄电池检测仪，但实际在基层很少使用，主要原因是检测效率低，检测成本很高。2 个人一辆车每天检测 2～3 个基站，这样的效率无法纳入正常的作业程序。

使用中的蓄电池，用户最关心的是蓄电池的实际存储容量，即保有容量。经常需要对电池保有容量做即时快速测定。

电池的容量，与电池极板结构，活性物质数量，各种添加剂的品种数量，隔板的材质，电解液的密度和温度，电池的放电程度，放电率的大小等因素直接相关。所以在实际工作时，要从电池内部结构和数据上算出容量值是困难的。

在第 1 章里，我们介绍了可用测密度的方法来测电池的荷电状态。其原理是利用铅酸蓄电池电解液的密度与放电程度呈线性关系，这种方法的使用是有条件的，原因如下。

① 用使用已久的电池，因使用和维护过程中常发生酸液的逸出及补充，因此，电池中含酸量将发生变化，使原始测量基准变动。

② 电池在使用过程中，由于电解液的分层导致无法测得真正的平均值。

③ 在使用中活性物质的脱落甚至极板局部发生断裂，使参加电化学反应的总物质量减少，这种减少与酸量的减少没有同步匹配关系。

在上述三种情况下，密度法会发生误判断。对固定型电池，由于外壳透明，可看到极板情况，电池容量大，浮充条件严格，电解液均匀，电池情况变化缓慢，密度法是可行的。对汽车电池来说，密度不能作为测定保有容量确实可信的技术依据。

在第 1 章里，还介绍了利用开路电压来判断保有容量的技术。同样因上述的原因，其使用也受到了限制。

在测定汽车电池容量时，按国际标准规定，以 20h 率进行连续地恒流放电。按常理，有了图 8-14 的曲线，就可以根据曲线找出对应于端电压的容量数值，但是由于图 8-14 中的 $U=f(C)$ 不是线性关系，在放电中间有一段相当平坦，其端电压变化甚微，用通用的仪表读数很难在曲线的平直段找出 $U=f(C)$ 的确定对应关系。如果能得到一条基本符合线性关系的 $U=f(C)$ 曲线，那么就可方便地根据曲线上的每一个 U 值而找到对应的确定值 C。显然，问题的关键是将上述曲线的平直部分的斜率进一步增大到足够的程度。

之所以会在 20h 放电率放电曲线上出现一段平直部分，是由于在放电过程中，极板上活性物质与硫酸进行反应变成了硫酸铅，这个过程消耗了硫酸。极板毛细孔中酸的浓度随放电的进行而逐渐下降，板板之间相对浓度较高的酸向极板内扩散。当酸的消耗量与扩散补充的酸量达到动平衡时，由电解液密度所决定的端电压也就几乎不变化。于是，在放电曲线上就出现了一段平直部分。严格地说，放电时蓄电池的端电压是由酸的密度、放电的大小、电池的内阻三个因素所决定的。但这时蓄电池的内阻只略有增大，放电率恒定不变，所以放电时电池的端电压只略有变化。

随着放电率的增大，板板内外酸浓度的动平衡被打破，当极板毛细孔中酸的消耗量不能及时得到补充时，曲线的斜率将增大。当放电率增大到一定程度时，曲线接近于线性。

用负载电压表测量 N500 电池不同保有容量下的电池端电压，可得到图 8-15 所示的曲线。

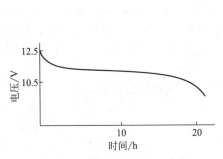

图 8-14　蓄电池标准放电曲线

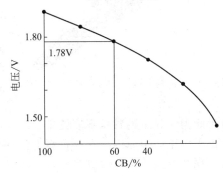

图 8-15　某种 500A·h 电池的负载曲线

这样，对应一个测得的负载电压 U_Z 值，便能找到与其对应的保有容量 CB 值。不难理解，对应曲线也随电池结构不同和工艺方法不同而异。但测量同一结构的电池，误差波动范围在 8% 之内。

有了图 8-15 的关系图，就可根据某电池的负载电压迅速找到该电压对应的保有容量。这个原理，笔者 1982 年就在《机车电传动》杂志第 2 期上介绍过。一直到 1989 年，在云南师范大学物理系的帮助下，才做出如图 8-16 所示的有使用价值的第一台检测仪。图 8-16(a) 所示是整体外观，图 8-16(b) 所示是仪表盘的刻度。当时市场上还没有数码管和液晶屏，只能采用指针表。仪表盘的指针由专有电路驱动，从 1.5V 开始，满刻度到 2.0V 结束，把 1.5~2V 的有效空间，展宽到窗口的满刻度，是这个检测仪的亮点之一。这个检测仪，是针对铁路机车蓄电池设计的，并在许多机务段得到实际应用。

这些检测仪，在对蓄电池组的容量维护中，不但可以迅速定位失效电池，而且能对蓄电池组的潜在故障做出定量的分析，排除了蓄电池组潜在的故障隐患，保障机车柴油机启动的可靠性，消灭了蓄电池引发的行车事故，发挥了很好的作用。

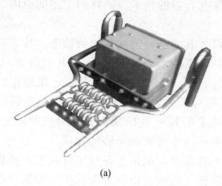

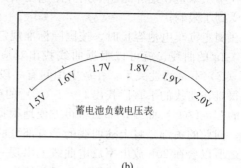

蓄电池负载电压表

(a)   (b)

图 8-16　1989 年的 201 型检测仪

这种测量方法，是在"高效率放电叉"的使用经验基础上发展而来的。负载电压法是一种经典的测量蓄电池负载能力的方法。市场上曾有过的高效率放电叉如图 8-17 所示。这种检测仪，用于 2V 铅极柱的单体电池测量，可以方便判断电池的优劣。这种检测仪的缺点如下。

图 8-17　市场上曾有过的高效率放电叉

① 钢制的测量头用于铅极柱的测量，由于测量时电流较大，尖头可以插入铅的内部，接触情况良好，数据可信度较高。但是在对蓄电池组测量时，连接片是铜制的，尖头的接触电阻较大，测量数据的可信度很差。

② 钢制测量头和电阻的连接是用 M4 螺钉紧固，连接电阻不可控制，虽然外观相同，但测量时的放电电流是不同的。所以，两个同样的检测仪，测量数据是不同的。

③ 显示表是双向的指针表，对 0.1V 的电压没有分辨能力，显示的数据不能锁定。

由于以上 3 个原因，在阀控蓄电池使用越来越多的情况下，这类检测仪反倒逐步退出了市场。现在开发的保有容量检测仪，就是通过技术改进，解决了上述的 3 个缺点，使其在对普通电池和阀控蓄电池的检测上发挥了很好的作用。这类检测仪可以方便地检测铅极柱 2V 蓄电池负载能力，在阀控蓄电池诞生前，这类检测仪发挥了很好的作用。

针对这种检测仪的缺点，图 8-16 所示仪表的改进，解决了大部分问题。

但是这类检测仪有以下几个问题。

① 测量时接触电阻较大，数据稳定性差。

② 测量时电流不能做到恒流。

③ 使用过程中，电阻的功率虽然已经是 400W，但因处在高温仍会逐步烧损，负载电阻逐步增大，造成测量误差不断增大。

④ 采用指针表显示，精度差。

⑤ 测量时有火花，在防爆要求的场合不能使用。

由于以上 5 个原因，这类检测仪在对电池的可靠性检测中，不能保障测量数据的持续可靠性。

用这种负载电压法检测蓄电池的实际容量，虽然放电电流大，但时间短。放出的容量是 $200A \times (3s/3600s) = 0.17A \cdot h$，对蓄电池有效容量来说，这是无损检测的范围。

启动型电池用 200～300A，可模拟启动电动机的实际电流；摩托车电池用 30～50A，固定型电池用 200A，机车用的 N500 电池，用 200A 的负载检测，就有定量的分辨能力。

使用 CB 表测定某种电池的荷电状态，需做一次放电，对仪表进行标定，以测定该电池的 U-CB 曲线，这是仪表的软件部分。

CB 型检测仪表并不直接显示电池的百分容量，这是由于各生产厂制造工艺不同，被测电池的使用期、使用条件的差异，其 CB 值与百分容量对应关系有不同的离散值。为了提高仪表的表达精度，仪表只显示原始数据，电流精度达到 $\pm5A$，电压精度达到 $\pm1\%$。现在研制的检测仪，针对以上存在的问题，利用计算机技术，做了本质的升级，主要内容如下。

① 采用多点大面积接触，减少了测量点的接触电阻。

② 采用电子负载，用计算机控制其放电测量时的恒电流工作状态。

③ 采用数字显示，数字电路保障了精度，测量有效值锁定在面板上。

这类检测仪由于具有定量分辨蓄电池负载的能力，所以它能即时、定量、无损、连续测量蓄电池组每个单节的保有容量 CB 值。

知道了蓄电池组中每个单节的 CB 值，就知道电池是否有可靠供电能力，有无落后单节，是否需要充电，充电后效果如何。

这就为构建蓄电池在线容量维护技术奠定了基础。

由于这种检测仪有很大实用价值，多年来根据现场的反馈意见，一直在改进升级。使用范围也在逐步扩大。如图 8-18 所示是连续改进过程中的产品外观。

(a) 1996年的300型检测仪

(b) 2001年的304型检测仪

(c) 2004年的305型检测仪

(d) 2007年的307型检测仪

(e) 2010年的308型检测仪

(f) 2017年的310型检测仪

图 8-18　连续改进过程中的产品外观

8.5.2　保有容量检测仪的使用方法

以下是 308 型检测仪的使用方法。310 型检测仪的升级把测量精度从 2 位半提高到 3 位半。使用方法不变。

308 型保有容量检测仪外观见图 8-18(e)。

308 型检测仪是按分体组合结构制作的。当电池顶部空间较小时，可将上部的仪表盒拆下，负载箱的高度是 160mm。订购专用附件，高度可降低到 100mm。上下箱体用电缆线连接。

308 型检测仪用直流 12V 电源供电，通常电源取自被测的蓄电池组。

8.5.2.1 测量范围

2V 铅酸蓄电池：50～1000A·h。

3.6V 锂离子电池：2～50A·h。

8.5.2.2 测脚安装

将测量脚安装在仪表钳体的下部，负极测脚安装在外边圆形孔中，正极测脚安装在外边方形的孔中。

在铜连接板上测量用铜测脚，在铅极柱上测量用钢测脚。调整好间距后螺钉必须紧固。

8.5.2.3 接电源

检测仪用专用的 12V 适配器供电，适配器外观如图 8-19 所示。适配器的输入线接蓄电池组的 12V 电源，输出线接检测仪。适配器内有保护电路，可以防止误操作把高电压送到检测仪中，烧损检测仪。在有的情况下，可以采用电源盒，把检测仪的电源插头与供电插头对接。把交流插头接入 220V 交流电源。

8.5.2.4 测量电池过程

① 电源接通后，仪表开始自检。当电压栏显示 100，电流栏显示 200，说明仪表自检正常，进入"待测试状态"。

② 把检测仪的正、负极测脚压接在被测电池的正、负极上，如压接的极性正确，电池的空载电压便显示在显示屏上。如果极性反接，测脚有明显火花，检测仪则发出声光报警。

在反极状态，容易损坏检测仪，应立即纠正。

测量电池时不需要拆开连接片，应把检测仪的侧脚直接压接在极柱上，压接力不小于 10kg，以减小测量误差。如果压接在连接的螺钉上，由于螺钉与连接片之间存在的接触电阻，在 200A 电流时产生的动态压降就不可忽略，通常会有 0.2V 的偏差。有的极柱上涂有标志油漆，应去除干净。在连接片上测量，测量值会由于接触电阻的不确定性使测量值减小。

在电池上下两层布置时，有时间隔小于 100mm，检测仪难以工作。这时需要加装延长线，就是用软线把测脚延长。延长线的连接如图 8-20 所示。用手握住手柄，压接在电池的连接片上。延长线的放电线压接在转臂上，替代原有的圆柱形测脚，延长线的信号线的鳄鱼夹与原有的信号线连接。信号线要与放电线绝缘，用热缩管套住即可。

图 8-19　适配器外观

图 8-20　延长线的连接

③ 当检测仪的测量脚压接良好后，仪表自动开始测量。测量过程中检测仪发出声音提示，同时面板上的数码管显示变化的数据。数秒末，检测仪将负载电压、检测时的电流值锁

定在面板上，数据不再变化，即可把检测仪从电池上取下，数据持续显示到下一次测量。当数据不再变化到声音提示终止前，从电池上取开检测仪，声音中断后，显示数据才不会丢失。

④ 把检测仪放到另一个电池上时，仪表一旦显示稳定的空载电压，测量便自动进行。测量过程中一直要保持测脚接触良好。

⑤ 在一个电池上连续测量，每次电压数码管显示空载电压时，仪表才回到"待测试状态"，几秒钟后，自动开始测量。

⑥ 由于极柱测量部位常常被污染到不导电或导电较弱的程度，所以测量值有时会偏低。当电池的检测容量在安全限度以上时，不需确认电池的真实容量；当电池容量低与安全限度时，需多次测量该电池，以确定电池的真实状态。再次测量时需按下"清零"，并使检测仪离开电池。测量得到的最高电压值是测量误差最小的值。

⑦ 测量电池时，如果负载电压低于1.30V，电池往往不能维持于设定电流，这是正常情况。如果电压在1.30V以上，电流仍不能达到设定值，这是由于测量脚松动或测量脚与极柱的接触面之间没有接触好，电流不能正常跟踪。在铅连接结构中，铅的表面有一层不导电的腐蚀物，测量时一定用尖脚划一下，把新鲜铅漏出来，在新鲜铅的部位测量，就能得到正确的数据。

8.5.2.5 测量注意事项

依次测量蓄电池组的每个单节的保有容量时，通常有一个安全阈值，当特征电压高于阈值时，不必再确定它的精确值；当特征电压值低于阈值时，要仔细反复测量，以免发生误判断。若反复测量时，特征电压值越来越低，该电池便是故障电池。

8.5.2.6 仪表的校对与调节

（1）电压显示值的校对 用标准电压表测量电池的空载电压值，检测仪的空载电压值如果与标准表的空载电压值偏差不超为合格。如果电压显示偏差超标，需要用检测仪上的电位器调节，如图8-21所示。调解时注意看清电压之后，要及时断开测脚，避免蓄电池放电。蓄电池一旦放电，电压值就会发生变化，影响电压显示值的调节。

（2）电流值校准 检测仪使用一段时间后，由于器件的参数匹配会发生变化，实际放电电流值会与显示值发生偏差。负载电流的校准见图8-22。

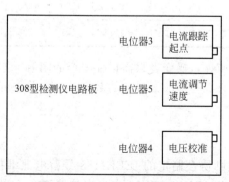

图8-21 电压调节电位器位置

图8-22 负载电流的校准

在蓄电池上安装一个300A的分流器并接入300A电流表。另一个极柱上装一个连接片，使两边基本等高。用检测仪的测脚在上部测量蓄电池，校对电流表上就会显示流过检测仪的真实电流，如果这个电流在195～205A之间，说明检测仪的工作是正常的。如果电流值偏低，就将图 8-21 中的电位器 3 的电阻值增大，反之亦然。如果调节达不到要求，返厂维修。

8.5.2.7　保有容量检测仪用途

在电池的维护过程中，检测仪主要有以下几个用途。

（1）新电池的质量控制　新电池在启用时，应保证电池的容量不低于标称容量，用 CB 表检测 48 个电池只要十几分钟。

把新电池 CB 值接近的电池配成一组，有利于电池组容量的均衡性控制。

（2）充电效果检测　当电池容量未达到标称值时，应对其充电，充电作业是否有效，用 CB 表测量负载电压的升幅就可知道。过去由于没有检测手段，只能用过充电来保证电池的实际容量合格。某单位由于采用了检测技术，避免了过充电，每年节约的电费就有 1.5 万元。

（3）电池维护过程的容量均衡性控制　电池的故障，90％是由于电池组中的各单节的容量不均衡导致的，在蓄电池组里混有 1~2 个失效单节。检修作业的主要任务是把这 1~2 个失效单节找出来。检测时关断交流电源，可提高检测值的可信度。

（4）电池的报废鉴定　下线的电池，并不一定是失效单节。如果下线就报废，就会有许多误报废。把电池串起来做一次过充电。静置一周，再测量电池的保有容量，达到使用标准的电池仍可安全地使用。

在过去的检修工艺中，没有规定对电池自放电的检测。自放电每天超过标称容量 2％的电池，是不能上车使用的。电池自放电和电池容量是两个不相关的指标。用放电法检测电池容量合格，并不能保证电池自放电指标合格。用 CB 表检测电池的自放电也十分便捷，而要用放电法检测电池的自放电，因作业时间太长，在许多工作条件中是无法实施的。

检测某厂家 1000A·h、500A·h 和 150A·h 单体电池的标定数据见表 8-1。这三种规格，涵盖了通信电源使用的大部分电池规格。

表 8-1　CB 检测仪对 3 种电池的标定数据　　　　　　单位：V

容量	CB/％										
	100	90	80	70	60	50	40	30	20	10	0
1000A·h	1.88	1.87	1.85	1.83	**1.82**	1.80	1.78	1.75	1.73	1.70	1.60
500A·h	1.84	1.83	1.82	1.80	**1.78**	1.75	1.74	1.72	1.70	1.65	1.56
150A·h	1.61	1.59	1.57	1.55	**1.53**	1.51	1.50	1.48	1.41	1.33	1.20

通常用这种检测仪控制蓄电池组的容量均衡性，操作者只需记住安全的阈值，把低于安全标准的电池下线，用合格备品替换即可。表 8-1 中的 60％对应的数据是多数单位可以接受的阈值。

8.5.3　三种检测方法的使用对比

电导内阻检测法源于美国电气与电子工程师协会制定的 IEEE1188 号蓄电池维护标准。在工信部通信协会颁布的蓄电池维护行标 YD/T 1970.8—2009 中，也仿照这个美国标准提出：根据大于平均值的 30％的阈值，来判断电池是否为落后电池。负载电压法测量蓄电池保有容量 CB 值是我国提出的方法。蓄电池行业使用的恒流放电法检测电池的容量。三种检测方法的基本功能如何，是电池业主和维护工作者关心的技术问题。就三种检测方法的效果，在基站蓄电池维护中做了实际使用对比。

8.5.3.1　原始检测数据

为了验证这两类检测方法的有效性，2010 年 12 月 21 日在青海联通的"雪舟三绒"基站对运行中的两组 500A·h 电池做了对比检测，测量时断开了充电保险。先用图 8-23 所示的电导仪逐一测量其内阻，表 8-2 是 2 组电池电导内阻检测数据。电池是扬州正和牌，2006 年安装使用，在线使用 4 年。测量前的浮充电压是 53.5V，检测仪测量夹固定在连接片上。

图 8-23　电导仪

表 8-2　"雪舟三绒"基站的 2 组电池电导内阻检测数据　　单位：mΩ

序号	1	2	3	4	5	6	7	8	9	10	11	12
第 1 组	0.369	0.376	**0.292**	0.346	**0.376**	0.336	**0.370**	0.397	**0.368**	0.333	**0.506**	0.495
	0.441	0.450	0.385	0.444	**0.339**	0.355	0.343	0.339	0.294	0.332	0.279	0.315
第 2 组	0.303	0.269	0.321	0.293	0.328	0.299	0.337	×	0.298	0.303	0.275	0.284
	0.300	0.334	0.324	0.312	0.313	0.384	0.315	0.337	0.342	0.369	0.324	**0.388**

测量完电导内阻后，对这两组电池，再用图 8-18 所示的 308 型检测仪，测量对应电池的负载能力。数据对应的状态是在 200A 负载条件下，几秒后连接片上的供电电压值。在基站，蓄电池布置多为上下两层安装，中间距离较小，使用延长线，可以方便对多层布置的电池进行测量，如图 8-24 所示就是使用延长线测量的操作方式。测量过程也是对单节蓄电池逐个测量的。表 8-3 是单节对应的 CB 检测的特征电压值。

表 8-3　单节对应的 CB 检测的特征电压值　　单位：V

序号	1	2	3	4	5	6	7	8	9	10	11	12
第 1 组	1.54	1.59	**1.50**	1.61	**1.46**	1.70	**1.41**	1.77	**1.45**	1.63	**1.40**	1.58
	1.63	1.65	1.64	1.64	**1.38**	1.56	1.67	1.62	1.66	1.70	1.71	1.62
第 2 组	1.68	1.74	1.53	1.66	1.74	1.70	1.55	×	1.69	1.69	1.59	1.75
	1.72	1.72	1.78	1.64	1.70	1.70	1.63	1.67	1.61	1.75	1.75	**1.39**

用恒流放电法测量蓄电池需要电子式假负载，外观如图 8-25。放电检测仪记录放电的电流 I 和时间 t，两者的乘积就是电池的容量安时数。这类检测仪几乎每个通信地区分公司都有配置，测量精度可达到 1%，但基本没人使用。主要是这类检测仪的工作效率低，测量一组蓄电池需要几个小时，导致使用人工成本太高，无法在正常的维护作业中使用。这类检测仪，主要是蓄电池行业对蓄电池容量进行鉴定时使用，不适合维护作业使用。也有使用这类检测仪，在十几分钟内确定落后电池的位置的用法，但要保障蓄电池独立供电几小时，这种用法难以确定基站蓄电池的下线标准值。

8.5.3.2　数据分析与说明

① 表 8-2 和表 8-3 中的"×"，内部极柱已经断裂，三种检测方法均可以明显鉴别为失效电池。电导仪和 CB 仪均不能正常显示。

② 实际电导内阻测量数据表明，第 1 组电池的内阻平均值是 0.370mΩ，大于 30% 的值应是 0.482mΩ，用这个标准检测到的落后电池共 2 个，其中有 1 个是 0，另一个约为 15%，而且漏掉了 5 个容量为 0 的单节。第 2 组电池内阻平均值是 0.319mΩ，大于 30% 的值应是 0.415mΩ，用这个标准检测第 2 组则就没有落后电池，实际有一个容量是 0。两组电池中容量为 0 的单节已经用粗体标出。

图 8-24　308 型检测仪实际测量　　　　　　图 8-25　恒流放电检测仪

③ 通常认为，电池内阻大电池性能不好，如果在定性的范围分析，这个结论是对的。但是要定量地确定电导内阻的维护操作阈值，并依据这个阈值决定是否更换在线的蓄电池，至今提出的标准便没有在基站蓄电池维护的使用价值。作业者不能根据现有的标准排除蓄电池组中的全部落后单节，承担蓄电池维护责任。电导内阻仪对容量为 0 的极端情况，分辨能力尚不能达到 100%，对容量为 30%～80% 区段的分辨能力更低。如果把 50% 作为基站电池的阈值，电导内阻仪就完全失去分辨能力。这就是这类检测仪虽然有宣传和推广的力度，但最终难以在实际维护中采用的内在原因。理论分析可以说明，要准确表达一个电池的内阻，需要确定以下几个条件：电池的标称容量是多少？实际结构容量是多少？现在的保有容量是多少？用多大的电流放电？持续放电了多长时间？现在电池的内阻才是一个唯一确定的数值。在实际的维护作业中，知道了保有容量是多少，就知道了实际供电能力，其他数据也都没有工艺价值。

电池组只要中有一个失效单节，交流电中断后就会立即发生"掉站"事故。如果维护作业中不能更换全部失效单节，维护作业就没有实际提高运行质量的效果，这是维护责任者关注的焦点。

④ 表 8-3 中的 CB 检测值，是用 308 型检测仪得到的特征电压值，其 1.5V 的对应容量是 0，低于 1.5V 的当然低于 0，为了便于分析，全部都划为 0 的范围。高于 1.5V 的电压值都有其对应的容量值，这里不再赘述。

⑤ 采用保有容量 CB 值检测方法，兼顾了精度和效率两个要求。用这种检测方法，检测一个基站 1 串 24 个电池，纯工作时间为 12min 左右，就可以准确定位落后电池。"落后的数值"标准，要根据基站使用要求的重要性由业主确定。用检测仪逐个对蓄电池进行检测，检测数据表达每个电池的实际负载能力，检测数据与蓄电池的保有容量有严格的相关关系。这种检测仪把蓄电池的不可见特性用数据表达出来，操作者容易掌握，也能承担维护的责任。这种检测法区别于电导内阻的检测方式，是直接测量电池的负载能力，表达为"被测电池200A 供电时，3s 末的电压稳定值是 ×.××V"，所以检测数据的可信度高。

8.5.3.3　综合对比

三种蓄电池检测方法的对比汇总见表 8-4。

表 8-4　三种蓄电池检测方法的对比汇总

仪器	检测精度	检测速度	检测流程	仪器重量	仪器体积
CB 检测仪	可信度高	15min/组	简易	小	便携
电导内阻仪	低	快	简易	最小	手持
假负载放电仪	最高	极慢	复杂	重	大

8.5.3.4 对比结论

① 负载电压法检测到的 CB 值，可以即时、定量、无损地测量蓄电池的保有容量，快捷有效定位电池组中的落后单节。对蓄电池可靠性的判断，其数据可信度很高，对失效电池的检测无一"漏网"。

② 恒流放电法不适合在蓄电池维护作业中使用。

③ 电导内阻仪对落后电池的判断可信度较低，不能保障数据的可信度。

8.5.4 对大容量电池的检测

在通信行业中心机房使用的 1500A·h 和 3000A·h 的电池，实际结构是由独立的单体电池组合在一个外壳里。对这两种电池的检测，需要断开电池组的并联线，否则不能检测到落后单体电池的准确位置。

阀控蓄电池，单节容量最大是 1000A·h，超过 1000A·h 的电池，是由多个电池组合成的。如图 8-26 所示的 1500A·h 的单个电池，是由 4 个独立的单节电池组合成的。每一个单节电池分别有一个正负极柱。在电路中的实际连接方式见图 8-27，这是由 6 个 1500A·h 电池串联成 12V 电池组的连接结构。

图 8-26 某 1500A·h 的密封电池

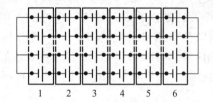

图 8-27 某种 1500A·h 电池组的电路连接

检测这种电池，不能直接采用把 CB 检测仪压接在正负极柱上的方法，检测电池时应断开其中 4 个并联电路中的一条电路，才能对这条电路中的单节电池逐个测量。这时检测其中的一个电池，标称容量只有 375A·h。

某种 3000A·h 的电池，虽然也是由 4 个独立的单体电池组成，每个单节电池容量是 800A·h，但是每个单节电池有 4 个极柱，其极柱结构见图 8-28。

用这种电池组合的电池组，组合连接见图 8-29，这是一个用 3000A·h 串联成 12V 电池的连接结构。由于组合时把单个电池内的两个单节并联再与下一个电池串联，所以检测时需要断开并联线，才能对每个单节电池检测。检测其中的每一个单体电池，标称容量只有 750A·h。

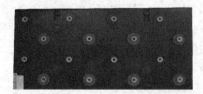

图 8-28 某种 3000A·h 电池的极柱结构

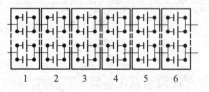

图 8-29 3000A·h 电池的组合连接

8.6 连体电池检测仪

8.6.1 检测原理

汽车电池在汽车上的主要任务是启动发动机，其次是在发动机停止运转时，作为供应车上其他电器的备用电源。司机最关心的是电池能否可靠地启动发动机。

这个问题的实质是启动电池的输出功率能否同发动机的启动电动机功率值合理匹配。当发动机启动时，如果 $NP_{XDC} \geqslant NP_{QC}$，发动机是能被启动的。

NP_{QC} 值的大小，是与发动机的磨合程度、摩擦面的润滑程度、空气温度、燃油温度、燃油气化程度、活塞环密闭程度、发动机曲轴随动系统的转动惯量等因素直接相关的，要定量描述上述各项因素对 NP_{QC} 的影响是十分困难的。这些参数的综合效果，通常在汽车设计时都一并考虑了。通过以往汽车产品的类比和实车的分析试验，就能得到一个有一定安全系数的 NP_{QC} 值，并把它圆整和系列化，便有了现在使用的各种标称功率的启动电动机。

启动电动机的标称功率是指铭牌上功率值，该值是指由电池输入到启动电动机的功率允许值，它包括了启动电动机的热损耗和有效机械功率输出值两个部分。显然，只要电池能向启动电动机提供达到标称值的电功率，启动就是可靠的。

8.6.2 检测方法

汽车电池的可靠性检测有两种方法，一种是负载电压法，连体电池检测仪就采用这种方法；另一种是脉冲送电法，这种电导仪采用对被测蓄电池输入 100mA、频率 2Hz 直流方波电流，方波的宽度为 5ms，利用对电流值和电压值的分析，得出检测结果。输入电流后如果电压上升较大，则说明内阻较大，电池的性能不好；反之亦然。用两种方法检测 3 个 12V、54A·h 的电池，测量对比见图 8-30。图中上方的曲线是用连体电池检测仪的测量值，下方的曲线是用一种脉冲电导的方法得到的测量值。脉冲电导的测量值最终表达为 5 种蓄电池状态："电池良好""良好-需充电""充电后再测试""更换电池""坏格电池-需更换"。

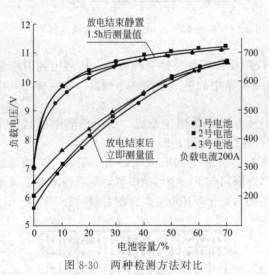

图 8-30　两种检测方法对比

用两种检测法的比较如下。

① 电导值对电池性能的表述不明确。不能直接表达检测蓄电池的实际启动供电能力。

② 电导值测量的稳定性不好，2 号电池放电后 1.5h 内的测量值在 143～186 范围变化。总的变化范围对蓄电池维护是可以满足的。

③ 电导仪表示的电池状态有误，结构容量 84% 的 2 号电池，第 1 次电导仪判断为"需更换"，第 2 次判断是"良好，需充电"。

④ 由于电导仪利用 2Hz 的方波恒流测量电池，由于电解液的阻值是金属铅的 1000 倍，所得值主要表达电解液的阻值，所以内部连接状态的不良，造成对启动性能的判断能力较弱。

⑤ 两种检测方法容量在容量大于 20% 的范围里，数据的稳定性较好。

汽车电池启动能力，可直接用连体电池检测仪测量。该检测仪可模拟汽车启动工况，迅速对汽车电池进行启动能力进行测定。检测仪的外观见图 8-31。

使用时将测量线接在蓄电池的两个极柱上，仪表显示蓄电池的空载电压。把放电负载手柄的尖端用力压接在 12V 汽车蓄电池铅极柱顶部，蓄电池便被加上一个类似启动工况的负载，这时仪表开始检测蓄电池，同时发出长声"嘟"声音提示。声音停止后，检测结束，这时断开负载手柄，放电电流和与电流对应的电压值锁定在面板上。把两个数值相乘，就得到被测电池的启动功率值。图 8-31 中的电池，启动功率是 2.81kW，这是一个状态良好的电

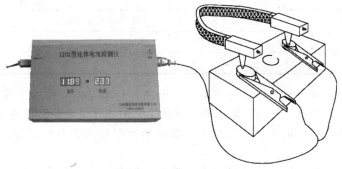

图 8-31　检测仪的外观

池。对 24V 启动的大功率柴油汽车，应将两个电池的 NP 值相加，才是电池组的 NP 值。如测得电池启动功率不小于汽车启动电动机的标称功率，电池即能胜任启动发动机的任务。

8.6.3　启动功率 NP 检测数据的用途

（1）判断故障处所　当汽车不能启动时，用仪表测定电池的启动功率值，如果 NP_{XDC} 的值大于或略小于 NP_{QC}，汽车不能启动的原因不在蓄电池，而是启动电路或其他方面的原因故障所致。只有 NP_{XDC} 的值小于 $0.8NP_{QC}$ 时，才需要对电池充电。

（2）测定充电后的 NP 的增加量　充电前检测电池的 NP_{XDC1} 值，充电后检测电池的 NP_{XDC2} 值，NP_{XDC} 的增加量是充电作业效果的检验。当电池失效时，充电后 NP_{XDC} 是不会增加的。在充电过程中，若检测到 NP_{XDC} 值不再增加，再继续充电不但浪费了电能，而且加速了电池的损坏。

（3）连续模拟启动工况测定电池的启动能力　当司机取电池时，可当面检测电池的 NP_{XDC} 值，以说明电池的实际状况，如果充电后 NP_{XDC} 值增加较小，可建议司机更换新电池，以避免发生多次无效充电。

（4）根据存放一定时间后电池的 NP 值下降量可判断电池自放电的大小　有的电池内部有微短路，充电后 NP_{XDC} 值增加较多，但电池不能存放，存放一两天 NP_{XDC} 值下降较多的电池是不能使用的。

（5）用 NP 值可判断电池的安时容量　电池的 NP_{XDC} 值与电池的安时容量有确定的对应关系，通过标定可找到某电池的 NP_{XDC} 值与安时容量的换算关系。

（6）在冬天低温条件下直接测定启动电池的实际能力　有的电池低温性能较差，充电后在室内温度条件下电池的 NP_{XDC} 值较高，拿到室外，几小时后，NP_{XDC} 值下降到安全使用限界以下，这样的电池是不能保障安全启动汽车的。

几种车型蓄电池的配置见表 8-5。

表 8-5　几种车型蓄电池的配置

车型	配用电池	标称起动功率/kW	备注
上海 760A	6Q60	0.6	
	6Q	0.7	
	6Q	0.8	
北京 221	6Q	1.1	
跃进、解放 140、红旗	6Q84	1.3	
	6Q100	1.47	
	6Q100	1.5	

续表

车型	配用电池	标称起动功率/kW	备注
解放	6Q100~6Q150	1.7	
四川红岩	6Q200	8	24V

（7）控制自行车蓄电池组的容量均衡性　电动自行车电池，用3个或4个12V电池串联组成，其中有一个失效，自行车就不能正常使用。用连体电池检测仪测量每个电池的负载电压，可知道电池的工作能力。如果某个电池电压值明显低于其他电池，该电池就是故障电池。

在充电前，电池处于低保有容量状态，检测值的分辨能力较强，检测数据的可靠性也较高。

在30%的保有容量条件下，3个电池的负载能力应能保持一致，电池组的使用寿命会大幅度延长。

在电动自行车上，需要分别测量3个电池，便可知道电池容量状态的不均衡性，以便更换故障电池。3个电池同时失效的情况是比较少的。

如果检测到3个电池使用很短时间就损坏了，则要重点检测充电机是否正常。

某种电动自行车电池检测数据如表8-6所示。

表8-6　某种电动自行车电池检测数据

容量/%	100	90	80	70	60	50	40	30	20	10	0
电压/V	11.8	11.75	11.7	11.5	11.3	11.2	11.1	8.9	8.5	9.9	8

对不同厂家的蓄电池，检测值有所不同。

（8）控制电动游览车的蓄电池组均衡性　电动游览车通常用6V、150A·h的电池，串联成48V、72V或72V蓄电池组。由于充电多采用自动充电机，充电机的输出电流是根据蓄电池组的总电压自动控制的，所以1个失效单体电池会使整组电池充电不足。正常的维护应每3个月检测1次蓄电池容量的均衡性，对容量偏差超过20%的电池采取措施。

8.6.4　连体电池检测仪的使用方法

① 使用时先接入电源，直流接口输入12V的直流电，取一个12V电池，用电源线上的鳄鱼夹按极性夹在极柱上即可。电流接入后，检测电路进入自检程序，发出声光显示。进入工作程序后，声光显示停止，数码管显示2.590V。

② 把仪表盒右面的测量快速接头接上信号线，将信号线的红色鳄鱼夹接在被测电池的正极上，黑色鳄鱼夹接在被测电池的负极上，数码管的电压栏显示蓄电池的空载电压。

③ 测量12V自行车电池，把面板上的开关拨向下方，用最细负载线；测量12V汽车电池，用长度0.7m的负载线；测量6V游览车电池，用0.5m的负载线。

④ 把负载线的尖头测脚用力压接在被测蓄电池的正负极柱上，压接时不分正、负极性。接入负载后，检测仪自动开始工作，仪表发出连续"嘟"的声音提示。待声音停止后，检测过程结束，仪表的数据锁定。这时才能取出负载线，蓄电池的负载电流和该负载电流对应的负载电压便显示在面板上。在测量过程中，压接的负载不能松动。

被测蓄电池启动功率可根据检测数据计算。

$$NP = U_{负载} I_{负载}$$

⑤ 测量电压时在新的电压值输入前，原有的测量值一直保留。新的电压信号输入后，显示新的电压值。

⑥ 输入电压值低于 3V，检测仪不进入工作状态。

对 24V 启动的大功率柴油汽车，如果两个电池的 NP 值相差不超过 20%，应将两个电池的 NP 值相加，才是电池组的 NP 值；如果测得的启动功率相差超过 20%，应以较小的启动功率乘以 2 即得两个电池串联启动功率。如测得电池启动功率是汽车启动电动机的标称功率的 80% 以上，电池即能胜任启动发动机的任务。实际使用表明，测量时电压在 10V 以上时，电池就是可靠的。

三种汽车电池的负载电压检测数据见表 8-7，可供测量同类电池时参考。

表 8-7　三种汽车电池的负载电压检测数据

电池型号	电池容量所对应的负载电压值/V										
	100%	90%	80%	70%	60%	50%	40%	30%	20%	10%	0
6Q60	8.4	8.2	8.1	9.9	9.74	9.58	9.25	8.95	8.5	7.7	5.7
6Q100	8.6	8.4	8.35	8.25	8.15	10	9.75	9.5	9.1	8.5	6.4
6Q200	11.0	8.9	8.8	8.65	8.58	8.45	8.3	8.1	9.9	9.65	9.2

8.6.5　使用注意事项

① 由于放电电流大，测试中温升较高，操作者要防止烫伤。通常都将电阻线缩短，以便散热，测量时负载线弯向前方。

② 在汽车上测量时，因电池负极是搭铁的，要注意防止电阻线与车体接触发生短路。

③ 当对电池进行连续测量时，可用风或水强迫冷却电阻线，使其快速冷却。

④ 测量时负载线不能绞扭和短路，否则会因短路烧坏负载线。负载线损坏后，负载和仪器软件失去匹配关系，不能保障检测值的精确度。

⑤ 测量 12V 汽车电池时，用汽车电池负载线；测量 6V 电动游览车电池时，使用较短较粗的负载线；测量电动自行车电池时，用最细的检测负载线。订货时请注明测量何种电池。

8.6.6　检测仪的校对

把检测仪的仪表信号输入端并联一个标准电压表，在输入端输入 8~12V 的直流电压，如果仪表的显示值与标准表偏差超限，可调节电路板上的电位器，消除误差。

8.7　蓄电池内阻的概念及测量

许多单位使用电导式蓄电池内阻仪检测电池内阻，试图通过对内阻的检测达到检测蓄电池保有容量的目的。在一些行业标准和维护规程文件中，也出现了相应的规定。数年的实践证明，这种检测方法的局限性较大。现在还有许多人在努力提高这项技术的实用性，扩大它的适用范围，但是到目前为止，由于没有理论创新，所以还看不出有走出这条死胡同的希望。本节就这个问题做一些说明和探讨。

8.7.1　蓄电池内阻的构成

蓄电池的数学模型如图 8-32 所示。开路电压就是电动势 ε，加上负载后，端电压都会降低，这是由于电流在欧姆电阻 r 和极化电阻 R_D 上产生压降的原因。在一般工程分析中，交流阻抗 R_A 很小，做忽略处理。

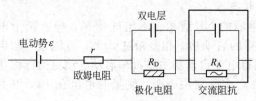

图 8-32　蓄电池的数学模型

当我们表述蓄电池的内阻是多少的时候，需要说明是哪类电阻。

蓄电池的内阻分为动态内阻和静态内阻两种，其表达的技术内容是完全不相同的。

（1）极柱间的欧姆电阻　包括构件的电阻、电解液的电阻、隔板的电阻。以上的电阻是蓄电池的静态电阻，即在不放电的条件下测得的欧姆电阻。由于测量时蓄电池没有负载电流，这个值也相对变化较小，我们称这个值是蓄电池的静态内阻。

（2）蓄电池的极化电阻　蓄电池在放电的条件下，由于外电路放电的需要，导致内部电解液中离子的运动。离子的运动有趋极效应，即在电池内部正负极附近，有不同浓度的离子存在，形成浓差极化。如 SO_4^{2-}，在正极附近的消耗量比负极大。电化学极化是化学电极在电化学反应时的特征，即在放电时电极电位会自动向减少位差的方向偏移。在两种极化作用下，导致正极电极电位下降，负极电极电位上升。总的结果，使电池的端电压下降，宏观上表现出电池内阻增大。由于在测量时，蓄电池有负载电流，我们称这个值是蓄电池的动态内阻。显然，测量动态内阻时，实际包含了静态内阻的数据。

8.7.2　蓄电池动态内阻的测量方法

用电导仪测量蓄电池的静态内阻，是按图 8-33 所示的电路进行的，蓄电池的静态内阻可用电导仪来测量，仪器输出一个交流电送到电池的极柱上，交流的频率大多采用 1kHz，电流采用 $5\sim500$ mA。同时，在极柱上测量交流电压，把交流电流和交流电压两个参数计算处理后显示电阻值 R。

$$R=\frac{U_{AC}}{I_{AC}}$$

式中，R 是静态内阻；U_{AC} 是蓄电池端的交流电压；I_{AC} 是输入的交流电流。

蓄电池的动态内阻测量是用图 8-34 所示的方法进行的。设电池的内阻为 r，电池的空载电压在开关断开时由电压表 U_1 读出，K 接通后的放电电流由电流表读出 I，同时，读出电池的负载电压 U_2。

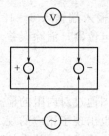

图 8-33　电池静态内阻的测量

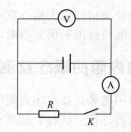

图 8-34　电池动态内阻的测量

于是，蓄电池的动态内阻为

$$r=\frac{U_1-U_2}{I}$$

显然，蓄电池的动态内阻 r 是放电电流和实际容量的函数。随着蓄电池的放电电流的不同，其动态内阻 r 也就随之不同，一旦放电停止，该参数即为零。也就是说，这个动态电阻只有在动态放电条件下才能测出。如果要测得电池在使用状态下的实际动态内阻，就需要用实际工作状态的电流强度进行放电。从式中可以看出，似乎分母的 I 数值越大，蓄电池内阻 r 越小，这种简单理解是不符合蓄电池实际情况的。由于 I 和 U_2 两个参数是相关随动的变量，当 I 增大时，U_2 随之减小，分子的差值增大，总的效果是，放电电流越大，内阻的计算值也越大。当放电电流为 0 时，计算值就没有意义。电导式蓄电池内阻检测仪恰恰就是在这种无意义条件下测量电池内阻的，所以这种测量值不能表达蓄电池的动态内阻。

通常手电筒用 1 号锌锰电池点亮 2.5V 的小灯泡时工作电流为 0.35A，当灯不亮时，可测得电池的供电电压下降到 0.8V 左右，这是由于电池内阻增大造成的。计算在这种工作状态下，电池空载电压为 1.3V，内阻是 1.44Ω。把这样的电池再用于晶体管收音机，由于工作电流减小到 50mA，电池的供电电压依然可在 1.25V 左右，计算内阻相应为 1Ω。500A·h 的阀控蓄电池，输出 2000A 时端电压是 1.7V，对应的内阻是 0.2mΩ。

因此，当说到蓄电池的内阻是多少的时候，必须同时说明测量条件，这样才有严格的物理意义。这些测量条件是蓄电池的型号、结构容量的实际值、测量时的保有容量数值、负载电流的大小、负载电流的时间、电解液的温度。测量内阻的目的是确认蓄电池的供电能力，当知道保有容量数值后，其他参数通常不必考虑。

蓄电池的报废都是因为动态内阻增大造成的。蓄电池的动态内阻值直接决定蓄电池能否安全使用，测定其动态内阻值是否超限是检测蓄电池安全状态的最可靠的手段。

8.7.3　不能用静态内阻的数值表达蓄电池保有容量

目前，市场上销售的"电导仪""蓄电池内阻仪"或"蓄电池电导式内阻仪"，其电路原理都采用这种技术方案。这类检测仪的外观如图 8-35 所示。

图 8-35　两种电导内阻仪

从蓄电池内阻的特性来分析，电导值只能反应电池的静态内阻，该值不能表达电池的负载放电能力。通常，失效的电池，其静态端电压并不明显降低。这种检测方法，在蓄电池行业的出厂配组质量控制中，没有被实际采用。现在从理论上已可清楚说明，这个关系在容量全量程中是不存在的。电导仪测量电池的内阻值，实际主要决定因素是极柱间硫酸电解液的电导值。这是由于硫酸的电阻是铅的 10^3 倍，当放电后，极板部表面虽然被不导电的硫酸铅覆盖，但对总电阻值的影响较小。电池制造时，硫酸电解液又是过量的，实际加入量是理论需求值 3.656g/(A·h)，设计用量为 5.48g/(A·h)，过量系数是 1.49。蓄电池用铅也是过量的，过量的程度依据工艺而定。由于酸的过量，当电池在不同的保有容量时，虽然电解液中的部分硫酸被消耗，但是在低浓度条件下，硫酸的离解度会增大，结果电导值没有出现与保有容量对应的变化。

　　用电导仪测电池实质是测量电池的静态内阻。由于静态内阻是由电池导电材料的阻抗、容抗和感抗三部分构成的，所以当用两个厂家生产的电导仪测同一状态电池时，由于仪表的频率和电流不同，会得到不同的欧姆表达值。

　　下面介绍电导检测仪的实际测量情况。如图 8-36 所示是某种电导仪测量 170A·h 电池的实际测量结果。从图中可看到，电池容量在 65% ～ 15% 的范围内，检测到的内阻在 0.17～0.6mΩ 的区间跳动，容量到 10% 以下，测量内阻出现明显上升。测量时为模拟电池组中的落后电池工况，对一个单节做了过度放电：当容量为 −5% 时，内阻达到最高值，显示 19.97mΩ；到 −10%，内阻又下降到 1.04mΩ。这就是说，当测量值是 1mΩ 时，电池容量可能是 5%，也可能是 −10%，这是很危险的。使用单位原掌握的标准是内阻大于 0.9mΩ 的电池下车，显然是不符合铁道部制定的电池使用的安全标准。用这样的标准检测内燃机车电池，就要漏掉质量隐患。

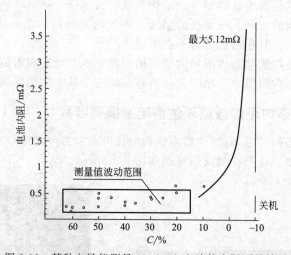

图 8-36　某种电导仪测量 170A·h 电池的实际测量结果

　　用这种检测仪测量 300A·h 和 500A·h 的电池，这个问题会更为突出，在电池容量在 7% 以上，检测仪就失去了对故障电池的分辨能力。

　　电导式内阻仪的厂家和推荐使用的管理部门，都不能提供保障检测数据可靠性的技术标准，这是影响推广使用的首要难题。在对检测数据可信度要求严格的场合，这类检测仪表是无法被采用的。

　　为了验证这两类检测方法的有效性，2010 年 12 月 21 日在青海联通的"雪舟三绒"通信基站，对运行中的两组 500A·h 电池做了对比检测，原始数据和测量效果的对比在 8.5.3 小节中已述。

8.7.4　电导仪鉴定条件与使用条件的区别

　　电导仪进入市场需要通过技术鉴定，销售人员都有质检中心出具的检测报告。这些检测报告上，数据都是真实的。

　　为什么通过质检中心检验的电导仪，在实际使用中却不能使用？

　　问题出在检验方法和使用方法的条件不同。检验电导仪时，送检者要求按图 8-36(a) 所示的方案检验，用电导仪检测一个毫欧级的电阻，然后用精度 0.5 级的计量电阻仪复测该电阻，两个数据吻合，说明电导仪测量精度达到要求。用这样的检测方法确认电导仪的测量精度并没有错。如果使用条件也是这样，当然就没有什么问题。

　　实际使用情况并不是这样。在实际使用中，是按照图 8-37(b) 所示的进行。标准电阻变成了蓄电池，蓄电池的内阻不是一个确定的值，而是由多种因素决定的综合技术参数。质检中心的鉴定工作，就是一个与既定标准对照的过程，由于质检中心不可能制备一个具有标准内阻的蓄电池，送检者在通过质检中心检测时，也就不能直接用蓄电池实际测量数据。于是就用固定电阻模拟蓄电池。殊不知正

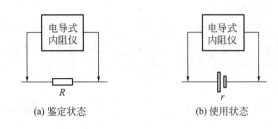

(a) 鉴定状态　　　　(b) 使用状态

图 8-37　电导仪检验和使用条件的区别

固定电阻　静态电阻，在 "$\mu\Omega$" 数量级，电流回路构件电阻
　　　　　动态内阻，在 "$m\Omega$" 数量级，是电流的函数
　　　　　复合内阻，两项的物理叠加，不是算术和，与 CB 值有关

是由于这种非等同性替代，导致得出了错误的结论。这个结论，衍生出行业标准和电池维护过程中的相关错误。如果当时直接用蓄电池来试验电导仪检测精度，就不可能通过质检鉴定。

　　这里提供一组数据做参考。500A·h 的阀控蓄电池，极板表观面积是 $14cm \times 29cm$，正极板取 13 片，隔板厚度为 3mm，硫酸电解液密度为 $1.295g/cm^3$，电阻率取 $1.4587\Omega \cdot cm$，电解液内阻是 $47\mu\Omega$。加上金属构建的电阻值，静态内阻也仍然在 "$\mu\Omega$" 的数量级内。现在多数电导仪的显示分辨精度为 "$m\Omega$"，模拟测量用的固定电阻也是 "$m\Omega$"，但实际内阻主要部分是 "$\mu\Omega$"，测量精度如何保障？

8.7.5　电导仪的使用标准

　　电导内阻检测法源于美国电气与电子工程师协会制定的 IEEE 1188 号蓄电池维护标准。电导仪进入中国市场后，随后在几年的时间里，相关的电池维护行业标准规范中，相继出现要求测量蓄电池内阻，并给出了标准值。这些数据的由来，自然有其依据，特别是测量条件，即用电流频率为多少赫兹的检测仪，测量哪种规格的电池，测量时电池的保有容量值，测量部位，电池使用时间，电解液温度。这些条件的不同，都会导致测量值波动。但在文件中得不到这方面的说明。如果工作者不能按照相同的条件去检测，标准和规范中的数据就失去了标准参照性。电导内阻值的技术含义不如安时容量的概念，有明确的物理意义，电池供电的安全标准，都是依据安时容量数值规定的，电导值与现行的安全标准目前尚不能衔接。

　　许多公司都配置了电导仪，希望用这种检测仪检测失效电池，减少电源事故，提高设备的可靠性。使用的实践说明，这个目的并没有达到。在行业会议和专业杂志上，尚没有看到对电导仪使用成功的技术数据报道。在实际使用中，检测数据的离散性较大，用电导仪也检测出一些失效电池，这些电池的保有容量基本是 0。安全技术标准如果用 "0" 作为电池下线标准，就只能是发生事故后排除故障，而不能做到预防性维护。笔者在一次通信行业情报网会议上询问，有这种检测仪的单位的人员举手，在场的人员几乎都举了手，当问到用过一次，仍认为检测仪有效的人举手，全场近 300 人无一人举手。

　　电导仪的实用性有多大，验证的方法实际很简单。实际大多数场合掌握的电池下线标准是容量下降到 60%，用检测仪能发现容量在 50% 以下的电池，检测仪就是可用的，用电导仪达不到这一要求。用检测数据去排除蓄电池故障，操作者无法承担维护责任，会造成许多无效劳动。

　　问题的关键是电导仪的厂家和商家都不能提供电导值及被测电池保有容量的对应标准。

在实际操作者手里，要用于检测标称容量 300A·h 以上电池的供电能力，电导仪实际是一把没有刻度的尺子。

为了找到这个对应关系，许多研究机构、公司、厂家、电池专家历时几年，付出了大量的资金、人力和时间。结论是，蓄电池的电导内阻检测值与蓄电池的保有容量没有对应关系。

本章小结

① 蓄电池组的可靠性内容基本有保有容量 CB 的量值、均衡性和连接状态 3 项内容。
② 蓄电池组可靠性的安全检测，其标准随使用条件不同而异。

附录

蓄电池用户了解了阀控蓄电池的基本知识，就可以理解规程中数据的技术含义，具体到实际工作中，就可掌握限度并根据实际情况适当修正，为制定符合本单位的工艺和使用新技术做准备。

蓄电池技术属于电化学行业，与机械、电力行业技术联系相距甚远，通常用户只关心其安全性能，对电池内部的原理和制造技术了解较少。广大用户在蓄电池技术培训上是个薄弱环节，检修维护人员缺乏蓄电池知识。电池产品质量的高低，主要表现在使用的统计寿命上，电池在运用中的质量状态，与浮充电压、环境温度、维护工艺等因素直接相关，这些都不是电池生产厂可控制的。如果检修人员具备应有的蓄电池知识，就知道什么时候、使用什么工具、采用什么程序、做什么工作、做到什么限度。这些合理的检修过程，单依靠工艺规定是不够的。检修人员理解了蓄电池的基本原理和工艺变化的原因，就能提高执行工艺的自觉性；当硬件不正常显示时，就可分辨是电池故障还是检测仪硬件故障。

一、本书中的字母符号

符号	意　义	符号	意　义
A	电流单位:安培	A·h	电池容量单位:安时
A_{L+}	正极柱漏电电流	A_{L-}	负极柱漏电电流
C	电池容量	CB	保有容量
CJ	结构容量	CQ	启动容量
C_{10}	10h率容量	C_5	5h率容量
d_{20}	电液在20℃时密度值	D	牵引车用电池,"D"指蓄电池车
MF	无须维护Maintenacc Free的缩写	e	电子符号,代表1个电子
Fe	铁	$I_{0.1C}$	10h率电流
F	固定型防酸电池	GF	固定型防酸隔爆电池
GM	固定型密闭式电池	H	氢
H_2O	水	H_2SO_4	硫酸
Pb	铅、电池负极	PbO_2	二氧化铅、电池正极活性物质
P	功率	P_{max}	最大功率
P_Q	启动功率	Q	启动型
R	电阻	R_B	仪表内阻
R_D	蓄电池对地绝缘电阻	R_d	蓄电池对地绝缘计算电阻
R_{kd}	蓄电池跨单节之间的绝缘电阻	Sb	锑

续表

符号	意　义	符号	意　义
Sn	锡	SLI	启动(starting)、照明(lighting)、点火(ignition)三词的缩写
SOC	荷电状态 state of charge	$PbSO_4$	硫酸铅蓄电池
T	时间	U	电压
UPS	不间断电源 uninteruptable power supply 的缩写	V	电压的单位,伏
W·h	瓦时	ppm	计量单位,百万分之一(10^{-6})
ZF	自放电	I	电流
PVC	聚氯乙烯	Li—ion	锂离子
F4	聚四氟乙烯	XDC	蓄电池
$LiFePO_4$	磷酸铁锂电池	Li	锂
Ni—Cd	镍镉电池	BMSA	以电流信号为依据的 BMS
BMS	蓄电池管理系统	BMSW	用于网络组合的管理系统
BMSU	以电压线号为依据的 BMS		

二、开设蓄电池维护课程需要的实物教具

名称	数量/个	说明
20A·h电动自行车电池	1	
自行车电池外壳	1	
自行车电池极群	1	
12V、100A·h汽车电池	1	
12V汽车电池外壳	1	
12V汽车电池极群	1	
2V、250A·h D型电池极板	1	
D型电池剖面	1	
6V游览车电池剖面	1	
1000A·h固定电池	1	
汽车电池板栅	5	
汽车电池极板	3	
管式极板板栅	3	
铅粉	1包	
管式电池正极板	3	
PVC隔板	5	
超细玻璃纤维		
浓硫酸		
水玻璃		
烧杯		

名称	数量/个	说明
200A·h 汽车电池外壳	2	加液和阀控各一个
2V、250A·h D 型电池极板	1	
D 型电池剖面	1	极群已经装入
1000A·h 固定电池	1	透明外壳,不含酸
阀控蓄电池排气阀	5	
锂离子电池正极铝汇流板	1(卷)	
锂离子电池负极铜汇流板	1(卷)	
锂离子电池隔膜	1(卷)	
锂离子电池电解液	1(瓶)	1 升
玻璃纤维		1kg
锂离子电池正极材料	1(瓶)	
锂离子电池负极材料	1(瓶)	
锂离子电池电解液	1(瓶)	
锂离子电池的铝塑膜	1(卷)	
高效率放电叉	1	
12V 电池检测仪	1	
308 型电池检测仪	1	
连体电池检测仪	1	
圆柱锂离子电池分容柜	1	

示教板如下。

① 电动自行车蓄电池。

② 电路电动游览车蓄电池电路。

③ 电动汽车蓄电池电路。

④ 通信基站蓄电池电路。